教科書ガイド

大日本図書版

数学の世界

完全準拠

中学数学

3年

編集発行 文理

この本の使い方

数学の学習について

数学の学習は，基礎をしっかりと固めて，一つずつ積み上げていくことが大切です。教科書の内容が十分理解できていない状態で次の段階に進むと，ますます理解が困難になります。

数学を得意教科にするためには，学校の授業を中心にして，効果的な予習・復習をすることが大切です。

予習は時間をかける必要はありません。授業を受ける前に，どのような内容の学習をするのか，だいたいのイメージをつかんでおくようにしましょう。

そして，授業のあとにきちんと復習をしておくことが，とても重要です。教科書の問題にもう一度取り組み，本当にわかっているのかどうかを確認しましょう。つまずきを早めに解消しておくことで，次の授業の内容もスムーズに理解することができます。

このような日々の予習・復習の積み重ねによって，授業の理解が深まり，自然と数学の力をつけることができます。

この本の特長

◆効率的に学校の授業の予習・復習ができる！

教科書ガイドは，あなたの教科書に合わせて，教科書の大切な内容と考え方や解き方をまとめてあります。

予習をするときに**教科書の要点**を確認し，復習をするときに解けなかった問題のくわしい解説を参考にするなど，効率的に学習を進めることができます。

◆教科書の内容を確実に理解できる！

教科書のすべての問題について解説してあります。

学校の授業で十分理解できなかったところなども，くわしい解説により，きちんと理解することができます。

◆テスト勉強に役立つ！

テスト前に教科書の要点を確認し，問題の解き方やまちがえやすい箇所を復習しておけば，テストで確実に点数をのばすことができます。

この本の構成

この教科書ガイドは，教科書の単元の展開に合わせて，「教科書の要点→教科書の問題の解答」の順に載っています。

教科書の要点　勉強する重要な事項や用語・公式などがまとめてあります。
問題を解く前に，よく読んで理解しておきましょう。
テスト直前のチェック用としても利用することができます。

教科書の問題の解答　教科書のすべての問題をくわしく解説しています。

ガイド　問題を解くときの考え方や着眼点を示しています。

解答　式や計算のしかたを示し，解き方から答えまでをまとめています。

効果的な使い方

日々の学習

1 教科書の問題を，自分の力で解きます。
それから，答えが合っているかをこの『教科書ガイド』で確かめてみましょう。

2 ある程度考えて問題が解けないときは，
まず，ガイド や 解答 を読んで納得してから，もう一度問題にチャレンジしてみましょう。
できるまでくり返し練習することが大切です。

3 問題が解けないときやまちがえたときは，
答えをそのまま書きうつすのではなく，その解き方を理解することが大切です。
なぜそのような解き方をするのかなど，自分で説明できるようにしましょう。

テスト前

まず，テスト範囲の教科書の要点を確認し，重要な公式などをチェックしましょう。
また，以前解けなかった問題や理解があいまいな問題の解き方をきちんと確認しましょう。

もくじ

1章 多項式

2章 平方根

3章 2次方程式

4章 関数

5章 相似と比

6章 円

7章 三平方の定理

8章 標本調査

1章　多項式

教科書 p.12～13

花壇の面積を求めよう

あおいさんたちの中学校の校庭には長方形の花壇があります。環境委員会では，校内緑化運動の取り組みとして，花壇をひろげる計画を立てています。

花壇の縦の長さや，横の長さを長くしたときの面積を求めてみましょう。

(1)　花壇の横の長さを 3 m 長くすると，面積は何 m^2 になりますか。
いろいろな式で表してみましょう。

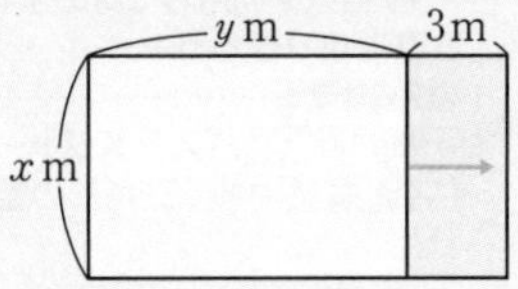

(2)　花壇の縦と横の長さを合わせて 5 m 長くします。考えられる形を図に表し，その面積を式に表してみましょう。

ガイド (1)　2 つの長方形の面積の和として表す式と，縦が x m，横が $(y+3)$ m の長方形の面積として表す式の 2 通りがある。

(2)　縦も横も長くする場合は，次の 2 通りの表し方がある。

・4 つの長方形の面積の和として表す。

・長くしたあとの大きな長方形の(縦の長さ)×(横の長さ)で表す。

解答 (1)　$\boldsymbol{xy+3x}$ $(\mathbf{m}^2)$　または　$\boldsymbol{x(y+3)}$ $\mathbf{m}^2$

(2)　(例 1) ゆうとさんの考え：縦を 2 m，横を 3 m 長くする。

$\boldsymbol{xy+3x+2y+6}$ $(\mathbf{m}^2)$　または　$\boldsymbol{(x+2)(y+3)}$ $\mathbf{m}^2$

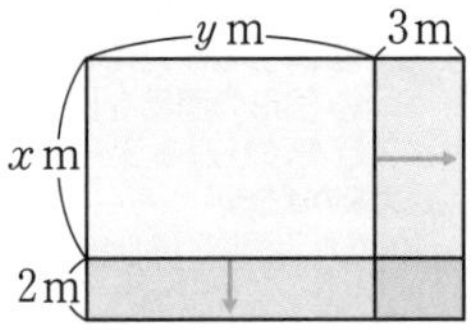

(例 2) あおいさんの考え：縦を 4 m，横を 1 m 長くする。

$\boldsymbol{xy+x+4y+4}$ $(\mathbf{m}^2)$　または　$\boldsymbol{(x+4)(y+1)}$ $\mathbf{m}^2$

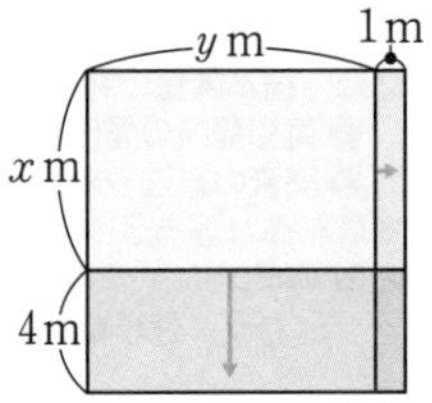

1節 多項式の計算

1 多項式と単項式の乗法，除法

CHECK! 確認したら✓を書こう

教科書の要点

□単項式と多項式との乗法

次の分配法則を使って計算する。

$a(b+c)=ab+ac$　　$(a+b)c=ac+bc$

例 $x(y+5)=x\times y+x\times 5$
$=xy+5x$

$(2a-b)\times(-3a)=2a\times(-3a)-b\times(-3a)$
$=-6a^2+3ab$

□単項式と多項式との除法

式を分数の形で表して簡単にするか，除法を乗法になおして計算する。

① $(b+c)\div a$
$=\dfrac{b+c}{a}$
$=\dfrac{b}{a}+\dfrac{c}{a}$

例 $(ab+4b)\div b$
$=\dfrac{ab+4b}{b}$
$=\dfrac{ab}{b}+\dfrac{4b}{b}$
$=a+4$

② $(b+c)\div a$
$=(b+c)\times\dfrac{1}{a}$
$=\dfrac{b}{a}+\dfrac{c}{a}$

例 $(ab+4b)\div b$
$=(ab+4b)\times\dfrac{1}{b}$
$=ab\times\dfrac{1}{b}+4b\times\dfrac{1}{b}$
$=a+4$

教科書 p.14

活動1 13ページ(教科書)の(1)の面積を表す式について考えよう。

あおいさんの考え　$x(y+3)$

ゆうとさんの考え　$xy+3x$

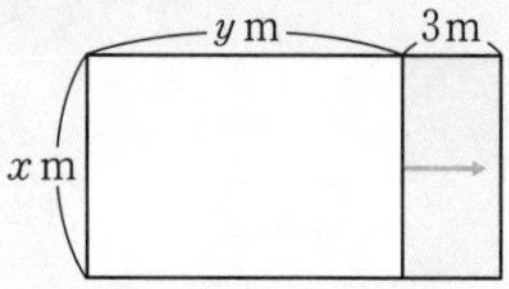

(1)　2人はどのように考えて式をつくったのか説明しなさい。
また，どちらの式も同じ面積を表しているといえますか。

ガイド (1)　あおいさんの考えでは，x と $y+3$ がそれぞれ何を表しているか，ゆうとさんの考えでは，xy と $3x$ がそれぞれ何を表しているか考えてみよう。

解答 (1)　あおいさんは，ひろげたあとの花壇を，縦の長さが x m，横の長さが $(y+3)$ m の1つの長方形と考えた。

ゆうとさんは，もとの花壇(縦の長さが x m，横の長さが y m の長方形)と，ひろげた部分の花壇(縦の長さが x m，横の長さが 3 m の長方形)の2つの長方形を合わせたものと考えた。

どちらの式も同じ面積を表していると**いえる**。

教科書 p.14

Q1 次の計算をしなさい。

(1) $4x(5x+2)$　(2) $(2a-3b)\times(-3a)$

(3) $3a(-a+b-c)$　(4) $(7m-5n+2)\times(-m)$

(5) $\frac{2}{3}a(6a-12b)$　(6) $(8x+4y)\times\frac{1}{4}x$

ガイド (1)(3)(5)　分配法則 $a(b+c)=ab+ac$ を使う。

(2)(4)(6)　分配法則 $(a+b)c=ac+bc$ を使う。

解答 (1) $4x(5x+2)=4x\times5x+4x\times2=\boldsymbol{20x^2+8x}$

(2) $(2a-3b)\times(-3a)=2a\times(-3a)-3b\times(-3a)=\boldsymbol{-6a^2+9ab}$

(3) $3a(-a+b-c)=3a\times(-a)+3a\times b+3a\times(-c)=\boldsymbol{-3a^2+3ab-3ac}$

(4) $(7m-5n+2)\times(-m)=7m\times(-m)-5n\times(-m)+2\times(-m)$

$=\boldsymbol{-7m^2+5mn-2m}$

(5) $\frac{2}{3}a(6a-12b)=\frac{2}{3}a\times6a+\frac{2}{3}a\times(-12b)=\boldsymbol{4a^2-8ab}$

(6) $(8x+4y)\times\frac{1}{4}x=8x\times\frac{1}{4}x+4y\times\frac{1}{4}x=\boldsymbol{2x^2+xy}$

教科書 p.15

Q2 次の計算をしなさい。

(1) $(12ab+20a)\div4a$　(2) $(15bx-9by)\div3b$

(3) $(-14x^2+7x)\div(-7x)$　(4) $(6x^2-2xy+2x)\div2x$

プラス・ワン① $(12x^2y-4xy^2)\div(-4xy)$

ガイド (多項式)÷(単項式)の計算は，式を分数の形で表して約分するしかたと，逆数をかけて乗法になおすしかたの2通りある。どちらでも計算できるようにしておこう。

解答 (1) $(12ab+20a)\div4a=\frac{12ab+20a}{4a}=\frac{12ab}{4a}+\frac{20a}{4a}=\boldsymbol{3b+5}$

(2) $(15bx-9by)\div3b=\frac{15bx-9by}{3b}=\frac{15bx}{3b}-\frac{9by}{3b}=\boldsymbol{5x-3y}$

(3) $(-14x^2+7x)\div(-7x)=(-14x^2+7x)\times\left(-\frac{1}{7x}\right)$

$=-14x^2\times\left(-\frac{1}{7x}\right)+7x\times\left(-\frac{1}{7x}\right)$

$=\boldsymbol{2x-1}$

(4) $(6x^2-2xy+2x)\div2x=\frac{6x^2-2xy+2x}{2x}=\frac{6x^2}{2x}-\frac{2xy}{2x}+\frac{2x}{2x}=\boldsymbol{3x-y+1}$

プラス・ワン① $(12x^2y-4xy^2)\div(-4xy)=(12x^2y-4xy^2)\times\left(-\frac{1}{4xy}\right)$

$=12x^2y\times\left(-\frac{1}{4xy}\right)-4xy^2\times\left(-\frac{1}{4xy}\right)$

$=\boldsymbol{-3x+y}$

教科書 p.15 **Q3** 次の計算をしなさい。

(1) $(10x^2-15xy)\div\frac{5}{2}x$　　(2) $(12a^2+8ab)\div\left(-\frac{4}{5}a\right)$

プラス・ワン② $(6x^2y-3xy)\div\left(-\frac{3}{2}xy\right)$

ガイド (1) $\frac{5}{2}x=\frac{5x}{2}$ だから，$\frac{5}{2}x$ の逆数は，$\frac{2}{5x}$

(2) $-\frac{4}{5}a=-\frac{4a}{5}$ だから，$-\frac{4}{5}a$ の逆数は，$-\frac{5}{4a}$

プラス・ワン② $-\frac{3}{2}xy=-\frac{3xy}{2}$ だから，$-\frac{3}{2}xy$ の逆数は，$-\frac{2}{3xy}$

解答 (1)
$$\begin{aligned}(10x^2-15xy)\div\frac{5}{2}x &= (10x^2-15xy)\times\frac{2}{5x}\\ &= 10x^2\times\frac{2}{5x}-15xy\times\frac{2}{5x}\\ &= \mathbf{4x-6y}\end{aligned}$$

(2)
$$\begin{aligned}(12a^2+8ab)\div\left(-\frac{4}{5}a\right) &= (12a^2+8ab)\times\left(-\frac{5}{4a}\right)\\ &= 12a^2\times\left(-\frac{5}{4a}\right)+8ab\times\left(-\frac{5}{4a}\right)\\ &= \mathbf{-15a-10b}\end{aligned}$$

プラス・ワン②
$$\begin{aligned}(6x^2y-3xy)\div\left(-\frac{3}{2}xy\right) &= (6x^2y-3xy)\times\left(-\frac{2}{3xy}\right)\\ &= 6x^2y\times\left(-\frac{2}{3xy}\right)-3xy\times\left(-\frac{2}{3xy}\right)\\ &= \mathbf{-4x+2}\end{aligned}$$

② 多項式の乗法

CHECK! 確認したら✓を書こう

教科書の要点

□ $(a+b)(c+d)$ の展開

単項式と多項式との積や，多項式と多項式との積の形をした式を１つの多項式に表すことを，もとの式を**展開する**という。

例

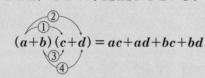

①②③④の順にかける
$$(a+b)(c+d)=ac+ad+bc+bd$$

□ $(a+b)(c+d+e)$ の展開

項の数が多くなっても，多項式を１つの数とみて展開すればよい。

例 $(a+b)(c+d+e)$ で，$c+d+e$ を A と置くと，
$$\begin{aligned}(a+b)(c+d+e) &= (a+b)A\\ &= aA+bA\\ &= a(c+d+e)+b(c+d+e)\\ &= ac+ad+ae+bc+bd+be\end{aligned}$$

教科書 p.16

活動1 13ページ(教科書)の(2)の面積を表す式について考えよう。

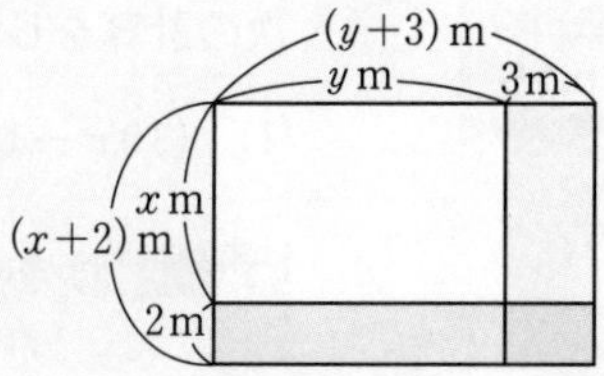

(1) ゆうとさんは，次の 2 つの式をつくりました。
どのように考えてつくったのか説明しなさい。
また，どちらの式も同じ面積を表しているといえますか。

ゆうとさんの考え

$(x+2)(y+3)$　　$xy+3x+2y+6$

(2) (1)から，次のことが成り立ちます。

$(x+2)(y+3)=xy+3x+2y+6$

このことは，次のように式を変形して確かめることができます。

$y+3$ をMと置くと，

$$\begin{aligned}&(x+2)(y+3)\\ &=(x+2)M\\ &=xM+2M\\ &=x(y+3)+2(y+3)\\ &=xy+3x+2y+6\end{aligned}$$

（$y+3$ をMと置く／①／Mを $y+3$ に戻す（もど）／②）

①，②では，それぞれどのように考えて変形しましたか。

(3) (2)で，$x+2$ をNと置いて計算し，その結果が(2)で計算した結果と等しくなることを確かめなさい。

解答 (1) $(x+2)(y+3)$……縦が$(x+2)$m，横が$(y+3)$mの長方形の面積と考えた。
$xy+3x+2y+6$……教科書16ページの図で，色分けしてある 4 つの長方形の面積の和と考えた。
どちらの式も同じ面積を表していると**いえる**。

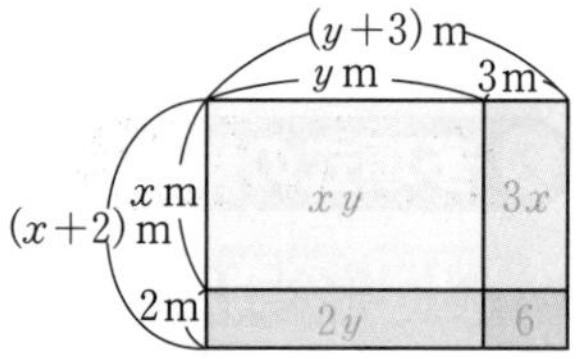

(2) ①では，**分配法則 $(a+b)c=ac+bc$** を使う。
②では，$x(y+3)$ と $2(y+3)$ で，それぞれ
分配法則 $a(b+c)=ab+ac$ を使う。

(3) $x+2=N$ と置くと，

$$\begin{aligned}&(x+2)(y+3)\\ &=N(y+3)\\ &=Ny+3N\\ &=(x+2)y+3(x+2)\\ &=xy+2y+3x+6\\ &=xy+3x+2y+6\end{aligned}$$

（$x+2$ をNと置く／分配法則／Nを $x+2$ に戻す／分配法則）

よって，**(2)の結果と等しくなる。**

教科書 p.16

活動2 $(a+b)(c+d)$ を計算しよう。

(1) $c+d$ をMと置いて，式を展開しなさい。

(2) 展開した結果を，右の図(教科書16ページ)を使って説明しなさい。

解答 (1) $c+d$ をMと置くと,

$(a+b)(c+d)$
$=(a+b)M$ 　$c+d$ をMと置く
$=aM+bM$ 　分配法則
$=a(c+d)+b(c+d)$ 　Mを $c+d$ に戻す
$=\boldsymbol{ac+ad+bc+bd}$ 　分配法則

(2) 展開した結果は，右の図の **4 つの長方形の面積の和**になっている。

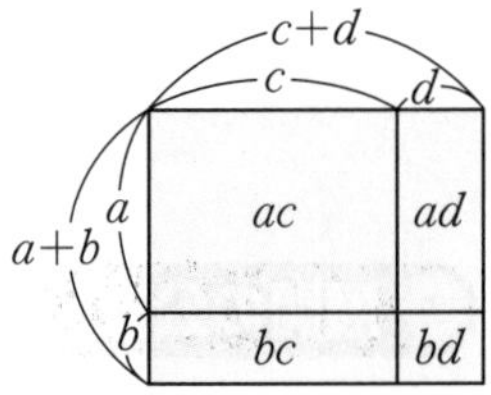

教科書 p.17

Q1 次の式を展開しなさい。

(1) $(x+3)(y+4)$ 　(2) $(x+3)(y-1)$
(3) $(a-7)(b+5)$ 　(4) $(a-6)(b-2)$
プラス・ワン① (1) $(x+a)(y+b)$ 　(2) $(a-b)(x-y)$

ガイド $(a+b)(c+d)=ac+ad+bc+bd$ にあてはめて展開する。

解答 (1) $(x+3)(y+4)=\boldsymbol{xy+4x+3y+12}$
(2) $(x+3)(y-1)=\boldsymbol{xy-x+3y-3}$
(3) $(a-7)(b+5)=\boldsymbol{ab+5a-7b-35}$
(4) $(a-6)(b-2)=\boldsymbol{ab-2a-6b+12}$
プラス・ワン① (1) $(x+a)(y+b)=\boldsymbol{xy+bx+ay+ab}$
(2) $(a-b)(x-y)=\boldsymbol{ax-ay-bx+by}$

教科書 p.17

Q2 次の式を展開しなさい。

(1) $(3x+2)(x-4)$ 　(2) $(x-3)(2x-7)$
プラス・ワン② (1) $(-a+2)(3a-5)$ 　(2) $(1+a)(3+4a)$

ガイド 式を展開したあとで，同類項をまとめる。

解答 (1) $(3x+2)(x-4)=3x^2-12x+2x-8=\boldsymbol{3x^2-10x-8}$
(2) $(x-3)(2x-7)=2x^2-7x-6x+21=\boldsymbol{2x^2-13x+21}$
プラス・ワン② (1) $(-a+2)(3a-5)=-3a^2+5a+6a-10=\boldsymbol{-3a^2+11a-10}$
(2) $(1+a)(3+4a)=3+4a+3a+4a^2=\boldsymbol{3+7a+4a^2}$

教科書 p.17

Q3 次の式を展開しなさい。

(1) $(x+1)(x+y+2)$ 　(2) $(a-3b+4)(a+2)$
プラス・ワン③ $(a^2-a-1)(a+1)$

ガイド 例5 と同様に，多項式を 1 つの数とみて展開し，同類項をまとめる。

解答 (1) $(x+1)(x+y+2)=x(x+y+2)+1\times(x+y+2)$
$=x^2+xy+2x+x+y+2$
$=\boldsymbol{x^2+xy+3x+y+2}$

(2) $(a-3b+4)(a+2)=a(a-3b+4)+2(a-3b+4)$
$=a^2-3ab+4a+2a-6b+8$
$=\boldsymbol{a^2-3ab+6a-6b+8}$

プラス・ワン③ $(a^2-a-1)(a+1)=a(a^2-a-1)+1\times(a^2-a-1)$
$=a^3-a^2-a+a^2-a-1$
$=\boldsymbol{a^3-2a-1}$

3 展開の公式

CHECK! 確認したら✓を書こう

教科書の要点

□公式 1　$(x+a)(x+b)=x^2+(a+b)x+ab$

xの係数→aとbの和，定数項→aとbの積

例 $(x+3)(x+4)=x^2+(3+4)x+3\times4=x^2+7x+12$

□公式 2　$(x+a)^2=x^2+2ax+a^2$

例 $(x+4)^2=x^2+2\times4\times x+4^2=x^2+8x+16$

□公式 3　$(x-a)^2=x^2-2ax+a^2$

例 $(x-3)^2=x^2-2\times3\times x+3^2=x^2-6x+9$

□公式 4　$(x+a)(x-a)=x^2-a^2$

例 $(x+5)(x-5)=x^2-5^2=x^2-25$

教科書 p.18

考えよう 次の式(1)～(4)を展開した式で，xの係数と定数項について気づいたことをいってみよう。

(1) $(x+2)(x+3)=x^2+5x+6$　(2) $(x-2)(x-3)=x^2-5x+$□

(3) $(x+2)(x-3)=$□　(4) $(x-2)(x+3)=$□

ガイド (1)で，展開した式のxの係数は5，定数項は6である。もとの1次式$x+2$，$x+3$の定数項2と3の和と積を考えてみる。

解答 (2) **6**　(3) $\boldsymbol{x^2-x-6}$　(4) $\boldsymbol{x^2+x-6}$

展開した式のxの係数は，もとの1次式の定数項の和である。

展開した式の定数項は，もとの1次式の定数項の積である。

教科書 p.18

活動1 $(x+a)(x+b)$の展開のしかたを考えよう。

$(a+b)(c+d)=ac+ad+bc+bd$ を使うと，

$(x+a)(x+b)$
$=x^2+bx+ax+ab$
$=x^2+(a+b)x+ab$

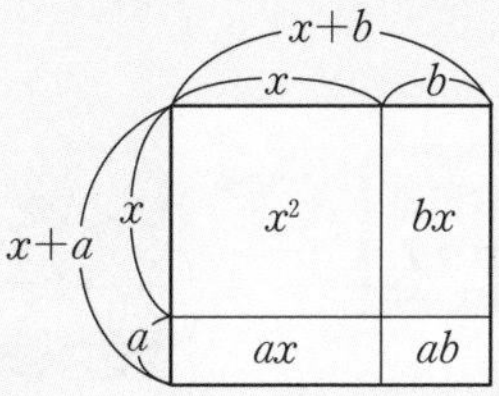

(1) この等式が成り立つことを，上の図を使って説明しなさい。

解答 (1) 面積に着目すると，次の2通りの式で面積を表せる。

縦$(x+a)$，横$(x+b)$の長方形として表すと，$(x+a)(x+b)$

1つの長方形と3つの長方形の面積の和として表すと,
$x^2+bx+ax+ab=x^2+(a+b)x+ab$
したがって, $(x+a)(x+b)=x^2+bx+ax+ab=x^2+(a+b)x+ab$ が成り立つ。

教科書 p.19

Q1 次の式は, 公式1で, a, b がそれぞれどんな数のときですか。
また, 式を展開しなさい。

(1) $(x+2)(x+9)$　　(2) $(x+5)(x+3)$

解答 (1) $\boldsymbol{a=2,\ b=9}$
$(x+2)(x+9)=x^2+(2+9)x+2\times9=\boldsymbol{x^2+11x+18}$

(2) $\boldsymbol{a=5,\ b=3}$
$(x+5)(x+3)=x^2+(5+3)x+5\times3=\boldsymbol{x^2+8x+15}$

教科書 p.19

Q2 次の式を展開しなさい。

(1) $(x-4)(x+3)$　　(2) $(x+8)(x-2)$
(3) $(a-5)(a+2)$　　(4) $(y+3)(y-2)$
(5) $(x-4)(x-6)$　　(6) $\left(x+\frac{3}{2}\right)\left(x+\frac{1}{2}\right)$

プラス・ワン $\left(y+\frac{1}{2}\right)\left(y-\frac{1}{3}\right)$

ガイド 公式1 $(x+a)(x+b)=x^2+(a+b)x+ab$ を使う。公式を使うことに慣れるまでは, 公式にあてはめた途中式も書いて正確に展開しよう。
(6), **プラス・ワン** 分数をふくむ式の場合も同様に計算する。

解答 (1) $(x-4)(x+3)=x^2+\{(-4)+3\}x+(-4)\times3=\boldsymbol{x^2-x-12}$
(2) $(x+8)(x-2)=x^2+\{8+(-2)\}x+8\times(-2)=\boldsymbol{x^2+6x-16}$
(3) $(a-5)(a+2)=a^2+\{(-5)+2\}a+(-5)\times2=\boldsymbol{a^2-3a-10}$
(4) $(y+3)(y-2)=y^2+\{3+(-2)\}y+3\times(-2)=\boldsymbol{y^2+y-6}$
(5) $(x-4)(x-6)=x^2+\{(-4)+(-6)\}x+(-4)\times(-6)=\boldsymbol{x^2-10x+24}$
(6) $\left(x+\frac{3}{2}\right)\left(x+\frac{1}{2}\right)=x^2+\left(\frac{3}{2}+\frac{1}{2}\right)x+\frac{3}{2}\times\frac{1}{2}=\boldsymbol{x^2+2x+\frac{3}{4}}$

プラス・ワン $\left(y+\frac{1}{2}\right)\left(y-\frac{1}{3}\right)=y^2+\left\{\frac{1}{2}+\left(-\frac{1}{3}\right)\right\}y+\frac{1}{2}\times\left(-\frac{1}{3}\right)$
$=\boldsymbol{y^2+\frac{1}{6}y-\frac{1}{6}}$

x 以外の文字でも, 公式にあてはめて, 展開できるよ。
(3)では, 公式1の x を a と考えればいいんだね。

教科書 p.19

活動4 $(x+a)^2$ の展開のしかたを考えよう。

公式1　$(x+a)(x+b)=x^2+(a+b)x+ab$

で，b が a と同じ数を表す場合を考えると，

$(x+a)(x+a)$

$=x^2+(a+a)x+a\times a$

$=x^2+2ax+a^2$

だから，$(x+a)^2=x^2+2ax+a^2$

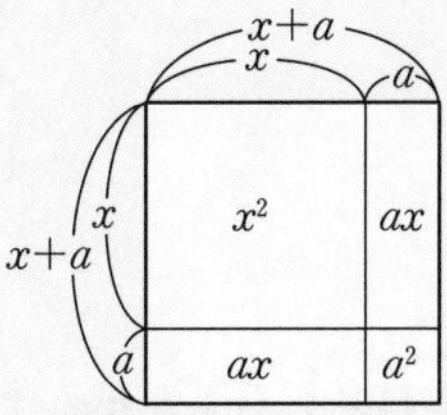

(1)　この等式が成り立つことを，上の図を使って説明しなさい。

解答 (1)　面積に着目すると，次の2通りの式で面積を表せる。

1辺が$(x+a)$の正方形として表すと，$(x+a)^2$

2つの正方形と2つの長方形の面積の和として表すと，

$x^2+ax+ax+a^2=x^2+(a+a)x+a^2=x^2+2ax+a^2$

したがって，$(x+a)^2=x^2+2ax+a^2$ が成り立つ。

教科書 p.20

たしかめ1 次の式を展開しなさい。

(1)　$(x+4)^2$　　(2)　$(a+6)^2$

ガイド 公式2　$(x+a)^2=x^2+2ax+a^2$ を使う。

解答 (1)　$(x+4)^2=x^2+2\times4\times x+4^2=\boldsymbol{x^2+8x+16}$

(2)　$(a+6)^2=a^2+2\times6\times a+6^2=\boldsymbol{a^2+12a+36}$

教科書 p.20

Q3 公式2の $(x+a)^2$ の a を$-a$に置きかえて，$(x-a)^2$ を展開しなさい。

ガイド $(x+a)^2=x^2+2ax+a^2$ の式で，a をすべて$-a$に置きかえる。

解答 $(x-a)^2=x^2+2\times(-a)\times x+(-a)^2=\boldsymbol{x^2-2ax+a^2}$

教科書 p.20

たしかめ2 次の式を展開しなさい。

(1)　$(x-4)^2$　　(2)　$(a-5)^2$

ガイド 公式3　$(x-a)^2=x^2-2ax+a^2$ を使う。

解答 (1)　$(x-4)^2=x^2-2\times4\times x+4^2=\boldsymbol{x^2-8x+16}$

(2)　$(a-5)^2=a^2-2\times5\times a+5^2=\boldsymbol{a^2-10a+25}$

教科書 p.20

Q4 次の式を展開しなさい。

(1)　$(x+5)^2$　　(2)　$(a+7)^2$　　(3)　$(x-8)^2$

(4)　$(y-6)^2$　　(5)　$(t+0.3)^2$　　(6)　$\left(x-\frac{1}{2}\right)^2$

プラス・ワン①　$(3-x)^2$

解答 (1)　$(x+5)^2=x^2+2\times5\times x+5^2=\boldsymbol{x^2+10x+25}$

(2)　$(a+7)^2=a^2+2\times7\times a+7^2=\boldsymbol{a^2+14a+49}$

(3) $(x-8)^2=x^2-2\times8\times x+8^2=\boldsymbol{x^2-16x+64}$

(4) $(y-6)^2=y^2-2\times6\times y+6^2=\boldsymbol{y^2-12y+36}$

(5) $(t+0.3)^2=t^2+2\times0.3\times t+0.3^2=\boldsymbol{t^2+0.6t+0.09}$

(6) $\left(x-\frac{1}{2}\right)^2=x^2-2\times\frac{1}{2}\times x+\left(\frac{1}{2}\right)^2=\boldsymbol{x^2-x+\frac{1}{4}}$

プラス・ワン① $(3-x)^2=3^2-2\times x\times3+x^2=\boldsymbol{9-6x+x^2}$

教科書 p.20

活動7 $(x+a)(x-a)$ の展開のしかたを考えよう。

$(x+a)\{x+(-a)\}$
$=x^2+\{a+(-a)\}x+a\times(-a)$
$=x^2-a^2$

だから，$(x+a)(x-a)=x^2-a^2$

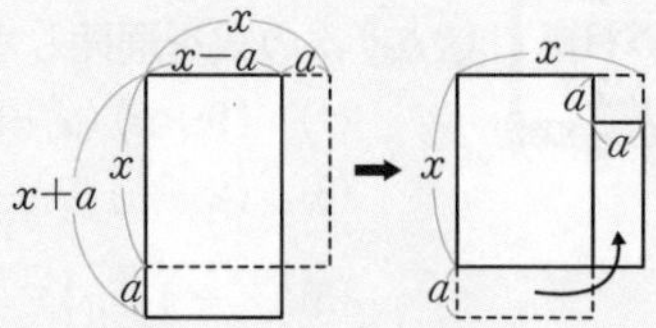

(1) 上の式の変形は，公式１をどのように使って行いましたか。

解答 (1) 公式１ $(x+a)(x+b)=x^2+(a+b)x+ab$ の，**b を $-a$ に置きかえて，展開した。**

教科書 p.21

Q5 次の式を展開しなさい。

(1) $(x+9)(x-9)$　(2) $(x-1)(x+1)$

(3) $(x-0.7)(x+0.7)$　(4) $\left(a+\frac{1}{3}\right)\left(a-\frac{1}{3}\right)$

プラス・ワン② $(2-m)(2+m)$

解答 (1) $(x+9)(x-9)=x^2-9^2=\boldsymbol{x^2-81}$

(2) $(x-1)(x+1)=x^2-1^2=\boldsymbol{x^2-1}$

(3) $(x-0.7)(x+0.7)=x^2-0.7^2=\boldsymbol{x^2-0.49}$

(4) $\left(a+\frac{1}{3}\right)\left(a-\frac{1}{3}\right)=a^2-\left(\frac{1}{3}\right)^2=\boldsymbol{a^2-\frac{1}{9}}$

プラス・ワン② $(2-m)(2+m)=2^2-m^2=\boldsymbol{4-m^2}$

教科書 p.21

Q6 次の式を展開しなさい。

(1) $(x+2)(x+1)$　(2) $(x+4)(x-3)$

(3) $(y+8)^2$　(4) $(m-10)^2$

(5) $(x+7)(x-7)$　(6) $(y-6)(y-5)$

ガイド (1)(2)(6) 公式１ $(x+a)(x+b)=x^2+(a+b)x+ab$ を使う。

(3) 公式２ $(x+a)^2=x^2+2ax+a^2$ を使う。

(4) 公式３ $(x-a)^2=x^2-2ax+a^2$ を使う。

(5) 公式４ $(x+a)(x-a)=x^2-a^2$ を使う。

解答 (1) $(x+2)(x+1)=x^2+(2+1)x+2\times1=\boldsymbol{x^2+3x+2}$

(2) $(x+4)(x-3)=x^2+\{4+(-3)\}x+4\times(-3)=\boldsymbol{x^2+x-12}$

(3) $(y+8)^2=y^2+2\times8\times y+8^2=\boldsymbol{y^2+16y+64}$

(4) $(m-10)^2=m^2-2\times10\times m+10^2=\boldsymbol{m^2-20m+100}$

(5) $(x+7)(x-7)=x^2-7^2=\boldsymbol{x^2-49}$

(6) $(y-6)(y-5)=y^2+\{(-6)+(-5)\}y+(-6)\times(-5)=\boldsymbol{y^2-11y+30}$

教科書 p.21

Q7 次の式を展開しなさい。

(1) $(9+x)(x+9)$ (2) $(3+x)(x-5)$

(3) $(2-x)(7-x)$ (4) $(7+x)(7-x)$

(5) $(-4+n)^2$ (6) $\left(\frac{1}{3}-p\right)^2$

ガイド (1)(2)(3) 公式が使えるように，まず項を並べかえ，次に公式1を使う。

(4) 公式4の，x を7，a を x と考えて展開する。

(5) 公式2の，x を-4，a を n と考えて展開する。

(6) 公式3の，x を $\frac{1}{3}$，a を p と考えて展開する。

解答 (1) $(9+x)(x+9)=(x+9)(x+9)=x^2+(9+9)x+9\times9=\boldsymbol{x^2+18x+81}$

別解 $(9+x)(x+9)=(x+9)(x+9)=(x+9)^2=x^2+2\times9\times x+9^2$
$=\boldsymbol{x^2+18x+81}$

(2) $(3+x)(x-5)=(x+3)(x-5)$
$=x^2+\{3+(-5)\}x+3\times(-5)$
$=\boldsymbol{x^2-2x-15}$

(3) $(2-x)(7-x)=-(x-2)\times\{-(x-7)\}$
$=(x-2)(x-7)$
$=x^2+\{(-2)+(-7)\}x+(-2)\times(-7)$
$=\boldsymbol{x^2-9x+14}$

(4) $(7+x)(7-x)=7^2-x^2=\boldsymbol{49-x^2}$

(5) $(-4+n)^2=(-4)^2+2\times n\times(-4)+n^2=\boldsymbol{16-8n+n^2}$

(6) $\left(\frac{1}{3}-p\right)^2=\left(\frac{1}{3}\right)^2-2\times p\times\frac{1}{3}+p^2=\boldsymbol{\frac{1}{9}-\frac{2}{3}p+p^2}$

④ いろいろな式の展開

CHECK! 確認したら✓を書こう

教科書の要点

□展開の公式の応用 1

公式 1 $(x+a)(x+b)=x^2+(a+b)x+ab$

例 $(2x+3)(2x+4)=(2x)^2+(3+4)\times 2x+3\times 4$
$=4x^2+14x+12$

公式 2 $(x+a)^2=x^2+2ax+a^2$

公式 3 $(x-a)^2=x^2-2ax+a^2$

例 $(3x-1)^2=(3x)^2-2\times 1\times 3x+1^2$
$=9x^2-6x+1$

公式 4 $(x+a)(x-a)=x^2-a^2$

例 $(4x+6y)(4x-6y)=(4x)^2-(6y)^2$
$=16x^2-36y^2$

□展開の公式の応用 2

式の一部をひとまとまりにみて文字で置きかえることで，展開の公式を使う。

例 $(a+b+2)(a+b+5)$
$=(A+2)(A+5)$　（$a+b$ を A と置く）
$=A^2+7A+10$　（展開の公式）
$=(a+b)^2+7(a+b)+10$　（A をもとに戻す）
$=a^2+2ab+b^2+7a+7b+10$

□展開の公式の応用 3

複雑な式の中から，展開の公式が利用できる部分を見つけ，公式を利用して式を展開し，同類項をまとめる。

例 $(x+5)^2-(x+7)(x-3)=x^2+10x+25-(x^2+4x-21)$
（$(x+5)^2$：公式 2，$(x+7)(x-3)$：公式 1）
$=x^2+10x+25-x^2-4x+21$
$=6x+46$

教科書 p.22

活動 1 $(3x+2)(3x-4)$ を展開しよう。

さくら：$(a+b)(c+d)=ac+ad+bc+bd$ を使って…

カルロス：$3x$ を A と置くと，$(A+2)(A-4)$ だから…

(1) 2 人の考え方を比べて，気づいたことをいいなさい。
(2) $(3x+2)(3x-4)$ を展開しなさい。

解答 (1) (例)どちらの考えでも展開できるけれど，**カルロスさんの考えを使うと，展開の公式が使える**ようになる。

(2) さくらさんの考え

$(3x+2)(3x-4)=3x\times 3x+3x\times(-4)+2\times 3x+2\times(-4)$
$=9x^2-12x+6x-8$
$=\mathbf{9x^2-6x-8}$

カルロスさんの考え

$3x$ を A と置くと，
$(3x+2)(3x-4)=(A+2)(A-4)$

$= A^2 - 2A - 8$
$= (3x)^2 - 2\times 3x - 8$
$= \mathbf{9x^2 - 6x - 8}$

教科書 p.22

Q1 次の式を展開しなさい。

(1)　$(2x+5)(2x+3)$　　(2)　$(6x-5)(6x+7)$

ガイド (1)は $2x$，(2)は $6x$ を A と置いて，公式1を使う。

解答 (1)　$(2x+5)(2x+3) = (A+5)(A+3)$
$= A^2 + 8A + 15$
$= (2x)^2 + 8\times 2x + 15$
$= \mathbf{4x^2 + 16x + 15}$

(2)　$(6x-5)(6x+7) = (A-5)(A+7)$
$= A^2 + 2A - 35$
$= (6x)^2 + 2\times 6x - 35$
$= \mathbf{36x^2 + 12x - 35}$

教科書 p.22

Q2 次の式を展開しなさい。

(1)　$(4x+1)^2$　　(2)　$(3x-5y)^2$
(3)　$(x-2y)(x+2y)$　　(4)　$(9x+y)(9x-y)$
(5)　$(7x+8y)(7x-8y)$
(6)　$\left(\frac{1}{2}x+\frac{1}{3}y\right)\left(\frac{1}{2}x-\frac{1}{3}y\right)$

ガイド (1)　公式2の，x を $4x$，a を1とする。
(2)　公式3の，x を $3x$，a を $5y$ とする。
(3)　公式4の，a を $2y$ とする。
(4)　公式4の，x を $9x$，a を y とする。
(5)　公式4の，x を $7x$，a を $8y$ とする。
(6)　公式4の，x を $\frac{1}{2}x$，a を $\frac{1}{3}y$ とする。

解答 (1)　$(4x+1)^2 = (4x)^2 + 2\times 1\times 4x + 1^2 = \mathbf{16x^2 + 8x + 1}$
(2)　$(3x-5y)^2 = (3x)^2 - 2\times 5y\times 3x + (5y)^2 = \mathbf{9x^2 - 30xy + 25y^2}$
(3)　$(x-2y)(x+2y) = x^2 - (2y)^2 = \mathbf{x^2 - 4y^2}$
(4)　$(9x+y)(9x-y) = (9x)^2 - y^2 = \mathbf{81x^2 - y^2}$
(5)　$(7x+8y)(7x-8y) = (7x)^2 - (8y)^2 = \mathbf{49x^2 - 64y^2}$
(6)　$\left(\frac{1}{2}x+\frac{1}{3}y\right)\left(\frac{1}{2}x-\frac{1}{3}y\right) = \left(\frac{1}{2}x\right)^2 - \left(\frac{1}{3}y\right)^2 = \mathbf{\frac{1}{4}x^2 - \frac{1}{9}y^2}$

教科書 p.23

活動3 $(a+b+1)(a+b-3)$ を展開しよう。

$a+b$ を A と置くと，

$$
\begin{aligned}
&(a+b+1)(a+b-3)\\
&=\{(a+b)+1\}\{(a+b)-3\}\\
&=(A+1)(A-3)\\
&=A^2-2A-3 \quad \text{①}\\
&=(a+b)^2-2(a+b)-3
\end{aligned}
$$

(1) ①では，展開の公式のどれを使いましたか。

(2) 上の式に続けて計算しなさい。

解答 (1) **公式1**

(2) $(a+b)^2-2(a+b)-3=\boldsymbol{a^2+2ab+b^2-2a-2b-3}$

教科書 p.23

Q3 次の式を展開しなさい。

(1) $(a-b+2)(a-b+3)$　(2) $(a-b+2)^2$　(3) $(x+2y-1)(x+2y+1)$

プラス・ワン① (1) $(x-4+y)(x+y+3)$　(2) $(a-b+5)(a+b-5)$

ガイド (1)(2) $a-b$ を A と置く。(3) $x+2y$ を A と置く。

プラス・ワン① (1) 前のかっこの中の項を並べかえて，共通部分 $x+y$ を A と置く。

(2) 前のかっこの式を $\{a-(b-5)\}$ として，共通部分 $b-5$ を A と置く。

解答 (1) $a-b$ を A と置くと，

$$
\begin{aligned}
(a-b+2)(a-b+3)&=(A+2)(A+3)=A^2+5A+6\\
&=(a-b)^2+5(a-b)+6=\boldsymbol{a^2-2ab+b^2+5a-5b+6}
\end{aligned}
$$

(2) $a-b$ を A と置くと，

$$
\begin{aligned}
(a-b+2)^2&=(A+2)^2=A^2+4A+4\\
&=(a-b)^2+4(a-b)+4=\boldsymbol{a^2-2ab+b^2+4a-4b+4}
\end{aligned}
$$

(3) $x+2y$ を A と置くと，

$$
\begin{aligned}
(x+2y-1)(x+2y+1)&=(A-1)(A+1)=A^2-1^2\\
&=(x+2y)^2-1=\boldsymbol{x^2+4xy+4y^2-1}
\end{aligned}
$$

プラス・ワン①

(1) $(x-4+y)(x+y+3)=(x+y-4)(x+y+3)$ として，$x+y$ を A と置くと，

$$
\begin{aligned}
(x+y-4)(x+y+3)&=(A-4)(A+3)=A^2-A-12\\
&=(x+y)^2-(x+y)-12=\boldsymbol{x^2+2xy+y^2-x-y-12}
\end{aligned}
$$

(2) $(a-b+5)(a+b-5)=\{a-(b-5)\}(a+b-5)$

$b-5$ を A と置くと，

$$
\begin{aligned}
\{a-(b-5)\}(a+b-5)&=(a-A)(a+A)=a^2-A^2\\
&=a^2-(b-5)^2=a^2-(b^2-10b+25)\\
&=\boldsymbol{a^2-b^2+10b-25}
\end{aligned}
$$

教科書 p.23

Q4 次の計算をしなさい。

(1) $(x+1)(x-5)+(x+3)^2$　　(2) $2(a+5)(a-5)-(a-4)(a-1)$

プラス・ワン② (1) $4(a+b)^2-(2a-b)^2$　　(2) $(x-y)(x-8y)+2(x+2y)(x-2y)$

ガイド 展開の公式を使って展開してから同類項をまとめる。

解答 (1) $(x+1)(x-5)+(x+3)^2=x^2-4x-5+x^2+6x+9=\mathbf{2x^2+2x+4}$

(2) $2(a+5)(a-5)-(a-4)(a-1)=2(a^2-25)-(a^2-5a+4)$

$=2a^2-50-a^2+5a-4=\mathbf{a^2+5a-54}$

プラス・ワン② (1) $4(a+b)^2-(2a-b)^2=4(a^2+2ab+b^2)-(4a^2-4ab+b^2)$

$=4a^2+8ab+4b^2-4a^2+4ab-b^2$

$=\mathbf{12ab+3b^2}$

(2) $(x-y)(x-8y)+2(x+2y)(x-2y)$

$=x^2-9xy+8y^2+2(x^2-4y^2)$

$=x^2-9xy+8y^2+2x^2-8y^2$

$=\mathbf{3x^2-9xy}$

5 展開の公式の利用

CHECK! 確認したら✓を書こう

教科書の要点

□展開の公式の利用

展開の公式を利用すると計算が簡単になることがある。

例 101×99

$=(100+1)(100-1)$
$=100^2-1^2$ ）公式4
$=10000-1$
$=9999$

例 52^2

$=(50+2)^2$
$=50^2+2\times2\times50+2^2$ ）公式2
$=2500+200+4$
$=2704$

□式の値

式の値を求めるときも，展開の公式を使って，式を簡単にしてから数を代入するほうがよい場合がある。

教科書 p.24

Q1 次の式を工夫して計算しなさい。

(1) 103×97　　(2) 201^2　　(3) 95^2　　(4) 98×97

ガイド (1) $103=100+3$，$97=100-3$ と考え，公式4の x を100，a を3とする。

(2) $201=200+1$ と考え，公式2の x を200，a を1とする。

(3) $95=100-5$ と考え，公式3の x を100，a を5とする。

(4) $98=100-2$，$97=100-3$ と考え，公式1の x を100，a を-2，b を-3とする。

解答 (1) $103\times97=(100+3)(100-3)=100^2-3^2=\mathbf{9991}$

(2) $201^2=(200+1)^2=200^2+2\times1\times200+1^2=40000+400+1=\mathbf{40401}$

(3) $95^2=(100-5)^2=100^2-2\times5\times100+5^2=10000-1000+25=\mathbf{9025}$

(4) $98\times97=(100-2)(100-3)$

$=100^2+\{(-2)+(-3)\}\times100+(-2)\times(-3)$

$=10000-500+6=\mathbf{9506}$

教科書 p.24

活動2 $x=-\frac{1}{2}$，$y=3$ のときの，式 $(x+y)^2-x^2$ の値を求めよう。

マイ「$(x+y)^2-x^2$ にそのまま代入すると…」

つばさ「$(x+y)^2-x^2$ を簡単にしてから代入すると…」

(1) 2人の考えを比べて，気づいたことをいいなさい。

(2) 式の値を求めなさい。

解答 (1) (例)どちらの方法でも求められるが，**つばささんの考えのほうが計算が簡単にできそうである。**

(2) マイさんの考え

$$(x+y)^2-x^2=\left(-\frac{1}{2}+3\right)^2-\left(-\frac{1}{2}\right)^2=\left(\frac{5}{2}\right)^2-\left(-\frac{1}{2}\right)^2=\frac{25}{4}-\frac{1}{4}=\frac{24}{4}=\mathbf{6}$$

つばささんの考え

$$(x+y)^2-x^2=x^2+2xy+y^2-x^2$$
$$=2xy+y^2$$

この式に $x=-\frac{1}{2}$，$y=3$ を代入すると，

$$2xy+y^2=2\times\left(-\frac{1}{2}\right)\times3+3^2=-3+9=\mathbf{6}$$

教科書 p.24

Q2 $x=3$，$y=-\frac{1}{2}$ のときの，式 $(x+y)(x-4y)+3xy$ の値を求めなさい。

ガイド 式を簡単にしてから x，y の値を代入するほうが計算が簡単である。

解答 $(x+y)(x-4y)+3xy=x^2-3xy-4y^2+3xy=x^2-4y^2$

この式に $x=3$，$y=-\frac{1}{2}$ を代入すると，

$$x^2-4y^2=3^2-4\times\left(-\frac{1}{2}\right)^2=9-1=\mathbf{8}$$

たしかめよう

教科書 p.25

1 次の計算をしなさい。

(1) $4x(3y+5)$

(2) $(-3ax+x)\times(-4x)$

(3) $(6xy-8x)\div2x$

(4) $(-9a^2+3ab-6a)\div\frac{3}{2}a$

ガイド (1)(2) 分配法則 $a(b+c)=ab+ac$，$(a+b)c=ac+bc$ を使って計算する。

(3) 式を分数の形で表して約分する。

(4) $\frac{3}{2}a$ の逆数をかけて乗法になおして計算する。$\frac{3}{2}a=\frac{3a}{2}$ だから，

逆数は $\frac{2}{3a}$

解答 (1) $4x(3y+5)=\mathbf{12xy+20x}$

(2) $(-3ax+x)\times(-4x)=\mathbf{12ax^2-4x^2}$

(3) $(6xy-8x)\div 2x=\dfrac{6xy}{2x}-\dfrac{8x}{2x}=\boldsymbol{3y-4}$

(4) $(-9a^2+3ab-6a)\div\dfrac{3}{2}a=(-9a^2+3ab-6a)\times\dfrac{2}{3a}$

$=-9a^2\times\dfrac{2}{3a}+3ab\times\dfrac{2}{3a}-6a\times\dfrac{2}{3a}$

$=\boldsymbol{-6a+2b-4}$

教科書 p.25

2 次の式を展開しなさい。

(1) $(a+b)(x+y)$　　(2) $(2a-b)(a-5b+2)$

ガイド (1) $(a+b)(c+d)=ac+ad+bc+bd$ にあてはめて展開する。

(2) $a-5b+2$ をひとまとまりとみる。

解答 (1) $(a+b)(x+y)=\boldsymbol{ax+ay+bx+by}$

(2) $(2a-b)(a-5b+2)=2a(a-5b+2)-b(a-5b+2)$

$=2a^2-10ab+4a-ab+5b^2-2b$

$=\boldsymbol{2a^2-11ab+4a+5b^2-2b}$

教科書 p.25

3 次の式を展開しなさい。

(1) $(x+4)(x+5)$　　(2) $(x-1)(x+4)$　　(3) $(x+9)^2$

(4) $\left(a+\dfrac{1}{2}\right)^2$　　(5) $(x-3)(x+3)$　　(6) $(3-y)(3+y)$

ガイド (1)(2)は公式 1，(3)(4)は公式 2，(5)(6)は公式 4 を使う。

解答 (1) $(x+4)(x+5)=\boldsymbol{x^2+9x+20}$　　(2) $(x-1)(x+4)=\boldsymbol{x^2+3x-4}$

(3) $(x+9)^2=\boldsymbol{x^2+18x+81}$

(4) $\left(a+\dfrac{1}{2}\right)^2=a^2+2\times\dfrac{1}{2}\times a+\left(\dfrac{1}{2}\right)^2=\boldsymbol{a^2+a+\dfrac{1}{4}}$

(5) $(x-3)(x+3)=\boldsymbol{x^2-9}$

(6) $(3-y)(3+y)=\boldsymbol{9-y^2}(=\boldsymbol{-y^2+9})$

教科書 p.25

4 次の計算をしなさい。

(1) $(2x+3)(2x-5)$　　(2) $(x+2y)^2$

(3) $(3x+5)(3x-5)$　　(4) $(x+4)(x+5)-(x-6)^2$

(5) $(x+y+5)(x+y-4)$　　(6) $(a+b+3)(a-b-3)$

ガイド (1) 公式 1 で，x を $2x$，a を 3，b を -5 とする。

(2) 公式 2 で，a を $2y$ とする。

(3) 公式 4 で，x を $3x$，a を 5 とする。

(4) 公式 1 と公式 3 を使って展開してから，同類項をまとめる。

(5)(6) 多項式の共通部分を A と置いて展開し，置きかえた文字にもとの式を戻(もど)して展開する。

(6) $(a-b-3)=\{a-(b+3)\}$ として，$b+3$ を A と置く。

解答 (1) $(2x+3)(2x-5)=(2x)^2+\{3+(-5)\}\times 2x+3\times(-5)=\mathbf{4x^2-4x-15}$

(2) $(x+2y)^2=x^2+2\times 2y\times x+(2y)^2=\mathbf{x^2+4xy+4y^2}$

(3) $(3x+5)(3x-5)=(3x)^2-5^2=\mathbf{9x^2-25}$

(4) $(x+4)(x+5)-(x-6)^2=x^2+9x+20-(x^2-12x+36)$

$=x^2+9x+20-x^2+12x-36=\mathbf{21x-16}$

(5) $x+y$ をAと置くと，$(x+y+5)(x+y-4)=(A+5)(A-4)=A^2+A-20$

$=(x+y)^2+(x+y)-20=\mathbf{x^2+2xy+y^2+x+y-20}$

(6) $(a+b+3)(a-b-3)=(a+b+3)\{a-(b+3)\}$ として，$b+3$ をAと置くと，

$(a+b+3)\{a-(b+3)\}=(a+A)(a-A)=a^2-A^2$

$=a^2-(b+3)^2=a^2-(b^2+6b+9)=\mathbf{a^2-b^2-6b-9}$

教科書 p.25

5 次の式を工夫して計算しなさい。

(1) 38×42　　(2) 199^2

ガイド (1) $38=40-2$, $42=40+2$ と考えて，38と42を入れかえると，公式 4 が使える。
公式 4 で，$x=40$，$a=2$ とする。

(2) $199=200-1$ と考えて，公式 3 で，$x=200$，$a=1$ とする。

解答 (1) $38\times 42=42\times 38=(40+2)(40-2)=40^2-2^2=1600-4=\mathbf{1596}$

(2) $199^2=(200-1)^2=200^2-2\times 1\times 200+1^2=40000-400+1=\mathbf{39601}$

教科書 p.25

6 $x=-3$，$y=\frac{1}{3}$ のときの，次の式の値を求めなさい。

(1) $(x-2y)(x-y)-2y^2$　　(2) $(x+y)^2+(x+y)(x-y)$

ガイド 式を簡単にしてから x，y の値を代入するほうが計算が簡単である。

解答 (1) $(x-2y)(x-y)-2y^2=x^2-3xy+2y^2-2y^2=x^2-3xy$

x^2-3xy に $x=-3$，$y=\frac{1}{3}$ を代入すると，

$x^2-3xy=(-3)^2-3\times(-3)\times\frac{1}{3}=\mathbf{12}$

(2) $(x+y)^2+(x+y)(x-y)=x^2+2xy+y^2+x^2-y^2=2x^2+2xy$

$2x^2+2xy$ に $x=-3$，$y=\frac{1}{3}$ を代入すると，

$2x^2+2xy=2\times(-3)^2+2\times(-3)\times\frac{1}{3}=\mathbf{16}$

教科書 p.25

7 次の□にあてはまる数や式を求めなさい。

(1) $(x+1)(x+\square)$
$=x^2+\square+2$

(2) $(\square+3y)(5x-3y)$
$=25x^2-\square$

ガイド (1) 上の□を㋐，下の□を㋑とすると，$1\times$㋐$=2$，$(1+$㋐$)x=$㋑

(2) 上の□を㋒，下の□を㋓とすると，㋒$\times 5x=25x^2$，$(3y)^2=$㋓

解答 (1) （上から順に） **2，3x**　　(2) （上から順に） **5x，9y^2**

2節 因数分解

1 因数分解

CHECK! 確認したら ✓を書こう

教科書の要点

□**因数**

1つの式をいくつかの単項式(たんこうしき)や多項式の積の形に表すとき，その1つ1つの式を，もとの式の**因数**(いんすう)という。

例 $x^2+3x+2=(x+1)(x+2)$

$x+1$ と $x+2$ は x^2+3x+2 の因数である。

□**因数分解**

多項式を因数の積の形に表すことを，その多項式を**因数分解する**という。
因数分解は，展開を逆にみたものである。

例

$$x^2+3x+2 \ \underset{\text{展開}}{\overset{\text{因数分解}}{\rightleftarrows}}\ (x+1)(x+2)$$

□**共通な因数をくくり出す**

多項式の各項に共通な因数(共通因数ともいう)があるときには，分配法則を使って共通な因数をかっこの外にくくり出して因数分解する。

例 $2x+2y=2(x+y)$　←　$\boldsymbol{ab+ac=a(b+c)}$

分配法則を使って a をくくり出す

教科書 p.26

？ 次の図のような，正方形の紙と長方形の紙がある。
これらを使って，(1)，(2)のような長方形を作ってみよう。
また，面積はそれぞれどのような式で表せるだろうか。

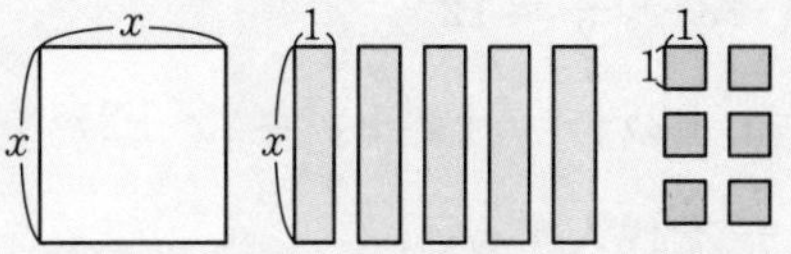

正方形A　　長方形B　　正方形C

(1) A1枚とB5枚をすき間なく並べてできる長方形

(2) A1枚，B5枚，C6枚をすき間なく並べてできる長方形

解答 (1) $\boldsymbol{x^2+5x}$　または，$\boldsymbol{x(x+5)}$

(2) $\boldsymbol{x^2+5x+6}$

　または，$\boldsymbol{(x+2)(x+3)}$

(1)

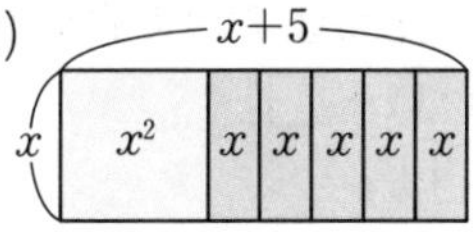

(2)

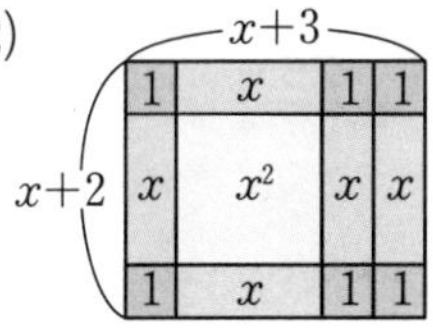

教科書 p.26

活動1 ?考えよう で，次のことが成り立つことがわかる。このことを確かめよう。

$x^2+5x=x(x+5)$ ……①

$x^2+5x+6=(x+2)(x+3)$ ……②

(1) 式①と②で，右辺の式を展開すると，左辺の式になることを確かめなさい。

ガイド ①は分配法則，②は公式1を使って展開すればよい。

解答 (1) ① $x(x+5)=x^2+5x$

② $(x+2)(x+3)=x^2+(2+3)x+2\times3=x^2+5x+6$

教科書 p.26

たしかめ1 活動1 の式②から，x^2+5x+6 は，どんな因数の積になっていますか。

解答 **因数 $\boldsymbol{x+2}$ と $\boldsymbol{x+3}$ の積**

教科書 p.27

たしかめ2 次の式の各項に共通な因数をいい，因数分解しなさい。

(1) $5x+5y$　(2) $ax+ay$

ガイド (1) $5x+5y$ の項は，$5x$ と $5y$ である。

(2) $ax+ay$ の項は，ax と ay である。

解答 (1) 共通な因数…… **5**　$5x+5y=5\times x+5\times y=\boldsymbol{5(x+y)}$

(2) 共通な因数…… $\boldsymbol{a}$　$ax+ay=a\times x+a\times y=\boldsymbol{a(x+y)}$

教科書 p.27

Q1 次の多項式の各項に共通な因数をいい，因数分解しなさい。

(1) $ax+bx$　(2) p^2-2p　(3) y^2+xy+y

解答 (1) 共通な因数…… $\boldsymbol{x}$　$ax+bx=\boldsymbol{x(a+b)}$

(2) 共通な因数…… $\boldsymbol{p}$　$p^2-2p=\boldsymbol{p(p-2)}$

(3) 共通な因数…… $\boldsymbol{y}$　$y^2+xy+y=\boldsymbol{y(y+x+1)}$

教科書 p.27

たしかめ3 $3x^2+6xy$ の各項に共通な因数をいい，因数分解しなさい。

ガイド $3x^2+6xy$ の項は，$3x^2$ と $6xy$ である。

解答 共通な因数…… $\boldsymbol{3x}$　$3x^2+6xy=3x\times x+3x\times2y=\boldsymbol{3x(x+2y)}$

教科書 p.27

Q2 次の多項式の各項に共通な因数をいい，因数分解しなさい。

(1) $4ax+2bx$　(2) $12xy-18xy^2$

(3) $3ax^2+6ax+9a$

プラス・ワン $12x^2y-8xy^2-4xy$

ガイド 各項に共通な因数があるときには，分配法則を使って共通な因数をかっこの外にくくり出して因数分解する。

解答 (1) 共通な因数…… $\boldsymbol{2x}$　$4ax+2bx=\boldsymbol{2x(2a+b)}$

(2) 共通な因数…… $\boldsymbol{6xy}$　$12xy-18xy^2=\boldsymbol{6xy(2-3y)}$

(3) 共通な因数……$\boldsymbol{3a}$　　$3ax^2+6ax+9a=\boldsymbol{3a(x^2+2x+3)}$

プラス・ワン

共通な因数……$\boldsymbol{4xy}$

$12x^2y-8xy^2-4xy=\boldsymbol{4xy(3x-2y-1)}$

② 公式による因数分解

CHECK! 確認したら✓を書こう

教科書の要点

□公式1′　$x^2+(a+b)x+ab=(x+a)(x+b)$（$a+b$：和，ab：積）

例 $x^2+7x+10$ を因数分解するには，積が10で，和が7になる2つの数を見つける。（7：和，10：積）

$x^2+7x+10=(x+2)(x+5)$

□公式2′　$x^2+2ax+a^2=(x+a)^2$

□公式3′　$x^2-2ax+a^2=(x-a)^2$

□公式4′　$x^2-a^2=(x+a)(x-a)$

教科書 p.28

？ 次の図のような，正方形A1枚，長方形B6枚，正方形C8枚をすべて使って1つの長方形を作ってみよう。

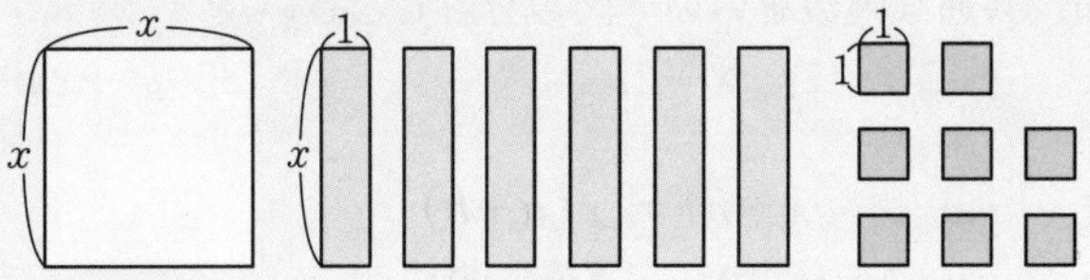

ガイド 教科書の巻末の付録を使って，実際に長方形を作ってみよう。

解答

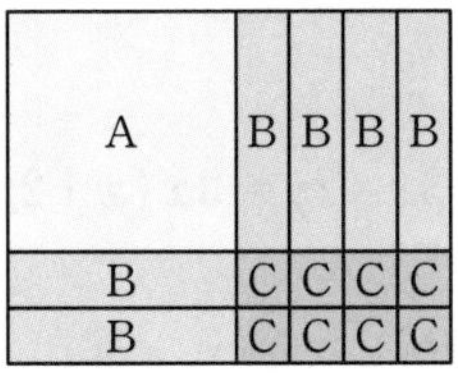

辺の長さと面積を表すと，このようになる。

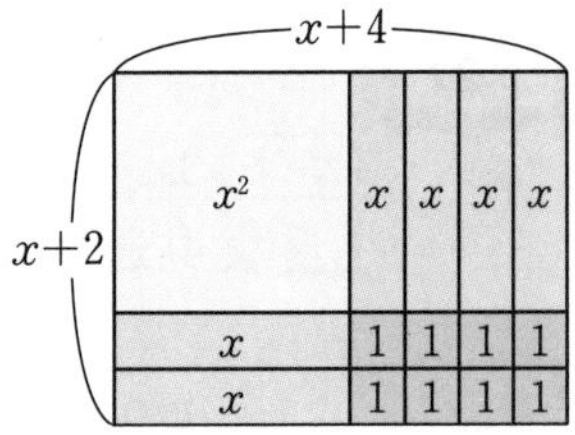

教科書 p.28

活動1 x^2+6x+8 の因数分解のしかたを考えよう。
因数分解は展開を逆にみたものであるから，
$x^2+(a+b)x+ab$ は次のように因数分解できる。

$$x^2+(a+b)x+ab=(x+a)(x+b)$$

x^2+6x+8 を因数分解するには，$ab=8$，$a+b=6$
となる2つの数 a，b を見つければよい。

(1) 積が8になる整数の組をいいなさい。
(2) (1)の整数の組の中で，和が6になる組をいいなさい。
(3) x^2+6x+8 を因数分解しなさい。

和が6		積が8
×	←	1 と 8
□	←	2 と 4
□	←	□ と □
□	←	□ と □

解答 (1) **1と8，2と4，−1と−8，−2と−4**
(2) **2と4**
(3) $x^2+6x+8=\boldsymbol{(x+2)(x+4)}$

和が6		積が8
×	←	1 と 8
○	←	2 と 4
×	←	−1 と −8
×	←	−2 と −4

教科書 p.29

たしかめ1 次の式を因数分解しなさい。
(1) x^2+9x+8　　(2) x^2-5x+6

ガイド 公式1′ $x^2+(a+b)x+ab=(x+a)(x+b)$ を使う。
(1) 積が8となる整数の組のうち，和が9になるのは，1と8
(2) 積が6となる整数の組のうち，和が−5になるのは，−2と−3

解答 (1) $x^2+9x+8=\boldsymbol{(x+1)(x+8)}$
(2) $x^2-5x+6=\boldsymbol{(x-2)(x-3)}$

教科書 p.29

Q1 次の式を因数分解しなさい。
(1) x^2+8x+7　　(2) $x^2+9x+14$
(3) $x^2-7x+12$　　(4) $x^2-11x+18$
プラス・ワン① $x^2-11x+24$

ガイド (1) 積が7で和が8　　(2) 積が14で和が9
(3) 積が12で和が−7　　(4) 積が18で和が−11
プラス・ワン① 積が24で和が−11

解答 (1) $x^2+8x+7=\boldsymbol{(x+1)(x+7)}$　　(2) $x^2+9x+14=\boldsymbol{(x+2)(x+7)}$
(3) $x^2-7x+12=\boldsymbol{(x-3)(x-4)}$　　(4) $x^2-11x+18=\boldsymbol{(x-2)(x-9)}$
プラス・ワン① $x^2-11x+24=\boldsymbol{(x-3)(x-8)}$

教科書 p.29

たしかめ2 次の式を因数分解しなさい。
(1) x^2+4x-5　　(2) x^2-5x-6

ガイド 公式1′を使う。
(1) 積が−5となる整数の組のうち，和が4になるのは，−1と5

(2) 積が-6となる整数の組のうち，和が-5になるのは，1と-6

解答 (1) $x^2+4x-5=\boldsymbol{(x-1)(x+5)}$

(2) $x^2-5x-6=\boldsymbol{(x+1)(x-6)}$

教科書 p.29

Q2 次の式を因数分解しなさい。

(1) x^2-7x-8　(2) $x^2+3x-10$

(3) x^2+x-12　(4) $y^2+2y-35$

プラス・ワン② $x^2-10x-24$

ガイド (1) 積が-8で和が-7　(2) 積が-10で和が3

(3) 積が-12で和が1　(4) 積が-35で和が2

プラス・ワン② 積が-24で和が-10

解答 (1) $x^2-7x-8=\boldsymbol{(x+1)(x-8)}$　(2) $x^2+3x-10=\boldsymbol{(x+5)(x-2)}$

(3) $x^2+x-12=\boldsymbol{(x+4)(x-3)}$　(4) $y^2+2y-35=\boldsymbol{(y+7)(y-5)}$

プラス・ワン② $x^2-10x-24=\boldsymbol{(x+2)(x-12)}$

教科書 p.29

Q3 次の式を因数分解しなさい。

(1) x^2+7x+6　(2) $x^2-8x+15$　(3) x^2+2x-8

(4) a^2-a-30　(5) $y^2-3y-28$　(6) $x^2-10x+25$

プラス・ワン③ (1) $-18-7x+x^2$　(2) $8x-20+x^2$

ガイド (1) 積が6で和が7　(2) 積が15で和が-8

(3) 積が-8で和が2　(4) 積が-30で和が-1

(5) 積が-28で和が-3　(6) 積が25で和が-10

プラス・ワン③ (1) 項を並べかえて，$x^2-7x-18$としてから，公式1′を使う。
積が-18で和が-7

(2) 項を並べかえて，$x^2+8x-20$としてから，公式1′を使う。
積が-20で和が8

解答 (1) $x^2+7x+6=\boldsymbol{(x+1)(x+6)}$　(2) $x^2-8x+15=\boldsymbol{(x-3)(x-5)}$

(3) $x^2+2x-8=\boldsymbol{(x+4)(x-2)}$　(4) $a^2-a-30=\boldsymbol{(a+5)(a-6)}$

(5) $y^2-3y-28=\boldsymbol{(y+4)(y-7)}$　(6) $x^2-10x+25=(x-5)(x-5)$
$=\boldsymbol{(x-5)^2}$

プラス・ワン③ (1) $-18-7x+x^2=x^2-7x-18=\boldsymbol{(x+2)(x-9)}$

(2) $8x-20+x^2=x^2+8x-20=\boldsymbol{(x-2)(x+10)}$

教科書 p.30

活動4 次の多項式ア～オを公式1′を使って因数分解し，特徴(とくちょう)を調べよう。

ア x^2+6x+8　イ x^2+6x+9　ウ x^2+6x-7

エ x^2+5x+4　オ $x^2-8x+16$

(1) ア～オのうち，(1次式)^{2}の形に因数分解できる式はどれですか。

(2) (1)で選んだ式の定数項は，xの係数とどのような関係がありますか。

解答 ア $x^2+6x+8=\boldsymbol{(x+2)(x+4)}$

イ $x^2+6x+9=(x+3)(x+3)=\boldsymbol{(x+3)^2}$

ウ $x^2+6x-7=\boldsymbol{(x-1)(x+7)}$

エ $x^2+5x+4=\boldsymbol{(x+1)(x+4)}$

オ $x^2-8x+16=(x-4)(x-4)=\boldsymbol{(x-4)^2}$

(1) **イ，オ**

(2) **定数項はxの係数の$\frac{1}{2}$の2乗になっている。**

教科書 p.30

たしかめ3 次の□にあてはまる数をいいなさい。

$x^2-10x+25=(x-\square)^2$

ガイド $x^2-10x+25=x^2-2\times5\times x+5^2=(x-5)^2$

解答 **5**

教科書 p.30

Q4 次の式を因数分解しなさい。

(1) $x^2+8x+16$　(2) $x^2-8x+16$

(3) x^2-4x+4　(4) y^2-2y+1

プラス・ワン① $x^2+\frac{2}{3}x+\frac{1}{9}$

ガイド 定数項がある数aの2乗になっているときは，公式2′や3′が使えるかxの係数を見る。xの係数がaの2倍になっていれば公式2′ $x^2+2ax+a^2=(x+a)^2$，-2倍になっていれば，公式3′ $x^2-2ax+a^2=(x-a)^2$が使える。

(1) $16=4^2$，$8=2\times4$だから，公式2′を使う。公式2′で$a=4$

(2) $16=4^2$，$-8=-2\times4$だから，公式3′を使う。公式3′で$a=4$

(3) $4=2^2$，$-4=-2\times2$だから，公式3′を使う。公式3′で$a=2$

(4) 文字がxでない場合も同様に考えればよい。
$1=1^2$，$-2=-2\times1$だから，公式3′を使う。公式3′で$x=y$，$a=1$

プラス・ワン① $\frac{1}{9}=\left(\frac{1}{3}\right)^2$，$\frac{2}{3}=2\times\frac{1}{3}$だから，公式2′を使う。公式2′で$a=\frac{1}{3}$

解答 (1) $x^2+8x+16=x^2+2\times4\times x+4^2=\boldsymbol{(x+4)^2}$

(2) $x^2-8x+16=x^2-2\times4\times x+4^2=\boldsymbol{(x-4)^2}$

(3) $x^2-4x+4=x^2-2\times2\times x+2^2=\boldsymbol{(x-2)^2}$

(4) $y^2-2y+1=y^2-2\times1\times y+1^2=\boldsymbol{(y-1)^2}$

プラス・ワン① $x^2+\frac{2}{3}x+\frac{1}{9}=x^2+2\times\frac{1}{3}\times x+\left(\frac{1}{3}\right)^2=\boldsymbol{\left(x+\frac{1}{3}\right)^2}$

教科書 p.31

活動6 x^2-25 を因数分解しよう。

(1) x^2-25 は，公式 4′で a がいくつのときですか。

(2) x^2-25 を因数分解しなさい。

解答 (1) $x^2-25=x^2-5^2$ より，$\boldsymbol{a=5}$

(2) $x^2-25=x^2-5^2=\boldsymbol{(x+5)(x-5)}$

教科書 p.31

Q5 次の式を因数分解しなさい。

(1) x^2-49　　(2) x^2-64

(3) $1-x^2$　　(4) $n^2-0.09$

プラス・ワン② (1) $81-x^2$　　(2) $y^2-\frac{1}{36}$

解答 (1) 公式 4′で，$a=7$　　$x^2-49=x^2-7^2=\boldsymbol{(x+7)(x-7)}$

(2) 公式 4′で，$a=8$　　$x^2-64=x^2-8^2=\boldsymbol{(x+8)(x-8)}$

(3) 公式 4′で，$x=1$，$a=x$　　$1-x^2=1^2-x^2=\boldsymbol{(1+x)(1-x)}$

(4) 公式 4′で，$x=n$，$a=0.3$　　$n^2-0.09=n^2-0.3^2=\boldsymbol{(n+0.3)(n-0.3)}$

プラス・ワン②

(1) 公式 4′で，$x=9$，$a=x$　　$81-x^2=9^2-x^2=\boldsymbol{(9+x)(9-x)}$

(2) 公式 4′で，$x=y$，$a=\frac{1}{6}$　　$y^2-\frac{1}{36}=y^2-\left(\frac{1}{6}\right)^2=\boldsymbol{\left(y+\frac{1}{6}\right)\left(y-\frac{1}{6}\right)}$

教科書 p.31

Q6 因数分解の公式のどれを使えばよいかを考えて，次の式を因数分解しなさい。

(1) $x^2+15x+36$　　(2) $x^2+16x-36$

(3) $x^2-12x+36$　　(4) x^2-36

ガイド 因数分解のどの公式を使えばよいか，式を見てよく考えよう。

(1) 数の項が＋36で 6 の 2 乗になっているが，x の係数は 6 の 2 倍ではないので，公式 1′を使う。積が36で，和が15

(2) 数の項が－36で，x の係数が16だから，公式 1′を使う。積が－36で，和が16

(3) 数の項が＋36で 6 の 2 乗になっていて，x の係数が 6 の－2倍だから，公式 3′を使う。

(4) $36=6^2$ だから，$x^2-36=x^2-6^2$ となり，公式 4′が使える。

解答 (1) $x^2+15x+36=\boldsymbol{(x+3)(x+12)}$

(2) $x^2+16x-36=\boldsymbol{(x+18)(x-2)}$

(3) $x^2-12x+36=x^2-2\times6\times x+6^2=\boldsymbol{(x-6)^2}$

(4) $x^2-36=\boldsymbol{(x+6)(x-6)}$

教科書 p.31

Q7 次の式を因数分解しなさい。

(1) x^2+4x+4　(2) $-x^2+9$　(3) $x^2-5x-36$

プラス・ワン③ $\dfrac{1}{4}+x+x^2$

ガイド 因数分解のどの公式を使えばよいか，式を見てよく考えよう。

(1) 数の項が2の2乗になっていて，x の係数が2の2倍 $(4=2^2,\ 4=2\times2)$ だから，公式2′を使う。

(2) まず，公式が使えるように項を並べかえる。
$-x^2+9=9-x^2$ とすると，$9=3^2$ だから，公式4′が使える。
あるいは，$-x^2+9=-(x^2-9)$ として，公式4′を使ってもよい。

(3) 数の項が-36で，x の係数が-5だから，公式1′を使う。積が-36で，和が-5

プラス・ワン③ $\dfrac{1}{4}$ は $\dfrac{1}{2}$ の2乗で，x の係数の1は $\dfrac{1}{2}$ の2倍なので，公式2′が使える。公式2′で $x=\dfrac{1}{2}$，$a=x$
項を並べかえてから公式を使ってもよい。

解答 (1) $x^2+4x+4=\boldsymbol{(x+2)^2}$

(2) $-x^2+9=9-x^2=\boldsymbol{(3+x)(3-x)}$

(3) $x^2-5x-36=\boldsymbol{(x+4)(x-9)}$

プラス・ワン③ $\dfrac{1}{4}+x+x^2=\boldsymbol{\left(\dfrac{1}{2}+x\right)^2}$

③ いろいろな式の因数分解

CHECK! 確認したら✓を書こう

教科書の要点

□いろいろな式の因数分解	各項に共通な因数があれば，まずそれをくくり出してから，次に公式1′〜4′を使う。 例 $3x^2-9x+6=3(x^2-3x+2)=3(x-1)(x-2)$
□やや複雑な式の因数分解	複雑な式の因数分解では，多項式の一部を他の文字に置きかえて因数分解し，置きかえた文字をもとの式に戻(もど)す方法がある。 例 $(x-2)^2+5(x-2)+4$ $x-2$ を A と置くと， $A^2+5A+4=(A+1)(A+4)$ $=\{(x-2)+1\}\{(x-2)+4\}$ $=(x-1)(x+2)$

教科書 p.32

Q1 次の式を因数分解しなさい。

(1) $3ax^2-6ax-9a$　(2) $3x^2-18x-48$

(3) $ax^2-8ax+16a$　(4) ab^2-4a

(5) $-3xy^2+3xy+36x$

ガイド 各項に共通な因数があるときは，まず共通な因数をかっこの外にくくり出し，それからどの公式が使えるか考える。

(1)　各項から$3a$をくくり出す。次に公式1′を使う。

(2)　各項から3をくくり出す。次に公式1′を使う。

(3)　各項からaをくくり出す。次に公式3′を使う。

(4)　各項からaをくくり出す。次に公式4′を使う。

(5)　各項から$-3x$をくくり出す。次に公式1′を使う。

解答 (1)　$3ax^2-6ax-9a=3a(x^2-2x-3)=\boldsymbol{3a(x+1)(x-3)}$

(2)　$3x^2-18x-48=3(x^2-6x-16)=\boldsymbol{3(x+2)(x-8)}$

(3)　$ax^2-8ax+16a=a(x^2-8x+16)=\boldsymbol{a(x-4)^2}$

(4)　$ab^2-4a=a(b^2-4)=\boldsymbol{a(b+2)(b-2)}$

(5)　$-3xy^2+3xy+36x=-3x(y^2-y-12)=\boldsymbol{-3x(y+3)(y-4)}$

教科書 p.32

Q2 次の式を因数分解しなさい。

(1)　$x^2+9xy+20y^2$　　(2)　$x^2-xy-30y^2$

(3)　$4x^2+4x+1$　　(4)　$4x^2-20xy+25y^2$

(5)　$49x^2-16y^2$　　(6)　$-49+4a^2$

プラス・ワン①

(1)　$4x^2-20xy+16y^2$　　(2)　$25ax^2+20axy+4ay^2$

ガイド (1)　積が$20y^2$，和が$9y$だから，公式1′で，aを$4y$，bを$5y$とする。

(2)　積が$-30y^2$，和が$-y$だから，公式1′で，aを$5y$，bを$-6y$とする。

(3)　$4x^2=(2x)^2$，$1=1^2$であることに注目すると，公式2′が使える。

(4)　$4x^2=(2x)^2$，$25y^2=(5y)^2$であることに注目すると，公式3′が使える。

(5)　$49x^2=(7x)^2$，$16y^2=(4y)^2$であることに注目すると，公式4′が使える。

(6)　項を並べかえて，$4a^2-49$とする。次に，$4a^2=(2a)^2$，$49=7^2$であることに注目すると，公式4′が使える。

プラス・ワン① (1)　共通な因数4をくくり出してから，公式1′を使う。

(2)　共通な因数aをくくり出してから，公式2′を使う。

解答 (1)　$x^2+9xy+20y^2=x^2+(4y+5y)x+4y\times5y=\boldsymbol{(x+4y)(x+5y)}$

(2)　$x^2-xy-30y^2=x^2+\{5y+(-6y)\}x+5y\times(-6y)=\boldsymbol{(x+5y)(x-6y)}$

(3)　$4x^2+4x+1=(2x)^2+2\times1\times2x+1^2=\boldsymbol{(2x+1)^2}$

(4)　$4x^2-20xy+25y^2=(2x)^2-2\times5y\times2x+(5y)^2=\boldsymbol{(2x-5y)^2}$

(5)　$49x^2-16y^2=(7x)^2-(4y)^2=\boldsymbol{(7x+4y)(7x-4y)}$

(6)　$-49+4a^2=4a^2-49=(2a)^2-7^2=\boldsymbol{(2a+7)(2a-7)}$

プラス・ワン① (1)　$4x^2-20xy+16y^2$

$=4(x^2-5xy+4y^2)$

$=\boldsymbol{4(x-y)(x-4y)}$

(2)　$25ax^2+20axy+4ay^2$

$=a(25x^2+20xy+4y^2)$

$=\boldsymbol{a(5x+2y)^2}$

(1)　積が$4y^2$で，和が$-5y$となる2数は，$-y$と$-4y$だね。
(2)　$25x^2=(5x)^2$，$4y^2=(2y)^2$だから公式2′が使えそうだね。

教科書 p.33

活動3 $(a+1)^2-3(a+1)-4$ の因数分解のしかたを考えよう。

あおいさんの考え

$(a+1)^2-3(a+1)-4$ を展開して，同類項をまとめると…

カルロスさんの考え

$a+1$ を A と置くと，
$(a+1)^2-3(a+1)-4$
$=A^2-3A-4$

(1) あおいさんの考えで，因数分解しなさい。
(2) カルロスさんの考えで，因数分解しなさい。
(3) 2人の方法で因数分解した結果を比べなさい。

ガイド (1) まず式を展開して同類項をまとめてから，因数分解する。
(2) 式の中に共通部分 $a+1$ があることに着目し，$a+1$ を文字に置きかえて因数分解する。

解答 (1) $(a+1)^2-3(a+1)-4=a^2+2a+1-3a-3-4$
$=a^2-a-6$
$=\boldsymbol{(a+2)(a-3)}$

(2) $a+1$ を A と置くと，
$(a+1)^2-3(a+1)-4=A^2-3A-4$
$=(A+1)(A-4)$
$=\{(a+1)+1\}\{(a+1)-4\}$
$=\boldsymbol{(a+2)(a-3)}$

(3) **結果は同じになる。**

教科書 p.33

Q3 次の式を因数分解しなさい。

(1) $(x-7)^2+4(x-7)+3$　(2) $(a-3)^2-5(a-3)$
(3) $x^2-(y+2)^2$　(4) $a(x-1)+2(x-1)$

プラス・ワン② (1) $(a-b)x+(b-a)y$　(2) $(2x+3)^2-(x-3)^2$

ガイド (1)(2)(4) 式の中の共通部分を他の文字に置きかえて，因数分解する。
(3) $y+2$ を A と置いて因数分解する。

プラス・ワン②

(1) $(a-b)x+(b-a)y=(a-b)x-(a-b)y$ として，$a-b$ を A と置いて因数分解する。
(2) $2x+3$ を A，$x-3$ を B と置いて因数分解する。

解答 (1) $x-7$ を A と置くと，$(x-7)^2+4(x-7)+3=A^2+4A+3=(A+1)(A+3)$
$=\{(x-7)+1\}\{(x-7)+3\}=\boldsymbol{(x-6)(x-4)}$

(2) $a-3$ を A と置くと，$(a-3)^2-5(a-3)=A^2-5A=A(A-5)$
$=(a-3)\{(a-3)-5\}=\boldsymbol{(a-3)(a-8)}$

(3) $y+2$ を A と置くと，$x^2-(y+2)^2=x^2-A^2=(x+A)(x-A)$
$=\{x+(y+2)\}\{x-(y+2)\}=\boldsymbol{(x+y+2)(x-y-2)}$

(4) $x-1$ を A と置くと，$a(x-1)+2(x-1)=aA+2A$
$=A(a+2)=\boldsymbol{(x-1)(a+2)}$

プラス・ワン②

(1) $(a-b)x+(b-a)y=(a-b)x-(a-b)y$ として，$a-b$ を A と置くと，
$(a-b)x-(a-b)y=Ax-Ay=A(x-y)=\boldsymbol{(a-b)(x-y)}$

(2) $2x+3$ を A，$x-3$ を B と置くと，
$(2x+3)^2-(x-3)^2=A^2-B^2=(A+B)(A-B)$
$=\{(2x+3)+(x-3)\}\{(2x+3)-(x-3)\}=\boldsymbol{3x(x+6)}$

教科書 p.33

Q4 $ab+a+2(b+1)$ を因数分解しなさい。

プラス・ワン③ $2xy+y-2x-1$

ガイド 共通な因数を見つけて，式の中に共通な部分がつくれないか考えよう。

解答 $ab+a+2(b+1)=a(b+1)+2(b+1)$
$b+1$ を A と置くと，
$a(b+1)+2(b+1)=aA+2A=A(a+2)=\boldsymbol{(b+1)(a+2)}$

プラス・ワン③ $2xy+y-2x-1=y(2x+1)-(2x+1)$
$2x+1$ を A と置くと，
$y(2x+1)-(2x+1)=yA-A=A(y-1)=\boldsymbol{(2x+1)(y-1)}$

4 因数分解の公式の利用

CHECK! 確認したら ✓を書こう

教科書の要点

□因数分解の公式の利用　因数分解の公式を利用すると，計算が簡単になることがある。

例 $\boldsymbol{101^2-99^2}$
公式 4′を利用すると，
$\boldsymbol{101^2-99^2=(101+99)(101-99)=200\times2=400}$

□式の値　式の値を求めるとき，初めの式にそのまま代入するよりも，式を因数分解してから数を代入するほうがよい場合がある。

教科書 p.34

Q1 次の式を工夫して計算しなさい。

(1) 53^2-47^2　　(2) 175^2-125^2

(3) $15^2\times3.14-5^2\times3.14$

ガイド (1)(2) 因数分解の公式 4′ $x^2-a^2=(x+a)(x-a)$を利用する。
(3) 共通な因数3.14をまずくくり出し，次に公式 4′を利用する。

解答 (1) $53^2-47^2=\boldsymbol{(53+47)(53-47)=100\times6=600}$

(2) $175^2-125^2=\boldsymbol{(175+125)(175-125)=300\times50=15000}$

(3) $15^2\times3.14-5^2\times3.14=\boldsymbol{3.14\times(15^2-5^2)}$
$\boldsymbol{=3.14\times(15+5)(15-5)}$
$\boldsymbol{=3.14\times20\times10}$
$\boldsymbol{=628}$

教科書 p.34

活動2 $x=27$ のときの，式 x^2+6x+9 の値を求めよう。

x^2+6x+9 にそのまま代入すると…（ゆうと）

x^2+6x+9 を因数分解してから代入すると…（さくら）

(1) 2人の考えを比べて，気づいたことをいいなさい。

(2) 式の値を求めなさい。

ガイド (2) x^2+6x+9 は，$9=3^2$，$6=2\times3$ より，因数分解の公式2′が使える。

解答 (1) (例)どちらの考えでも求められるけれど，**さくらさんの考えで求めるほうが，計算が簡単にできそうである。**

(2) ゆうとさんの考え

$x^2+6x+9=27^2+6\times27+9=729+162+9=\mathbf{900}$

さくらさんの考え

$x^2+6x+9=(x+3)^2$

この式に $x=27$ を代入すると，

$(x+3)^2=(27+3)^2=30^2=\mathbf{900}$

教科書 p.34

Q2 次の(1)，(2)に答えなさい。

(1) $x=56$ のときの，式 $x^2-12x+36$ の値を求めなさい。

(2) $x=55$，$y=45$ のときの，式 x^2-y^2 の値を求めなさい。

ガイド 初めの式にそのまま代入せず，式を因数分解してから数を代入するとよい。

解答 (1) $x^2-12x+36=(x-6)^2$

$x=56$ を代入すると，

$(x-6)^2=(56-6)^2=50^2=\mathbf{2500}$

(2) $x^2-y^2=(x+y)(x-y)$

$x=55$，$y=45$ を代入すると，

$(x+y)(x-y)=(55+45)(55-45)=100\times10=\mathbf{1000}$

たしかめよう

教科書 p.35

1 次の式を因数分解しなさい。

(1) $5ax-25bx$　　(2) $3x^2y+xy$

(3) $4xy^2-2xy$　　(4) a^2b+2ab^2

ガイド 各項に共通な因数を残らずくくり出す。

解答 (1) $5ax-25bx=\mathbf{5x(a-5b)}$　　(2) $3x^2y+xy=\mathbf{xy(3x+1)}$

(3) $4xy^2-2xy=\mathbf{2xy(2y-1)}$　　(4) $a^2b+2ab^2=\mathbf{ab(a+2b)}$

教科書 p.35

2 次の式を因数分解しなさい。

(1) x^2+3x+2　　(2) x^2-6x+8

(3) x^2-x-12　　(4) $x^2+16x+64$

(5) $x^2-12x+36$　　(6) x^2-144

ガイド 因数分解のどの公式が使えるか，数の項や x の係数をよく見て考えよう。

(1)~(3) 公式 1′ $x^2+(a+b)x+ab=(x+a)(x+b)$ を使う。

(4) 公式 2′ $x^2+2ax+a^2=(x+a)^2$ を使う。

(5) 公式 3′ $x^2-2ax+a^2=(x-a)^2$ を使う。

(6) 公式 4′ $x^2-a^2=(x+a)(x-a)$ を使う。

解答 (1) $x^2+3x+2=\boldsymbol{(x+1)(x+2)}$

(2) $x^2-6x+8=\boldsymbol{(x-2)(x-4)}$

(3) $x^2-x-12=\boldsymbol{(x+3)(x-4)}$

(4) $x^2+16x+64=\boldsymbol{(x+8)^2}$

(5) $x^2-12x+36=\boldsymbol{(x-6)^2}$

(6) $x^2-144=x^2-12^2=\boldsymbol{(x+12)(x-12)}$

教科書 p.35

3 次の□にあてはまる数や式を求めなさい。

(1) $x^2+\square-8=(x-2)(x+\square)$　　(2) $x^2-16x+\square=(x-\square)^2$

ガイド 左辺の□を㋐，右辺の□を㋑とする。

(1) 公式 1′で，$-2\times$㋑$=-8$，㋑$=4$ → $(-2+4)x=$㋐

(2) 公式 3′で，$2\times$㋑$\times x=16x$，㋑$=8$ → $8^2=$㋐

解答 (1) **$2x$，4**　　(2) **64，8**

教科書 p.35

4 次の式を因数分解しなさい。

(1) $3x^2-15x-18$　　(2) $a^2-4ab+4b^2$

(3) ax^2-ay^2　　(4) $4x^2+16xy+16y^2$

ガイド (1)(3)(4) 各項に共通な因数をくくり出してから，(1)は公式 1′，(3)は公式 4′，(4)は公式 2′を使う。

(2) $4b^2=(2b)^2$，$-4ab=-2\times2b\times a$ だから，公式 3′を使う。

解答 (1) $3x^2-15x-18=3(x^2-5x-6)$

$=\boldsymbol{3(x+1)(x-6)}$

(2) $a^2-4ab+4b^2=\boldsymbol{(a-2b)^2}$

(3) $ax^2-ay^2=a(x^2-y^2)$

$=\boldsymbol{a(x+y)(x-y)}$

(4) $4x^2+16xy+16y^2=4(x^2+4xy+4y^2)$

$=\boldsymbol{4(x+2y)^2}$

公式 1′ $x^2+(a+b)x+ab=(x+a)(x+b)$
公式 2′ $x^2+2ax+a^2=(x+a)^2$
公式 3′ $x^2-2ax+a^2=(x-a)^2$
公式 4′ $x^2-a^2=(x+a)(x-a)$
だったね。

教科書 p.35

5 次の式を因数分解しなさい。

(1) $(x-2)^2-6(x-2)+5$　　(2) $ab-a+(b-1)$

ガイド (1) 共通部分 $x-2$ を A と置いて因数分解する。

(2) $ab-a$ と $b-1$ に分けて共通な部分を見つける。

解答 (1) $x-2$ を A と置くと,

$$\begin{aligned}(x-2)^2-6(x-2)+5&=A^2-6A+5\\&=(A-1)(A-5)\\&=\{(x-2)-1\}\{(x-2)-5\}\\&=\boldsymbol{(x-3)(x-7)}\end{aligned}$$

(2) $ab-a+(b-1)=a(b-1)+(b-1)$

$b-1$ を A と置くと,

$$\begin{aligned}a(b-1)+(b-1)&=aA+A\\&=A(a+1)\\&=(b-1)(a+1)\\&=\boldsymbol{(a+1)(b-1)}\end{aligned}$$

教科書 p.35

6 $x=85$, $y=15$ のときの, 次の式の値を求めなさい。

(1) x^2-y^2　　(2) $x^2+2xy+y^2$

ガイド 式にそのまま代入するよりも, 式を因数分解してから数を代入するほうが計算しやすい。

解答 (1) $x^2-y^2=(x+y)(x-y)$

$x=85$, $y=15$ を代入すると,

$(x+y)(x-y)=(85+15)(85-15)=100\times70=\mathbf{7000}$

(2) $x^2+2xy+y^2=(x+y)^2$

$x=85$, $y=15$ を代入すると,

$(x+y)^2=(85+15)^2=100^2=\mathbf{10000}$

3節 式の利用

1 式を利用して数の性質を調べよう

CHECK! 確認したら✓を書こう

教科書の要点

□連続する整数の表し方	連続する2つの整数は，n，$n+1$ または，$n-1$，n と表す。 連続する3つの整数は，n，$n+1$，$n+2$ または，$n-1$，n，$n+1$ と表す。
□偶数，奇数の表し方	異なる2つの偶数は，$2m$，$2n$ と表す。 異なる2つの奇数は，$2m+1$，$2n+1$ または，$2m-1$，$2n-1$ と表す。

教科書 p.36~37

マイさんは上の数の列(教科書36ページ)について，次のように予想した。

A　2　4 ←連続する2つの偶数（ぐうすう）
　↘↙ 2×4
B　8
　↓ $8+1$
C　$9=3^2$ ←奇数（きすう）の2乗

〈予想〉連続する2つの偶数の積に1を加えた数は，奇数の2乗になる。

マイさんが予想したことがらについて調べよう。

(1) マイさんの予想が，ほかの数でも成り立つかどうかを調べなさい。

(2) n を整数として，連続する2つの偶数を，それぞれ n を使って表しなさい。

(3) マイさんは，予想したことがらが成り立つことを次のように証明しました。

連続する2つの偶数を $2n$，$2n+2$ とすると，

$$2n(2n+2)+1=4n^2+4n+1$$
$$=(\boxed{})^2$$

n は整数だから，$\boxed{}$ は奇数である。
よって，連続する2つの偶数の積に1を加えると奇数の2乗になる。

$\boxed{}$ には同じ式が入ります。$\boxed{}$ にあてはまる式を書きなさい。

(4) マイさんは，(3)の証明から，ほかの性質もあることに気づきました。
どのような性質に気づいたのでしょうか。

連続する2つの偶数の積に1を加えた数は，
$\boxed{}$ となるね。

解答 (1) (例1)連続する2つの偶数が6と8の場合

$$6\times8+1=48+1=49=7^2$$

よって，マイさんの予想は**成り立つ**。

(例2)連続する2つの偶数が12と14の場合

$12\times14+1=168+1=169=13^2$

よって，マイさんの予想は**成り立つ**。

(2) **$2n$と$2n+2$，$2n-2$と$2n$**など。

(3) **$2n+1$**

(4) 連続する2つの偶数の積に1を加えた数は，**その2つの偶数の間にある奇数の2乗**となること。

教科書 p.37

Q1 連続する2つの奇数の積に1を加えた計算の結果について，次の(1)，(2)に答えなさい。

(1) いろいろな数で計算しなさい。また，その結果について，共通していえることは何ですか。

(2) (1)で考えたことがらが成り立つことを証明しなさい。

ガイド (2) 連続する2つの奇数は，nを整数とすると，$2n-1$，$2n+1$と表せる。

解答 (1) (例) 3と5の場合……$3\times5+1=16=4^2$

7と9の場合……$7\times9+1=64=8^2$

9と11の場合……$9\times11+1=100=10^2$

連続する2つの奇数の積に1を加えた数は，(その2つの奇数の間にある)**偶数の2乗**となる。

(2) nを整数として，連続する2つの奇数を$2n-1$，$2n+1$とすると，

$(2n-1)(2n+1)+1=4n^2-1+1=4n^2=(2n)^2$

nは整数だから，$2n$は(連続する2つの奇数の間にある)偶数である。

よって，連続する2つの奇数の積に1を加えた数は，(その2つの奇数の間にある)偶数の2乗となる。

教科書 p.37

学びにプラス 正しいかな？

「連続する2つの偶数の積から1をひくと，素数になる。」

このことは，いつでも成り立つといえるでしょうか。

$2\times4-1=7$　$4\times6-1=23$　$6\times8-1=47$　$8\times10-1=\cdots$

ガイド 連続する2つの偶数は，nを整数とすると，$2n$，$2n+2$と表せる。

また，素数は，自然数をいくつかの自然数の積で表すとき，1とその数自身の積の形でしか表せない数である。

解答 nを整数として，連続する2つの偶数を$2n$，$2n+2$とすると，

連続する2つの偶数の積から1をひいた数は，

$2n(2n+2)-1=4n^2+4n-1$

偶数は0も負の数もふくむので，$n=0\,(2n=0)$ の場合は，

$4n^2+4n-1=4\times0^2+4\times0-1=-1$

となり，素数ではない。

また，$n=-1(2n=-2)$ の場合も，

$4n^2+4n-1=4\times(-1)^2+4\times(-1)-1=4-4-1=-1$

となり，素数ではない。

よって，**いつでも成り立つとはいえない。**

② 図形の性質と式の利用

教科書 p.38

？ 神奈川県横浜市にある横浜マリンタワーの展望フロアは，タワーのまわりを囲む一定の幅の通路となっている。この展望フロアの面積を求めることはできるだろうか。

解答 省略(教科書38～39ページの活動1を参照)

教科書 p.38~39

活動1 ？考えよう で，つばささんは，タワーの断面を円とみると，展望フロアはタワーの断面の円と中心が同じで，半径が異なる2つの円で囲まれているとみることができると考えた。さらに，展望フロアの面積は，その中央を通る円の周の長さと展望フロアの幅との積で求められると考えた。

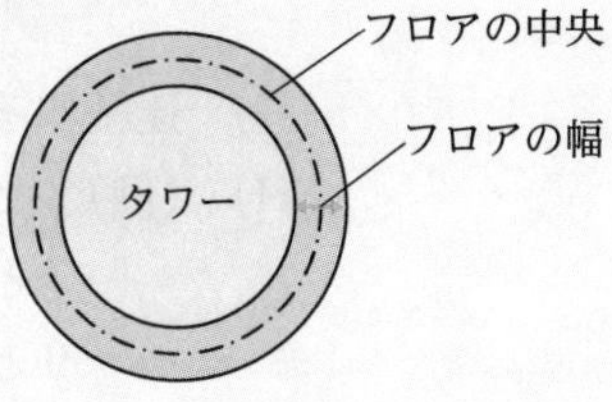

この考えが正しいといえるかどうかを調べよう。

(1) タワーの断面の円の半径を r m，展望フロアの中央を通る円の周の長さを ℓ m，展望フロアの幅を h m，展望フロアの面積を S m^{2}とすると，つばささんが考えたことは，$S=h\ell$ と表されます。

このことを，つばささんは次のように証明しました。

つばささんの考え

〈証明〉

$S=\pi(r+h)^2-\pi r^2$

$=\pi(r^2+2rh+h^2)-\pi r^2$

$=2\pi rh+\pi h^2$……①

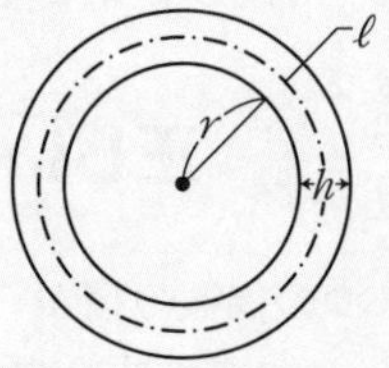

フロアの中心を通る円の半径は

$\left(r+\frac{h}{2}\right)$mであるから，

$\ell=2\pi\left(r+\frac{h}{2}\right)$

$=2\pi r+\pi h$

両辺に h をかけると，

$h\ell=2\pi rh+\pi h^2$……②

①，②から，$S=h\ell$

断面の円の半径 r がどんな値の場合でも，$S=h\ell$ が成り立ちますか。

解答 (1) **成り立つ**

教科書 p.39

Q1 右の図のように幅 a mの道に囲まれた正方形の池があります。正方形の池の一辺の長さを p m，道の真ん中を通る線の長さを ℓ m，道の面積を $S\,\mathrm{m}^2$ とするとき，$S=a\ell$ となることを証明しなさい。

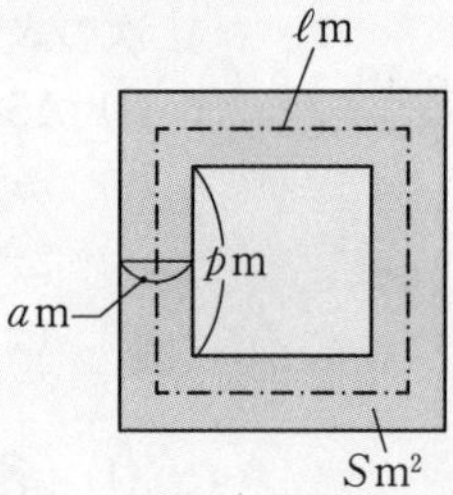

解答 道の真ん中を通る線の長さは，

$\ell=4(p+a)$ ……①

道の面積は，(池の面積と道の面積をあわせた正方形の面積)－(池の面積)より，

$$
\begin{aligned}
S&=(p+2a)^2-p^2\\
&=p^2+4ap+4a^2-p^2\\
&=4a(p+a) \quad \cdots\cdots ②
\end{aligned}
$$

①，②から，$S=a\ell$ となる。

1章をふり返ろう

教科書 p.40

1 次の計算をしなさい。

(1) $-2x(5x-9y)$　(2) $3a(a+2b-7)$

(3) $(6xy+9y)\div 3y$　(4) $(x-4)(2x-1)$

(5) $(y-5)(y-3)$　(6) $(x+6)^2$

(7) $(x+10)(x-10)$　(8) $(9a+5b)(9a-5b)$

(9) $(x-2)(x+6)-(x+3)(x-4)$　(10) $(2a+b-1)(2a+b+1)$

解答 (1) $-2x(5x-9y)=\boldsymbol{-10x^2+18xy}$

(2) $3a(a+2b-7)=\boldsymbol{3a^2+6ab-21a}$

(3) $(6xy+9y)\div 3y=\dfrac{6xy}{3y}+\dfrac{9y}{3y}=\boldsymbol{2x+3}$

(4) $(x-4)(2x-1)=2x^2-x-8x+4=\boldsymbol{2x^2-9x+4}$

(5) $(y-5)(y-3)=\boldsymbol{y^2-8y+15}$

(6) $(x+6)^2=\boldsymbol{x^2+12x+36}$

(7) $(x+10)(x-10)=\boldsymbol{x^2-100}$

(8) $(9a+5b)(9a-5b)=(9a)^2-(5b)^2=\boldsymbol{81a^2-25b^2}$

(9) $(x-2)(x+6)-(x+3)(x-4)=x^2+4x-12-(x^2-x-12)=\boldsymbol{5x}$

(10) $2a+b$ を A と置くと，

$$
\begin{aligned}
(2a+b-1)(2a+b+1)&=(A-1)(A+1)=A^2-1^2\\
&=(2a+b)^2-1=\boldsymbol{4a^2+4ab+b^2-1}
\end{aligned}
$$

教科書 p.40

2 次の式を因数分解しなさい。

(1) $15ax-5ay$　(2) $x^2+7x-30$

(3) m^2-81　(4) $a^2+14ab+49b^2$

(5) $2x^2y-8xy+8y$　(6) $x^2-2xy-24y^2$

(7) $(x+3)^2-(x+3)-20$　(8) $ab+5b-(a+5)$

ガイド (1) 各項に共通な因数 $5a$ をくくり出す。

(4) $49b^2=(7b)^2$，$14ab=2\times7b\times a$ だから，公式 2′を使う。

(5) まず，各項に共通な因数 $2y$ をくくり出す。

(6) 積が $-24y^2$，和が $-2y$

(7) 共通部分 $x+3$ を A と置いて因数分解する。

(8) $ab+5b$ を $b(a+5)$ とすると，共通な部分ができるので，文字に置きかえて因数分解する。

解答 (1) $15ax-5ay=\mathbf{5a(3x-y)}$　(2) $x^2+7x-30=\mathbf{(x+10)(x-3)}$

(3) $m^2-81=\mathbf{(m+9)(m-9)}$　(4) $a^2+14ab+49b^2=\mathbf{(a+7b)^2}$

(5) $2x^2y-8xy+8y=2y(x^2-4x+4)=\mathbf{2y(x-2)^2}$

(6) $x^2-2xy-24y^2=\mathbf{(x+4y)(x-6y)}$

(7) $x+3$ を A と置くと，$(x+3)^2-(x+3)-20=A^2-A-20=(A+4)(A-5)$

$=\{(x+3)+4\}\{(x+3)-5\}=\mathbf{(x+7)(x-2)}$

(8) $ab+5b-(a+5)=b(a+5)-(a+5)$

$a+5$ を A と置くと，

$b(a+5)-(a+5)=bA-A=A(b-1)=\mathbf{(a+5)(b-1)}$

教科書 p.40

3 奇数と奇数との積は奇数である。このことがらについて，次の(1)，(2)に答えなさい。

$5\times13=65$
$7\times19=133$

(1) 2つの奇数を，整数 m，n を使って表しなさい。

(2) 上のことがらが成り立つことを証明しなさい。

解答 (1) $\mathbf{2m+1}$，$\mathbf{2n+1}$

(2) (1)より，2つの奇数を，それぞれ $2m+1$，$2n+1$ とすると，

$(2m+1)(2n+1)=4mn+2m+2n+1=2(2mn+m+n)+1$

ここで，$2mn+m+n$ は整数だから，$2(2mn+m+n)+1$ は奇数である。

したがって，奇数と奇数との積は奇数である。

（2つの奇数を，それぞれ $2m-1$，$2n-1$ としても同様に証明できる。）

教科書 p.40

4 半径 a m の円形の花壇の中に，半径がそれより 8 m 短い円形の池を作りました。池を除いた花壇の面積を，a を使った式で表しなさい。

また，$a=10$ のときの花壇の面積を求めなさい。

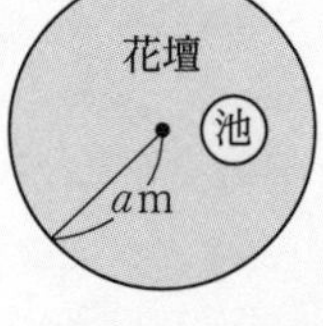

ガイド 池の半径は $(a-8)$m と表せる。

解答 花壇の面積は，

$\pi a^2-\pi(a-8)^2=\pi\{a^2-(a-8)^2\}=\pi\{a^2-(a^2-16a+64)\}$
$=\pi(16a-64)=\mathbf{16\pi(a-4)(m^2)}$

この式に，$a=10$ を代入すると，$16\pi(10-4)=16\pi\times6=\mathbf{96\pi(m^2)}$

教科書 p.40 学びのふり返り 5 展開や因数分解を利用する問題をつくって，お互（たが）いに解いてみましょう。

解答 展開する問題……（例１） $(x+3)(x+4)=x^2+7x+12$

（例２） $(2y-3)^2=(2y)^2-2\times3\times2y+3^2=4y^2-12y+9$

因数分解を利用する問題……（例１） $9xy-6xz=3x(3y-2z)$

（例２） $2x^2-18y^2=2(x^2-9y^2)$
$=2(x+3y)(x-3y)$

力をのばそう

教科書 p.41

1 次の式を因数分解しなさい。

(1) $4a^2x-16b^2x$　(2) $a^2(5b-3)+4(3-5b)$　(3) x^2-4y^2-x-2y

ガイド (1) 各項に共通な因数をくくり出してから因数分解する。

(2)(3) 項をうまく組み合わせて因数分解する。

解答 (1) $4a^2x-16b^2x=4x(a^2-4b^2)=\mathbf{4x(a+2b)(a-2b)}$

(2) $a^2(5b-3)+4(3-5b)=a^2(5b-3)-4(5b-3)$

$5b-3$ を A と置くと，$a^2(5b-3)-4(5b-3)=a^2A-4A=A(a^2-4)$
$=A(a+2)(a-2)=\mathbf{(5b-3)(a+2)(a-2)}$

(3) $x^2-4y^2-x-2y=(x^2-4y^2)-(x+2y)=(x+2y)(x-2y)-(x+2y)$

$x+2y$ を A と置くと，$(x+2y)(x-2y)-(x+2y)=A(x-2y)-A$
$=A\{(x-2y)-1\}=\mathbf{(x+2y)(x-2y-1)}$

教科書 p.41

2 次のことがらが成り立つことを証明しなさい。

「連続する３つの整数で，真ん中の整数の２乗から１をひいた差は，残りの２つの数の積に等しい。」

3，4，5 では，$4^2-1=15=3\times5$
9，10，11では，$10^2-1=99=9\times11$

ガイド 真ん中の整数を n とすると，連続する３つの整数は，$n-1$，n，$n+1$ と表せる。あるいは，いちばん小さい整数を n として，n，$n+1$，$n+2$ としてもよい。

解答 真ん中の整数を n として，連続する３つの整数を $n-1$，n，$n+1$ とすると，

$n^2-1=(n+1)(n-1)$

よって，連続する3つの整数で，真ん中の整数の2乗から1をひいた差は，残りの2つの数の積に等しい。

別解 nを整数として，連続する3つの整数をn，$n+1$，$n+2$とすると，

$$\begin{aligned}(n+1)^2-1&=n^2+2n+1-1\\&=n^2+2n\\&=n(n+2)\end{aligned}$$

よって，連続する3つの整数で，真ん中の整数の2乗から1をひいた差は，残りの2つの数の積に等しい。

教科書 p.41

3 7でわると4余る整数があります。この整数の2乗を7でわると，余りはいくつになりますか。また，それはなぜですか。

ガイド aでわるとb余る整数は，$an+b$（nは整数）と表すことがポイント。
7でわると4余る整数は，nを整数とすると，$7n+4$と表せる。これを2乗したものを，「$7\times$(整数)$+b$」の形で表すと，余りの数がわかる。

解答 nを整数とすると，7でわると4余る整数は，$7n+4$と表せる。

$$\begin{aligned}(7n+4)^2&=49n^2+56n+16\\&=7(7n^2+8n+2)+2\end{aligned}$$

$7n^2+8n+2$は整数だから，7でわると4余る整数の2乗は，$7\times$(整数)$+2$となる。よって，7でわると4余る整数の2乗を7でわると，余りは**2**になる。

教科書 p.41

4 右の図のように，線分ABを直径とする円があります。直径AB上に点Cをとり，線分AC，CBをそれぞれ直径とする半円をかき，図のように，色のついた部分Sとそれ以外の部分Tの2つの部分に分けました。
AC$=2a$，CB$=2b$とするとき，次の(1)，(2)に答えなさい。

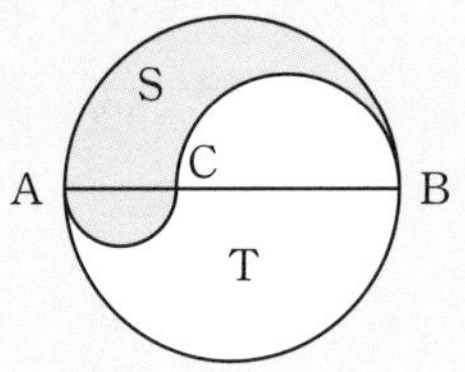

(1) ABを直径とする円の面積をa，bを使った式で表しなさい。
(2) SとTの面積をそれぞれ求めなさい。

ガイド (1) AB$=2a+2b$より，円の半径は，$(2a+2b)\div2=a+b$
(2) ACを直径とする円の半径は$2a\div2=a$，CBを直径とする円の半径は$2b\div2=b$である。文字を使ってSとTの面積をそれぞれ求める。
Sの面積は，(線分ABを直径とする半円の面積)－(線分CBを直径とする半円の面積)＋(線分ACを直径とする半円の面積)
Tの面積は，(線分ABを直径とする円の面積)－(Sの面積)

解答 (1) $\boldsymbol{\pi(a+b)^2}$

(2) $\mathrm{S}=\dfrac{1}{2}\times\pi(a+b)^2-\dfrac{1}{2}\times\pi b^2+\dfrac{1}{2}\times\pi a^2=\dfrac{1}{2}\pi\times\{(a+b)^2-b^2+a^2\}$

$=\dfrac{1}{2}\pi\times\{(a^2+2ab+b^2)-b^2+a^2\}=\dfrac{1}{2}\pi(2a^2+2ab)=\boldsymbol{\pi a(a+b)}$

$\mathrm{T}=\pi(a+b)^2-\pi a(a+b)=\pi(a+b)\{(a+b)-a\}=\boldsymbol{\pi b(a+b)}$

活用・探究 つながる・ひろがる・数学の世界

教科書 p.42

素早く計算できるわけを考えよう

けんいちさんは，一の位の数が5である2桁(けた)の自然数を2乗する計算を，素早(すばや)く行う方法をお兄さんから教えてもらいました。その方法を試(ため)しています。

$35^2=3\times(3+1)\times100+5^2$
$=1200+25$
$=1225$

$25^2=625$
$35^2=1225$
$45^2=2025$

この計算の方法について考えてみましょう。

(1) けんいちさんがお兄さんから教えてもらった計算方法を説明しましょう。

(2) 一の位の数が5である2桁の自然数をほかにも考えて，お兄さんの方法で計算しなさい。また，その答えと筆算で計算した答えが同じになることを確かめましょう。

(3) お兄さんの計算方法で正しく計算できることを，文字を使って説明しましょう。

十の位の数をnとすると，
一の位の数が5である2桁の自然数は，□と表せる。
$(\quad\quad)^2=$

解答 (1) 一の位の数が5である2桁の自然数を2乗すると，その答えは，**十の位の数とそれより1大きい数の積に100をかけたものと，$5^2(=25)$との和になる。**
（下2桁の数は25で，百の位以上の数は，十の位の数とそれより1大きい数との積になる。）

(2) （例1） $55^2=5\times(5+1)\times100+5^2$
$=3000+25$
$=3025$

（例2） $85^2=8\times(8+1)\times100+5^2$
$=7200+25$
$=7225$

（例1）
$$\begin{array}{r} 55\\ \times55\\ \hline 275\\ 275\ \\ \hline 3025 \end{array}$$

（例2）
$$\begin{array}{r} 85\\ \times85\\ \hline 425\\ 680\ \\ \hline 7225 \end{array}$$

どちらも**答えは筆算で計算した答えと同じになる。**

(3) 十の位の数をnとすると，一の位の数が5である2桁の自然数は，$\mathbf{10n+5}$と表せる。

$(\mathbf{10n+5})^2=(10n)^2+2\times5\times10n+5^2$
$=100n^2+100n+25$
$=100(n^2+n)+25$
$=100n(n+1)+25$

よって，一の位の数が5である2桁の自然数を2乗した数は，十の位の数とそれより1大きい数の積に100をかけたものと，$5^2(=25)$との和になる。

教科書 p.43

発展 学びにプラス　多項式を累乗する展開

(1)　$(x+1)^4$ を展開しましょう。

(2)　$x+1$ や $(x+1)^2$，$(x+1)^3$，$(x+1)^4$ を展開した式の各項の係数や定数項を並べると，次のようになります。これをもとに，$(x+1)^5$ や $(x+1)^6$ を展開した式の各項の係数や定数項について予想しましょう。

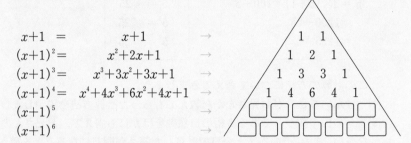

$x+1 = x+1$ →
$(x+1)^2 = x^2+2x+1$ →
$(x+1)^3 = x^3+3x^2+3x+1$ →
$(x+1)^4 = x^4+4x^3+6x^2+4x+1$ →
$(x+1)^5$ →
$(x+1)^6$ →

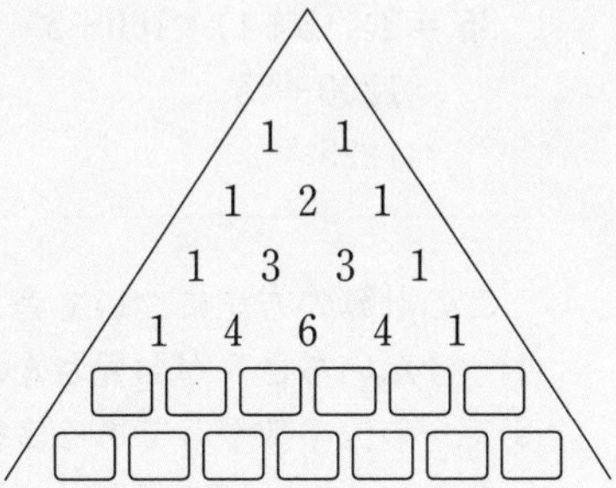

(3)　$(x+1)^5$，$(x+1)^6$ を展開し，(2)で予想したことを確かめましょう。

ガイド (2)　教科書43ページの数字の並んだ三角形の図を見ると，各段の数字は，両端は1で，それ以外は，右上の数と左上の数の和になっている。空欄にも続けて数を入れてみよう。

解答 (1)　$(x+1)^4=(x+1)(x+1)^3$
$=(x+1)(x^3+3x^2+3x+1)$
$=x^4+3x^3+3x^2+x+x^3+3x^2+3x+1$
$=\boldsymbol{x^4+4x^3+6x^2+4x+1}$

(2)

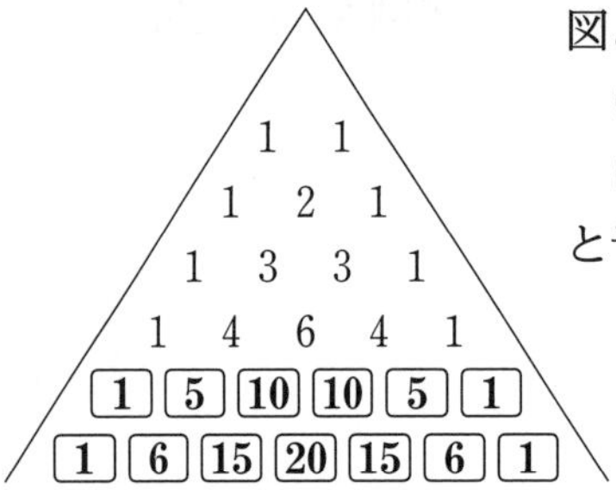

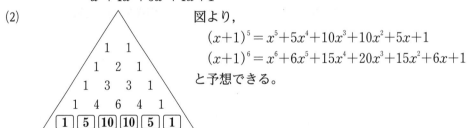

図より，
$(x+1)^5=x^5+5x^4+10x^3+10x^2+5x+1$
$(x+1)^6=x^6+6x^5+15x^4+20x^3+15x^2+6x+1$
と予想できる。

(3)　$(x+1)^5=(x+1)(x+1)^4$
$=(x+1)(x^4+4x^3+6x^2+4x+1)$
$=x^5+4x^4+6x^3+4x^2+x+x^4+4x^3+6x^2+4x+1$
$=\boldsymbol{x^5+5x^4+10x^3+10x^2+5x+1}$

$(x+1)^6=(x+1)(x+1)^5$
$=(x+1)(x^5+5x^4+10x^3+10x^2+5x+1)$
$=x^6+5x^5+10x^4+10x^3+5x^2+x+x^5+5x^4+10x^3+10x^2+5x+1$
$=\boldsymbol{x^6+6x^5+15x^4+20x^3+15x^2+6x+1}$

どちらも，予想したものと同じになった。

2章 平方根

教科書 p.44~45

正方形の１辺の長さは？

正方形の面積から１辺の長さを知ることはできるのでしょうか。

(1) 次の方眼(教科書44ページ)を使って，面積の値(あたい)が自然数になる正方形をかいてみましょう。

(2) (1)でかいた正方形の１辺の長さは何cmですか。

ガイド (1) 実際にいくつかかいてみよう。

(2) かいた正方形の１辺の長さをものさしで測ってみよう。

解答 (1)

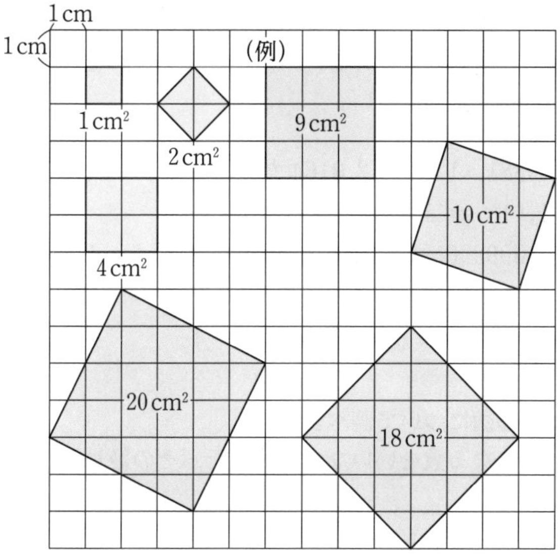

(2) (例) 9 cm² の正方形……3 cm，10 cm² の正方形……およそ 3.2 cm
18 cm² の正方形……およそ 4.2 cm，20 cm² の正方形……およそ 4.5 cm

1節 平方根

① 平方根とその表し方

CHECK! 確認したら ✓を書こう

教科書の要点

□平方根	「２乗すると a になる数」つまり，$x^2=a$ を成り立たせる x の値を a の平方根(へいほうこん)という。 例 $3^2=9$，$(-3)^2=9$ より，９の平方根は３と-3
□２つの平方根	正の数の平方根は２つあって，それらの絶対値は等しく，符号は異なる。 ０の平方根は０である。
□平方根の表し方	正の数 a の２つの平方根を，記号$\sqrt{\ }$を使って，平方根の正のほうを$\sqrt{a}$，負のほうを$-\sqrt{a}$のように表す。この記号$\sqrt{\ }$を根号(こんごう)といい，$\sqrt{a}$を「ルート a」と読む。 ０の平方根は０だから，$\sqrt{0}=0$ である。

教科書 p.46

活動1 44，45ページ(教科書)で，面積が $2\ \mathrm{cm}^2$ の正方形の1辺の長さは1.4cmより長く，1.5cmより短いことがわかった。この長さがどんな数であるか，くわしく調べよう。

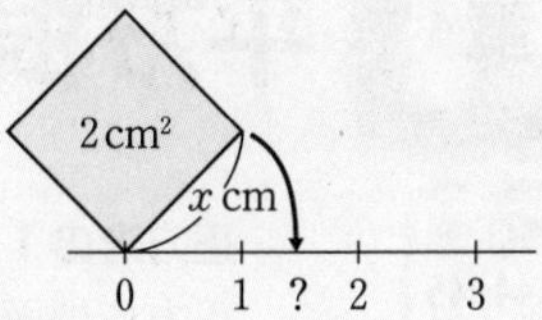

正方形の1辺の長さを x cmとすると，
xの値(あたい)は正の数で，

$x^2=2$

にあてはまる数である。

45ページ(教科書)から，$1.4^2=1.96$，$1.5^2=2.25$
だから，$1.4^2<x^2<1.5^2$
よって，$1.4<x<1.5$

となり，xの値の小数第1位は4となる。

(1) 上と同じように考えて，xの値の小数第2位を求めなさい。また，小数第3位を求めなさい。

ガイド (1) $1.41^2=1.9881$，$1.42^2=2.0164$ だから，$1.41^2<x^2<1.42^2$
よって，$1.41<x<1.42$
$1.414^2=1.999396$，$1.415^2=2.002225$ だから，$1.414^2<x^2<1.415^2$
よって，$1.414<x<1.415$

解答 (1) 小数第2位…… **1**　　小数第3位…… **4**

教科書 p.47

活動2 2乗すると a になる数について調べよう。

(1) 2乗すると9になる数をいいなさい。また，その絶対値と符号(ふごう)について気づいたことをいいなさい。
(2) 2乗すると0になる数をいいなさい。
(3) 2乗すると−9になる数はありますか。

ガイド (3) どんな数も2乗すると0または正の数になる。

解答 (1) **3と−3**
絶対値は3で等しく，符号はプラスとマイナスで異なる。
(2) **0**
(3) **ない。**

教科書 p.47

Q1 次の数の平方根を求めなさい。

(1) 25　　(2) 81　　(3) 0.09　　(4) $\frac{1}{4}$

ガイド $x^2=a$ を成り立たせる x の値が a の平方根である。

(3) $0.3^2=0.09$，$(-0.3)^2=0.09$　　(4) $\left(\frac{1}{2}\right)^2=\frac{1}{4}$，$\left(-\frac{1}{2}\right)^2=\frac{1}{4}$

解答 (1) **5と−5**　(2) **9と−9**　(3) **0.3と−0.3**　(4) $\mathbf{\frac{1}{2}}$**と**$\mathbf{-\frac{1}{2}}$

教科書 p.47

Q2 次の数の平方根を，根号を使って表しなさい。

(1) 3　　(2) 10　　(3) 0.6　　(4) $\frac{3}{5}$

ガイド 正の数 a の平方根は $\sqrt{a}$ と $-\sqrt{a}$ の 2 つである。$\sqrt{a}$ と $-\sqrt{a}$ をまとめて $\pm\sqrt{a}$ と表すこともある。

解答 (1) $\boldsymbol{\sqrt{3}}$ **と** $\boldsymbol{-\sqrt{3}}$　$(\pm\sqrt{3})$　　(2) $\boldsymbol{\sqrt{10}}$ **と** $\boldsymbol{-\sqrt{10}}$　$(\pm\sqrt{10})$

(3) $\boldsymbol{\sqrt{0.6}}$ **と** $\boldsymbol{-\sqrt{0.6}}$　$(\pm\sqrt{0.6})$　　(4) $\boldsymbol{\sqrt{\frac{3}{5}}}$ **と** $\boldsymbol{-\sqrt{\frac{3}{5}}}$　$\left(\pm\sqrt{\frac{3}{5}}\right)$

教科書 p.48

Q3 次の数を，根号を使わないで表しなさい。

(1) $\sqrt{16}$　　(2) $-\sqrt{25}$　　(3) $\sqrt{\frac{4}{49}}$

(4) $\sqrt{0.64}$　　(5) $\sqrt{5^2}$　　(6) $\sqrt{(-5)^2}$

ガイド 正と負の区別に注意しよう。$a>0$ のとき，$\sqrt{a^2}=a$，$-\sqrt{a^2}=-a$

解答 (1) $\sqrt{16}=\sqrt{4^2}=\boldsymbol{4}$　　(2) $-\sqrt{25}=-\sqrt{5^2}=\boldsymbol{-5}$

(3) $\sqrt{\frac{4}{49}}=\sqrt{\left(\frac{2}{7}\right)^2}=\boldsymbol{\frac{2}{7}}$　　(4) $\sqrt{0.64}=\sqrt{(0.8)^2}=\boldsymbol{0.8}$

(5) $\sqrt{5^2}=\boldsymbol{5}$　　(6) $\sqrt{(-5)^2}=\sqrt{25}=\sqrt{5^2}=\boldsymbol{5}$

教科書 p.48

Q4 次の(1)〜(3)は，どんな数になりますか。

(1) $(\sqrt{3})^2$　　(2) $(-\sqrt{3})^2$　　(3) $(-\sqrt{16})^2$

ガイド $(\sqrt{a})^2=a$，$(-\sqrt{a})^2=a$ である。

解答 (1) **3**　　(2) **3**　　(3) **16**

② 平方根の大小

CHECK! 確認したら ✓を書こう

教科書の要点

□平方根の大小　a，b が正の数で，$a<b$ ならば，$\sqrt{a}<\sqrt{b}$

例 $2<3$ だから，$\sqrt{2}<\sqrt{3}$

教科書 p.49

活動1 $\sqrt{2}$ と $\sqrt{5}$ の大きさを比べよう。

(1) $\sqrt{2}$ と $\sqrt{5}$ は，それぞれどんな正方形の 1 辺の長さを表していますか。

(2) 正方形の面積が大きくなると，1 辺の長さはどうなりますか。

(3) (2)から，$\sqrt{2}$ と $\sqrt{5}$ の大小を不等号を使って表しなさい。

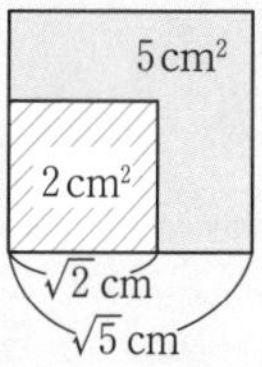

解答 (1) $\sqrt{2}$ と $\sqrt{5}$ は，それぞれ**面積が 2，5 の正方形**の 1 辺の長さを表している。

(2) 正方形の面積が大きくなると，**1 辺の長さも大きくなる。**

(3) $\boldsymbol{\sqrt{2}<\sqrt{5}}$

教科書 p.49

Q1 次の各組の数の大きさを比べ，等号や不等号を使って表しなさい。

(1) 7，$\sqrt{50}$　(2) $-\sqrt{6}$，$-\sqrt{3}$

(3) $\sqrt{1.21}$，1.1　(4) $-\sqrt{11}$，-3

(5) 1，2，$\sqrt{3}$　(6) -3，$-\sqrt{7}$，$-\sqrt{10}$

ガイド 根号のついた数とついていない数を比べるときは，$n=\sqrt{n^2}$ を使って，根号のついた数にそろえて，根号の中の数の大きさで比べる。
正の平方根どうしでは，根号の中の数が大きいほど大きい。
($a>0$，$b>0$ のとき，$a<b$ ならば，$\sqrt{a}<\sqrt{b}$ である。)
負の数は絶対値が大きい数のほうが小さいから，負の平方根どうしでは，根号の中の数が大きいほど小さい。
($a>0$，$b>0$ のとき，$a<b$ ならば，$-\sqrt{b}<-\sqrt{a}$ である。)

(1) $7=\sqrt{7^2}=\sqrt{49}$ で，$49<50$ だから，$\sqrt{49}<\sqrt{50}$

(3) $1.1=\sqrt{1.1^2}=\sqrt{1.21}$

(4) $-3=-\sqrt{3^2}=-\sqrt{9}$　絶対値を比べると，$\sqrt{9}<\sqrt{11}$ だから，$-\sqrt{11}<-\sqrt{9}$

(5) $1=\sqrt{1^2}=\sqrt{1}$，$2=\sqrt{2^2}=\sqrt{4}$ で，$1<3<4$ だから，$\sqrt{1}<\sqrt{3}<\sqrt{4}$

(6) $-3=-\sqrt{3^2}=-\sqrt{9}$　絶対値を比べると，$\sqrt{7}<\sqrt{9}<\sqrt{10}$ だから，
$-\sqrt{10}<-\sqrt{9}<-\sqrt{7}$

解答 (1) $\mathbf{7<\sqrt{50}}$　(2) $\mathbf{-\sqrt{6}<-\sqrt{3}}$

(3) $\mathbf{\sqrt{1.21}=1.1}$　(4) $\mathbf{-\sqrt{11}<-3}$

(5) $\mathbf{1<\sqrt{3}<2}$　(6) $\mathbf{-\sqrt{10}<-3<-\sqrt{7}}$

3 近似値と有効数字

CHECK! 確認したら✓を書こう

教科書の要点

□近似値　測定して得られた測定値のように，真の値に近い値を**近似値**という。
円周率の値として使う3.14も近似値である。

□誤差　近似値と真の値との差を**誤差**という。(誤差)＝(近似値)－(真の値)

□有効数字　近似値のなかの信頼できる数字を**有効数字**という。

□近似値の表し方　有効数字を明らかにするために，近似値を，
(整数部分が1桁の小数)×(10の累乗)
の形で表すことがある。

例 1230000と表すと，数字の0が有効数字であるかどうかわからない。
1.23×10^6 と表したとき，有効数字は1，2，3で3桁。
1.230×10^6 と表したとき，有効数字は1，2，3，0で4桁。

教科書 p.50

? 右の図は，面積が5 cm^2 の正方形である。
1辺の長さをものさしで測ってみよう。

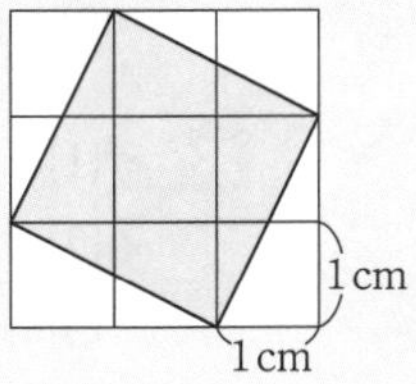

解答 およそ2.2cm

教科書 p.50

活動1 面積が5 cm^2の正方形の1辺の長さをものさしで測り，最小のめもりの$\frac{1}{10}$まで読み取ると，測定値は2.23cmであった。このことからわかる真の値の範囲(はんい)について調べよう。

(1) この測定値を，0.01cm未満を四捨五入して得られた数値とみると，真の値として，たとえばどんな値が考えられますか。

ガイド (1) 0.01cm未満を四捨五入して2.23cmということは，真の値は2.225cm以上2.235cm未満である。

解答 (1) (例)2.227cm，2.232cm，2.2295cm　など

教科書 p.51

Q1 次のような測定値が得られたとき，それぞれの真の値aは，どんな範囲にあると考えられますか。不等号を使って表しなさい。

(1) 13秒　(2) 48.7kg　(3) 3.60m

ガイド 測定値の末位の数字は，その1つ下の位を四捨五入して得られた値と考える。

(1) 1秒未満を四捨五入して得られた数値と考えられる。

(2) 0.1kg未満を四捨五入して得られた数値と考えられる。

(3) 3.6ではなく，3.60であることに注意。3.6は小数第2位を四捨五入したことを表すが，3.60は，小数第3位を四捨五入したことを表す。よって，3.60mは0.01m未満を四捨五入して得られた数値と考えられる。

解答 (1) **$12.5 \leqq a < 13.5$**　(2) **$48.65 \leqq a < 48.75$**　(3) **$3.595 \leqq a < 3.605$**

教科書 p.51

たしかめ1 身長計で得られた測定値165.4cmの有効数字をいいなさい。

解答 **1，6，5，4**

教科書 p.51

Q2 次の測定値を，有効数字を3桁として，整数部分が1桁の小数と10の累乗との積の形で表しなさい。

(1) 地球の半径　6380km

(2) 光が1秒間に進む距離(きょり)　300000km

ガイド (1) 有効数字は3桁だから，6，3，8

(2) 有効数字は3桁だから，3，0，0

解答 (1) **6.38×10^3km**　(2) **3.00×10^5km**

2章 1節 平方根

4 有理数と無理数

CHECK! 確認したら✓を書こう

教科書の要点

□有理数　分数で表すことのできる数，つまり，整数 a と 0 でない整数 b を使って，$\dfrac{a}{b}$ の形で表すことのできる数を有理数（ゆうりすう）という。

3 は $\dfrac{3}{1}$，-0.7 は $-\dfrac{7}{10}$，$\sqrt{9}$ は $\dfrac{3}{1}$ と表すことができるので，有理数である。

□無理数　有理数ではない数，つまり，分数で表すことができない数を無理数（むりすう）という。

例 $\sqrt{3}=1.7320508\cdots\cdots$，$\sqrt{5}=2.2360679\cdots\cdots$，$\pi=3.141592\cdots\cdots$

□有限小数　終わりのある小数を有限小数（ゆうげんしょうすう）という。　例 $\dfrac{4}{5}=0.8$，$\dfrac{1}{8}=0.125$

□無限小数　終わりがなくどこまでも続く小数を無限小数（むげんしょうすう）という。

例 $\sqrt{3}=1.73205\cdots\cdots$

□循環小数　無限小数のうち，いくつかの数字が同じ順序でくり返し現れる小数を循環小数（じゅんかんしょうすう）という。

□数の関係

- 数
  - 有理数
    - 整数
      - 正の整数(自然数)…… 例 1，5，7
      - 0
      - 負の整数…… 例 -1，-3，-7
    - 分数
      - 有限小数…… 例 $-\dfrac{1}{5}(=-0.2)$
      - 循環小数…… 例 $\dfrac{1}{3}(=0.3333\cdots)$ ─ 無限小数
  - 無理数(循環しない無限小数)…… 例 $-\sqrt{3}$，$\sqrt{2}$，π ─ 無限小数

教科書 p.52

考えよう ? $\sqrt{2}$ や $\sqrt{5}$ などの数は，これまでに学んできた自然数や整数などとどのようにちがうのだろうか。

解答 (例)**分数で表すことができない。$\sqrt{2}$ を電卓で表示する(**［2］，［√］**と押す)と，1.4142135…と，不規則な数が続く。**

教科書 p.52

活動1 これまでに学んできた数を分数で表してみよう。

(1)　5，-0.3，0 を分数で表しなさい。

(2)　1.4，1.41 を分数で表しなさい。

ガイド (1)　0 は分子が 0 であれば，分母は 0 以外のいくつでもよい。（分母が 0 の分数は存在しない。）

(2)　$0.1=\dfrac{1}{10}$，$0.01=\dfrac{1}{100}$

解答 (1)　$5=\mathbf{\dfrac{5}{1}}$　　$-0.3=\mathbf{-\dfrac{3}{10}}$　　$0=\mathbf{\dfrac{0}{1}}$

(2)　$1.4=\dfrac{14}{10}=\mathbf{\dfrac{7}{5}}$　　$1.41=\mathbf{\dfrac{141}{100}}$

教科書 p.52

Q1 次の数のうち，無理数はどれですか。

$2,\ -\sqrt{3},\ \sqrt{9},\ -\sqrt{1},\ -\dfrac{1}{5},\ \dfrac{1}{3},\ 0.8$

ガイド 分数の形で表せるものが有理数，分数の形で表せないものが無理数である。

$\sqrt{9}=3,\ -\sqrt{1}=-1,\ 0.8=\dfrac{8}{10}=\dfrac{4}{5}$

解答 $-\sqrt{3}$

教科書 p.53

Q2 次の数は，それぞれ右の図のA～Dのどこに入りますか。

$\dfrac{1}{7},\ -7,\ 7,\ \sqrt{7},\ 0.7$

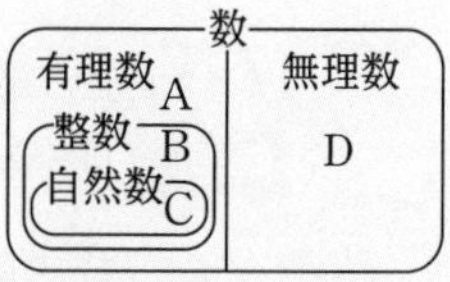

ガイド 分数の形で表せるものが有理数，分数の形で表せないものが無理数である。自然数は正の整数である。$0.7=\dfrac{7}{10}$

解答 $\dfrac{1}{7}$……**A**　-7……**B**　7……**C**　$\sqrt{7}$……**D**　0.7……**A**

教科書 p.53

活動2 有理数を小数で表したときの数字の現れ方を調べよう。

(1) $\dfrac{5}{8}$と$\dfrac{1}{7}$を小数で表すと，それぞれどのようになりますか。

(2) 2つの小数の数字の現れ方について，気づいたことを話し合いなさい。

解答 (1) $\dfrac{5}{8}=5\div8=\mathbf{0.625}$

$\dfrac{1}{7}=1\div7=\mathbf{0.1428571428571\cdots\cdots}$

(2) **(例)$\dfrac{5}{8}$を小数で表すと，小数第3位までで終わるけれど，$\dfrac{1}{7}$を分数で表すと，小数点以下に「142857」の6つの数字がくり返されて，どこまでも続いて終わりがない。**

たしかめよう

教科書 p.54

1 次の数の平方根を求めなさい。

(1) 64　(2) 49　(3) 0.16　(4) $\dfrac{121}{36}$

ガイド 2乗するとaになる数がaの平方根。正の数の平方根は，正と負の2つある。

(3) $0.4^2=0.16,\ (-0.4)^2=0.16$

小数は小数点の位置に注意しよう。0.04とすると，$0.04^2=0.0016$となってしまう。

(4) 分数の場合は，分母，分子のそれぞれで考えればよい。
121の平方根は11と−11，36の平方根は 6 と−6である。

解答 (1) **8と−8 (±8)**　(2) **7と−7 (±7)**
(3) **0.4と−0.4 (±0.4)**　(4) $\mathbf{\frac{11}{6}}$**と**$\mathbf{-\frac{11}{6}}$ $\left(\pm\mathbf{\frac{11}{6}}\right)$

教科書 p.54

2 次の数の平方根を，根号を使って表しなさい。

(1) 5　(2) 14　(3) 0.2　(4) $\frac{15}{7}$

ガイド 正の数 a の平方根は，$\sqrt{a}$ と $-\sqrt{a}$。まとめて，$\pm\sqrt{a}$ と表すこともある。

解答 (1) $\mathbf{\sqrt{5}}$**と**$\mathbf{-\sqrt{5}}$ $(\pm\mathbf{\sqrt{5}})$　(2) $\mathbf{\sqrt{14}}$**と**$\mathbf{-\sqrt{14}}$ $(\pm\mathbf{\sqrt{14}})$
(3) $\mathbf{\sqrt{0.2}}$**と**$\mathbf{-\sqrt{0.2}}$ $(\pm\mathbf{\sqrt{0.2}})$　(4) $\mathbf{\sqrt{\frac{15}{7}}}$**と**$\mathbf{-\sqrt{\frac{15}{7}}}$ $\left(\pm\mathbf{\sqrt{\frac{15}{7}}}\right)$

教科書 p.54

3 次の数を，根号を使わないで表しなさい。

(1) $\sqrt{81}$　(2) $-\sqrt{400}$　(3) $\sqrt{\frac{25}{16}}$
(4) $\sqrt{0.04}$　(5) $\sqrt{15^2}$　(6) $\sqrt{(-8)^2}$

ガイド $a>0$ とき，$\sqrt{a^2}=a$ である。
(2) 符号に注意。$-\sqrt{400}$ は負の数だから，−をつけることを忘れないように。

解答 (1) $\sqrt{81}=\sqrt{9^2}=\mathbf{9}$　(2) $-\sqrt{400}=-\sqrt{20^2}=\mathbf{-20}$
(3) $\sqrt{\frac{25}{16}}=\sqrt{\left(\frac{5}{4}\right)^2}=\mathbf{\frac{5}{4}}$　(4) $\sqrt{0.04}=\sqrt{(0.2)^2}=\mathbf{0.2}$
(5) $\sqrt{15^2}=\mathbf{15}$　(6) $\sqrt{(-8)^2}=\sqrt{64}=\sqrt{8^2}=8$

教科書 p.54

4 次の各組の数の大小を，不等号を使って表しなさい。

(1) 6，$\sqrt{35}$　(2) $\sqrt{1.44}$，1.4
(3) $-\sqrt{7}$，$-\sqrt{10}$

ガイド (1)(2) 根号のついた数にそろえて比べる。
$a>0$，$b>0$ のとき，$a<b$ ならば，$\sqrt{a}<\sqrt{b}$
(1) $6=\sqrt{6^2}=\sqrt{36}$ で，$36>35$ だから，$\sqrt{36}>\sqrt{35}$
(2) $1.4=\sqrt{1.4^2}=\sqrt{1.96}$ で，$1.44<1.96$ だから，$\sqrt{1.44}<\sqrt{1.96}$
別解 $\sqrt{1.44}=\sqrt{(1.2)^2}=1.2$ で，$1.2<1.4$
(3) 負の数どうしでは，絶対値が大きい数のほうが小さい。

解答 (1) $\mathbf{6>\sqrt{35}}$　(2) $\mathbf{\sqrt{1.44}<1.4}$　(3) $\mathbf{-\sqrt{7}>-\sqrt{10}}$

教科書 p.54

5 次の(1)，(2)に答えなさい。

(1) 次の測定値の真の値 a の範囲を，不等号を使って表しなさい。

ア 21L　　**イ** 31.5m

(2) 次の測定値を，(　)内の有効数字の桁数として，整数部分が1桁の小数と10の累乗との積の形で表しなさい。

ア 地球から月までの距離384000km(有効数字3桁)

イ 地球の表面積510000000km^2(有効数字4桁)

ガイド (1) **ア** 1L未満を四捨五入して得られた値とみる。

イ 0.1m未満を四捨五入して得られた値とみる。

(2) 10の累乗をまちがえないように注意しよう。

ア 有効数字は3，8，4

イ 有効数字は5，1，0，0

解答 (1) **ア** $\mathbf{20.5 \leqq a < 21.5}$　　**イ** $\mathbf{31.45 \leqq a < 31.55}$

(2) **ア** $\mathbf{3.84 \times 10^5}$ **km**　　**イ** $\mathbf{5.100 \times 10^8}$ **km^2**

教科書 p.54

6 次の数は，それぞれ右の図のA～Dのどこに入りますか。

-6，$\dfrac{1}{6}$，0.6，$\sqrt{6}$，6

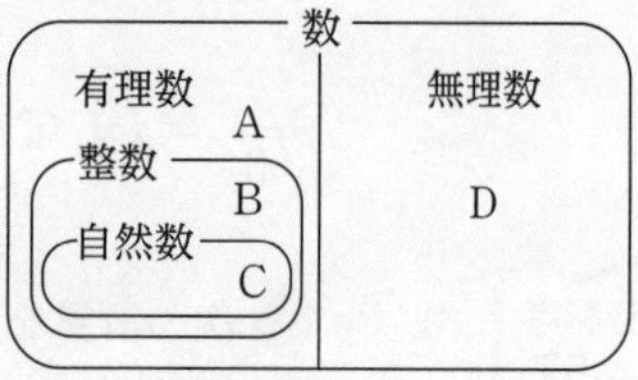

ガイド 自然数は正の整数，有理数は分数で表すことのできる数，無理数は分数で表すことができない数である。0.6は，$\dfrac{6}{10}=\dfrac{3}{5}$ と分数で表すことができる。

解答 -6……**B**　$\dfrac{1}{6}$……**A**　0.6……**A**　$\sqrt{6}$……**D**　6……**C**

2節 根号をふくむ式の計算

① 根号をふくむ数の乗法，除法

CHECK! 確認したら✓を書こう

教科書の要点

□根号をふくむ数の乗法　$a>0$，$b>0$ のとき，$\sqrt{a}\times\sqrt{b}=\sqrt{ab}$

例 $\sqrt{3}\times\sqrt{5}=\sqrt{3\times5}=\sqrt{15}$

□根号をふくむ数の除法　$a>0$，$b>0$ のとき，$\dfrac{\sqrt{a}}{\sqrt{b}}=\sqrt{\dfrac{a}{b}}$

例 $\dfrac{\sqrt{10}}{\sqrt{3}}=\sqrt{\dfrac{10}{3}}$，$\dfrac{\sqrt{10}}{\sqrt{2}}=\sqrt{\dfrac{10}{2}}=\sqrt{5}$

教科書 p.56

? 縦が$\sqrt{2}$ cm，横が$\sqrt{3}$ cmの長方形の面積は，何cm^2になるだろうか。

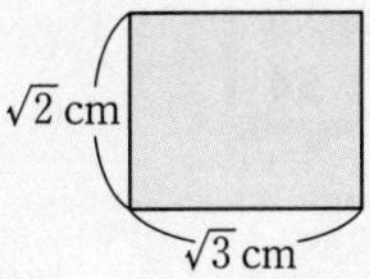

ガイド 電卓を使って$\sqrt{2}$，$\sqrt{3}$の近似値を求めると，$\sqrt{2}=1.4142\cdots$，$\sqrt{3}=1.7320\cdots$
面積は，$\sqrt{2}\times\sqrt{3}=1.414\times1.732=2.449048$

解答 **約2.45 cm^2**

教科書 p.56

Q1 $\dfrac{\sqrt{2}}{\sqrt{3}}=\sqrt{\dfrac{2}{3}}$ であることを，上(教科書56ページ)と同じように確かめなさい。

解答 $\dfrac{\sqrt{2}}{\sqrt{3}}$ を2乗すると，$\left(\dfrac{\sqrt{2}}{\sqrt{3}}\right)^2=\dfrac{\sqrt{2}\times\sqrt{2}}{\sqrt{3}\times\sqrt{3}}=\dfrac{2}{3}$

$\sqrt{2}$，$\sqrt{3}$は正の数であるから，$\dfrac{\sqrt{2}}{\sqrt{3}}$は正の数である。

したがって，$\dfrac{\sqrt{2}}{\sqrt{3}}$は$\dfrac{2}{3}$の平方根，つまり$\sqrt{\dfrac{2}{3}}$となるから，

$\dfrac{\sqrt{2}}{\sqrt{3}}=\sqrt{\dfrac{2}{3}}$ である。

教科書 p.57

たしかめ 1 次の計算をしなさい。

(1) $\sqrt{10}\times\sqrt{3}$　　(2) $\sqrt{5}\times\sqrt{20}$

ガイド $a>0$，$b>0$ のとき，$\sqrt{a}\times\sqrt{b}=\sqrt{ab}$

解答 (1) $\sqrt{10}\times\sqrt{3}=\sqrt{10\times3}=\boldsymbol{\sqrt{30}}$

(2) $\sqrt{5}\times\sqrt{20}=\sqrt{5\times20}=\sqrt{100}$
$=\sqrt{10^2}=\mathbf{10}$

教科書 p.57

Q2 次の計算をしなさい。

(1) $\sqrt{3}\times\sqrt{5}$　　(2) $\sqrt{2}\times\sqrt{8}$
(3) $-\sqrt{7}\times\sqrt{7}$　　(4) $(-\sqrt{75})\times(-\sqrt{3})$

解答 (1) $\sqrt{3}\times\sqrt{5}=\sqrt{3\times5}=\boldsymbol{\sqrt{15}}$
(2) $\sqrt{2}\times\sqrt{8}=\sqrt{2\times8}=\sqrt{16}=\mathbf{4}$
(3) $-\sqrt{7}\times\sqrt{7}=-\sqrt{7\times7}=-\sqrt{49}=\mathbf{-7}$
(4) $(-\sqrt{75})\times(-\sqrt{3})=\sqrt{75\times3}=\sqrt{225}=\mathbf{15}$

教科書 p.57

たしかめ 2 次の計算をしなさい。

(1) $\sqrt{35}\div\sqrt{7}$　　(2) $\dfrac{\sqrt{12}}{\sqrt{3}}$

ガイド $a>0$，$b>0$ のとき，$\dfrac{\sqrt{a}}{\sqrt{b}}=\sqrt{\dfrac{a}{b}}$

解答 (1) $\sqrt{35}\div\sqrt{7}=\dfrac{\sqrt{35}}{\sqrt{7}}=\sqrt{\dfrac{35}{7}}=\boldsymbol{\sqrt{5}}$

(2) $\dfrac{\sqrt{12}}{\sqrt{3}}=\sqrt{\dfrac{12}{3}}=\sqrt{4}=\boldsymbol{2}$

教科書 p.57

Q3 次の計算をしなさい。

(1) $\sqrt{45}\div\sqrt{3}$　(2) $\sqrt{36}\div(-\sqrt{12})$

(3) $\dfrac{\sqrt{18}}{\sqrt{3}}$　(4) $-\dfrac{\sqrt{80}}{\sqrt{5}}$

プラス・ワン $(-\sqrt{5})\div(-\sqrt{20})$

解答 (1) $\sqrt{45}\div\sqrt{3}=\dfrac{\sqrt{45}}{\sqrt{3}}=\sqrt{\dfrac{45}{3}}=\boldsymbol{\sqrt{15}}$

(2) $\sqrt{36}\div(-\sqrt{12})=-\dfrac{\sqrt{36}}{\sqrt{12}}=-\sqrt{\dfrac{36}{12}}=\boldsymbol{-\sqrt{3}}$

(3) $\dfrac{\sqrt{18}}{\sqrt{3}}=\sqrt{\dfrac{18}{3}}=\boldsymbol{\sqrt{6}}$

(4) $-\dfrac{\sqrt{80}}{\sqrt{5}}=-\sqrt{\dfrac{80}{5}}=-\sqrt{16}=\boldsymbol{-4}$

プラス・ワン $(-\sqrt{5})\div(-\sqrt{20})=\dfrac{\sqrt{5}}{\sqrt{20}}=\sqrt{\dfrac{5}{20}}=\sqrt{\dfrac{1}{4}}=\boldsymbol{\dfrac{1}{2}}$

2 根号をふくむ数の変形

CHECK! 確認したら✓を書こう

教科書の要点

□$a\sqrt{b}$ の形

根号の中の数がある数の 2 乗を因数にもっているときは，$a\sqrt{b}$ の形にすることができる。

$a>0$，$b>0$ のとき， $\sqrt{a^2\times b}=a\sqrt{b}$

例 $\sqrt{24}=\sqrt{4\times6}=\sqrt{2^2\times6}=\sqrt{2^2}\times\sqrt{6}=2\sqrt{6}$

教科書 p.58

Q1 次の数を，$\sqrt{a}$ の形にしなさい。

(1) $3\sqrt{5}$　(2) $2\sqrt{3}$　(3) $10\sqrt{3}$

ガイド (1) $3\sqrt{5}$ は $3\times\sqrt{5}$ のことで，$3=\sqrt{3^2}=\sqrt{9}$ を利用する。(2)，(3)も同様に考える。

解答 (1) $3\sqrt{5}=3\times\sqrt{5}=\sqrt{9}\times\sqrt{5}=\sqrt{9\times5}=\boldsymbol{\sqrt{45}}$

(2) $2\sqrt{3}=2\times\sqrt{3}=\sqrt{4}\times\sqrt{3}=\sqrt{4\times3}=\boldsymbol{\sqrt{12}}$

(3) $10\sqrt{3}=10\times\sqrt{3}=\sqrt{100}\times\sqrt{3}=\sqrt{100\times3}=\boldsymbol{\sqrt{300}}$

教科書 p.58

活動2 $\sqrt{72}$ を $a\sqrt{b}$ の形にすることを考えよう。

(1) 次の2人の変形のしかたを比べなさい。

あおいさんの考え

$$\begin{aligned}\sqrt{72}&=\sqrt{2^2\times3^2\times2}\\&=\sqrt{2^2}\times\sqrt{3^2}\times\sqrt{2}\\&=2\times3\times\sqrt{2}\\&=6\sqrt{2}\end{aligned}$$

カルロスさんの考え

$$\begin{aligned}\sqrt{72}&=\sqrt{6^2\times2}\\&=\sqrt{6^2}\times\sqrt{2}\\&=6\sqrt{2}\end{aligned}$$

解答 (1) (例)あおいさんは，根号の中の数72を素因数分解して，2乗になる数2と3を見つけ，それぞれ根号の外に出した。
カルロスさんは，72を $6^2\times2$ と考え，6を根号の外に出した。
どちらも $\sqrt{a^2\times b}=a\sqrt{b}$ の考えを使っている。

教科書 p.59

Q2 次の数を，根号の中の数ができるだけ小さい自然数になるように，$a\sqrt{b}$ の形にしなさい。

(1) $\sqrt{8}$　(2) $\sqrt{45}$　(3) $\sqrt{48}$
(4) $\sqrt{75}$　(5) $\sqrt{200}$　(6) $\sqrt{50000}$

プラス・ワン① (1) $\sqrt{180}$　(2) $\sqrt{539}$

ガイド $\sqrt{a^2\times b}$ のように，2乗の数のかけ算の形にして考える。根号の中の数が大きいときは，その数を素因数分解して考えるとよい。

解答 (1) $\sqrt{8}=\sqrt{2^2\times2}=\sqrt{2^2}\times\sqrt{2}=\mathbf{2\sqrt{2}}$
(2) $\sqrt{45}=\sqrt{3^2\times5}=\sqrt{3^2}\times\sqrt{5}=\mathbf{3\sqrt{5}}$
(3) $\sqrt{48}=\sqrt{4^2\times3}=\sqrt{4^2}\times\sqrt{3}=\mathbf{4\sqrt{3}}$
(4) $\sqrt{75}=\sqrt{5^2\times3}=\sqrt{5^2}\times\sqrt{3}=\mathbf{5\sqrt{3}}$
(5) $\sqrt{200}=\sqrt{10^2\times2}=\sqrt{10^2}\times\sqrt{2}=\mathbf{10\sqrt{2}}$
(6) $\sqrt{50000}=\sqrt{100^2\times5}=\sqrt{100^2}\times\sqrt{5}=\mathbf{100\sqrt{5}}$

プラス・ワン① (1) $\sqrt{180}=\sqrt{6^2\times5}=\sqrt{6^2}\times\sqrt{5}=\mathbf{6\sqrt{5}}$
(2) $\sqrt{539}=\sqrt{7^2\times11}=\sqrt{7^2}\times\sqrt{11}=\mathbf{7\sqrt{11}}$

教科書 p.59

Q3 次の数を，根号の中の数ができるだけ小さい自然数になるように，$a\sqrt{b}$ の形にしなさい。

(1) $3\sqrt{8}$　(2) $2\sqrt{18}$

解答 (1) $3\sqrt{8}=3\times\sqrt{2^2\times2}=3\times\sqrt{2^2}\times\sqrt{2}=3\times2\times\sqrt{2}=\mathbf{6\sqrt{2}}$
(2) $2\sqrt{18}=2\times\sqrt{3^2\times2}=2\times\sqrt{3^2}\times\sqrt{2}=2\times3\times\sqrt{2}=\mathbf{6\sqrt{2}}$

教科書 p.59

たしかめ1 例4 にならって，次の数を変形しなさい。

(1) $\sqrt{\dfrac{3}{100}}$　(2) $\sqrt{0.47}$

ガイド $a>0$，$b>0$ のとき，$\sqrt{\dfrac{a}{b}}=\dfrac{\sqrt{a}}{\sqrt{b}}$　　(2) 小数はまず分数で表す。

解答 (1) $\sqrt{\dfrac{3}{100}}=\dfrac{\sqrt{3}}{\sqrt{100}}=\boldsymbol{\dfrac{\sqrt{3}}{10}}$　　(2) $\sqrt{0.47}=\sqrt{\dfrac{47}{100}}=\dfrac{\sqrt{47}}{\sqrt{100}}=\boldsymbol{\dfrac{\sqrt{47}}{10}}$

教科書 p.59

Q4 次の数を変形しなさい。

(1) $\sqrt{\dfrac{13}{100}}$　(2) $\sqrt{\dfrac{3}{4}}$　(3) $\sqrt{\dfrac{9}{64}}$

(4) $\sqrt{\dfrac{36}{25}}$　(5) $\sqrt{0.56}$　(6) $\sqrt{0.12}$

プラス・ワン② (1) $\sqrt{\dfrac{36}{100}}$　(2) $\sqrt{0.75}$

ガイド 小数は分数で表してから変形する。

解答 (1) $\sqrt{\dfrac{13}{100}}=\dfrac{\sqrt{13}}{\sqrt{100}}=\boldsymbol{\dfrac{\sqrt{13}}{10}}$　　(2) $\sqrt{\dfrac{3}{4}}=\dfrac{\sqrt{3}}{\sqrt{4}}=\boldsymbol{\dfrac{\sqrt{3}}{2}}$

(3) $\sqrt{\dfrac{9}{64}}=\dfrac{\sqrt{9}}{\sqrt{64}}=\boldsymbol{\dfrac{3}{8}}$　　(4) $\sqrt{\dfrac{36}{25}}=\dfrac{\sqrt{36}}{\sqrt{25}}=\boldsymbol{\dfrac{6}{5}}$

(5) $\sqrt{0.56}=\sqrt{\dfrac{56}{100}}=\dfrac{\sqrt{56}}{\sqrt{100}}=\dfrac{\sqrt{2^2\times2\times7}}{10}=\dfrac{2\sqrt{14}}{10}=\boldsymbol{\dfrac{\sqrt{14}}{5}}$

(6) $\sqrt{0.12}=\sqrt{\dfrac{12}{100}}=\dfrac{\sqrt{12}}{\sqrt{100}}=\dfrac{\sqrt{2^2\times3}}{10}=\dfrac{2\sqrt{3}}{10}=\boldsymbol{\dfrac{\sqrt{3}}{5}}$

プラス・ワン② (1) $\sqrt{\dfrac{36}{100}}=\dfrac{\sqrt{36}}{\sqrt{100}}=\dfrac{6}{10}=\boldsymbol{\dfrac{3}{5}}$

(2) $\sqrt{0.75}=\sqrt{\dfrac{75}{100}}=\dfrac{\sqrt{75}}{\sqrt{100}}=\dfrac{\sqrt{5^2\times3}}{10}=\dfrac{5\sqrt{3}}{10}=\boldsymbol{\dfrac{\sqrt{3}}{2}}$

③ 根号をふくむ数の近似値を求める工夫

CHECK! 確認したら✓を書こう

教科書の要点

□**分母の有理化**　分母に根号のある式を，その値(あたい)を変えないで分母に根号のない形になおすことを，分母を有理化(ゆうりか)するという。

例 $\dfrac{\sqrt{2}}{\sqrt{3}}=\dfrac{\sqrt{2}}{\sqrt{3}}\times1=\dfrac{\sqrt{2}}{\sqrt{3}}\times\dfrac{\sqrt{3}}{\sqrt{3}}=\dfrac{\sqrt{2}\times\sqrt{3}}{\sqrt{3}\times\sqrt{3}}=\dfrac{\sqrt{6}}{3}$

分母を有理化すると，その近似値が求めやすくなることがある。

□**根号の中の数の小数点**　根号の中の数の小数点が 2 桁(けた)ずれるごとに，平方根の値の小数点は同じ向きに 1 桁ずつずれる。

例 $\sqrt{2}=1.414$　　$\sqrt{200}=\sqrt{200}=14.14$

教科書 p.60

活動1 $\sqrt{2} = 1.414$ として，$\dfrac{1}{\sqrt{2}}$ の近似値の求め方を考えよう。

(1) 次の2人の考えでは，どちらが近似値を求めやすいですか。

つばささんの考え

$\dfrac{1}{\sqrt{2}} = 1 \div \sqrt{2}$ なので，
次のように筆算で近似値を
求める。

```
          0.7 0 7
  1.4 1 4 )1.0 0 0 0
           9 8 9 8
           1 0 2 0 0
             9 8 9 8
               3 0 2
```

よって，近似値は0.707

マイさんの考え

$\dfrac{1}{\sqrt{2}} = \dfrac{1 \times \sqrt{2}}{\sqrt{2} \times \sqrt{2}} = \dfrac{\sqrt{2}}{2}$
としてから，次のように筆算で
近似値を求める。

```
        0.7 0 7
  2 )1.4 1 4
      1 4
        1 4
        1 4
         0
```

よって，近似値は0.707

ガイド (1) マイさんの考えでは，$\dfrac{a}{b} = \dfrac{a \times c}{b \times c}$ を利用して式を変形している。分母と分子に同じ数をかければ，1をかけるのと同じことであるため，もとの数の値は変わらない。

解答 (1) **マイさんの考え**のほうが，筆算の桁数が少ないため，近似値を求めやすい。

教科書 p.60

Q1 $\sqrt{10} = 3.162$，$\sqrt{2} = 1.414$ として，**例2** の近似値を四捨五入して小数第2位まで求めなさい。

ガイド (1) $\dfrac{\sqrt{10}}{5} = \sqrt{10} \div 5 = 3.162 \div 5 = 0.63\overset{2}{2}\cdots\cdots$

(2) $2\sqrt{2} = 2 \times \sqrt{2} = 2 \times 1.414 = 2.8\overset{3}{2}8$

解答 (1) **0.63**　　　　　　　　(2) **2.83**

教科書 p.61

Q2 $\sqrt{3} = 1.732$ として，$\dfrac{6}{\sqrt{3}}$ の近似値を求めなさい。

ガイド 分母の $\sqrt{3}$ を分母と分子にかけて，分母に根号のない形にしてから，近似値を求める。

$$\dfrac{6}{\sqrt{3}} = \dfrac{6 \times \sqrt{3}}{\sqrt{3} \times \sqrt{3}} = \dfrac{6\sqrt{3}}{3} = 2\sqrt{3}$$

$\sqrt{3} = 1.732$ だから，$2\sqrt{3} = 2 \times 1.732 = 3.464$

解答 3.464

教科書 p.61

Q3 $\dfrac{1}{\sqrt{3}}$ と $\dfrac{\sqrt{3}}{2}$ の大きさを比べなさい。

ガイド 分母を有理化してから，通分して比べる。

$\dfrac{1}{\sqrt{3}}=\dfrac{\sqrt{3}}{3}=\dfrac{2\sqrt{3}}{6}$，$\dfrac{\sqrt{3}}{2}=\dfrac{3\sqrt{3}}{6}$ で，$\dfrac{2}{6}<\dfrac{3}{6}$ だから，$\dfrac{2\sqrt{3}}{6}<\dfrac{3\sqrt{3}}{6}$

解答 $\boldsymbol{\dfrac{1}{\sqrt{3}}<\dfrac{\sqrt{3}}{2}}$

教科書 p.61

Q4 次の数の分母を有理化しなさい。

(1) $\dfrac{\sqrt{3}}{\sqrt{2}}$　(2) $\dfrac{10}{\sqrt{5}}$　(3) $\dfrac{4}{\sqrt{8}}$

(4) $\dfrac{3}{2\sqrt{3}}$　(5) $\dfrac{2\sqrt{3}}{\sqrt{6}}$

ガイド 分母の根号のついた数を分母と分子にかけて，分母に根号のない形になおす。
分母が $a\sqrt{b}$ の形のときは，$\sqrt{b}$ を分母と分子にかける。
(3) 根号の中の数を小さくできるときは，先にしておくとよい。$\sqrt{8}=2\sqrt{2}$ と変形できる。

解答 (1) $\dfrac{\sqrt{3}}{\sqrt{2}}=\dfrac{\sqrt{3}\times\sqrt{2}}{\sqrt{2}\times\sqrt{2}}=\boldsymbol{\dfrac{\sqrt{6}}{2}}$

(2) $\dfrac{10}{\sqrt{5}}=\dfrac{10\times\sqrt{5}}{\sqrt{5}\times\sqrt{5}}=\dfrac{10\sqrt{5}}{5}=\boldsymbol{2\sqrt{5}}$

(3) $\dfrac{4}{\sqrt{8}}=\dfrac{4}{2\sqrt{2}}=\dfrac{2}{\sqrt{2}}=\dfrac{2\times\sqrt{2}}{\sqrt{2}\times\sqrt{2}}=\dfrac{2\sqrt{2}}{2}=\boldsymbol{\sqrt{2}}$

(4) $\dfrac{3}{2\sqrt{3}}=\dfrac{3\times\sqrt{3}}{2\sqrt{3}\times\sqrt{3}}=\dfrac{3\sqrt{3}}{6}=\boldsymbol{\dfrac{\sqrt{3}}{2}}$

(5) $\dfrac{2\sqrt{3}}{\sqrt{6}}=\dfrac{2\sqrt{3}\times\sqrt{6}}{\sqrt{6}\times\sqrt{6}}=\dfrac{2\sqrt{18}}{6}=\dfrac{\sqrt{18}}{3}=\dfrac{3\sqrt{2}}{3}=\boldsymbol{\sqrt{2}}$

教科書 p.61

活動3 面積が次の**ア**～**ウ**のような正方形の１辺の長さを，工夫して求めよう。

ア 300 cm²　**イ** 30000 cm²　**ウ** 3000000 cm²

(1) 電卓を使って求めなさい。
(2) **ア**～**ウ**の正方形の１辺の長さをそれぞれ $a\sqrt{b}$ の形に変形し，$\sqrt{3}=1.732$ として，近似値を求めなさい。

ガイド (2) **ア** $\sqrt{300}=\sqrt{100\times3}=\sqrt{10^2\times3}=10\sqrt{3}=10\times1.732=17.32$
イ $\sqrt{30000}=\sqrt{10000\times3}=\sqrt{100^2\times3}=100\sqrt{3}=100\times1.732=173.2$
ウ $\sqrt{3000000}=\sqrt{1000000\times3}=\sqrt{1000^2\times3}=1000\sqrt{3}$
$=1000\times1.732=1732$

解答 (1) **ア 約17.3205cm**　**イ 約173.205cm**　**ウ 約1732.05cm**
(2) **ア** $\boldsymbol{10\sqrt{3}}$ **cm，17.32cm**
イ $\boldsymbol{100\sqrt{3}}$ **cm，173.2cm**
ウ $\boldsymbol{1000\sqrt{3}}$ **cm，1732cm**

教科書 p.61

Q5 $\sqrt{2}=1.414$ として，$\sqrt{20000000000}$ の近似値を求めなさい。

ガイド 根号の中の小数点が10桁ずれるので，平方根の値の小数点は５桁ずれる。

$$\sqrt{2}=1.414$$
$$\sqrt{20000000000}=141400$$

解答 **141400**

教科書 p.61

Q6 $\sqrt{5}=2.236$，$\sqrt{50}=7.071$ として，次の数の近似値を求めなさい。

(1) $\sqrt{500}$　(2) $\sqrt{500000}$　(3) $\sqrt{0.5}$　(4) $\sqrt{0.0005}$

ガイド 与えられた値が代入できる形に変形する。根号の中の数が $\sqrt{5}$ か $\sqrt{50}$ だけになるように変形する。

(1) $\sqrt{500}=\sqrt{100\times5}=\sqrt{10^2\times5}=10\sqrt{5}=10\times2.236=22.36$

(2) $\sqrt{500000}=\sqrt{10000\times50}=\sqrt{100^2\times50}=100\sqrt{50}=100\times7.071=707.1$

(3) $\sqrt{0.5}=\sqrt{0.50}=\sqrt{\dfrac{50}{100}}=\dfrac{\sqrt{50}}{\sqrt{100}}=\dfrac{\sqrt{50}}{10}=\sqrt{50}\div10=7.071\div10=0.7071$

(4) $\sqrt{0.0005}=\sqrt{\dfrac{5}{10000}}=\dfrac{\sqrt{5}}{\sqrt{10000}}=\dfrac{\sqrt{5}}{100}=\sqrt{5}\div100=2.236\div100=0.02236$

解答 (1) **22.36**　(2) **707.1**　(3) **0.7071**　(4) **0.02236**

4 根号をふくむいろいろな式の乗法，除法

CHECK! 確認したら✓を書こう

教科書の要点

□根号をふくむ式の乗法，除法	根号の中の数を素因数分解すると，計算しやすくなることがある。 例 $\sqrt{15}\times\sqrt{35}=\sqrt{3\times5}\times\sqrt{5\times7}$ $=\sqrt{3\times5\times5\times7}$ $=5\sqrt{21}$
□乗法と除法の混じった計算	乗法と除法の混じった計算では，まず符号（ふごう）を決め，分数の形で表す。 途中で約分できるものはする。（根号のついた数どうし，根号のついていない数どうしで約分する。）

教科書 p.62

活動1 $\sqrt{18}\times(-\sqrt{12})$ の計算のしかたを考えよう。

さくらさんの考え

$$\sqrt{18}\times(-\sqrt{12})$$
$$=-\sqrt{18\times12}$$
$$=-\sqrt{216}$$
$$=-\sqrt{6^2\times6}$$
$$=-6\sqrt{6}$$

あおいさんの考え

$$\sqrt{18}\times(-\sqrt{12})$$
$$=3\sqrt{2}\times(-2\sqrt{3})$$
$$=-3\sqrt{2}\times2\sqrt{3}$$
$$=-3\times2\times\sqrt{2}\times\sqrt{3}$$
$$=-6\sqrt{6}$$

(1) 2人の計算のしかたを比べなさい。

解答 (1) (例)さくらさんは，根号の中の数をそのままかけ合わせてから，根号の中の数を小さくしているが，あおいさんは，先に根号の中の数を小さい数にしてから，かけ算をしている。

教科書 p.62

Q1 次の計算をしなさい。

(1) $\sqrt{8}\times\sqrt{12}$　(2) $\sqrt{20}\times\sqrt{50}$

(3) $\sqrt{8}\times(-\sqrt{28})$　(4) $\sqrt{32}\times(-\sqrt{12})$

ガイド 各項を先に $a\sqrt{b}$ の形にしてから計算するとよい。

解答 (1) $\sqrt{8}\times\sqrt{12}=2\sqrt{2}\times2\sqrt{3}=2\times2\times\sqrt{2}\times\sqrt{3}=\mathbf{4\sqrt{6}}$

(2) $\sqrt{20}\times\sqrt{50}=2\sqrt{5}\times5\sqrt{2}=2\times5\times\sqrt{5}\times\sqrt{2}=\mathbf{10\sqrt{10}}$

(3) $\sqrt{8}\times(-\sqrt{28})=2\sqrt{2}\times(-2\sqrt{7})=-2\times2\times\sqrt{2}\times\sqrt{7}=\mathbf{-4\sqrt{14}}$

(4) $\sqrt{32}\times(-\sqrt{12})=4\sqrt{2}\times(-2\sqrt{3})=-4\times2\times\sqrt{2}\times\sqrt{3}=\mathbf{-8\sqrt{6}}$

教科書 p.62

活動2 $\sqrt{21}\times\sqrt{14}$ の計算のしかたを考えよう。

ゆうとさんの考え

$\sqrt{21}\times\sqrt{14}$
$=\sqrt{21\times14}$

マイさんの考え

$\sqrt{21}\times\sqrt{14}$
$=\sqrt{3\times7}\times\sqrt{2\times7}$

(1) 2人の考えを比べなさい。

(2) $\sqrt{21}\times\sqrt{14}$ を計算しなさい。

解答 (1) (例)ゆうとさんは，$\sqrt{a}\times\sqrt{b}=\sqrt{ab}$ を使って，根号の中の数をそのまま計算している。マイさんは，根号の中の数をまず素因数分解している。

マイさんの考えのほうが，大きな数を計算しなくてよい。

(2) ゆうとさんの考え

$\sqrt{21}\times\sqrt{14}$
$=\sqrt{21\times14}$
$=\sqrt{294}$
$=\sqrt{7^2\times6}$
$=\mathbf{7\sqrt{6}}$

マイさんの考え

$\sqrt{21}\times\sqrt{14}$
$=\sqrt{3\times7}\times\sqrt{2\times7}$
$=\sqrt{3\times7\times2\times7}$
$=\sqrt{7^2\times3\times2}$
$=\mathbf{7\sqrt{6}}$

教科書 p.63

Q2 次の計算をしなさい。

(1) $\sqrt{14}\times\sqrt{35}$　(2) $\sqrt{3}\times(-7\sqrt{6})$

(3) $(-4\sqrt{10})\times\sqrt{15}$　(4) $(-2\sqrt{30})\times(-\sqrt{42})$

プラス・ワン① (1) $(-3\sqrt{24})\times(-\sqrt{8})$　(2) $-\sqrt{12}\times\dfrac{\sqrt{15}}{2}$

ガイド 根号の中の数が大きいときは，素因数分解してから計算すると，計算がらくになることがある。

プラス・ワン① $a\sqrt{b}$ の形にできるものは，はじめにするとよい。

(1) $\sqrt{24}=\sqrt{2^2\times6}=2\sqrt{6}$，$\sqrt{8}=\sqrt{2^2\times2}=2\sqrt{2}$

(2) $\sqrt{12}=\sqrt{2^2\times3}=2\sqrt{3}$

解答 (1) $\sqrt{14}\times\sqrt{35}=\sqrt{2\times7}\times\sqrt{5\times7}=\sqrt{2\times7\times5\times7}=\sqrt{7^2\times2\times5}=\mathbf{7\sqrt{10}}$

(2) $\sqrt{3}\times(-7\sqrt{6})=-\sqrt{3}\times7\sqrt{2\times3}=-7\sqrt{3\times2\times3}=-7\sqrt{3^2\times2}=\mathbf{-21\sqrt{2}}$

2章 2節 根号をふくむ式の計算

(3) $(-4\sqrt{10})\times\sqrt{15}=-4\sqrt{2\times5}\times\sqrt{3\times5}=-4\sqrt{2\times5\times3\times5}=-4\sqrt{5^2\times2\times3}$
$=\mathbf{-20\sqrt{6}}$

(4) $(-2\sqrt{30})\times(-\sqrt{42})=2\sqrt{2\times3\times5}\times\sqrt{2\times3\times7}=2\sqrt{2\times3\times5\times2\times3\times7}$
$=2\sqrt{2^2\times3^2\times5\times7}=\mathbf{12\sqrt{35}}$

プラス・ワン① (1) $(-3\sqrt{24})\times(-\sqrt{8})=3\times2\sqrt{6}\times2\sqrt{2}=12\sqrt{6\times2}$
$=12\sqrt{2\times3\times2}=12\sqrt{2^2\times3}=\mathbf{24\sqrt{3}}$

(2) $-\sqrt{12}\times\dfrac{\sqrt{15}}{2}=-\dfrac{2\sqrt{3}\times\sqrt{3\times5}}{2}=-\sqrt{3\times3\times5}=-\sqrt{3^2\times5}$
$=\mathbf{-3\sqrt{5}}$

教科書 p.63

活動3 $-2\sqrt{15}\div\sqrt{3}$ の計算のしかたを考えよう。

カルロスさんの考え

$-2\sqrt{15}\div\sqrt{3}$
$=-\dfrac{2\sqrt{15}}{\sqrt{3}}$
$=-2\times\sqrt{\dfrac{15}{3}}$
$=-2\sqrt{5}$

あおいさんの考え

$-2\sqrt{15}\div\sqrt{3}$
$=-\dfrac{2\sqrt{15}}{\sqrt{3}}$
$=-\dfrac{2\sqrt{5}\times\sqrt{3}}{\sqrt{3}}$
$=-2\sqrt{5}$

(1) 2人の計算のしかたを比べなさい。

解答 (1) (例)カルロスさんは，$\dfrac{\sqrt{a}}{\sqrt{b}}=\sqrt{\dfrac{a}{b}}$ より，$\dfrac{\sqrt{15}}{\sqrt{3}}=\sqrt{\dfrac{15}{3}}$ と1つの根号の中に入れてから約分している。

あおいさんは，$\sqrt{15}$ の根号の中の数を素因数分解して $\sqrt{5}\times\sqrt{3}$ とし，分母と分子の $\sqrt{3}$ を約分している。

教科書 p.63

Q3 次の計算をしなさい。

(1) $(-5\sqrt{30})\div\sqrt{2}$　　(2) $4\sqrt{12}\div(-2\sqrt{3})$

プラス・ワン② $(-3\sqrt{8})\div\sqrt{18}$

ガイド 教科書63ページ 活動3 のカルロスさんの考えを使っても，あおいさんの考えを使ってもよい。

解答 (1) $(-5\sqrt{30})\div\sqrt{2}=-\dfrac{5\sqrt{30}}{\sqrt{2}}=-\dfrac{5\sqrt{2}\times\sqrt{3}\times\sqrt{5}}{\sqrt{2}}=\mathbf{-5\sqrt{15}}$

別解 $(-5\sqrt{30})\div\sqrt{2}=-\dfrac{5\sqrt{30}}{\sqrt{2}}=-5\times\sqrt{\dfrac{30}{2}}=\mathbf{-5\sqrt{15}}$

(2) $4\sqrt{12}\div(-2\sqrt{3})=-\dfrac{4\sqrt{12}}{2\sqrt{3}}=-\dfrac{2\times2\sqrt{3}}{\sqrt{3}}=\mathbf{-4}$

別解 $4\sqrt{12}\div(-2\sqrt{3})=-\dfrac{4\sqrt{12}}{2\sqrt{3}}=-2\times\sqrt{\dfrac{12}{3}}=-2\sqrt{4}=\mathbf{-4}$

プラス・ワン② $(-3\sqrt{8})\div\sqrt{18}=-\dfrac{3\sqrt{8}}{\sqrt{18}}=-\dfrac{3\times2\sqrt{2}}{3\sqrt{2}}=\mathbf{-2}$

別解 $(-3\sqrt{8})\div\sqrt{18}=-\dfrac{3\sqrt{8}}{\sqrt{18}}=-3\times\sqrt{\dfrac{8}{18}}=-3\times\sqrt{\dfrac{4}{9}}$

$=-3\times\dfrac{2}{3}=\mathbf{-2}$

教科書 p.63

Q4 次の計算をしなさい。

(1) $\sqrt{27}\div\sqrt{6}\times\sqrt{10}$　　(2) $\sqrt{14}\times(-2\sqrt{15})\div\sqrt{35}$

プラス・ワン③ $\dfrac{\sqrt{28}}{3}\div(-\sqrt{7})\times(-\sqrt{18})$

ガイド まず符号を決めて除法を分数の形で表す。次に，根号の中の数を素因数分解し，$\sqrt{a\times b}=\sqrt{a}\times\sqrt{b}$ の考えを使って分けるとよい。

解答 (1) $\sqrt{27}\div\sqrt{6}\times\sqrt{10}=\dfrac{\sqrt{27}\times\sqrt{10}}{\sqrt{6}}=\dfrac{3\sqrt{3}\times\sqrt{2}\times\sqrt{5}}{\sqrt{2}\times\sqrt{3}}=3\times\sqrt{5}=\mathbf{3\sqrt{5}}$

(2) $\sqrt{14}\times(-2\sqrt{15})\div\sqrt{35}=-\dfrac{\sqrt{14}\times2\sqrt{15}}{\sqrt{35}}=-\dfrac{\sqrt{2}\times\sqrt{7}\times2\times\sqrt{3}\times\sqrt{5}}{\sqrt{5}\times\sqrt{7}}$

$=-\sqrt{2}\times2\times\sqrt{3}=\mathbf{-2\sqrt{6}}$

プラス・ワン③ $\dfrac{\sqrt{28}}{3}\div(-\sqrt{7})\times(-\sqrt{18})=\dfrac{\sqrt{28}\times\sqrt{18}}{3\times\sqrt{7}}=\dfrac{2\sqrt{7}\times3\sqrt{2}}{3\sqrt{7}}=\mathbf{2\sqrt{2}}$

⑤ 根号をふくむ数の加法，減法

CHECK! 確認したら✓を書こう

教科書の要点

□根号をふくむ数の加法，減法	根号の中の数が同じときは，文字式の同類項(どうるいこう)をまとめるときと同じようにして，分配法則を使って計算することができる。 例 $5\sqrt{3}+3\sqrt{3}=(5+3)\sqrt{3}=8\sqrt{3}$ $7\sqrt{2}-3\sqrt{2}=(7-3)\sqrt{2}=4\sqrt{2}$ 根号の中の数が異なるときは，根号の中の数ができるだけ小さい自然数になるように変形すると，加法や減法を行えるようになる場合がある。 例 $\sqrt{2}+\sqrt{8}=\sqrt{2}+2\sqrt{2}=3\sqrt{2}$

教科書 p.64

考えよう $a>0$，$b>0$ のとき，$\sqrt{a}+\sqrt{b}$ を $\sqrt{a+b}$ と計算してよいだろうか。
a，b にいろいろな数をあてはめて考えてみよう。

解答 (例１) $a=1$，$b=1$ の場合

$\sqrt{a}+\sqrt{b}=\sqrt{1}+\sqrt{1}=1+1=2$

$\sqrt{a+b}=\sqrt{1+1}=\sqrt{2}\,(=1.414\cdots)$

よって，$\sqrt{a}+\sqrt{b}\neq\sqrt{a+b}$

(例２) $a=4$，$b=5$ の場合

$\sqrt{a}+\sqrt{b}=\sqrt{4}+\sqrt{5}=2+\sqrt{5}\,(=2+2.236\cdots=4.236\cdots)$

$\sqrt{a+b}=\sqrt{4+5}=\sqrt{9}=3$

よって，$\sqrt{a}+\sqrt{b}\neq\sqrt{a+b}$

したがって，$\sqrt{a}+\sqrt{b}$ を $\sqrt{a+b}$ と計算しては**いけない**。

教科書 p.64

活動1 ?考えよう で，$a>0$，$b>0$ のとき，
「$\sqrt{a}+\sqrt{b}=\sqrt{a+b}$」は誤りである。
このことを，反例を示して説明しよう。
(1) $a=9$，$b=16$ として，このことを説明しなさい。

解答 (1) $a=9$，$b=16$ のとき，
$\sqrt{a}+\sqrt{b}=\sqrt{9}+\sqrt{16}=3+4=7$
$\sqrt{a+b}=\sqrt{9+16}=\sqrt{25}=5$
$7\neq5$ だから，$\sqrt{a}+\sqrt{b}\neq\sqrt{a+b}$
よって，「$\sqrt{a}+\sqrt{b}=\sqrt{a+b}$」は誤りである。

別解 $\sqrt{9}+\sqrt{16}$ は，面積が 9 と 16 の 2 つの正方形の 1 辺の長さの和を表している。また，$\sqrt{9+16}=\sqrt{25}$ は面積が25の正方形の 1 辺の長さを表している。右の図のように，$\sqrt{9}+\sqrt{16}$ と $\sqrt{25}$ は，同じ長さとはいえない。したがって，$\sqrt{9}+\sqrt{16}$ を $\sqrt{9+16}$ とするような計算はできない。

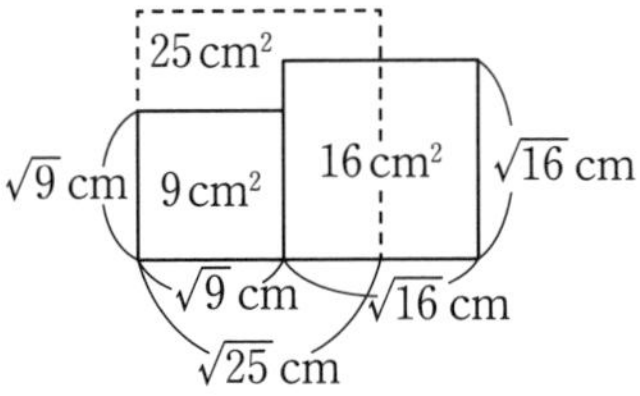

教科書 p.64

Q1 $a>b>0$ のとき，「$\sqrt{a}-\sqrt{b}=\sqrt{a-b}$」は誤りである。
このことを説明しなさい。

ガイド 活動1 のように，反例(成り立たない例)を示して説明しよう。

解答 $a=25$，$b=9$ のとき，
$\sqrt{a}-\sqrt{b}=\sqrt{25}-\sqrt{9}=5-3=2$
$\sqrt{a-b}=\sqrt{25-9}=\sqrt{16}=4$
$2\neq4$ だから，$\sqrt{a}-\sqrt{b}\neq\sqrt{a-b}$
よって，「$\sqrt{a}-\sqrt{b}=\sqrt{a-b}$」は誤りである。

教科書 p.64

Q2 次の計算をしなさい。
(1) $3\sqrt{6}+2\sqrt{6}$　(2) $8\sqrt{2}-\sqrt{2}$
(3) $-7\sqrt{5}+5\sqrt{5}$　(4) $-\sqrt{3}-2\sqrt{3}$

プラス・ワン① $-\dfrac{\sqrt{10}}{2}+\dfrac{3\sqrt{10}}{2}$

ガイド 分配法則 $ac+bc=(a+b)c$ を使って計算する。

解答 (1) $3\sqrt{6}+2\sqrt{6}=(3+2)\sqrt{6}=\mathbf{5\sqrt{6}}$
(2) $8\sqrt{2}-\sqrt{2}=(8-1)\sqrt{2}=\mathbf{7\sqrt{2}}$
(3) $-7\sqrt{5}+5\sqrt{5}=(-7+5)\sqrt{5}=\mathbf{-2\sqrt{5}}$
(4) $-\sqrt{3}-2\sqrt{3}=(-1-2)\sqrt{3}=\mathbf{-3\sqrt{3}}$

プラス・ワン① $-\dfrac{\sqrt{10}}{2}+\dfrac{3\sqrt{10}}{2}=\left(-\dfrac{1}{2}+\dfrac{3}{2}\right)\sqrt{10}=\mathbf{\sqrt{10}}$

教科書 p.65

活動3 $\sqrt{12}-5\sqrt{3}$ の計算のしかたを考えよう。

$$\begin{aligned}&\sqrt{12}-5\sqrt{3}\\&=2\sqrt{3}-5\sqrt{3}\end{aligned}\quad ①$$

(1) ①のように変形したのはなぜですか。

(2) 計算の続きを行いなさい。

解答 (1) 根号の中の数が同じ場合，分配法則を使って計算することができるので，**$\sqrt{12}$ の根号の中の数を $5\sqrt{3}$ と同じ 3 にするため。**

(2) $2\sqrt{3}-5\sqrt{3}=(2-5)\sqrt{3}=\mathbf{-3\sqrt{3}}$

教科書 p.65

たしかめ 1 $\sqrt{18}-5\sqrt{2}$ を計算しなさい。

ガイド $\sqrt{18}$ の根号の中の数を $5\sqrt{2}$ と同じにすると，分配法則を使って計算できる。

解答 $\sqrt{18}-5\sqrt{2}=\sqrt{3^2\times2}-5\sqrt{2}=3\sqrt{2}-5\sqrt{2}=(3-5)\sqrt{2}=\mathbf{-2\sqrt{2}}$

教科書 p.65

Q3 次の計算をしなさい。

(1) $2\sqrt{3}+\sqrt{48}$　(2) $\sqrt{32}-\sqrt{18}$　(3) $-\sqrt{20}+6\sqrt{5}$

(4) $-\sqrt{28}-\sqrt{63}$　**プラス・ワン②** $\sqrt{6}+\dfrac{\sqrt{24}}{2}$

ガイド $\sqrt{ab}=\sqrt{a}\times\sqrt{b}$，$\sqrt{a^2b}=a\sqrt{b}$ を用いて，根号の中の数をできるだけ小さい自然数にする。

解答 (1) $2\sqrt{3}+\sqrt{48}=2\sqrt{3}+\sqrt{4^2\times3}=2\sqrt{3}+4\sqrt{3}=(2+4)\sqrt{3}=\mathbf{6\sqrt{3}}$

(2) $\sqrt{32}-\sqrt{18}=\sqrt{4^2\times2}-\sqrt{3^2\times2}=4\sqrt{2}-3\sqrt{2}=(4-3)\sqrt{2}=\mathbf{\sqrt{2}}$

(3) $-\sqrt{20}+6\sqrt{5}=-\sqrt{2^2\times5}+6\sqrt{5}=-2\sqrt{5}+6\sqrt{5}=(-2+6)\sqrt{5}=\mathbf{4\sqrt{5}}$

(4) $-\sqrt{28}-\sqrt{63}=-\sqrt{2^2\times7}-\sqrt{3^2\times7}=-2\sqrt{7}-3\sqrt{7}=(-2-3)\sqrt{7}=\mathbf{-5\sqrt{7}}$

プラス・ワン②

$$\sqrt{6}+\frac{\sqrt{24}}{2}=\sqrt{6}+\frac{\sqrt{2^2\times6}}{2}=\sqrt{6}+\frac{2\sqrt{6}}{2}=\sqrt{6}+\sqrt{6}=(1+1)\sqrt{6}=\mathbf{2\sqrt{6}}$$

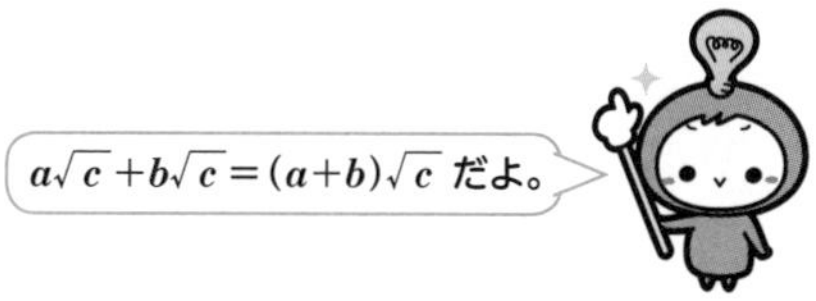
$a\sqrt{c}+b\sqrt{c}=(a+b)\sqrt{c}$ だよ。

教科書 p.65

たしかめ 2 $\sqrt{12}-\sqrt{3}+\sqrt{24}-\sqrt{6}$ を計算しなさい。

ガイド 根号の中の数が同じ数どうしをまとめる。
根号の中の数がちがうときは，それ以上まとめられない。

解答
$$\begin{aligned}\sqrt{12}-\sqrt{3}+\sqrt{24}-\sqrt{6}&=2\sqrt{3}-\sqrt{3}+2\sqrt{6}-\sqrt{6}\\&=(2-1)\sqrt{3}+(2-1)\sqrt{6}\\&=\mathbf{\sqrt{3}+\sqrt{6}}\end{aligned}$$

教科書 p.65

Q4 次の計算をしなさい。

(1) $3\sqrt{24}+\sqrt{3}-5\sqrt{6}-\sqrt{12}$　　(2) $\sqrt{3}-5+\sqrt{27}+10$

(3) $2\sqrt{18}+4\sqrt{3}-\sqrt{8}-3\sqrt{12}$

プラス・ワン③ $\sqrt{50}-\dfrac{\sqrt{28}}{3}-\dfrac{\sqrt{8}}{2}-\dfrac{\sqrt{7}}{3}$

解答 (1) $3\sqrt{24}+\sqrt{3}-5\sqrt{6}-\sqrt{12}=3\times2\sqrt{6}+\sqrt{3}-5\sqrt{6}-2\sqrt{3}$

$=6\sqrt{6}+\sqrt{3}-5\sqrt{6}-2\sqrt{3}$

$=(6-5)\sqrt{6}+(1-2)\sqrt{3}$

$=\boldsymbol{\sqrt{6}-\sqrt{3}}$

(2) $\sqrt{3}-5+\sqrt{27}+10=\sqrt{3}-5+3\sqrt{3}+10$

$=(1+3)\sqrt{3}-5+10$

$=\boldsymbol{4\sqrt{3}+5}$

(3) $2\sqrt{18}+4\sqrt{3}-\sqrt{8}-3\sqrt{12}=2\times3\sqrt{2}+4\sqrt{3}-2\sqrt{2}-3\times2\sqrt{3}$

$=6\sqrt{2}+4\sqrt{3}-2\sqrt{2}-6\sqrt{3}$

$=(6-2)\sqrt{2}+(4-6)\sqrt{3}$

$=\boldsymbol{4\sqrt{2}-2\sqrt{3}}$

プラス・ワン③ $\sqrt{50}-\dfrac{\sqrt{28}}{3}-\dfrac{\sqrt{8}}{2}-\dfrac{\sqrt{7}}{3}=5\sqrt{2}-\dfrac{2\sqrt{7}}{3}-\dfrac{2\sqrt{2}}{2}-\dfrac{\sqrt{7}}{3}$

$=(5-1)\sqrt{2}+\left(-\dfrac{2}{3}-\dfrac{1}{3}\right)\sqrt{7}$

$=\boldsymbol{4\sqrt{2}-\sqrt{7}}$

6 根号をふくむいろいろな式の計算

CHECK! 確認したら ✓を書こう

教科書の要点

□根号をふくむ式の計算

分母に根号をふくむ数がある式は，分母を有理化してから計算する。
分配法則や展開の公式を使って，工夫して計算する。

例 $\sqrt{12}-\dfrac{15}{\sqrt{3}}=2\sqrt{3}-\dfrac{15\times\sqrt{3}}{\sqrt{3}\times\sqrt{3}}=2\sqrt{3}-\dfrac{15\sqrt{3}}{3}=2\sqrt{3}-5\sqrt{3}=-3\sqrt{3}$

$\sqrt{3}(\sqrt{5}+\sqrt{7})=\sqrt{3}\times\sqrt{5}+\sqrt{3}\times\sqrt{7}=\sqrt{15}+\sqrt{21}$

$(\sqrt{3}+\sqrt{5})^2=(\sqrt{3})^2+2\times\sqrt{5}\times\sqrt{3}+(\sqrt{5})^2=3+2\sqrt{15}+5=8+2\sqrt{15}$

教科書 p.66

Q1 次の計算をしなさい。

(1) $\sqrt{27}-\dfrac{4}{\sqrt{3}}$　　(2) $-\dfrac{1}{\sqrt{5}}+\sqrt{20}$

ガイド 分母に根号をふくむ数がある式は，分母を有理化してから計算する。

解答 (1) $\sqrt{27}-\dfrac{4}{\sqrt{3}}=\sqrt{3^2\times3}-\dfrac{4\times\sqrt{3}}{\sqrt{3}\times\sqrt{3}}=3\sqrt{3}-\dfrac{4\sqrt{3}}{3}=\left(3-\dfrac{4}{3}\right)\sqrt{3}=\boldsymbol{\dfrac{5\sqrt{3}}{3}}$

(2) $-\dfrac{1}{\sqrt{5}}+\sqrt{20}=-\dfrac{1\times\sqrt{5}}{\sqrt{5}\times\sqrt{5}}+\sqrt{2^2\times5}=-\dfrac{\sqrt{5}}{5}+2\sqrt{5}=\left(-\dfrac{1}{5}+2\right)\sqrt{5}$

$=\boldsymbol{\dfrac{9\sqrt{5}}{5}}$

教科書 p.66

Q2 次の計算をしなさい。

(1) $\sqrt{6}(5\sqrt{3}+\sqrt{6})$　(2) $\sqrt{2}(4\sqrt{6}-\sqrt{2})$

(3) $(1+\sqrt{2})(\sqrt{10}+\sqrt{5})$　(4) $(\sqrt{3}-\sqrt{6})(\sqrt{2}+3)$

ガイド (1)(2) 分配法則 $a(b+c)=ab+ac$ を使う。

(3)(4) $(a+b)(c+d)=ac+ad+bc+bd$ を使う。

解答 (1) $\sqrt{6}(5\sqrt{3}+\sqrt{6})=\sqrt{6}\times5\sqrt{3}+(\sqrt{6})^2=5\sqrt{18}+6$

$=5\times3\sqrt{2}+6=\mathbf{15\sqrt{2}+6}$

(2) $\sqrt{2}(4\sqrt{6}-\sqrt{2})=\sqrt{2}\times4\sqrt{6}-(\sqrt{2})^2=4\sqrt{12}-2$

$=4\times2\sqrt{3}-2=\mathbf{8\sqrt{3}-2}$

(3) $(1+\sqrt{2})(\sqrt{10}+\sqrt{5})=1\times\sqrt{10}+1\times\sqrt{5}+\sqrt{2}\times\sqrt{10}+\sqrt{2}\times\sqrt{5}$

$=\sqrt{10}+\sqrt{5}+\sqrt{20}+\sqrt{10}$

$=\sqrt{10}+\sqrt{5}+2\sqrt{5}+\sqrt{10}$

$=\mathbf{2\sqrt{10}+3\sqrt{5}}$

(4) $(\sqrt{3}-\sqrt{6})(\sqrt{2}+3)=\sqrt{3}\times\sqrt{2}+\sqrt{3}\times3-\sqrt{6}\times\sqrt{2}-\sqrt{6}\times3$

$=\sqrt{6}+3\sqrt{3}-\sqrt{12}-3\sqrt{6}$

$=\sqrt{6}+3\sqrt{3}-2\sqrt{3}-3\sqrt{6}$

$=\mathbf{-2\sqrt{6}+\sqrt{3}}$

教科書 p.67

Q3 次の計算をしなさい。

(1) $(3+\sqrt{5})^2$　(2) $(\sqrt{2}-\sqrt{3})^2$

(3) $(\sqrt{2}+\sqrt{3})(\sqrt{2}-\sqrt{3})$　(4) $(\sqrt{12}-4)(\sqrt{12}+1)$

プラス・ワン (1) $\left(2+\dfrac{1}{\sqrt{3}}\right)\left(2-\dfrac{1}{\sqrt{3}}\right)$　(2) $\left(\sqrt{6}-\dfrac{1}{\sqrt{2}}\right)^2$

ガイド (1) 展開の公式 2 を使う。

(2) 展開の公式 3 を使う。

(3) 展開の公式 4 を使う。

(4) 展開の公式 1 を使う。$\sqrt{12}$ は $a\sqrt{b}$ の形になおせる。

プラス・ワン (1) 展開の公式 4 を使う。

(2) 展開の公式 3 を使う。

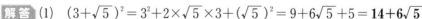

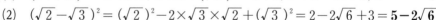

公式 1　$(x+a)(x+b)=x^2+(a+b)x+ab$
公式 2　$(x+a)^2=x^2+2ax+a^2$
公式 3　$(x-a)^2=x^2-2ax+a^2$
公式 4　$(x+a)(x-a)=x^2-a^2$ だったね。

解答 (1) $(3+\sqrt{5})^2=3^2+2\times\sqrt{5}\times3+(\sqrt{5})^2=9+6\sqrt{5}+5=\mathbf{14+6\sqrt{5}}$

(2) $(\sqrt{2}-\sqrt{3})^2=(\sqrt{2})^2-2\times\sqrt{3}\times\sqrt{2}+(\sqrt{3})^2=2-2\sqrt{6}+3=\mathbf{5-2\sqrt{6}}$

(3) $(\sqrt{2}+\sqrt{3})(\sqrt{2}-\sqrt{3})=(\sqrt{2})^2-(\sqrt{3})^2=2-3=\mathbf{-1}$

(4) $(\sqrt{12}-4)(\sqrt{12}+1)=(2\sqrt{3}-4)(2\sqrt{3}+1)$

$=(2\sqrt{3})^2+(-4+1)\times2\sqrt{3}+(-4)\times1$

$=12-6\sqrt{3}-4$

$=\mathbf{8-6\sqrt{3}}$

プラス・ワン (1) $\left(2+\dfrac{1}{\sqrt{3}}\right)\left(2-\dfrac{1}{\sqrt{3}}\right)=2^2-\left(\dfrac{1}{\sqrt{3}}\right)^2=4-\dfrac{1}{3}=\mathbf{\dfrac{11}{3}}$

(2) $\left(\sqrt{6}-\dfrac{1}{\sqrt{2}}\right)^2=\left(\sqrt{6}-\dfrac{1\times\sqrt{2}}{\sqrt{2}\times\sqrt{2}}\right)^2$

$=\left(\sqrt{6}-\dfrac{\sqrt{2}}{2}\right)^2$

$=(\sqrt{6})^2-2\times\dfrac{\sqrt{2}}{2}\times\sqrt{6}+\left(\dfrac{\sqrt{2}}{2}\right)^2$

$=6-\sqrt{12}+\dfrac{1}{2}=\mathbf{\dfrac{13}{2}-2\sqrt{3}}$

教科書 p.67

活動4 $x=4+\sqrt{5}$ のときの，式 x^2-5x+4 の値を求めよう。

つばささんの考え	ゆうとさんの考え
x^2-5x+4 $=(x-4)(x-1)$ $=(4+\sqrt{5}-4)(4+\sqrt{5}-1)$	x^2-5x+4 $=(4+\sqrt{5})^2-5(4+\sqrt{5})+4$

(1) 2人の計算の続きを行い，結果が同じになることを確かめなさい。

解答 (1) つばささん

$(4+\sqrt{5}-4)(4+\sqrt{5}-1)$
$=\sqrt{5}(3+\sqrt{5})$
$=\mathbf{3\sqrt{5}+5}$

ゆうとさん

$(4+\sqrt{5})^2-5(4+\sqrt{5})+4$
$=16+8\sqrt{5}+5-20-5\sqrt{5}+4$
$=\mathbf{3\sqrt{5}+5}$

結果は同じになる。

教科書 p.67

たしかめ1 $x=2+\sqrt{3}$ のときの，式 x^2-3x+2 の値を求めなさい。

ガイド 式にすぐ代入する方法と，式を因数分解してから代入する方法がある。ふつうは，因数分解してから代入するほうが計算が簡単である。

解答 因数分解してから代入すると，

$x^2-3x+2=(x-1)(x-2)$
$=(2+\sqrt{3}-1)(2+\sqrt{3}-2)$
$=(1+\sqrt{3})\times\sqrt{3}$
$=\mathbf{\sqrt{3}+3}$

別解 式にすぐ代入すると，

$x^2-3x+2=(2+\sqrt{3})^2-3(2+\sqrt{3})+2$
$=4+4\sqrt{3}+3-6-3\sqrt{3}+2$
$=\mathbf{\sqrt{3}+3}$

教科書 p.67

Q4 $x=3+\sqrt{2}$，$y=3-\sqrt{2}$ のときの，式 $x^2+2xy+y^2$ の値を求めなさい。

ガイド 式を因数分解してから代入するとよい。

解答 $x^2+2xy+y^2=(x+y)^2=(3+\sqrt{2}+3-\sqrt{2})^2=6^2=\mathbf{36}$

教科書 p.67

発展 学びにプラス　分母が多項式であるときの有理化

$\dfrac{1}{\sqrt{5}+\sqrt{2}}$ は，次のように分母を有理化することができます。

$$\frac{1}{\sqrt{5}+\sqrt{2}}=\frac{(\sqrt{5}-\sqrt{2})}{(\sqrt{5}+\sqrt{2})(\sqrt{5}-\sqrt{2})}=\frac{\sqrt{5}-\sqrt{2}}{3}$$

$\dfrac{1}{\sqrt{5}-\sqrt{2}}$ や $\dfrac{1}{\sqrt{6}+\sqrt{3}}$ を有理化してみましょう。

ガイド　展開の公式4　$(x+a)(x-a)=x^2-a^2$ を使って，分母を有理化する。

解答

$$\frac{1}{\sqrt{5}-\sqrt{2}}=\frac{(\sqrt{5}+\sqrt{2})}{(\sqrt{5}-\sqrt{2})(\sqrt{5}+\sqrt{2})}=\boldsymbol{\frac{\sqrt{5}+\sqrt{2}}{3}}$$

$$\frac{1}{\sqrt{6}+\sqrt{3}}=\frac{(\sqrt{6}-\sqrt{3})}{(\sqrt{6}+\sqrt{3})(\sqrt{6}-\sqrt{3})}=\boldsymbol{\frac{\sqrt{6}-\sqrt{3}}{3}}$$

たしかめよう

教科書 p.68

1　次の計算をしなさい。

(1)　$\sqrt{3}\times\sqrt{7}$　　(2)　$\dfrac{\sqrt{42}}{\sqrt{6}}$

(3)　$\sqrt{5}\times\sqrt{80}$　　(4)　$\sqrt{20}\div(-\sqrt{5})$

ガイド

(1)　$a>0$，$b>0$ のとき，$\sqrt{a}\times\sqrt{b}=\sqrt{ab}$

(2)　$a>0$，$b>0$ のとき，$\dfrac{\sqrt{a}}{\sqrt{b}}=\sqrt{\dfrac{a}{b}}$

(4)　まず符号を決めて，分数の形で表す。

解答

(1)　$\sqrt{3}\times\sqrt{7}=\sqrt{3\times7}=\boldsymbol{\sqrt{21}}$

(2)　$\dfrac{\sqrt{42}}{\sqrt{6}}=\sqrt{\dfrac{42}{6}}=\boldsymbol{\sqrt{7}}$

(3)　$\sqrt{5}\times\sqrt{80}=\sqrt{5\times80}=\sqrt{400}=\sqrt{20^2}=\boldsymbol{20}$

別解　$\sqrt{5}\times\sqrt{80}=\sqrt{5}\times4\sqrt{5}=\boldsymbol{20}$

(4)　$\sqrt{20}\div(-\sqrt{5})=-\dfrac{\sqrt{20}}{\sqrt{5}}=-\sqrt{\dfrac{20}{5}}=-\sqrt{4}=\boldsymbol{-2}$

別解　$\sqrt{20}\div(-\sqrt{5})=-\dfrac{\sqrt{20}}{\sqrt{5}}=-\dfrac{2\sqrt{5}}{\sqrt{5}}=\boldsymbol{-2}$

教科書 p.68

2 次の数を，根号の中の数ができるだけ小さい自然数になるように，$a\sqrt{b}$ の形にしなさい。

(1) $\sqrt{32}$　(2) $\sqrt{350}$　(3) $4\sqrt{24}$

ガイド 根号の中の数を $\sqrt{a^2\times b}$ のように，2乗の数のかけ算の形にして考える。
数が大きいときは，素因数分解するとよい。

解答 (1) $\sqrt{32}=\sqrt{4^2\times 2}=\mathbf{4\sqrt{2}}$

(2) $\sqrt{350}=\sqrt{5^2\times 14}=\mathbf{5\sqrt{14}}$

(3) $4\sqrt{24}=4\sqrt{2^2\times 6}=4\times 2\sqrt{6}=\mathbf{8\sqrt{6}}$

教科書 p.68

3 次の数の分母を有理化しなさい。

(1) $\dfrac{\sqrt{5}}{\sqrt{7}}$　(2) $\dfrac{\sqrt{10}}{\sqrt{15}}$　(3) $\dfrac{3\sqrt{2}}{\sqrt{6}}$

ガイド 分母の根号のついた数を，分母と分子にかける。

解答 (1) $\dfrac{\sqrt{5}}{\sqrt{7}}=\dfrac{\sqrt{5}\times\sqrt{7}}{\sqrt{7}\times\sqrt{7}}=\mathbf{\dfrac{\sqrt{35}}{7}}$

(2) $\dfrac{\sqrt{10}}{\sqrt{15}}=\dfrac{\sqrt{10}\times\sqrt{15}}{\sqrt{15}\times\sqrt{15}}=\dfrac{\sqrt{150}}{15}=\dfrac{\sqrt{5^2\times 6}}{15}=\dfrac{5\sqrt{6}}{15}=\mathbf{\dfrac{\sqrt{6}}{3}}$

(3) $\dfrac{3\sqrt{2}}{\sqrt{6}}=\dfrac{3\sqrt{2}\times\sqrt{6}}{\sqrt{6}\times\sqrt{6}}=\dfrac{3\sqrt{12}}{6}=\dfrac{\sqrt{12}}{2}=\dfrac{\sqrt{2^2\times 3}}{2}=\dfrac{2\sqrt{3}}{2}=\mathbf{\sqrt{3}}$

教科書 p.68

4 次の計算をしなさい。

(1) $\sqrt{12}\times(-\sqrt{24})$　(2) $(-\sqrt{15})\times(-\sqrt{45})$

(3) $(-8\sqrt{6})\div(-4\sqrt{2})$　(4) $\sqrt{18}\div(-\sqrt{6})\times\sqrt{32}$

ガイド 根号の中の数を，$\sqrt{a^2\times b}=a\sqrt{b}$ や素因数分解を使って小さい数にすると，計算しやすくなる。

解答 (1) $\sqrt{12}\times(-\sqrt{24})=2\sqrt{3}\times(-2\sqrt{6})=-2\sqrt{3}\times 2\sqrt{2\times 3}$
$=-2\times 2\times\sqrt{3}\times\sqrt{2}\times\sqrt{3}=\mathbf{-12\sqrt{2}}$

(2) $(-\sqrt{15})\times(-\sqrt{45})=(-\sqrt{3\times 5})\times(-3\sqrt{5})=3\times\sqrt{3}\times\sqrt{5}\times\sqrt{5}=\mathbf{15\sqrt{3}}$

(3) $(-8\sqrt{6})\div(-4\sqrt{2})=\dfrac{8\sqrt{6}}{4\sqrt{2}}=\dfrac{2\sqrt{6}}{\sqrt{2}}=\dfrac{2\sqrt{2}\times\sqrt{3}}{\sqrt{2}}=\mathbf{2\sqrt{3}}$

(4) $\sqrt{18}\div(-\sqrt{6})\times\sqrt{32}=-\dfrac{\sqrt{18}\times\sqrt{32}}{\sqrt{6}}=-\dfrac{3\sqrt{2}\times 4\sqrt{2}}{\sqrt{2}\times\sqrt{3}}=-\dfrac{12\sqrt{2}}{\sqrt{3}}$
$=-\dfrac{12\sqrt{2}\times\sqrt{3}}{\sqrt{3}\times\sqrt{3}}=-\dfrac{12\sqrt{6}}{3}=\mathbf{-4\sqrt{6}}$

教科書 p.68

5 次の計算をしなさい。

(1) $5\sqrt{7}+4\sqrt{7}$　(2) $8\sqrt{5}+\sqrt{45}$

(3) $\sqrt{48}-\sqrt{75}$　(4) $-\sqrt{32}+\sqrt{2}-10\sqrt{2}$

ガイド $\sqrt{a^2\times b}=a\sqrt{b}$ を利用して根号の中の数をできるだけ小さくなるようにする。根号の中の数が同じものは，同類項をまとめるときと同じようにして計算する。

解答 (1) $5\sqrt{7}+4\sqrt{7}=(5+4)\sqrt{7}=\mathbf{9\sqrt{7}}$

(2) $8\sqrt{5}+\sqrt{45}=8\sqrt{5}+\sqrt{3^2\times5}=8\sqrt{5}+3\sqrt{5}=(8+3)\sqrt{5}=\mathbf{11\sqrt{5}}$

(3) $\sqrt{48}-\sqrt{75}=\sqrt{4^2\times3}-\sqrt{5^2\times3}=4\sqrt{3}-5\sqrt{3}=(4-5)\sqrt{3}=\mathbf{-\sqrt{3}}$

(4) $-\sqrt{32}+\sqrt{2}-10\sqrt{2}=-\sqrt{4^2\times2}+\sqrt{2}-10\sqrt{2}=-4\sqrt{2}+\sqrt{2}-10\sqrt{2}$
$=(-4+1-10)\sqrt{2}=\mathbf{-13\sqrt{2}}$

教科書 p.68

6 次の計算をしなさい。

(1) $\sqrt{6}+\dfrac{18}{\sqrt{6}}$　(2) $\sqrt{7}(\sqrt{3}-\sqrt{7})$

(3) $(\sqrt{5}+\sqrt{2})^2$　(4) $(\sqrt{5}-\sqrt{3})(\sqrt{5}+\sqrt{3})$

ガイド (1)は分母を有理化してから計算する。(2)は分配法則，(3)は展開の公式 2，(4)は展開の公式 4 を使う。

解答 (1) $\sqrt{6}+\dfrac{18}{\sqrt{6}}=\sqrt{6}+\dfrac{18\times\sqrt{6}}{\sqrt{6}\times\sqrt{6}}=\sqrt{6}+\dfrac{18\sqrt{6}}{6}=\sqrt{6}+3\sqrt{6}=(1+3)\sqrt{6}=\mathbf{4\sqrt{6}}$

(2) $\sqrt{7}(\sqrt{3}-\sqrt{7})=\sqrt{7}\times\sqrt{3}-(\sqrt{7})^2=\mathbf{\sqrt{21}-7}$

(3) $(\sqrt{5}+\sqrt{2})^2=(\sqrt{5})^2+2\times\sqrt{2}\times\sqrt{5}+(\sqrt{2})^2=5+2\sqrt{10}+2=\mathbf{7+2\sqrt{10}}$

(4) $(\sqrt{5}-\sqrt{3})(\sqrt{5}+\sqrt{3})=(\sqrt{5})^2-(\sqrt{3})^2=5-3=\mathbf{2}$

教科書 p.68

7 次の(1)，(2)に答えなさい。

(1) $x=\sqrt{2}-1$ のときの，式 x^2+2x+1 の値を求めなさい。

(2) $x=3+\sqrt{5}$，$y=3-\sqrt{5}$ のときの，式 x^2-y^2 の値を求めなさい。

ガイド 式にすぐ代入する方法と，式を因数分解してから代入する方法がある。

解答 (1) 因数分解してから代入すると，

$x^2+2x+1=(x+1)^2=(\sqrt{2}-1+1)^2=(\sqrt{2})^2=\mathbf{2}$

別解 式にすぐ代入すると，

$x^2+2x+1=(\sqrt{2}-1)^2+2(\sqrt{2}-1)+1$
$=2-2\sqrt{2}+1+2\sqrt{2}-2+1$
$=\mathbf{2}$

因数分解してから
代入したほうが
計算が簡単だね。

(2) 因数分解してから代入すると，

$x^2-y^2=(x+y)(x-y)$
$=\{(3+\sqrt{5})+(3-\sqrt{5})\}\{(3+\sqrt{5})-(3-\sqrt{5})\}$
$=6\times2\sqrt{5}=\mathbf{12\sqrt{5}}$

別解 式にすぐ代入すると，

$x^2-y^2=(3+\sqrt{5})^2-(3-\sqrt{5})^2$
$=9+6\sqrt{5}+5-(9-6\sqrt{5}+5)$
$=9+6\sqrt{5}+5-9+6\sqrt{5}-5$
$=\mathbf{12\sqrt{5}}$

3節 平方根の利用

1 コピーで拡大するときの倍率を調べよう

教科書 p.69～70

コピー機の倍率は，辺の長さを拡大する割合で表示されている。
Ａ４判の紙をＡ３判の紙の大きさに拡大してコピーするときの倍率が141％であるのはなぜだろうか。

(1)　Ａ４判の紙とＡ３判の紙を観察して，どのような関係になっているか，気づいたことをいいなさい。

(2)　Ａ４判の紙とＡ３判の紙は，縦と横の長さの比が等しくなっています。
次のゆうとさんの考えで，横の長さと縦の長さの比を求めなさい。

ゆうとさんの考え

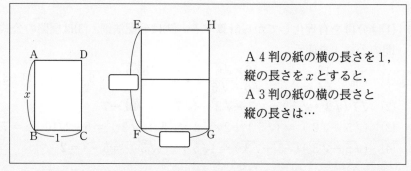

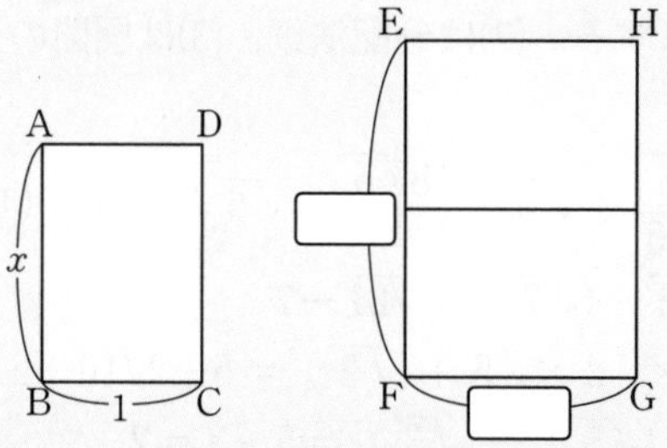

Ａ４判の紙の横の長さを１，縦の長さを x とすると，Ａ３判の紙の横の長さと縦の長さは…

(3)　(2)で求めた比をもとにして，拡大する倍率が141％である理由を説明しなさい。

ガイド　Ａ３判の紙の横(FG)の長さはABの長さに等しく，縦(EF)の長さはBCの２つ分の長さに等しい。

解答　(1)　(例)　**Ａ３判の紙はＡ４判の紙２枚分の大きさになっている。**
Ａ３判の紙の横の長さはＡ４判の紙の縦の長さと同じ。

(2)　Ａ４判の紙の横の長さを１，縦の長さを x とすると，

$FG = AB = x$

$EF = 2BC = 2$

$BC : AB = FG : EF$ だから，$1 : x = x : 2$，$x^2 = 2$

x の値は２の正の平方根だから，$x = \sqrt{2}$

よって，(横の長さ)：(縦の長さ)＝$\mathbf{1 : \sqrt{2}}$

(3)　(2)より，$BC : FG = 1 : \sqrt{2}$

コピー機の倍率は，辺の長さを拡大する割合だから，Ａ３判はＡ４判の $\sqrt{2}$ 倍になる。$\sqrt{2} = 1.414\cdots$ だから，1.41倍。

１倍は100％だから，1.41倍は141％になる。

教科書 p.70

Q1 B５判の紙をB４判の紙に拡大するときの倍率を調べ，上の問題(教科書70ページ)と同じように説明しなさい。

解答 右の図のように，B５判の紙を長方形ABCD，B４判の紙を長方形EFGHとする。B５判の紙の横の長さを１，縦の長さをxとすると，

$FG = AB = x$

$EF = 2BC = 2$

$AB : BC = EF : FG$ だから，

$x : 1 = 2 : x$，$x^2 = 2$

xの値は２の正の平方根だから，$x = \sqrt{2}$

よって，$BC : FG = 1 : \sqrt{2}$ より，B５判の紙をB４判の紙に拡大するときの倍率は$\sqrt{2}$倍。

$\sqrt{2} = 1.414\cdots$だから，1.41倍。つまり，141％である。

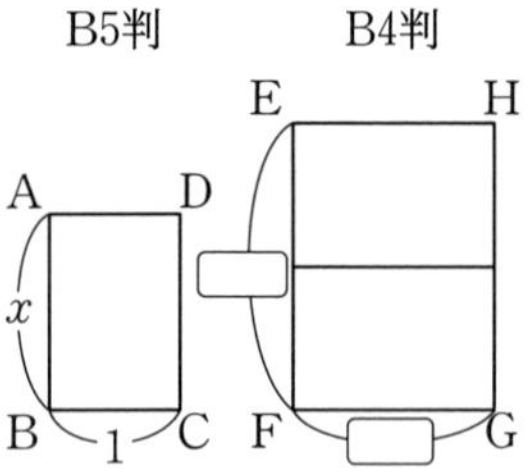

② 角材の１辺の長さを求めよう

教科書 p.71

活動1 直径32cmの丸太から，切り口が正方形の角材を切り出す。正方形の１辺ができるだけ長くなるようにするとき，１辺の長さは何cmになるかを考えよう。ただし，丸太の断面を円とみなすことにする。

(1) 右の図は，丸太の断面です。
下の図に示したように角材を切り出すとき，丸太の直径にあたる部分はどこですか。

(2) 角材の切り口となる正方形の面積を求めなさい。

(3) 正方形の１辺の長さの値(あたい)を整数にする場合，最大で何cmにすることができますか。
$\sqrt{2} = 1.414$ として求めなさい。

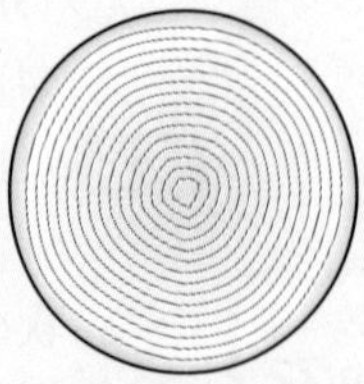

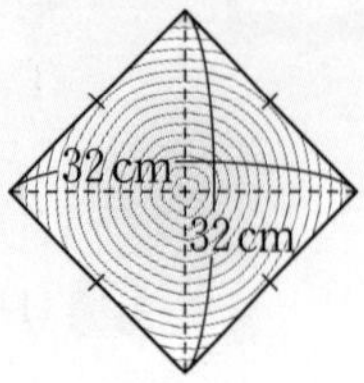

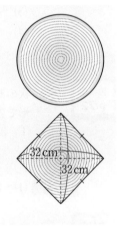

ガイド (2) 正方形をひし形とみると，ひし形の面積は，(対角線)×(対角線)÷2 だから，
$32 \times 32 \div 2 = 512$

(3) $\sqrt{512} = 16\sqrt{2} = 16 \times 1.414 = 22.624$
四捨五入すると23cmになるが，23cmはとれないので，１cm未満は切り捨てる。

解答 (1) **切り口の正方形の対角線の長さ**

(2) **512cm²**

(3) **22cm**

教科書 p.71

Q1 丸太から，切り口の正方形の１辺が20cmの角材を切り出します。丸太の断面を円とみなすとき，直径は何cm以上あればよいですか。整数で答えなさい。

ガイド 角材の切り口の正方形の対角線の長さが，丸太の断面の直径にあたる。
正方形の面積は，(１辺)×(１辺)＝$20 \times 20 = 400$(cm²)

また，正方形の面積は，(対角線)×(対角線)÷2 でも表せるので，
対角線を x cm とすると，

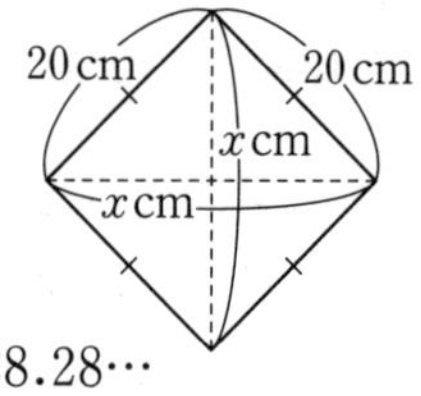

$x^2 \div 2 = 400$

$x^2 = 800$

$x>0$ より，$x=\sqrt{800}=20\sqrt{2}$

$\sqrt{2}=1.414\cdots$ だから，$20\sqrt{2}=20\times1.414\cdots=28.28\cdots$

よって，29cm以上あればよい。

解答 **29cm以上**

2章をふり返ろう

教科書 p.72

1 次の(1)~(4)に誤りがあれば，下線の部分を正しく書き直しなさい。

(1) 25の平方根は $\underline{5}$　(2) $\sqrt{25}=\underline{\pm5}$

(3) $\sqrt{(-5)^2}=\underline{-5}$　(4) $(-\sqrt{5})^2=\underline{-5}$

ガイド (1) 正の数の平方根は 2 つある。　(2) 平方根の正のほうを $\sqrt{a}$ と表す。

(3) $\sqrt{(-5)^2}=\sqrt{(-5)\times(-5)}=\sqrt{25}=5$

(4) $(-\sqrt{5})^2=(-\sqrt{5})\times(-\sqrt{5})=5$

解答 (1) **±5 (+5，−5)**　(2) **5**　(3) **5**　(4) **5**

教科書 p.72

2 次の測定値を，有効数字を 3 桁(けた)として，整数部分が 1 桁の小数と10の累乗(るいじょう)との積の形で表しなさい。

(1) 3820g　(2) 50700km

ガイド (1) 有効数字は，3，8，2　(2) 有効数字は，5，0，7

解答 (1) $\mathbf{3.82\times10^3}$**g**　(2) $\mathbf{5.07\times10^4}$**km**

教科書 p.72

3 次の数の分母を有理化しなさい。

(1) $\dfrac{\sqrt{2}}{\sqrt{3}}$　(2) $\dfrac{12}{\sqrt{6}}$　(3) $\dfrac{7}{\sqrt{28}}$

ガイド 分母の根号のついた数を分母と分子にかける。

(3) 根号の中の数を小さくできるときは，小さくしてから有理化するとよい。

解答 (1) $\dfrac{\sqrt{2}}{\sqrt{3}}=\dfrac{\sqrt{2}\times\sqrt{3}}{\sqrt{3}\times\sqrt{3}}=\mathbf{\dfrac{\sqrt{6}}{3}}$　(2) $\dfrac{12}{\sqrt{6}}=\dfrac{12\times\sqrt{6}}{\sqrt{6}\times\sqrt{6}}=\dfrac{12\sqrt{6}}{6}=\mathbf{2\sqrt{6}}$

(3) $\dfrac{7}{\sqrt{28}}=\dfrac{7}{\sqrt{2^2\times7}}=\dfrac{7}{2\sqrt{7}}=\dfrac{7\times\sqrt{7}}{2\sqrt{7}\times\sqrt{7}}=\dfrac{7\times\sqrt{7}}{2\times7}=\mathbf{\dfrac{\sqrt{7}}{2}}$

教科書 p.72

4 $\sqrt{7}=2.645$, $\sqrt{70}=8.366$ として，次の(1)，(2)の近似値(きんじち)を求めなさい。

(1) $\sqrt{700}$　　(2) $\sqrt{0.007}$

ガイド 与えられた値が代入できるように，根号の部分が $\sqrt{7}$ か $\sqrt{70}$ だけになるように変形する。

(1) $\sqrt{700}=\sqrt{100\times7}=10\sqrt{7}=10\times2.645=26.45$

(2) $\sqrt{0.007}=\sqrt{0.0070}=\sqrt{\dfrac{70}{10000}}=\dfrac{\sqrt{70}}{\sqrt{10000}}=\dfrac{\sqrt{70}}{100}=\sqrt{70}\div100$

$=8.366\div100=0.08366$

解答 (1) **26.45**　　(2) **0.08366**

教科書 p.72

5 次の計算をしなさい。

(1) $(-2\sqrt{5})^2$　　(2) $\sqrt{27}\times\sqrt{3}$

(3) $\sqrt{15}\times(-\sqrt{6})$　　(4) $\sqrt{56}\div\sqrt{14}$

(5) $9\sqrt{2}\div\sqrt{32}$　　(6) $\sqrt{50}+3\sqrt{2}$

(7) $\sqrt{12}-5\sqrt{3}+\sqrt{3}$　　(8) $\sqrt{20}-3\sqrt{10}-\sqrt{45}+5\sqrt{40}$

(9) $\sqrt{5}(\sqrt{10}-2\sqrt{5})$　　(10) $(\sqrt{3}+\sqrt{2})^2$

(11) $(\sqrt{2}-\sqrt{6})^2$　　(12) $(\sqrt{7}+2)(\sqrt{7}-2)$

ガイド 根号の中の数ができるだけ小さい自然数になるように変形するとよい。

(6)～(8) 根号の中の数が同じ場合の加法，減法は，同類項をまとめるときと同じようにして，分配法則を使う。

(9)は分配法則，(10)は展開の公式 2，(11)は展開の公式 3，(12)は展開の公式 4 を使う。

解答 (1) $(-2\sqrt{5})^2=(-2\sqrt{5})\times(-2\sqrt{5})=\mathbf{20}$

(2) $\sqrt{27}\times\sqrt{3}=3\sqrt{3}\times\sqrt{3}=\mathbf{9}$

別解 $\sqrt{27}\times\sqrt{3}=\sqrt{27\times3}=\sqrt{81}=\sqrt{9^2}=\mathbf{9}$

(3) $\sqrt{15}\times(-\sqrt{6})=\sqrt{3\times5}\times(-\sqrt{2\times3})=-\sqrt{3}\times\sqrt{5}\times\sqrt{2}\times\sqrt{3}=\mathbf{-3\sqrt{10}}$

別解 $\sqrt{15}\times(-\sqrt{6})=-\sqrt{15\times6}=-\sqrt{90}=-\sqrt{3^2\times10}=\mathbf{-3\sqrt{10}}$

(4) $\sqrt{56}\div\sqrt{14}=\dfrac{\sqrt{56}}{\sqrt{14}}=\dfrac{\sqrt{2^3\times7}}{\sqrt{2\times7}}=\dfrac{2\sqrt{2}\times\sqrt{7}}{\sqrt{2}\times\sqrt{7}}=\mathbf{2}$

別解 $\sqrt{56}\div\sqrt{14}=\dfrac{\sqrt{56}}{\sqrt{14}}=\sqrt{\dfrac{56}{14}}=\sqrt{4}=\sqrt{2^2}=\mathbf{2}$

(5) $9\sqrt{2}\div\sqrt{32}=\dfrac{9\sqrt{2}}{\sqrt{32}}=\dfrac{9\sqrt{2}}{4\sqrt{2}}=\mathbf{\dfrac{9}{4}}$

別解 $9\sqrt{2}\div\sqrt{32}=\dfrac{9\sqrt{2}}{\sqrt{32}}=9\times\sqrt{\dfrac{2}{32}}=9\times\sqrt{\dfrac{1}{16}}=9\times\dfrac{1}{4}=\mathbf{\dfrac{9}{4}}$

(6) $\sqrt{50}+3\sqrt{2}=5\sqrt{2}+3\sqrt{2}=(5+3)\sqrt{2}=\mathbf{8\sqrt{2}}$

(7) $\sqrt{12}-5\sqrt{3}+\sqrt{3}=2\sqrt{3}-5\sqrt{3}+\sqrt{3}=(2-5+1)\sqrt{3}=\mathbf{-2\sqrt{3}}$

(8) $\sqrt{20}-3\sqrt{10}-\sqrt{45}+5\sqrt{40}=2\sqrt{5}-3\sqrt{10}-3\sqrt{5}+5\times2\sqrt{10}$

$=2\sqrt{5}-3\sqrt{10}-3\sqrt{5}+10\sqrt{10}$

$=(2-3)\sqrt{5}+(-3+10)\sqrt{10}=\mathbf{-\sqrt{5}+7\sqrt{10}}$

(9) $\sqrt{5}(\sqrt{10}-2\sqrt{5})=\sqrt{5}\times\sqrt{10}-\sqrt{5}\times2\sqrt{5}=\sqrt{50}-10=\mathbf{5\sqrt{2}-10}$

(10) $(\sqrt{3}+\sqrt{2})^2=(\sqrt{3})^2+2\times\sqrt{2}\times\sqrt{3}+(\sqrt{2})^2=3+2\sqrt{6}+2=\mathbf{5+2\sqrt{6}}$

(11) $(\sqrt{2}-\sqrt{6})^2=(\sqrt{2})^2-2\times\sqrt{6}\times\sqrt{2}+(\sqrt{6})^2=2-2\sqrt{12}+6=8-2\times2\sqrt{3}$
$=\mathbf{8-4\sqrt{3}}$

(12) $(\sqrt{7}+2)(\sqrt{7}-2)=(\sqrt{7})^2-2^2=7-4=\mathbf{3}$

教科書 p.72

6 $x=\sqrt{3}+2$ のときの，式 x^2-4x+3 の値(あたい)を求めなさい。

ガイド 与えられた式を因数分解してから代入するほうが，計算が簡単である。

解答 $x^2-4x+3=(x-1)(x-3)=(\sqrt{3}+2-1)(\sqrt{3}+2-3)$
$=(\sqrt{3}+1)(\sqrt{3}-1)=(\sqrt{3})^2-1^2=3-1=\mathbf{2}$

教科書 p.72

7 体積が $600\pi\,\text{cm}^3$，高さが 8 cmの円柱があります。この円柱の底面の半径は何cmですか。四捨五入して小数第 1 位まで求めなさい。

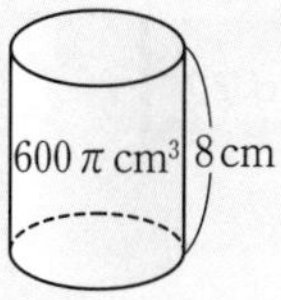

ガイド 底面の円の半径を x cmとすると，体積は，$\pi\times x^2\times8$ で表されるので，
$\pi\times x^2\times8=600\pi$ より，$x^2=75$
xは半径なので，$x>0$ より，$x=\sqrt{75}=5\sqrt{3}$
$\sqrt{3}=1.732$ として，$x=5\sqrt{3}=5\times1.732=8.66$

解答 **8.7cm**

教科書 p.72

学びのふり返り **8** 平方根が使えるようになって，よかったと思うことをあげてみましょう。

解答 (例 1) 面積が 2 cm^2 の正方形の 1 辺の長さなど，今まで表すのが難しかった数を簡単に表せるようになった。この場合の正方形の 1 辺の長さは，$\sqrt{2}$ cm

(例 2) 2 乗すると $a(a>0)$ になる数をつねに求められるようになった。

(例 3) 数の計算や図形で，解ける問題の範囲が広がった。

力をのばそう

教科書 p.73

1 次の数を小さい順に並べなさい。

$\frac{3}{5}$，$\frac{\sqrt{3}}{5}$，$\frac{3}{\sqrt{5}}$，$\sqrt{\frac{3}{5}}$，$\sqrt{0.35}$

ガイド $n=\sqrt{n^2}$ を使って，根号のある形にして比べる。
$a>0$，$b>0$ のとき，$a<b$ ならば，$\sqrt{a}<\sqrt{b}$
小数は分数にそろえ，通分して分子の大きさで比べる。
また，答えは，問題に与えられた数で答えることにも注意する。

$\frac{3}{5}=\sqrt{\left(\frac{3}{5}\right)^2}=\sqrt{\frac{9}{25}}=\sqrt{\frac{36}{100}}$　　$\frac{\sqrt{3}}{5}=\frac{\sqrt{3}}{\sqrt{5^2}}=\frac{\sqrt{3}}{\sqrt{25}}=\sqrt{\frac{3}{25}}=\sqrt{\frac{12}{100}}$

$$\frac{3}{\sqrt{5}}=\frac{\sqrt{3^2}}{\sqrt{5}}=\frac{\sqrt{9}}{\sqrt{5}}=\sqrt{\frac{9}{5}}=\sqrt{\frac{180}{100}} \qquad \sqrt{\frac{3}{5}}=\sqrt{\frac{60}{100}}$$

$$\sqrt{0.35}=\sqrt{\frac{35}{100}}$$

よって，$\sqrt{\frac{12}{100}}<\sqrt{\frac{35}{100}}<\sqrt{\frac{36}{100}}<\sqrt{\frac{60}{100}}<\sqrt{\frac{180}{100}}$

解答 $\boldsymbol{\frac{\sqrt{3}}{5}}$，$\boldsymbol{\sqrt{0.35}}$，$\boldsymbol{\frac{3}{5}}$，$\boldsymbol{\sqrt{\frac{3}{5}}}$，$\boldsymbol{\frac{3}{\sqrt{5}}}$

教科書 p.73

2 次の計算をしなさい。

(1) $\frac{7\sqrt{6}}{\sqrt{3}}-2\sqrt{6}\times\sqrt{12}$　　(2) $(3\sqrt{2}-\sqrt{5})^2+\frac{10\sqrt{5}}{\sqrt{2}}$

(3) $(2\sqrt{3}+3)^2-6(2\sqrt{3}+3)+5$

ガイド (3) $2\sqrt{3}+3$ をAと置いて，因数分解してから計算するほうが簡単である。

解答 (1) $\frac{7\sqrt{6}}{\sqrt{3}}-2\sqrt{6}\times\sqrt{12}=\frac{7\sqrt{6}\times\sqrt{3}}{\sqrt{3}\times\sqrt{3}}-2\sqrt{6}\times2\sqrt{3}=\frac{7\sqrt{18}}{3}-2\sqrt{6}\times2\sqrt{3}$

$=\frac{7\times3\sqrt{2}}{3}-4\sqrt{18}=7\sqrt{2}-4\times3\sqrt{2}=7\sqrt{2}-12\sqrt{2}$

$=\boldsymbol{-5\sqrt{2}}$

(2) $(3\sqrt{2}-\sqrt{5})^2+\frac{10\sqrt{5}}{\sqrt{2}}=(3\sqrt{2})^2-2\times\sqrt{5}\times3\sqrt{2}+(\sqrt{5})^2+\frac{10\sqrt{5}\times\sqrt{2}}{\sqrt{2}\times\sqrt{2}}$

$=18-6\sqrt{10}+5+\frac{10\sqrt{10}}{2}$

$=23-6\sqrt{10}+5\sqrt{10}$

$=\boldsymbol{23-\sqrt{10}}$

(3) $2\sqrt{3}+3$ をAと置くと，

$(2\sqrt{3}+3)^2-6(2\sqrt{3}+3)+5=A^2-6A+5=(A-1)(A-5)$

$=(2\sqrt{3}+3-1)(2\sqrt{3}+3-5)$

$=(2\sqrt{3}+2)(2\sqrt{3}-2)$

$=(2\sqrt{3})^2-2^2$

$=12-4=\boldsymbol{8}$

教科書 p.73

3 次の(1)，(2)に答えなさい。

(1) $\sqrt{20}<x<\sqrt{50}$ にあてはまる整数xはいくつありますか。

(2) $8<\sqrt{7a}<10$ にあてはまる整数aをすべて求めなさい。

ガイド (1) $20<x^2<50$ となるxを考える。$x^2=25$，36，49があてはまる。

$x>0$ だから，$x=5$，6，7

(2) $8^2<7a<10^2$ より，$64<7a<100$ となるaを考える。aは整数だから，

$7a=70$，77，84，91，98があてはまる。

解答 (1) **3つ**　　(2) **10，11，12，13，14**

教科書 p.73

4 $\sqrt{5}$を小数で表したとき，次の(1)~(3)に答えなさい。

(1) $\sqrt{5}$の整数部分の値を求めなさい。

(2) $\sqrt{5}$の小数部分の値を求めなさい。

(3) (2)で求めた値をaとするとき，式a^2+a-2の値を求めなさい。

ガイド (1) $\sqrt{4}<\sqrt{5}<\sqrt{9}$より，$2<\sqrt{5}<3$であることがわかる。

(2) $\sqrt{5}$の小数部分の値は$\sqrt{5}-$($\sqrt{5}$の整数部分の値)で求められる。

(3) $a^2+a-2=(a+2)(a-1)$と因数分解してから，$a=\sqrt{5}-2$を代入する。

解答 (1) **2**

(2) $\boldsymbol{\sqrt{5}-2}$

(3) $a^2+a-2=(a+2)(a-1)$

$a=\sqrt{5}-2$を代入すると，

$(a+2)(a-1)=(\sqrt{5}-2+2)(\sqrt{5}-2-1)=\sqrt{5}(\sqrt{5}-3)=\boldsymbol{5-3\sqrt{5}}$

教科書 p.73

5 本州の面積は約22.8万km^2，北海道(ほっかいどう)の面積は約7.8万km^{2}です。本州の面積を1辺5cmの正方形で表すと，北海道の面積は1辺の長さが約何cmの正方形で表されますか。四捨五入して小数第1位まで求めなさい。

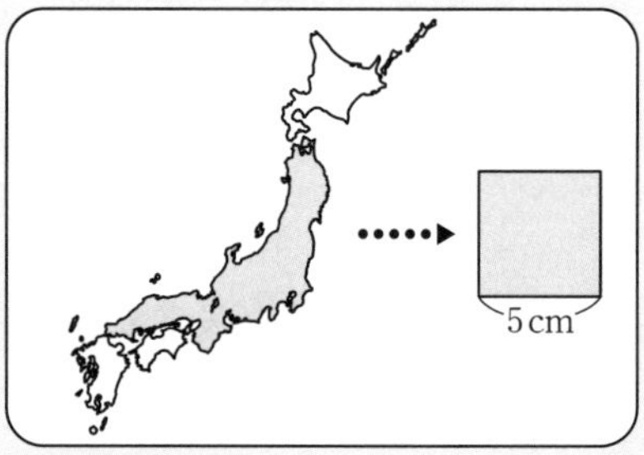

ガイド 正方形で表したときの本州と北海道の面積の比と，実際の面積の比は等しくなる。

北海道の面積を正方形で表したときの1辺を$x$cmとすると，

$5^2:x^2=22.8$万$:7.8$万

$x^2=8.55\cdots\cdots$

$x>0$だから，$x=2.92\cdots\cdots$

解答 **約2.9cm**

活用・探究 つながる・ひろがる・数学の世界

教科書 p.74~75

マグニチュードと地震のエネルギー

地震の大きさを示すとき，「震度」や「マグニチュード」という値を使います。「震度」は揺れの程度を，「マグニチュード」は地震の規模を表しています。

マグニチュードの値が大きくなるとともに，地震のエネルギーは一定の倍率で大きくなります。次の表のように，マグニチュードの値が5.0から7.0に，2大きくなると，地震のエネルギーは1000倍になります。

マグニチュード (M)	5.0	5.5	6.0	6.5	7.0	7.5	8.0	8.5	9.0
地震のエネルギー	小		1000倍				1000倍		大

(1)　マグニチュード6.0の地震のエネルギーが，マグニチュード5.0の地震のエネルギーのx倍であるとするとき，xの値を求めましょう。

(2)　(1)で求めた値から，マグニチュードの値が1大きくなると，地震のエネルギーはおよそ何倍になるといえますか。
右の表の平方根の近似値を使って，小数第1位を四捨五入して整数で求めましょう。

(3)　マグニチュード8.0の地震のエネルギーは，マグニチュード5.0の地震のエネルギーのおよそ何倍といえますか。平方根の近似値を使って，整数で求めましょう。

平方根	近似値
$\sqrt{2}$	1.41
$\sqrt{3}$	1.73
$\sqrt{5}$	2.23
$\sqrt{6}$	2.44
$\sqrt{7}$	2.64
$\sqrt{10}$	3.16

ガイド (1)　$x^2=1000$　$x>0$ より，$x=\sqrt{1000}=10\sqrt{10}$

(2)　$10\sqrt{10}=10\times3.16=31.6$

(3)　マグニチュードが3大きいから，地震のエネルギーは$x\times x\times x$倍になる。
$x^3=10\sqrt{10}\times10\sqrt{10}\times10\sqrt{10}=10000\sqrt{10}=10000\times3.16=31600$

解答 (1)　$\boldsymbol{x=10\sqrt{10}}$　　(2)　**およそ32倍**　　(3)　**およそ31600倍**

3章　2次方程式

1節　2次方程式

1　2次方程式とその解

CHECK! 確認したら✓を書こう

教科書の要点

□2次方程式　$\boldsymbol{ax^2+bx+c=0}$（a，b，c は定数，$a\neq0$）の形になる方程式を，x についての2次方程式という。

例 $2x^2+5x-3=0$

□2次方程式の解　2次方程式を成り立たせる文字の値を，その2次方程式の解といい，すべての解を求めることを，その2次方程式を解くという。

教科書 p.80

考えよう　79ページ(教科書)の数当てゲームの2回目で，ダニエルさんが選んだ数を x とすると，どんな等式ができるでしょうか。

解答 $\boldsymbol{x^2+2x+1=9}$

教科書 p.80

活動1　考えようで，$x^2+2x+1=9$ という等式ができる。
この等式の右辺の9を移項すると，
$x^2+2x-8=0$
となる。
この等式を成り立たせる x の値を求めよう。
(1)　文字 x に -3 から3までの整数を代入して，左辺と右辺の式の値を比べなさい。
また，等式を成り立たせる x の値をいいなさい。
(2)　この等式を成り立たせる x の値は，(1)のほかにもありますか。
ある場合は，その値をいいなさい。

ガイド (2)　$x=-4$ を代入すると，(左辺)$=(-4)^2+2\times(-4)-8=0$ となり，右辺と等しい。

解答 (1)

xの値	左辺	大小関係	右辺
-3	$(-3)^2+2\times(-3)-8=-5$	$<$	0
-2	$(-2)^2+2\times(-2)-8=$ -8	$<$	0
-1	$\boldsymbol{(-1)^2+2\times(-1)-8=-9}$	$<$	0
0	$\boldsymbol{0^2+2\times0-8=-8}$	$<$	0
1	$\boldsymbol{1^2+2\times1-8=-5}$	$<$	0
2	$\boldsymbol{2^2+2\times2-8=0}$	$=$	0
3	$\boldsymbol{3^2+2\times3-8=7}$	$>$	0

$\boldsymbol{x=2}$

(2)　$\boldsymbol{x=-4}$

教科書 p.81

たしかめ 1 $x^2-8x+15=0$ は2次方程式です。
この式は，$ax^2+bx+c=0$ で，a，b，c がそれぞれどんな数のときですか。

解答 $\boldsymbol{a=1}$，$\boldsymbol{b=-8}$，$\boldsymbol{c=15}$

教科書 p.81

Q1 次の方程式のなかで，2次方程式はどれですか。
また，その2次方程式は，$ax^2+bx+c=0$ で，a，b，c がそれぞれどんな数のときですか。

ア $x^2-4x+3=0$　イ $2x+8=0$　ウ $4x^2=9$
エ $x^2+x=6$　オ $x^2-4x=0$　カ $(x+2)(x-3)=0$

ガイド すべての項を左辺に移項して簡単にしたとき，$ax^2+bx+c=0$ の形になればよい。
$a\neq 0$ でなければならないが，$b=0$，$c=0$ でも2次方程式である。
イは，$ax^2+bx+c=0$ で $a=0$ の場合だから，2次方程式ではない。
ウは，$4x^2-9=0$，**エ**は，$x^2+x-6=0$，**カ**は，$x^2-x-6=0$ と変形できる。

解答 2次方程式……**ア，ウ，エ，オ，カ**

ア $\boldsymbol{a=1}$，$\boldsymbol{b=-4}$，$\boldsymbol{c=3}$　**ウ** $\boldsymbol{a=4}$，$\boldsymbol{b=0}$，$\boldsymbol{c=-9}$
エ $\boldsymbol{a=1}$，$\boldsymbol{b=1}$，$\boldsymbol{c=-6}$　**オ** $\boldsymbol{a=1}$，$\boldsymbol{b=-4}$，$\boldsymbol{c=0}$
カ $\boldsymbol{a=1}$，$\boldsymbol{b=-1}$，$\boldsymbol{c=-6}$

教科書 p.81

Q2 $x=3$ が，2次方程式 $x^2-8x+15=0$ の解であることを確かめなさい。
また，$x=4$，$x=5$ は，それぞれこの2次方程式の解といえますか。

ガイド $x=4$ のとき，(左辺) $=4^2-8\times4+15=-1$
$x=5$ のとき，(左辺) $=5^2-8\times5+15=0$

解答 $x^2-8x+15=0$ の左辺に $x=3$ を代入すると，
$3^2-8\times3+15=0$
よって，(左辺) = (右辺) となり2次方程式は成り立つので，**$\boldsymbol{x=3}$ は2次方程式 $\boldsymbol{x^2-8x+15=0}$ の解である。**
$\boldsymbol{x=4}$ は解とはいえない。
$\boldsymbol{x=5}$ は解といえる。

教科書 p.81

Q3 次の方程式のなかで，-1 と 2 がともに解である2次方程式はどれですか。

ア $x^2-3x+2=0$　イ $x^2+3x+2=0$
ウ $x^2+x-2=0$　エ $x^2-x-2=0$

ガイド $x=-1$，$x=2$ をそれぞれ方程式の左辺に代入したとき，どちらも右辺の0と等しくなるものを選ぶ。

ア $x=-1$ のとき，(左辺) $=(-1)^2-3\times(-1)+2=6$ ……×
$x=2$ のとき，(左辺) $=2^2-3\times2+2=0$ ……○
イ $x=-1$ のとき，(左辺) $=(-1)^2+3\times(-1)+2=0$ ……○
$x=2$ のとき，(左辺) $=2^2+3\times2+2=12$ ……×

ウ $x=-1$ のとき，(左辺) $=(-1)^2+(-1)-2=-2$ ……×

$x=2$ のとき，(左辺) $=2^2+2-2=4$ ……×

エ $x=-1$ のとき，(左辺) $=(-1)^2-(-1)-2=0$ ……○

$x=2$ のとき，(左辺) $=2^2-2-2=0$ ……○

解答 **エ**

② 因数分解による2次方程式の解き方

CHECK! 確認したら✓を書こう

教科書の要点

□因数分解による解き方	$x^2+bx+c=0$ の 2 次方程式は，左辺を因数分解できる場合，因数分解を使って解くことができる。 例 $x^2-x-2=0$ ↓左辺を因数分解 $(x+1)(x-2)=0$ ↓ $AB=0$ ならば，$A=0$ または $B=0$ $x+1=0$ または $x-2=0$ ↓ $x=-1$ または $x=2$

教科書 p.82

? 次の方程式のなかで，2 と 3 がともに解である 2 次方程式はどれだろうか。

ア $(x-2)(x+3)=0$　　**イ** $(x-2)(x-3)=0$

ウ $x^2-2x-3=0$　　**エ** $(x-2)(x-3)=1$

ガイド $x=2$，$x=3$ を代入して調べると，ともに(左辺) = (右辺)になるのは**イ**だけである。

イ $x=2$ のとき，(左辺) $=(2-2)\times(2-3)=0\times(-1)=0=$ (右辺)

$x=3$ のとき，(左辺) $=(3-2)\times(3-3)=1\times0=0=$ (右辺)

解答 **イ**

教科書 p.82

活動1 次の 2 次方程式の解について調べよう。

$x^2-5x+6=0$ ……①

この 2 次方程式の左辺を因数分解すると，

$(x-2)(x-3)=0$ ……②

(1) $x=2$ のとき，$(x-2)(x-3)$の値を求めなさい。

(2) $x=3$ のとき，$(x-2)(x-3)$の値を求めなさい。

(3) x の値が 2 でも 3 でもないとき，$(x-2)(x-3)$の値は 0 になりますか。

ガイド (3) $x-2$ と $x-3$ の積が 0 になる場合は，$x-2=0$ または $x-3=0$（つまり，$x=2$ または $x=3$）のときだけである。

解答 (1) $x=2$ を代入すると，$(x-2)(x-3)=(2-2)\times(2-3)=0\times(-1)=\mathbf{0}$

(2) $x=3$ を代入すると，$(x-2)(x-3)=(3-2)\times(3-3)=1\times0=\mathbf{0}$

(3) **0 にならない。**

教科書 p.82

Q1 活動1 の式②で，$AB=0$ の A，B にあたるものは何ですか。

解答 $\boldsymbol{x-2}$，$\boldsymbol{x-3}$

教科書 p.82

Q2 活動1 で，2 次方程式 $x^2-5x+6=0$ の解をいいなさい。

ガイド $x-2=0$ または $x-3=0$

解答 $\boldsymbol{x=2}$，$\boldsymbol{x=3}$

教科書 p.82

Q3 例2 で求めた値が解であることを確かめなさい。

ガイド 解を 2 次方程式に代入して，(左辺) = (右辺)になればよい。

解答 $x=-3$ を代入すると，(左辺) $=(-3+3)\times(-3-7)=0\times(-10)=0=$ (右辺)
$x=7$ を代入すると，(左辺) $=(7+3)\times(7-7)=10\times0=0=$ (右辺)
(左辺) = (右辺)になるので，例2 で求めた値($x=-3$，$x=7$)は**解である。**

教科書 p.83

Q4 次の 2 次方程式を解きなさい。

(1) $(x-1)(x+2)=0$　　(2) $(x+6)(x+4)=0$

プラス・ワン① $(x-2)(2x+3)=0$

解答 (1) $(x-1)(x+2)=0$，$x-1=0$ または $x+2=0$　よって，$\boldsymbol{x=1}$，$\boldsymbol{x=-2}$
(2) $(x+6)(x+4)=0$，$x+6=0$ または $x+4=0$　よって，$\boldsymbol{x=-6}$，$\boldsymbol{x=-4}$

プラス・ワン①

$(x-2)(2x+3)=0$，$x-2=0$ または $2x+3=0$　よって，$\boldsymbol{x=2}$，$\boldsymbol{x=-\frac{3}{2}}$

教科書 p.83

Q5 次の 2 次方程式を解きなさい。

(1) $x^2-6x-7=0$　　(2) $x^2+8x+12=0$
(3) $x^2+4x-5=0$　　(4) $x^2-10x+21=0$

プラス・ワン②

(1) $x^2+9x+14=0$　　(2) $y^2-2y-8=0$

ガイド 左辺を因数分解して，$(x+a)(x+b)=0$ の形にする。
$(x+a)(x+b)=0$ ならば $x+a=0$ または $x+b=0$ であることを利用する。

解答 (1) $x^2-6x-7=0$　左辺を因数分解すると，$(x+1)(x-7)=0$
$x+1=0$ または $x-7=0$　よって，$\boldsymbol{x=-1}$，$\boldsymbol{x=7}$
(2) $x^2+8x+12=0$　左辺を因数分解すると，$(x+2)(x+6)=0$
$x+2=0$ または $x+6=0$　よって，$\boldsymbol{x=-2}$，$\boldsymbol{x=-6}$
(3) $x^2+4x-5=0$　左辺を因数分解すると，$(x+5)(x-1)=0$
$x+5=0$ または $x-1=0$　よって，$\boldsymbol{x=-5}$，$\boldsymbol{x=1}$
(4) $x^2-10x+21=0$　左辺を因数分解すると，$(x-3)(x-7)=0$
$x-3=0$ または $x-7=0$　よって，$\boldsymbol{x=3}$，$\boldsymbol{x=7}$

プラス・ワン② (1)　$x^2+9x+14=0$　左辺を因数分解すると，$(x+2)(x+7)=0$

$x+2=0$ または $x+7=0$　よって，$\boldsymbol{x=-2}$，$\boldsymbol{x=-7}$

(2)　$y^2-2y-8=0$　左辺を因数分解すると，$(y+2)(y-4)=0$

$y+2=0$ または $y-4=0$　よって，$\boldsymbol{y=-2}$，$\boldsymbol{y=4}$

教科書 p.83

Q6 次の2次方程式を解きなさい。

(1)　$x^2-10x+25=0$　　(2)　$x^2+6x+9=0$

プラス・ワン③ $x^2-26x+169=0$

ガイド 因数分解の公式2′や3′を使って左辺を因数分解する。

$(x+a)^2=0$，$(x-a)^2=0$ となるときは，解は1つになる。

解答 (1)　$x^2-10x+25=0$，$(x-5)^2=0$，$x-5=0$　よって，$\boldsymbol{x=5}$

(2)　$x^2+6x+9=0$，$(x+3)^2=0$，$x+3=0$　よって，$\boldsymbol{x=-3}$

プラス・ワン③ $x^2-26x+169=0$，$(x-13)^2=0$，$x-13=0$　よって，$\boldsymbol{x=13}$

教科書 p.84

Q7 次の2次方程式を解きなさい。

(1)　$x^2+x=0$　　(2)　$x^2=5x$

プラス・ワン① $3x^2-4x=0$

ガイド (2)　$5x$ を移項して $x^2+bx=0$ の形にして因数分解する。

解答 (1)　$x^2+x=0$，$x(x+1)=0$，$x=0$ または $x+1=0$

よって，$\boldsymbol{x=0}$，$\boldsymbol{x=-1}$

(2)　$x^2=5x$，$x^2-5x=0$，$x(x-5)=0$，$x=0$ または $x-5=0$

よって，$\boldsymbol{x=0}$，$\boldsymbol{x=5}$

プラス・ワン① $3x^2-4x=0$，$x(3x-4)=0$，$x=0$ または $3x-4=0$

よって，$\boldsymbol{x=0}$，$\boldsymbol{x=\frac{4}{3}}$

教科書 p.84

Q8 $x^2+bx=0$ の形の2次方程式の解には，どのような特徴(とくちょう)がありますか。

解答 左辺の各項に共通な因数 x をくくり出して左辺を因数分解すると，

$x(x+b)=0$ の形になり，**$x=0$ が必ず解のうちの1つになる。**

教科書 p.84

Q9 次の2次方程式を解きなさい。

(1)　$x^2-16=0$　　(2)　$-x^2+81=0$

解答 (1)　$x^2-16=0$，$(x+4)(x-4)=0$，$x+4=0$ または $x-4=0$

よって，$\boldsymbol{x=-4}$，$\boldsymbol{x=4}$　$\boldsymbol{(x=\pm 4)}$

(2)　$-x^2+81=0$，$81-x^2=0$，$(9+x)(9-x)=0$，$9+x=0$ または $9-x=0$

よって，$\boldsymbol{x=-9}$，$\boldsymbol{x=9}$　$\boldsymbol{(x=\pm 9)}$

教科書 p.85

活動7 2 次方程式 $30x-5x^2=40$ の解き方を考えよう。

あおいさんの考え

$$30x-5x^2=40$$
$$30x-5x^2-40=0$$
$$-5x^2+30x-40=0$$
$$-5(x^2-6x+8)=0$$

つばささんの考え

$$30x-5x^2=40$$
$$6x-x^2=8$$
$$6x-x^2-8=0$$
$$x^2-6x+8=0$$

(1) 2 人はそれぞれどのように考えて，方程式を解こうとしていますか。

(2) 2 次方程式 $30x-5x^2=40$ を解きなさい。

ガイド (2) あおいさんの考えのつづきも，$x^2-6x+8=0$ となる。

$x^2-6x+8=0$，$(x-2)(x-4)=0$，$x-2=0$ または $x-4=0$

よって，$x=2$ または $x=4$

解答 (1) (例)あおいさんは，まず右辺が 0 になるように移項してから，$a^2+bx+c=0$ の形になるように項を並べかえた。それから，各項に共通な因数である -5 をかっこの外にくくり出した。

つばささんは，まず両辺を 5 でわってから，右辺が 0 になるように移項して，両辺を -1 でわってから項を並べかえた。

(2) $\boldsymbol{x=2,\ x=4}$

教科書 p.85

Q10 次の 2 次方程式を解きなさい。

(1) $2x^2=32$　　(2) $3x^2-12x=15$

プラス・ワン② (1) $75=3x^2$　　(2) $14y+7y^2=21$

ガイド 移項し，整理して $ax^2+bx+c=0$ の形にしてから，因数分解して解く。

解答 (1)

$2x^2=32$
（32を移項）
$2x^2-32=0$
（両辺を 2 でわる）
$x^2-16=0$
$(x+4)(x-4)=0$
$x+4=0$ または $x-4=0$
よって，$\boldsymbol{x=-4,\ x=4\ (x=\pm4)}$

(2)

$3x^2-12x=15$
（15を移項）
$3x^2-12x-15=0$
（両辺を 3 でわる）
$x^2-4x-5=0$
$(x+1)(x-5)=0$
$x+1=0$ または $x-5=0$
よって，$\boldsymbol{x=-1,\ x=5}$

プラス・ワン②

(1)

$75=3x^2$
（左辺と右辺を入れかえる）
$3x^2=75$
（75を移項）
$3x^2-75=0$
（両辺を 3 でわる）
$x^2-25=0$
$(x+5)(x-5)=0$
$x+5=0$ または $x-5=0$
よって，$\boldsymbol{x=-5,\ x=5\ (x=\pm5)}$

(2)

$14y+7y^2=21$
（21を移項）
$14y+7y^2-21=0$
（並べかえる）
$7y^2+14y-21=0$
（両辺を 7 でわる）
$y^2+2y-3=0$
$(y+3)(y-1)=0$
$y+3=0$ または $y-1=0$
よって，$\boldsymbol{y=-3,\ y=1}$

教科書 p.85

Q11 次の2次方程式を解きなさい。

(1) $(x-1)(x-5)=-3$　(2) $(x-1)^2=4$　(3) $y^2=2(y+4)$

プラス・ワン③ (1) $(x-4)(x+5)=10$　(2) $y+3=(y-3)^2$

ガイド 左辺や右辺を展開し，右辺の項を移項して，$ax^2+bx+c=0$ の形にしてから因数分解して解く。

解答 (1)
$$(x-1)(x-5)=-3$$
$$x^2-6x+5=-3$$
$$x^2-6x+8=0$$
$$(x-2)(x-4)=0$$
$$\boldsymbol{x=2,\ x=4}$$

(2)
$$(x-1)^2=4$$
$$x^2-2x+1=4$$
$$x^2-2x-3=0$$
$$(x+1)(x-3)=0$$
$$\boldsymbol{x=-1,\ x=3}$$

(3)
$$y^2=2(y+4)$$
$$y^2=2y+8$$
$$y^2-2y-8=0$$
$$(y+2)(y-4)=0$$
$$\boldsymbol{y=-2,\ y=4}$$

プラス・ワン③

(1)
$$(x-4)(x+5)=10$$
$$x^2+x-20=10$$
$$x^2+x-30=0$$
$$(x+6)(x-5)=0$$
$$\boldsymbol{x=-6,\ x=5}$$

(2)
$$y+3=(y-3)^2$$
$$y+3=y^2-6y+9$$
$$y^2-7y+6=0$$
$$(y-1)(y-6)=0$$
$$\boldsymbol{y=1,\ y=6}$$

教科書 p.85

Q12 Aさんは，2次方程式 $x^2=2x$ を右のように考えて解きました。この考えは正しいですか。

> $x^2=2x$
> 両辺を x でわると，$x=2$
> よって，解は $x=2$

解答 $x=0$ のとき，両辺を x でわることはできない。x の値がわからない場合，0の可能性もあるので，両辺を x でわってはいけない。よって，**正しくない。**

③ 平方根の考えを使った２次方程式の解き方

CHECK! 確認したら ✓を書こう

教科書の要点

□$ax^2+c=0$ の解き方

$ax^2+c=0$ の形の２次方程式は，$x^2=k$ の形にして，k の平方根を求めることによって解くことができる。

例 $2x^2-10=0$　両辺を２でわって，$x^2-5=0$

-5 を移項して，$x^2=5$

x は５の平方根だから，$x=\pm\sqrt{5}$

よって，解は $x=\pm\sqrt{5}$

□$(x+p)^2=q$ の２次方程式

$(x+p)^2=q$ の形をした２次方程式は，かっこの中をひとまとまりにみて，q の平方根を求めることによって解くことができる。

例 $(x+2)^2=3$

$x+2=\pm\sqrt{3}$

$x=-2\pm\sqrt{3}$

$x+2$ を M と置くと，$M^2=3$

$M=\pm\sqrt{3}$

教科書 p.86

考えよう ？ $x^2=5$ を成り立たせる x の値は何だろうか。

ガイド x は「２乗すると５になる数」であるから，５の平方根である。

解答 **$\sqrt{5}$ と $-\sqrt{5}$**

教科書 p.86

Q1 次の２次方程式を解きなさい。

(1) $x^2-5=0$　　(2) $16-x^2=0$

(3) $3x^2-12=0$　　(4) $18-9x^2=0$

プラス・ワン① $25y^2-4=0$

ガイド $x^2=k$ の形にしてから，平方根の考えで x の値を求める。

解答

(1) $x^2-5=0$

$x^2=5$

$\boldsymbol{x=\pm\sqrt{5}}$

(2) $16-x^2=0$

$x^2=16$

$\boldsymbol{x=\pm 4}$

(3) $3x^2-12=0$

$3x^2=12$

$x^2=4$

$\boldsymbol{x=\pm 2}$

(4) $18-9x^2=0$

$-9x^2=-18$

$x^2=2$

$\boldsymbol{x=\pm\sqrt{2}}$

プラス・ワン① $25y^2-4=0$

$25y^2=4$

$y^2=\dfrac{4}{25}$

$\boldsymbol{y=\pm\dfrac{2}{5}}$

教科書 p.87

Q2 例題２ で求めた値が解であることを確かめなさい。

ガイド x の値を２次方程式にそれぞれ代入して，(左辺)＝(右辺)になればよい。

解答 $x=3+\sqrt{5}$ を代入すると，(左辺)$=(3+\sqrt{5}-3)^2=(\sqrt{5})^2=5=$(右辺)

$x=3-\sqrt{5}$ を代入すると，(左辺)$=(3-\sqrt{5}-3)^2=(-\sqrt{5})^2=5=$(右辺)

よって，**$x=3\pm\sqrt{5}$ は解である。**

教科書 p.87

Q3 次の2次方程式を解きなさい。

(1) $(x+5)^2=7$　　(2) $(x-2)^2=6$

(3) $(x-1)^2=8$　　(4) $(x+1)^2=9$

ガイド かっこの中の式をMと置いて，$M^2=k$ の形にして考える。

解答 (1) $(x+5)^2=7$　　← $M^2=7$

$x+5=\pm\sqrt{7}$　　← $M=\pm\sqrt{7}$

$\boldsymbol{x=-5\pm\sqrt{7}}$

(2) $(x-2)^2=6$　　← $M^2=6$

$x-2=\pm\sqrt{6}$　　← $M=\pm\sqrt{6}$

$\boldsymbol{x=2\pm\sqrt{6}}$

(3) $(x-1)^2=8$　　← $M^2=8$

$x-1=\pm\sqrt{8}$　　← $M=\pm\sqrt{8}$

$x-1=\pm2\sqrt{2}$

$\boldsymbol{x=1\pm2\sqrt{2}}$

(4) $(x+1)^2=9$　　← $M^2=9$

$x+1=\pm3$　　← $M=\pm3$

$x=-1\pm3$

$\boldsymbol{x=2,\ x=-4}$

教科書 p.87

活動3 2次方程式 $x^2+6x=8$ の解き方を考えよう。

両辺にある数を加えて，$(x+p)^2=q$ の形になおせばよい。

$x^2+6x=8$

両辺に $\left(\dfrac{x\text{の係数}}{2}\right)^2$

つまり，$\left(\dfrac{\square}{2}\right)^2=\square$ を加えると，

$x^2+6x+\square=8+\square$

左辺を因数分解すると，

$(x+\square)^2=\square$

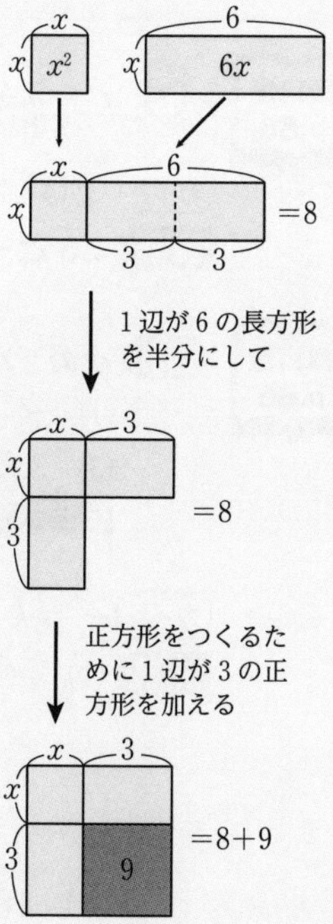

(1) 両辺に $\left(\dfrac{x\text{の係数}}{2}\right)^2$ を加えたのはなぜですか。

(2) この2次方程式を解きなさい。

(3) (2)で求めた値を $x^2+6x=8$ に代入して，解であることを確かめなさい。

解答 (上から順に)**6，9，9，9，3，17**

(1) **因数分解の公式2′**$(x^2+2ax+a^2=(x+a)^2)$**を使えるようにするため。**

(2) $(x+3)^2=17$

$x+3=\pm\sqrt{17}$

$\boldsymbol{x=-3\pm\sqrt{17}}$

(3) $x=-3+\sqrt{17}$ を代入すると，

(左辺)$=(-3+\sqrt{17})^2+6\times(-3+\sqrt{17})=9-6\sqrt{17}+17-18+6\sqrt{17}=8=$(右辺)

$x=-3-\sqrt{17}$ を代入すると，

(左辺)$=(-3-\sqrt{17})^2+6\times(-3-\sqrt{17})=9+6\sqrt{17}+17-18-6\sqrt{17}=8=$(右辺)

よって，$\boldsymbol{x=-3\pm\sqrt{17}}$ **は解である。**

教科書 p.87

Q4 活動3 と同じように考えて，次の2次方程式を解きなさい。

(1) $x^2+8x=-9$　　(2) $x^2-2x=8$

プラス・ワン② $x^2-3x-1=0$

ガイド 2次方程式の両辺に $\left(\dfrac{x\text{の係数}}{2}\right)^2$ を加えて，左辺が $(x+p)^2$ の形になるように因数分解して解く。

解答 (1) $x^2+8x=-9$

両辺に $\left(\dfrac{8}{2}\right)^2=16$ を加えると，

$$x^2+8x+16=-9+16$$
$$(x+4)^2=7$$
$$x+4=\pm\sqrt{7}$$
$$\boldsymbol{x=-4\pm\sqrt{7}}$$

(2) $x^2-2x=8$

両辺に $\left(\dfrac{-2}{2}\right)^2=1$ を加えると，

$$x^2-2x+1=8+1$$
$$(x-1)^2=9$$
$$x-1=\pm3$$
$$x=1\pm3$$

よって，$\boldsymbol{x=4}$，$\boldsymbol{x=-2}$

プラス・ワン② $x^2-3x-1=0$

$$x^2-3x=1$$

両辺に $\left(\dfrac{-3}{2}\right)^2=\dfrac{9}{4}$ を加えると，

$$x^2-3x+\frac{9}{4}=1+\frac{9}{4}$$
$$\left(x-\frac{3}{2}\right)^2=\frac{13}{4}$$
$$x-\frac{3}{2}=\pm\sqrt{\frac{13}{4}}$$
$$\boldsymbol{x=\frac{3\pm\sqrt{13}}{2}}$$

4 2次方程式の解の公式

CHECK! 確認したら✓を書こう

教科書の要点

□解の公式

2次方程式 $\boldsymbol{ax^2+bx+c=0}$ の解は，解の公式を使って求められる。

$$x=\frac{-b\pm\sqrt{b^2-4ac}}{2a}$$

例 $2x^2+3x-1=0$ の解は，$a=2$，$b=3$，$c=-1$ だから，

$$x=\frac{-3\pm\sqrt{3^2-4\times2\times(-1)}}{2\times2}=\frac{-3\pm\sqrt{9+8}}{4}=\frac{-3\pm\sqrt{17}}{4}$$

教科書 p.88

活動1 $3x^2+5x+1=0$ の解き方にならって，2次方程式 $ax^2+bx+c=0\ (a\neq 0)$ の解の公式を導こう。

$3x^2+5x+1=0$	$ax^2+bx+c=0$
両辺を x^2 の係数でわる	
$x^2+\frac{5}{3}x+\frac{1}{3}=0$	$x^2+\frac{b}{a}x+\frac{c}{a}=0$
定数項を移項する	
$x^2+\frac{5}{3}x=-\frac{1}{3}$	$x^2+\frac{b}{a}x=-\frac{c}{a}$
両辺に $\left(\frac{x\text{の係数}}{2}\right)^2$ を加える	
$x^2+\frac{5}{3}x+\left(\frac{5}{6}\right)^2=-\frac{1}{3}+\left(\frac{5}{6}\right)^2$	$x^2+\frac{b}{a}x+\left(\frac{b}{2a}\right)^2=-\frac{c}{a}+\left(\frac{b}{2a}\right)^2$
左辺を因数分解して，$(x+p)^2=q$ の形にする	
$\left(x+\frac{5}{6}\right)^2=\frac{13}{36}$	$\left(x+\frac{b}{2a}\right)^2=\frac{b^2-4ac}{4a^2}$
平方根の考えを使う	
$x+\frac{5}{6}=\pm\frac{\sqrt{13}}{6}$	$x+\frac{b}{2a}=\pm\frac{\sqrt{b^2-4ac}}{2a}$
「$x=$ 」の形にする	
$x=-\frac{5}{6}\pm\frac{\sqrt{13}}{6}$ したがって，$x=\frac{-5\pm\sqrt{13}}{6}$	$x=-\frac{b}{2a}\pm\frac{\sqrt{b^2-4ac}}{2a}$ したがって，$x=\frac{-b\pm\sqrt{b^2-4ac}}{2a}$

(1) $a=3,\ b=5,\ c=1$ を $x=\frac{-b\pm\sqrt{b^2-4ac}}{2a}$ に代入して，

$x=\frac{-5\pm\sqrt{13}}{6}$ になることを確かめなさい。

解答 (1) $x=\frac{-5\pm\sqrt{5^2-4\times3\times1}}{2\times3}=\frac{-5\pm\sqrt{25-12}}{6}=\mathbf{\frac{-5\pm\sqrt{13}}{6}}$

教科書 p.89

Q1 次の2次方程式を，解の公式を使って解きなさい。

(1) $3x^2+5x-1=0$　　(2) $x^2-7x+9=0$

(3) $x^2+6x+7=0$　　(4) $4x^2-2x-5=0$

ガイド $ax^2+bx+c=0$ で，a，b，c の値を解の公式 $x=\dfrac{-b\pm\sqrt{b^2-4ac}}{2a}$ にあてはめる。

解答 (1) $a=3$，$b=5$，$c=-1$ を代入すると，

$$x=\frac{-5\pm\sqrt{5^2-4\times3\times(-1)}}{2\times3}=\frac{-5\pm\sqrt{37}}{6}\qquad \boldsymbol{x=\frac{-5\pm\sqrt{37}}{6}}$$

(2) $a=1$，$b=-7$，$c=9$ を代入すると，

$$x=\frac{-(-7)\pm\sqrt{(-7)^2-4\times1\times9}}{2\times1}=\frac{7\pm\sqrt{13}}{2}\qquad \boldsymbol{x=\frac{7\pm\sqrt{13}}{2}}$$

(3) $a=1$，$b=6$，$c=7$ を代入すると，

$$x=\frac{-6\pm\sqrt{6^2-4\times1\times7}}{2\times1}=\frac{-6\pm\sqrt{8}}{2}=\frac{-6\pm2\sqrt{2}}{2}=-3\pm\sqrt{2}\qquad \boldsymbol{x=-3\pm\sqrt{2}}$$

(4) $a=4$，$b=-2$，$c=-5$ を代入すると，

$$x=\frac{-(-2)\pm\sqrt{(-2)^2-4\times4\times(-5)}}{2\times4}=\frac{2\pm\sqrt{84}}{8}=\frac{2\pm2\sqrt{21}}{8}=\frac{1\pm\sqrt{21}}{4}$$

$$\boldsymbol{x=\frac{1\pm\sqrt{21}}{4}}$$

教科書 p.90

Q2 次の2次方程式を，解の公式を使って解きなさい。

(1) $2x^2-3x-2=0$　　(2) $5x^2+3x-2=0$

(3) $4x^2-4x-3=0$　　(4) $2x^2+5x-3=0$

解答 (1) $2x^2-3x-2=0$

解の公式に，$a=2$，$b=-3$，$c=-2$ を代入すると，

$$x=\frac{-(-3)\pm\sqrt{(-3)^2-4\times2\times(-2)}}{2\times2}=\frac{3\pm\sqrt{25}}{4}=\frac{3\pm5}{4}$$

$$x=\frac{3+5}{4}\ \text{または}\ x=\frac{3-5}{4}$$

よって，$\boldsymbol{x=2}$，$\boldsymbol{x=-\dfrac{1}{2}}$

(2) $5x^2+3x-2=0$

解の公式に，$a=5$，$b=3$，$c=-2$ を代入すると，

$$x=\frac{-3\pm\sqrt{3^2-4\times5\times(-2)}}{2\times5}=\frac{-3\pm\sqrt{49}}{10}=\frac{-3\pm7}{10}$$

$$x=\frac{-3+7}{10}\ \text{または}\ x=\frac{-3-7}{10}$$

よって，$\boldsymbol{x=\dfrac{2}{5}}$，$\boldsymbol{x=-1}$

根号の中がある数の2乗になっていないかよく考えよう。2乗になっているときは，解が有理数になるね。

(3) $4x^2-4x-3=0$

解の公式に，$a=4$，$b=-4$，$c=-3$ を代入すると，

$$x=\frac{-(-4)\pm\sqrt{(-4)^2-4\times4\times(-3)}}{2\times4}=\frac{4\pm\sqrt{64}}{8}=\frac{4\pm8}{8}$$

$$x=\frac{4+8}{8}\ \text{または}\ x=\frac{4-8}{8}$$

よって，$\boldsymbol{x=\dfrac{3}{2}}$，$\boldsymbol{x=-\dfrac{1}{2}}$

(4)　$2x^2+5x-3=0$

解の公式に，$a=2$，$b=5$，$c=-3$ を代入すると，

$$x=\frac{-5\pm\sqrt{5^2-4\times2\times(-3)}}{2\times2}=\frac{-5\pm\sqrt{49}}{4}=\frac{-5\pm7}{4}$$

$$x=\frac{-5+7}{4}\text{ または }x=\frac{-5-7}{4}$$

よって，$\boldsymbol{x=\frac{1}{2}}$，$\boldsymbol{x=-3}$

教科書 p.90

Q3 次の 2 次方程式を解きなさい。

(1)　$2x^2+7x+2=0$　　(2)　$5x^2-4x-3=0$

(3)　$x^2-4x-2=4$　　(4)　$3x^2-5x+1=3$

(5)　$x^2+9=6x$　　(6)　$3x^2-81=0$

(7)　$5x^2=10x$　　(8)　$2x^2+8x+9=1$

ガイド 右辺が 0 でないものは，移項して，まず(x の 2 次式) $=0$ の形にする。
次に左辺を見て，因数分解や平方根の考えを利用できるものは利用し，どちらの考えも利用できないときは，解の公式を利用して解く。
根号の中の数は，できるだけ小さい自然数にすること。

解答 (1)　$2x^2+7x+2=0$

解の公式より，$x=\dfrac{-7\pm\sqrt{7^2-4\times2\times2}}{2\times2}\boldsymbol{=\dfrac{-7\pm\sqrt{33}}{4}}$

(2)　$5x^2-4x-3=0$

解の公式より，$x=\dfrac{-(-4)\pm\sqrt{(-4)^2-4\times5\times(-3)}}{2\times5}=\dfrac{4\pm\sqrt{76}}{10}$

$$=\frac{4\pm2\sqrt{19}}{10}\boldsymbol{=\frac{2\pm\sqrt{19}}{5}}$$

(3)　$x^2-4x-2=4$
$x^2-4x-6=0$　（移項）

解の公式より，$x=\dfrac{-(-4)\pm\sqrt{(-4)^2-4\times1\times(-6)}}{2\times1}=\dfrac{4\pm\sqrt{40}}{2}=\dfrac{4\pm2\sqrt{10}}{2}$

$\boldsymbol{=2\pm\sqrt{10}}$

注意 約分を忘れないように！

(4)　$3x^2-5x+1=3$
$3x^2-5x-2=0$　（移項）

解の公式より，$x=\dfrac{-(-5)\pm\sqrt{(-5)^2-4\times3\times(-2)}}{2\times3}=\dfrac{5\pm\sqrt{49}}{6}=\dfrac{5\pm7}{6}$

$x=\dfrac{5+7}{6}$ または $x=\dfrac{5-7}{6}$　よって，$\boldsymbol{x=2}$，$\boldsymbol{x=-\frac{1}{3}}$

(5)　$x^2+9=6x$
$x^2-6x+9=0$　（左辺を因数分解）
$(x-3)^2=0$
$\boldsymbol{x=3}$

(6)　$3x^2-81=0$
$3x^2=81$　（両辺を 3 でわる）
$x^2=27$　（$\sqrt{27}=\sqrt{3^2\times3}$）
$\boldsymbol{x=\pm3\sqrt{3}}$

(7) $5x^2=10x$ 両辺を5でわる

$x^2=2x$

$x^2-2x=0$ 左辺を因数分解

$x(x-2)=0$

$x=0$ または $x-2=0$

よって，$\boldsymbol{x=0}$，$\boldsymbol{x=2}$

(8) $2x^2+8x+9=1$

$2x^2+8x+8=0$ 両辺を2でわる

$x^2+4x+4=0$ 左辺を因数分解

$(x+2)^2=0$

$\boldsymbol{x=-2}$

教科書 p.90

学びにプラス 2次方程式と解

次の計算の見えない部分には，それぞれどんな数や式が書かれているのでしょうか。

ア

x^2+[redacted]$x-4=0$

$(x-1)(x$[redacted]$)=0$

$x=1,$ [redacted]

イ

x^2-7x[redacted]$=0$

$(x$[redacted]$)(x-4)=0$

$x=$[redacted]$, x=4$

ウ

x^2-8x+[redacted]$=0$

$(x$[redacted]$)^2=0$

$x=$[redacted]

解答 **ア** いちばん上の式の見えない部分を a とすると，

$x^2+ax-4=0$…① $(x-1)(x$□$)=0$…② $x=1$，□…③

と表すことができる。

③より $x=1$ だから，①に $x=1$ を代入すると，$1^2+a\times1-4=0$

よって，$a=3$

①に $a=3$ を代入すると，$\boldsymbol{x^2+3x-4=0}$ $\boldsymbol{(x-1)(x+4)=0}$ $\boldsymbol{x=1, x=-4}$

イ いちばん上の式の見えない部分を $+b$ とすると，

$x^2-7x+b=0$…④ $(x$□$)(x-4)=0$…⑤ $x=$□，$x=4$…⑥

と表すことができる。

⑥より $x=4$ だから，④に $x=4$ を代入すると，$4^2-7\times4+b=0$

よって，$b=12$

④に $b=12$ を代入すると，$\boldsymbol{x^2-7x+12=0}$ $\boldsymbol{(x-3)(x-4)=0}$ $\boldsymbol{x=3, x=4}$

ウ いちばん上の式の見えない部分を c とすると，

$x^2-8x+c=0$…⑦ $(x$□$)^2=0$…⑧ $x=$□…⑨

と表すことができる。

⑦を，公式3′ $x^2-2ax+a^2=(x-a)^2$ を使って因数分解しているから，

$c=\left(\dfrac{8}{2}\right)^2=16$

⑦に $c=16$ を代入すると，$\boldsymbol{x^2-8x+16=0}$ $\boldsymbol{(x-4)^2=0}$ $\boldsymbol{x=4}$

⑤ 2次方程式のいろいろな解き方

CHECK! 確認したら✓を書こう

教科書の要点

□2次方程式のいろいろな解き方

2次方程式の解き方は3つある。
①因数分解を使う。
②$x^2=k$，あるいは，$(x+p)^2=q$ の形にして平方根の考えを使う。
③$ax^2+bx+c=0$ の形にして解の公式を使う。
因数分解できない場合や平方根の考えを使えない場合には，解の公式を使えばよい。

教科書 p.91

活動1 2次方程式 $(x+2)^2-49=0$ を，いろいろな解き方で解いてみよう。

カルロスさんの考え

> 因数分解を使って解くことができる。

マイさんの考え

> 平方根の考えを使って解くことができる。

ゆうとさんの考え

> 展開して $ax^2+bx+c=0$ の形にすれば，解の公式を使って解くことができる。

(1) 3人の考えを参考にして，この方程式を解きなさい。

ガイド (1) カルロスさんの考え

$$(x+2)^2-49=0$$
$$\{(x+2)+7\}\{(x+2)-7\}=0$$
$$(x+9)(x-5)=0$$
$$x=-9,\ x=5$$

マイさんの考え

$$(x+2)^2-49=0$$
$$(x+2)^2=49$$
$$x+2=\pm7$$
$$x=-2\pm7$$
$$x=5,\ x=-9$$

ゆうとさんの考え

$$(x+2)^2-49=0$$
$$x^2+4x+4-49=0$$
$$x^2+4x-45=0$$

解の公式より，$x=\dfrac{-4\pm\sqrt{4^2-4\times1\times(-45)}}{2\times1}=\dfrac{-4\pm\sqrt{196}}{2}=\dfrac{-4\pm14}{2}$

$$x=5,\ x=-9$$

解答 (1) $\boldsymbol{x=5,\ x=-9}$

教科書 p.91

Q1 上(教科書91ページ)の3つの解き方について，それぞれの特徴や気づいたことをいいなさい。

解答 (例)① 因数分解を使った解き方は，右辺を0にして，左辺が因数分解できれば使える。(因数分解できないときには使えない。)

② 平方根の考えを使った解き方は，$ax^2+c=0$ の形や，$(x+p)^2=q$ の形にできれば使える。

③ 解の公式を使った解き方は，計算は複雑だが，どんな2次方程式にも使える。

教科書 p.91

Q2 次の2次方程式を適当な方法で解きなさい。
また，その解き方を選んだ理由をいいなさい。

(1) $(y-3)^2-25=0$　　(2) $8x^2+8x=-2$

プラス・ワン $(x-3)^2=3(x-3)+4$

解答 (1)

$$(y-3)^2-25=0$$
$$M^2-25=0$$
$$M^2=25$$
$$M=\pm5$$
$$y-3=\pm5$$
$$y=3\pm5$$

($y-3$ を M と置く)(M をもとに戻す)

$$\boldsymbol{y=8,\ y=-2}$$

理由…$y-3=M$ と置くと，$M^2=k$ の形にできたので。

(2)

$$8x^2+8x=-2$$
$$8x^2+8x+2=0$$
$$4x^2+4x+1=0$$
$$(2x+1)^2=0$$
$$2x+1=0$$

(両辺を2でわる)

$$\boldsymbol{x=-\frac{1}{2}}$$

理由…$ax^2+bx+c=0$ の形になおしたら，因数分解の公式2′が利用できたので。

別解

$$(y-3)^2-25=0$$
$$M^2-25=0$$
$$(M+5)(M-5)=0$$
$$(y-3+5)(y-3-5)=0$$
$$(y+2)(y-8)=0$$

($y-3$ を M と置く)(M をもとに戻す)

$$\boldsymbol{y=-2,\ y=8}$$

理由…$25=5^2$ より，$y-3$ を M と置くと，$M^2-5^2=0$ となり，因数分解の公式4′が利用できたので。

プラス・ワン

$$(x-3)^2=3(x-3)+4$$
$$M^2=3M+4$$
$$M^2-3M-4=0$$
$$(M+1)(M-4)=0$$
$$(x-3+1)(x-3-4)=0$$
$$(x-2)(x-7)=0$$

($x-3$ を M と置く)(M をもとに戻す)

$$\boldsymbol{x=2,\ x=7}$$

理由…$x-3$ を M と置くと M についての2次方程式となり，整理すると，因数分解の公式1′が利用できたので。

たしかめよう

教科書 p.92

1 次の2次方程式を解きなさい。

(1) $(x-5)(x+3)=0$　(2) $(x-6)^2=0$

(3) $(x+1)(2x-1)=0$　(4) $(4-x)(2+x)=0$

ガイド $(x+a)(x+b)=0$ ならば，$x+a=0$ または $x+b=0$ を利用する。

解答 (1) $(x-5)(x+3)=0$，$x-5=0$ または $x+3=0$，$\boldsymbol{x=5}$，$\boldsymbol{x=-3}$

(2) $(x-6)^2=0$，$x-6=0$，$\boldsymbol{x=6}$

(3) $(x+1)(2x-1)=0$，$x+1=0$ または $2x-1=0$，$\boldsymbol{x=-1}$，$\boldsymbol{x=\frac{1}{2}}$

(4) $(4-x)(2+x)=0$，$4-x=0$ または $2+x=0$，$\boldsymbol{x=4}$，$\boldsymbol{x=-2}$

教科書 p.92

2 次の2次方程式を，因数分解を使って解きなさい。

(1) $x^2+7x+12=0$　(2) $x^2-4x-5=0$

(3) $x^2+14x+49=0$　(4) $y^2-2y+1=0$

(5) $x^2-9x=0$　(6) $x^2-25=0$

(7) $x^2+6x=-5$　(8) $x^2=3(6-x)$

(9) $3x^2+12x=36$　(10) $(x+3)(x+4)=6$

解答 (1)
$x^2+7x+12=0$
$(x+3)(x+4)=0$
$\boldsymbol{x=-3,\ x=-4}$

(2)
$x^2-4x-5=0$
$(x+1)(x-5)=0$
$\boldsymbol{x=-1,\ x=5}$

(3)
$x^2+14x+49=0$
$(x+7)^2=0$
$\boldsymbol{x=-7}$

(4)
$y^2-2y+1=0$
$(y-1)^2=0$
$\boldsymbol{y=1}$

(5)
$x^2-9x=0$
$x(x-9)=0$
$\boldsymbol{x=0,\ x=9}$

(6)
$x^2-25=0$
$(x+5)(x-5)=0$
$\boldsymbol{x=-5,\ x=5\ (x=\pm 5)}$

(7)
$x^2+6x=-5$
$x^2+6x+5=0$
$(x+1)(x+5)=0$
$\boldsymbol{x=-1,\ x=-5}$

(8)
$x^2=3(6-x)$
$x^2=18-3x$
$x^2+3x-18=0$
$(x+6)(x-3)=0$
$\boldsymbol{x=-6,\ x=3}$

(9)
$3x^2+12x=36$
$x^2+4x=12$
$x^2+4x-12=0$
$(x+6)(x-2)=0$
$\boldsymbol{x=-6,\ x=2}$

(10)
$(x+3)(x+4)=6$
$x^2+7x+12=6$
$x^2+7x+6=0$
$(x+1)(x+6)=0$
$\boldsymbol{x=-1,\ x=-6}$

教科書 p.92

3 次の２次方程式を，平方根の考えを使って解きなさい。

(1) $x^2-8=0$　(2) $(x-1)^2=3$

(3) $(x+2)^2=16$　(4) $4(x-5)^2=9$

ガイド (1) $x^2=k$ の形にしてから，平方根の考えを使って解く。

(2)(3)(4) かっこの中の式をMとみると，$M^2=k$ の形になる。

解答 (1) $x^2-8=0$，$x^2=8$，$x=\pm\sqrt{8}$，$\boldsymbol{x=\pm 2\sqrt{2}}$

(2) $(x-1)^2=3$，$x-1=\pm\sqrt{3}$，$\boldsymbol{x=1\pm\sqrt{3}}$

(3) $(x+2)^2=16$，$x+2=\pm 4$，$x=-2\pm 4$，$\boldsymbol{x=2}$，$\boldsymbol{x=-6}$

(4) $4(x-5)^2=9$，$(x-5)^2=\frac{9}{4}$，$x-5=\pm\frac{3}{2}$，$x=5\pm\frac{3}{2}$，$\boldsymbol{x=\frac{13}{2}}$，$\boldsymbol{x=\frac{7}{2}}$

教科書 p.92

4 次の２次方程式を，解の公式を使って解きなさい。

(1) $x^2+3x+1=0$　(2) $3x^2-7x+3=0$

(3) $x^2+4x-6=0$　(4) $5x^2-2x-1=0$

(5) $6x^2+7x+2=0$　(6) $2x^2-x-15=0$

ガイド $ax^2+bx+c=0$ で，a，b，c の値を解の公式 $x=\frac{-b\pm\sqrt{b^2-4ac}}{2a}$ にあてはめる。

解答 (1) $x=\frac{-3\pm\sqrt{3^2-4\times1\times1}}{2\times1}=\frac{-3\pm\sqrt{5}}{2}$　$\boldsymbol{x=\frac{-3\pm\sqrt{5}}{2}}$

(2) $x=\frac{-(-7)\pm\sqrt{(-7)^2-4\times3\times3}}{2\times3}=\frac{7\pm\sqrt{13}}{6}$　$\boldsymbol{x=\frac{7\pm\sqrt{13}}{6}}$

(3) $x=\frac{-4\pm\sqrt{4^2-4\times1\times(-6)}}{2\times1}=\frac{-4\pm\sqrt{40}}{2}=\frac{-4\pm2\sqrt{10}}{2}=-2\pm\sqrt{10}$

$\boldsymbol{x=-2\pm\sqrt{10}}$

(4) $x=\frac{-(-2)\pm\sqrt{(-2)^2-4\times5\times(-1)}}{2\times5}=\frac{2\pm\sqrt{24}}{10}=\frac{2\pm2\sqrt{6}}{10}=\frac{1\pm\sqrt{6}}{5}$

$\boldsymbol{x=\frac{1\pm\sqrt{6}}{5}}$

(5) $x=\frac{-7\pm\sqrt{7^2-4\times6\times2}}{2\times6}=\frac{-7\pm\sqrt{1}}{12}=\frac{-7\pm1}{12}$

よって，$\boldsymbol{x=-\frac{1}{2}}$，$\boldsymbol{x=-\frac{2}{3}}$

(6) $x=\frac{-(-1)\pm\sqrt{(-1)^2-4\times2\times(-15)}}{2\times2}=\frac{1\pm\sqrt{121}}{4}=\frac{1\pm11}{4}$

よって，$\boldsymbol{x=3}$，$\boldsymbol{x=-\frac{5}{2}}$

教科書 p.92

5　次の2次方程式を適当な方法で解きなさい。

(1)　$(x+5)^2-49=0$　　(2)　$(x-3)^2-45=0$

(3)　$18x^2+12x=-2$　　(4)　$27x^2=18x-3$

ガイド　(1)(2)　かっこの中の式をMとみると，$M^2=k$ の形に変形できる。

(3)(4)　移項して，右辺が0になるように変形する。

解答　(1)　$(x+5)^2-49=0$

$(x+5)^2=49$

$x+5=\pm7$

$x=-5\pm7$

$\boldsymbol{x=2,\ x=-12}$

(2)　$(x-3)^2-45=0$

$(x-3)^2=45$

$x-3=\pm\sqrt{45}$

$x-3=\pm3\sqrt{5}$

$\boldsymbol{x=3\pm3\sqrt{5}}$

(3)　$18x^2+12x=-2$

$18x^2+12x+2=0$　）両辺を2でわる

$9x^2+6x+1=0$

$(3x+1)^2=0$

$\boldsymbol{x=-\frac{1}{3}}$

(4)　$27x^2=18x-3$

$27x^2-18x+3=0$　）両辺を3でわる

$9x^2-6x+1=0$

$(3x-1)^2=0$

$\boldsymbol{x=\frac{1}{3}}$

2節　2次方程式の利用

1　2次方程式を使って数や図形の問題を解決しよう

CHECK!　確認したら✓を書こう

教科書の要点

□方程式を使って問題を解く手順

① わかっている数量と求める数量を明らかにし，何をxにするかを決める。

② 等しい関係にある数量を見つけて方程式をつくる。

③ 方程式を解く。

④ 方程式の解を問題の答えとしてよいかどうかを確かめ，答えを決める。

教科書 p.93

活動1　大小2つの整数がある。その差は7で，積は30である。
この2つの整数を方程式を使って求めよう。

(1)　差が7であることから，小さいほうの整数をxとすると，大きいほうの整数はどのように表せますか。

(2)　積が30であることから，方程式をつくりなさい。

(3)　(2)でつくった方程式を解きなさい。

(4)　(3)で求めた解を問題の答えとしてよいかどうかを確かめ，答えを求めなさい。

解答　(1)　$\boldsymbol{x+7}$

(2)　$\boldsymbol{x(x+7)=30}$

(3)　$x(x+7)=30$

$x^2+7x-30=0$

$(x-3)(x+10)=0$

$\boldsymbol{x=3,\ x=-10}$

(4)　xは整数なので，3と-10は問題の答えとしてよい。

$x=3$のとき，大きいほうの整数は，$3+7=10$

$x=-10$のとき，大きいほうの整数は，$-10+7=-3$

3と10，-10と-3は問題の答えとしてよい。

答　**3と10，−10と−3**

教科書 p.93

Q1 活動1で，大きいほうの整数をxとして方程式をつくり，大小2つの整数を求めなさい。

ガイド 小さいほうの整数は$x-7$と表せる。2次方程式の解が題意に適するか検討する。

解答 大きいほうの整数をxとすると，

$\boldsymbol{x(x-7)=30}$

$x^2-7x-30=0$

$(x-10)(x+3)=0$

$x=10,\ x=-3$

xは整数なので，10と-3は問題の答えとしてよい。

$x=10$のとき，小さいほうの整数は，$10-7=3$

$x=-3$のとき，小さいほうの整数は，$-3-7=-10$

答　**3と10，−10と−3**

教科書 p.93

Q2 活動1で，「整数」を「自然数」に変えると，答えはどうなりますか。

ガイド 自然数とは正の整数であるから，-10と-3は答えにならない。

解答 **3と10だけになる。**

教科書 p.93

Q3 連続する2つの自然数があり，それぞれの2乗の和が41になります。
この2つの自然数を求めなさい。

ガイド 小さいほうの自然数をxとすると，

$x^2+(x+1)^2=41$

$2x^2+2x-40=0$

$x^2+x-20=0$

$(x+5)(x-4)=0$

$x=-5,\ x=4$

xは自然数なので，-5は問題の答えとすることはできない。

$x=4$のとき，大きいほうの自然数は5で，4と5は問題の答えとしてよい。

別解 大きいほうの自然数をxとすると，

$(x-1)^2+x^2=41,\ 2x^2-2x-40=0,\ x^2-x-20=0,$

$(x-5)(x+4)=0,\ x=5,\ x=-4$

xは自然数なので，-4は問題の答えとすることはできない。

$x=5$のとき，小さいほうの自然数は4で，4と5は問題の答えとしてよい。

解答 **4と5**

教科書 p.94

Q4 例題2 で，△PBQの面積が 6 cm^2 になるのは，点PがAから何cm動いたときですか。

ガイド $x(8-x)\times\frac{1}{2}=6$，$x^2-8x+12=0$，$(x-2)(x-6)=0$，$x=2$，$x=6$

x の変域は $0<x<8$ なので，2つの解はどちらも答えとしてよい。

解答 **2 cmと 6 cm**

教科書 p.94

Q5 例題2 で，△DPQの面積が 24 cm^2 になるのは，点PがAから何cm動いたときですか。

ガイド △DPQの面積は，正方形ABCDの面積から，△APD，△PBQ，△CDQの面積をひいたものである。

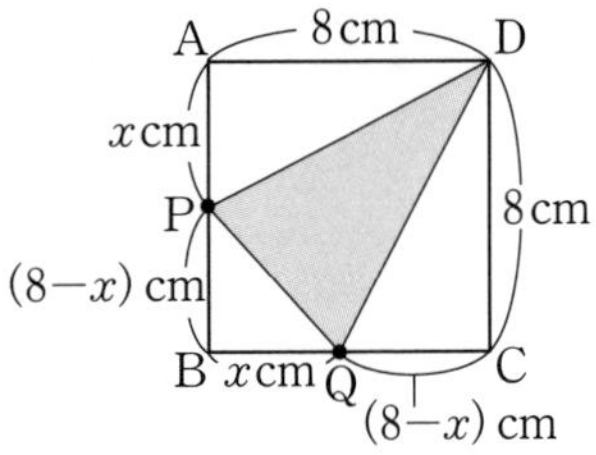

$$\triangle \mathrm{DPQ}=8^2-8\times x\times\frac{1}{2}-x\times(8-x)\times\frac{1}{2}-(8-x)\times8\times\frac{1}{2}$$

$$=8^2-4x-\left(4x-\frac{1}{2}x^2\right)-(32-4x)$$

$$=\frac{1}{2}x^2-4x+32$$

△DPQの面積が 24 cm^2 より，

$$\frac{1}{2}x^2-4x+32=24$$

$$x^2-8x+16=0$$

$$(x-4)^2=0$$

$$x=4$$

x の変域は $0<x<8$ なので，$x=4$ は問題の答えとしてよい。

解答 **4 cm**

② 通路の幅を決めよう

教科書 p.95~96

右の図のような，縦の長さが8 m，横の長さが10 m の長方形の畑がある。ここに，幅が等しく，垂直な2本の通路をつくり，通路以外の部分に野菜の苗を植える。

苗を植える部分の面積を48 m²にするには，通路の幅を何 m にすればよいだろうか。

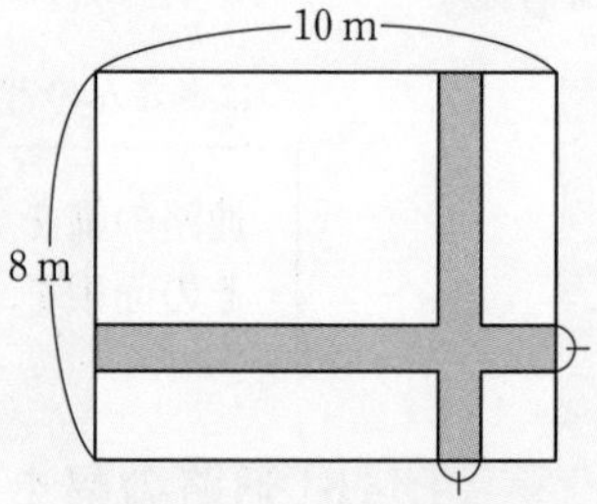

(1) どのように考えれば，通路の幅を求めることができそうですか。

(2) さくらさんは次のように考えています。

さくらさんの考え

右の図のようにして，2本の通路をそれぞれ端（はし）に寄せる。通路の幅を x mとすると，…

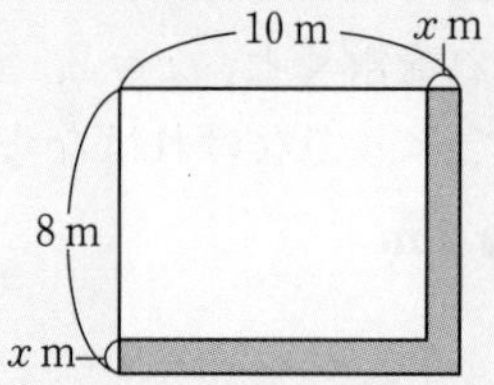

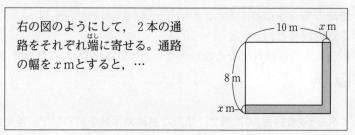

さくらさんの考えで，2次方程式をつくりなさい。

(3) (2)でつくった2次方程式を解きなさい。

(4) (3)で求めた解を問題の答えとしてよいかどうかを確かめ，答えを求めなさい。

ガイド (2) 通路をそれぞれ端に寄せると，苗を植える部分は，縦 $(8-x)$ m，横 $(10-x)$ m の長方形になる。

(3) $(8-x)(10-x)=48$

$80-18x+x^2=48$

$x^2-18x+32=0$

$(x-2)(x-16)=0$

$x=2,\ x=16$

解答 (1) (例) **通路をそれぞれ端に寄せて，苗を植える部分を1つの長方形として考える。あるいは，(畑の面積)−(通路の面積)＝(苗を植える面積)と考える。**

(2) $\boldsymbol{(8-x)(10-x)=48}$

(3) $\boldsymbol{x=2,\ x=16}$

(4) $0<x<8$ でなければならないので，$x=16$ は問題の答えとすることはできない。 答 **2 m**

教科書 p.96

Q1 95ページ(教科書)の問題で，つばささんは次のように考えました。この考えで，上の(2)~(4)(教科書96ページ)と同じようにして答えを求めなさい。

つばささんの考え

> 通路の幅をxmとして，まず，通路の面積を求める。
> その面積を，畑の面積からひくと…

ガイド 通路の幅をxmとすると，通路の面積は，縦8m，横xmの長方形の面積($8x\mathrm{m}^2$)と，縦xm，横10mの長方形の面積($10x\mathrm{m}^2$)の和から，2本の通路の重なった部分である1辺xmの正方形の面積($x^2\mathrm{m}^2$)をひいたものとなる。
(畑の面積)－(通路の面積)＝(苗を植える部分の面積)より，式をつくる。

解答 通路の幅をxmとすると，$8\times10-(8x+10x-x^2)=48$
これを解くと，$x=2$，$x=16$
$0<x<8$ でなければならないので，$x=16$ は問題の答えとすることはできない。

答 **2 m**

教科書 p.96

Q2 95ページ(教科書)の問題で，垂直な通路の本数を増やして，苗を植える部分の面積が$48\mathrm{m}^2$になる場合を考えます。
(1) 通路の本数を自由に決め，左の図(教科書96ページ)に表しなさい。
(2) (1)の場合の通路の幅を求めなさい。

ガイド (2) (例)縦に1本，横に2本の通路をつくることにして，通路を端に寄せて考える。
通路の幅をxmとすると，
$(8-2x)(10-x)=48$，$2x^2-28x+32=0$，$x^2-14x+16=0$
解の公式より，$x=\dfrac{-(-14)\pm\sqrt{(-14)^2-4\times1\times16}}{2\times1}=\dfrac{14\pm\sqrt{132}}{2}$
$=\dfrac{14\pm2\sqrt{33}}{2}=7\pm\sqrt{33}$
$0<2x<8$ より，$0<x<4$ でなければならないので，$x=7+\sqrt{33}$ は問題の答えとすることはできない。よって，$x=7-\sqrt{33}$ である。
($\sqrt{33}=5.74\cdots$なので，$\sqrt{33}=5.74$ として通路の幅を求めると，$7-5.74=1.26$(m)となり，答えとしてよい。)

解答 (1) (例)右の図
(2) (例)**$7-\sqrt{33}$(m)**

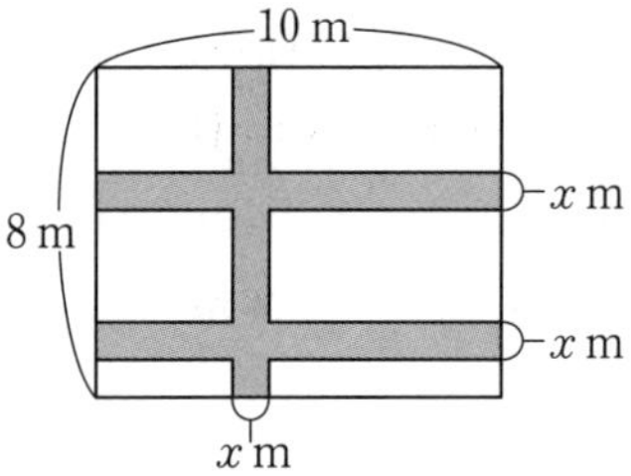

3章をふり返ろう

教科書 p.97

1 次の方程式のなかで，-1と1がともに解である2次方程式はどれですか。

ア $(x+1)(x-1)=0$　　**イ** $x^2-x=0$

ウ $x^2-2x+1=0$　　**エ** $x^2-1=0$

ガイド $x=-1$，$x=1$を代入して，方程式が成り立つか調べるか，**ア**～**エ**の2次方程式を解いて，解が$x=-1$，$x=1$になるか調べる。

ア $x=-1$を代入すると，(左辺)$=0$　$x=1$を代入すると，(左辺)$=0$

イ $x=-1$を代入すると，(左辺)$=2$　よって，方程式が成り立たない。

ウ $x=-1$を代入すると，(左辺)$=4$　よって，方程式が成り立たない。

エ $x=-1$を代入すると，(左辺)$=0$　$x=1$を代入すると，(左辺)$=0$

解答 **ア，エ**

教科書 p.97

2 次の方程式を解きなさい。

(1) $x^2-11x+28=0$　(2) $y^2+y-30=0$　(3) $x^2-49=0$

(4) $x^2-16x+64=0$　(5) $y^2=4y$　(6) $(x+4)^2=20$

(7) $3x^2+9x+5=0$　(8) $x^2-10x=6$

ガイド $x^2+bx+c=0$の形にしてから，左辺を因数分解して解く。または，$(x+p)^2=q$の形にして平方根の考えを使って解く。因数分解できないときは解の公式を使う。

解答 (1) $x^2-11x+28=0$，$(x-4)(x-7)=0$，$\boldsymbol{x=4}$，$\boldsymbol{x=7}$

(2) $y^2+y-30=0$，$(y+6)(y-5)=0$，$\boldsymbol{y=-6}$，$\boldsymbol{y=5}$

(3) $x^2-49=0$，$(x+7)(x-7)=0$，$\boldsymbol{x=\pm 7}$

(4) $x^2-16x+64=0$，$(x-8)^2=0$，$\boldsymbol{x=8}$

(5) $y^2=4y$，$y^2-4y=0$，$y(y-4)=0$，$\boldsymbol{y=0}$，$\boldsymbol{y=4}$

(6) $(x+4)^2=20$，$x+4=\pm\sqrt{20}$，$x+4=\pm 2\sqrt{5}$，$\boldsymbol{x=-4\pm 2\sqrt{5}}$

(7) $3x^2+9x+5=0$，$x=\dfrac{-9\pm\sqrt{9^2-4\times 3\times 5}}{2\times 3}=\dfrac{-9\pm\sqrt{21}}{6}$　$\boldsymbol{x=\dfrac{-9\pm\sqrt{21}}{6}}$

(8) $x^2-10x=6$，$x^2-10x-6=0$，

$$x=\frac{-(-10)\pm\sqrt{(-10)^2-4\times 1\times(-6)}}{2\times 1}=\frac{10\pm\sqrt{124}}{2}=\frac{10\pm 2\sqrt{31}}{2}=5\pm\sqrt{31}$$

$\boldsymbol{x=5\pm\sqrt{31}}$

教科書 p.97

3 ある自然数を2乗しなければいけないところを，まちがえて2倍したため，計算の結果が48小さくなりました。この自然数を求めなさい。

ガイド ある自然数をxと置いて，方程式をつくる。解が題意に適するか検討すること。

解答 ある自然数をxと置くと，$x^2-2x=48$

48を移項して，左辺を因数分解すると，$(x+6)(x-8)=0$

よって，$x=-6$，$x=8$

xは自然数なので，-6は問題の答えとすることはできない。　答 8

教科書 p.97

4 右の図のような直角三角形ABCで，点Pは辺AB上を秒速1 cmでAからBまで動きます。また，点Qは点PがAを出発するのと同時にBを出発し，辺BC上を秒速2 cmでCまで動きます。
△PBQの面積が20cm^2になるのは，点PがAを出発してから何秒後ですか。

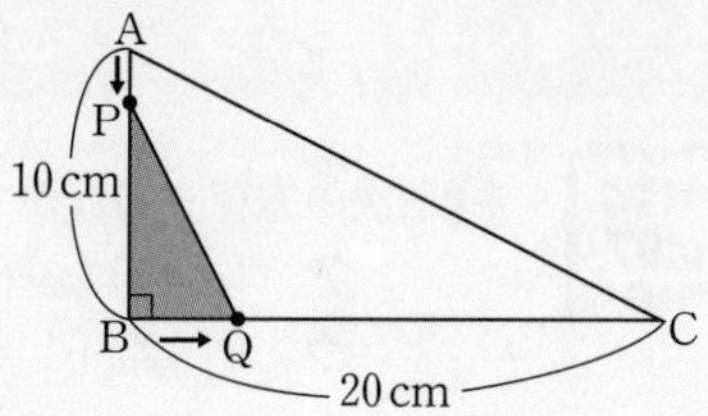

ガイド 点PがAを出発してからx秒後のAP，PB，BQの長さは，それぞれ，$\text{AP}=x\text{cm}$，$\text{PB}=(10-x)\text{cm}$，$\text{BQ}=2x\text{cm}$と表せる。

$$\triangle\text{PBQ}=\frac{1}{2}\times\text{BQ}\times\text{PB}=\frac{1}{2}\times2x\times(10-x)=-x^2+10x$$

△PBQの面積が20cm^2より，$-x^2+10x=20$，$x^2-10x+20=0$

解の公式より，$x=\dfrac{-(-10)\pm\sqrt{(-10)^2-4\times1\times20}}{2\times1}=\dfrac{10\pm\sqrt{20}}{2}$

$$=\frac{10\pm2\sqrt{5}}{2}=5\pm\sqrt{5}$$

$0<x<10$より，2つの解はどちらも問題の答えとしてよい。

解答 **$(5+\sqrt{5})$秒後と$(5-\sqrt{5})$秒後**

教科書 p.97

5 右の図のように，正方形の厚紙の4つの隅(すみ)から，それぞれ1辺の長さが5 cmの正方形を切り取って，容積が180cm^3の箱を作ります。
もとの正方形の1辺を何cmにすればよいですか。

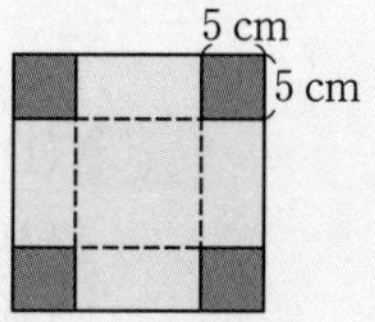

ガイド もとの正方形の1辺の長さをx cmとすると，右の図のように，底面の1辺の長さは$(x-10)$cmと表せる。
$x>10$であることに注意する。
(容積)＝(底面積)×(高さ)より，

$(x-10)^2\times5=180$，$(x-10)^2=36$，$x-10=\pm6$，
$x=16$，$x=4$

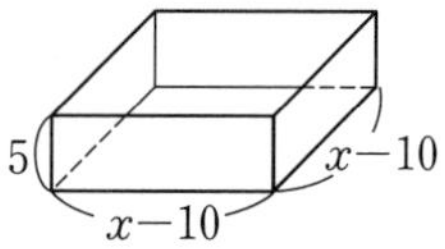

$x>10$でなければならないから，$x=4$は問題の答えとすることはできない。
したがって，$x=16$

解答 **16cm**

教科書 p.97

学びのふり返り **6** 2次方程式と1次方程式を比べて，ちがいをあげてみましょう。

解答 (例) 2次方程式は，1つの文字についての2次式の形で表され，方程式の解は1つまたは2つある。1次方程式は，1つの文字についての1次式の形で表され，方程式の解は1つだけである。

力をのばそう

教科書 p.98

1 次の方程式を解きなさい。

(1) $6=(a-1)(a-2)$　(2) $7x^2+3=4(x+1)$

(3) $(y-1)^2=y-1$　(4) $2x(4x-3)=-1$

ガイド (1)(2)(4)　まず，$ax^2+bx+c=0$ の形にする。それから，左辺の式を見て因数分解による解き方，平方根の考えを使った解き方，解の公式を使った解き方のいずれかで解く。

(3)　$y-1$ を1つの文字に置きかえて考えるとよい。

解答 (1)

$$6=(a-1)(a-2)$$
$$6=a^2-3a+2$$
$$a^2-3a-4=0$$
$$(a-4)(a+1)=0$$
$$\boldsymbol{a=4,\ a=-1}$$

(2)

$$7x^2+3=4(x+1)$$
$$7x^2+3=4x+4$$
$$7x^2-4x-1=0$$
$$x=\frac{-(-4)\pm\sqrt{(-4)^2-4\times7\times(-1)}}{2\times7}$$
$$=\frac{4\pm\sqrt{44}}{14}=\frac{4\pm2\sqrt{11}}{14}=\frac{2\pm\sqrt{11}}{7}$$
$$\boldsymbol{x=\frac{2\pm\sqrt{11}}{7}}$$

(3)

$$(y-1)^2=y-1$$
$$M^2=M$$

（$y-1$ を M と置く）

$$M^2-M=0$$
$$M(M-1)=0$$
$$(y-1)(y-1-1)=0$$

（M を $y-1$ に戻す）

$$(y-1)(y-2)=0$$
$$\boldsymbol{y=1,\ y=2}$$

別解

$$(y-1)^2=y-1$$
$$y^2-2y+1=y-1$$
$$y^2-3y+2=0$$
$$(y-1)(y-2)=0$$
$$\boldsymbol{y=1,\ y=2}$$

(4)

$$2x(4x-3)=-1$$
$$8x^2-6x=-1$$
$$8x^2-6x+1=0$$
$$x=\frac{-(-6)\pm\sqrt{(-6)^2-4\times8\times1}}{2\times8}$$
$$=\frac{6\pm\sqrt{4}}{16}=\frac{6\pm2}{16}$$
$$\boldsymbol{x=\frac{1}{2},\ x=\frac{1}{4}}$$

教科書 p.98

2 2次方程式 $x^2+ax-12=0$ の1つの解が2であるとき，a の値(あたい)を求めなさい。また，ほかの解を求めなさい。

ガイド 解の1つが2であるから，$x=2$ である。これを2次方程式に代入して a を求める。

$x^2+ax-12=0$ に $x=2$ を代入すると，$2^2+a\times2-12=0$　よって，$a=4$

$x^2+4x-12=0$ を解いて，ほかの解を求めると，

$x^2+4x-12=0$，$(x+6)(x-2)=0$，$x=-6$，$x=2$

解答 $\boldsymbol{a=4}$　ほかの解……$\boldsymbol{x=-6}$

教科書 p.98

3 右の図で，直線 ℓ の式は $y=2x+3$ です。ℓ 上の点 P から x 軸にひいた垂線と x 軸との交点を Q，ℓ と y 軸との交点を R とします。ただし，点 P の x 座標は正とします。

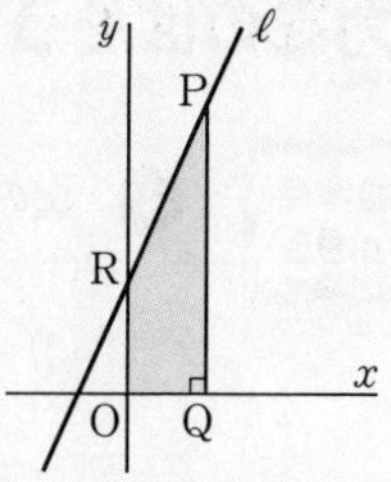

(1) 点 P の x 座標を a として，次の点の座標を a を使って表しなさい。

ア 点 P の座標　　イ 点 Q の座標

(2) 台形 PROQ の面積が $28\,\mathrm{cm}^2$ のとき，点 P の座標を求めなさい。ただし，座標の 1 めもりは 1 cm とします。

ガイド (1) ア $y=2x+3$ に $x=a$ を代入すると，$y=2a+3$

イ x 軸上の点だから，y 座標は 0 である。

(2) 台形 PROQ の面積を a を使った式で表す。$a>0$ であることに注意する。

台形 PROQ の面積について方程式をつくると，

$\mathrm{OR}=3\mathrm{cm}$，$\mathrm{OQ}=a\mathrm{cm}$，$\mathrm{PQ}=2a+3(\mathrm{cm})$ より，

$\frac{1}{2}\times\{3+(2a+3)\}\times a=28$，$a^2+3a=28$，$a^2+3a-28=0$，

$(a+7)(a-4)=0$，$a=-7$，$a=4$　$a>0$ なので，$a=4$

よって，点 P の x 座標は 4，y 座標は，$y=2\times4+3=11$

解答 (1) **ア P(a, $2a+3$)**　**イ Q(a, 0)**

(2) **P(4, 11)**

教科書 p.98

4 地上から秒速 30 m で真上に打ち上げたボールは，x 秒後には，およそ $(30x-5x^2)$ m の高さに達するといいます。この式を利用して，次の(1)~(3)に答えなさい。

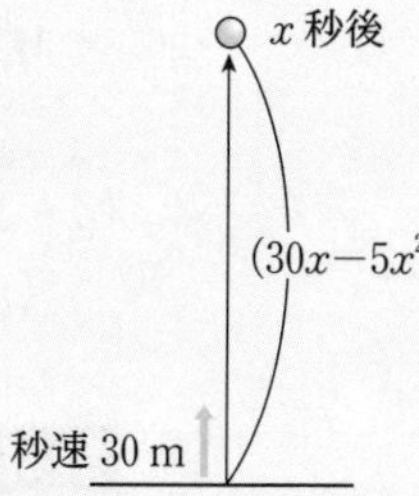

(1) このボールが地上 40 m を通過するのは何秒後ですか。

(2) このボールが地上に落ちてくるのは何秒後ですか。

(3) ボールが上がっていくときにかかる時間と，落ちてくるときにかかる時間は同じです。

ボールは何 m の高さまで上がりましたか。

ガイド (1) $30x-5x^2=40$，$5x^2-30x+40=0$，$x^2-6x+8=0$，

$(x-2)(x-4)=0$，$x=2$，$x=4$

$x>0$ なので，$x=2$，$x=4$ は問題の答えとしてよい。

(2) 地上に落ちてくるということは，高さは 0 m だから，

$30x-5x^2=0$，$x^2-6x=0$，$x(x-6)=0$，$x=0$，$x=6$

$x=0$ は，打ち上げるときなので，落ちてくるのは 6 秒後になる。

(3) (2)より，6 秒間でボールは上がって落ちてくるので，3 秒後に一番高くなる。

そのときの高さは，$30x-5x^2$ に $x=3$ を代入して求められる。

$30x-5x^2=30\times3-5\times3^2=90-45=45$

解答 (1) **2 秒後と 4 秒後**　(2) **6 秒後**　(3) **45 m**

活用・探究 つながる・ひろがる・数学の世界

教科書 p.99

カレンダーのなかの数を調べよう

右のカレンダーのなかの3つの数で，次の①，②のような数があるかどうかを調べましょう。

日	月	火	水	木	金	土
						1
2	3	4	5	6	7	8
9	10	11	12	13	14	15
16	17	18	19	20	21	22
23	24	25	26	27	28	29
30	31					

① 横に並んだ連続する3つの数で，左の数の2乗と真ん中の数の2乗をたすと，右の数の2乗と等しくなる。

(1) 3つの数のどれかを x として，2次方程式をつくり，解を求めましょう。

(2) (1)で求めた解が①にあてはまるかどうかを判断するには，どのようなことを調べればよいですか。

② 横に並んでいる数を1つおきにとった3つの数で，左の数の2乗と真ん中の数の2乗をたすと，右の数の2乗と等しくなる。

(3) ②にあてはまる3つの数はありますか。

ガイド (3) 左の数を x とすると，真ん中の数は $x+2$，右の数は $x+4$ と表せる。

$$x^2+(x+2)^2=(x+4)^2$$
$$x^2+x^2+4x+4=x^2+8x+16$$
$$x^2-4x-12=0$$
$$(x+2)(x-6)=0$$
$$x=-2,\ x=6$$

x はカレンダーのなかの数なので，$x=-2$ はあてはまらない。
また，問題文の条件より，x は左の3列のなかにある数でなければいけないが，$x=6$ は左から5列目にあるので，これもあてはまらない。
（6日が左の3列のなかにある月のカレンダーであれば，②にあてはまる3つの数は，6，8，10となる。）

解答 (1) 真ん中の数を x とすると，左の数は $x-1$，右の数は $x+1$ と表せる。

$$\boldsymbol{(x-1)^2+x^2=(x+1)^2}$$
$$x^2-2x+1+x^2=x^2+2x+1$$
$$x^2-4x=0$$
$$x(x-4)=0$$
$$\boldsymbol{x=0,\ x=4}$$

(2) x はカレンダーのなかの数なので，$1\leqq x\leqq 31$ の整数。
また，x は横に並んだ連続する3つの数のうちの真ん中の数なので，カレンダーの一番右の列や一番左の列の数ではいけない。
これらの条件を満たしているか調べればよい。
（よって，この場合，$x=0$ は適さない。）

(3) **ない。**

MATHFUL 数と式　数の読み方と言語

教科書 p.101

★ 表(教科書101ページ)を見て，フランス語と日本語の数のつくりの似ているところと異なるところを調べてみましょう。

解答 (例)　17，18，19，21のフランス語の読み方は，日本語と同じように，10と7，10と8，10と9，20と1というつくりになっているが，11〜16は，日本語とちがって，それぞれ1つの単語が当てられている。
また，フランス語の70は，60＋10，80は4×20というつくりになっていて，日本語と異なる。

4章 関数

教科書 p.102〜103

折り紙を折るときに変化する数量の関係は？

1辺が10cmの正方形の折り紙ABCDがあります。次の図のように，頂点Dを対角線BDに重なるように折り，できた折り目をEFとします。

辺DEの長さにともなって変わる数量を見つけて，その変化のようすを調べましょう。

(1) ゆうとさんは，辺CEの長さに着目しました。
辺DEをx cm，辺CEをy cmとして，xとyの関係を調べましょう。

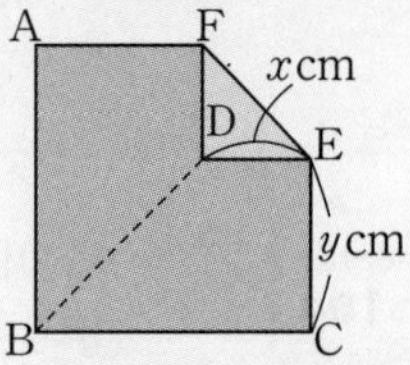

(2) あおいさんは，紙が重なってできる△DEFの面積に着目しました。辺DEをx cm，△DEFの面積をy cm^{2}として，xとyの関係を調べましょう。

(3) (1),(2)の変化のようすを見て，共通していることや異なっていることをあげましょう。

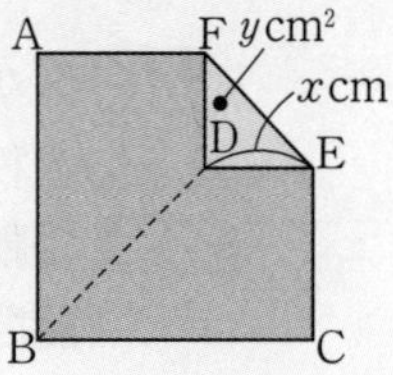

解答 (1)

x(cm)	0	1	2	3	4	5	…	10
y(cm)	**10**	**9**	**8**	**7**	**6**	**5**	…	**0**

(2)

x(cm)	0	1	2	3	4	5	…	10
y(cm^2)	**0**	$\frac{1}{2}$	**2**	$\frac{9}{2}$	8	$\frac{25}{2}$	…	**50**

(3) 共通していること
(例) xの値を決めると，yの値がただ1つに決まる。
異なっていること
(例)・(1)はxの値が増えるとyの値は減るが，(2)はxの値が増えるとyの値も増える。
・(1)はxの値が1変わるとyの値も1変わるが，(2)はxの値が1変わるときのyの値の変わり方は一定ではない。

1節 関数 $y=ax^2$

① 関数 $y=ax^2$

CHECK! 確認したら✓を書こう

教科書の要点

□関数 $\boldsymbol{y=ax^2}$　y が x の関数で，y が x の2次式で表される関数を2次関数という。
その式が $y=ax^2$（a は定数，$a\neq0$）の形のとき，y は x の2乗に比例するとみることができる。
このとき，$\boldsymbol{a}$ を比例定数という。

教科書 p.104

考えよう　右の図（教科書104ページ）は，ある斜面（しゃめん）をボールが転がっていくようすを1秒ごとに示したものである。ボールが転がり始めてからの時間と距離（きょり）の間には，どのような関係があるだろうか。

ガイド　図から，1秒後，2秒後，3秒後，4秒後の距離について考える。
1秒後…2 m，2秒後…8 m，3秒後…18m，4秒後…32mである。

解答　**距離の増え方は一定ではないようである。**
時間が2倍，3倍，4倍と変わるとき，距離は4倍，9倍，16倍と変わっている。

教科書 p.104

活動1　考えよう で，ボールが転がり始めてからの時間を x 秒，距離を y mとする。
このときの x と y の関係を調べよう。
図から，x と y の関係を表に表すと，次のようになる。

x(秒)	0	1	2	3	4	……
y(m)	0	2	8	18	32	……

(1)　y は x の関数であるといえますか。
(2)　x の値（あたい）が2倍，3倍，4倍，……になると，対応する y の値はどのように変わりますか。
(3)　x の値が1ずつ増加すると，y の値はどのように変化しますか。

ガイド (1)　表より，x の値を決めるとそれに対応して y の値がただ1つに決まる。

解答 (1)　**y は x の関数であるといえる。**
(2)　**4倍，9倍，16倍，……となる。**
(3)　2，6，10，14，……と増えていて，y の値の増える量は**一定ではない。**

教科書 p.104

Q1　活動1 で，x と y の関係が $y=2x^2$ で表せることを，表を使って確かめなさい。

ガイド　$y=2x^2$ に $x=0$，1，2，3，4を代入して，表の数値と一致するか確かめる。

解答　$x=0$ のとき，$y=2\times0^2=0$　　$x=1$ のとき，$y=2\times1^2=2$
$x=2$ のとき，$y=2\times2^2=8$　　$x=3$ のとき，$y=2\times3^2=18$
$x=4$ のとき，$y=2\times4^2=32$　　よって，**x と y の関係は $y=2x^2$ で表せる。**

教科書 p.105

Q2 次の**ア**～**ウ**で，y は x の関数です。比例でも1次関数でもないものを選びなさい。

ア 直角三角形の2つの鋭角(えいかく)が $x°$ と $y°$

イ 1辺が x cmの正方形の周の長さが y cm

ウ 底面の半径が x cm，高さが5 cmの円柱の体積が y cm^3

ガイド y が x に比例するとき，$y=ax$ と表せる。y が x の1次関数のとき，$y=ax+b$ と表せる。

ア $x+y=90$ より，$y=-x+90$　よって，1次関数である。

イ $4x=y$ より，$y=4x$　よって，y は x に比例する。

ウ $\pi x^2\times5=y$ より，$y=5\pi x^2$　よって，比例でも1次関数でもない。

解答 **ウ**

教科書 p.105

活動2 活動1の関数 $y=2x^2$ について，さらに調べよう。

(1) 次の表を完成させなさい。

x	0	1	2	3	4	…
x^2	0	1	4	9	□	…
y	0	2	□	□	□	…

(2) x^2 と y の間には，どんな関係がありますか。

ガイド (2) x^2 の値が4倍になると，y の値も4倍に，x^2 の値が9倍になると，y の値も9倍になっている。また，y の値はつねに x^2 の値の2倍になっている。

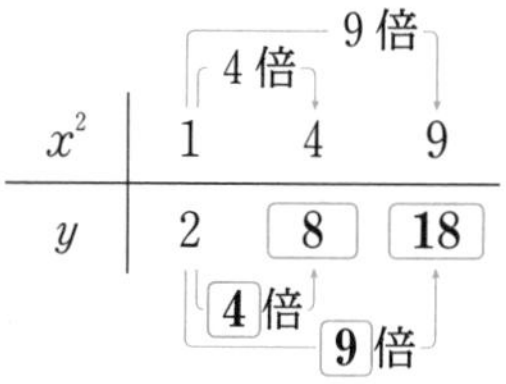

解答 (1)

x	0	1	2	3	4	…
x^2	0	1	4	9	**16**	…
y	0	2	**8**	**18**	**32**	…

(2) **比例の関係がある。**

教科書 p.105

Q3 次の(1)～(3)について，y を x の式で表しなさい。
また，y は x の2乗に比例するといえるものはどれですか。

(1) 1辺が x cmの正方形の面積が y cm^2

(2) 1辺が x cmの立方体の体積が y cm^3

(3) 半径が x cmの円の面積が y cm^2

ガイド $y=ax^2$ で表されるものが，y は x の2乗に比例するといえる。

解答 (1) $y=x\times x$ より，$\boldsymbol{y=x^2}$

(2) $y=x\times x\times x$ より，$\boldsymbol{y=x^3}$

(3) $y=x\times x\times\pi$ より，$\boldsymbol{y=\pi x^2}$

y は x の2乗に比例するもの……**(1)，(3)**

② 関数 $y=ax^2$ のグラフ

CHECK! 確認したら ✓を書こう

教科書の要点

□ $y=x^2$ のグラフ

関数 $y=x^2$ のグラフは，x の変域をすべての数とすると，原点を通り，y 軸(じく)について対称(たいしょう)で，限りなく延びるなめらかな曲線になる。

□ $y=ax^2$ のグラフの特徴

1．原点を通り，y 軸について対称な曲線である。
2．$a>0$ のとき，上に開き，$a<0$ のとき，下に開く。
3．a の絶対値が大きくなるほど，グラフの開き方は小さくなる。
4．a の絶対値が等しく符号が異なる 2 つのグラフは，x 軸について対称である。

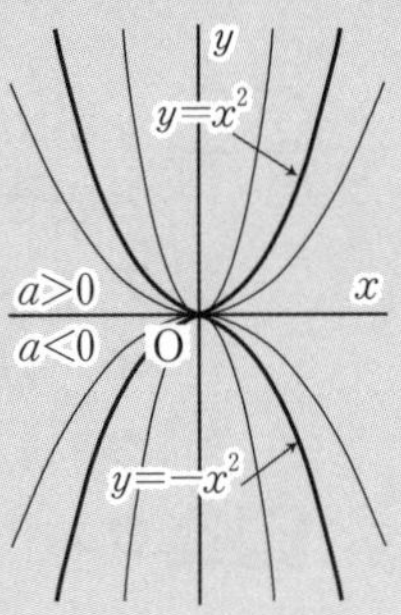

□ 放物線

関数 $y=ax^2$ のグラフは，放物線(ほうぶつせん)といわれる曲線である。放物線の対称軸をその放物線の軸といい，軸との交点を放物線の頂点という。
放物線の軸は y 軸，頂点は原点になっている。

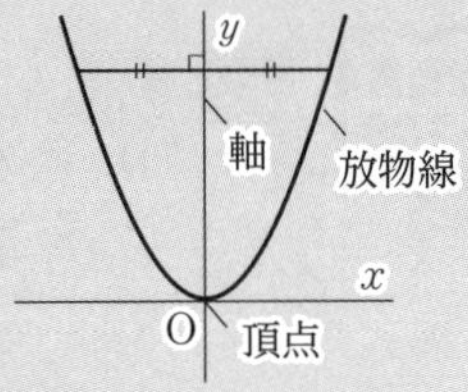

教科書 p.106

考えよう ? 左の図(教科書106ページ)は，$y=x$ のグラフである。
関数 $y=x^2$ のグラフがどのような形になるかを予想してみよう。

ガイド 関数 $y=x^2$ の x の値が -0.5, 0, 0.5, 1, 1.5 のときの対応する y の値を求めて，$(x,\ y)$ を座標とする点を座標平面上にとってみる。

$x=-0.5$ のとき，$y=(-0.5)^2=0.25$
$x=0$ のとき，$y=0^2=0$
$x=0.5$ のとき，$y=0.5^2=0.25$
$x=1$ のとき，$y=1^2=1$
$x=1.5$ のとき，$y=1.5^2=2.25$

よって，$(-0.5,\ 0.25)$, $(0,\ 0)$, $(0.5,\ 0.25)$, $(1,\ 1)$, $(1.5,\ 2.25)$ の点をとると右の図のようになる。

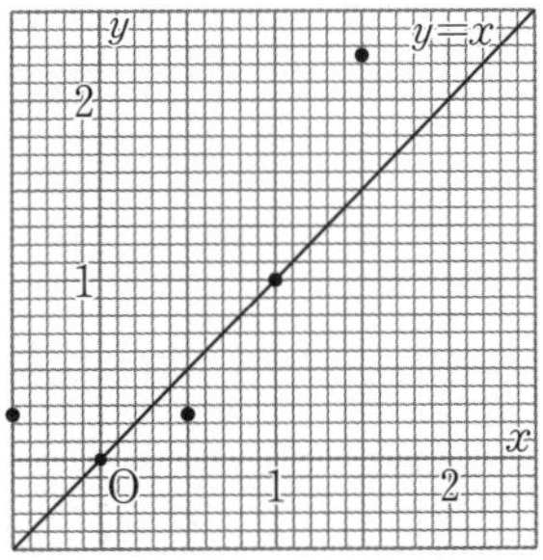

解答 **$y=x$ のグラフのような 1 つの直線上に並ぶ形にはならない。**

教科書 p.106

活動 1 関数 $y=x^2$ のグラフについて調べよう。

(1) 次の表を完成させなさい。また，対応する x, y の値の組を座標とする点を，107ページ(教科書)の㋐の座標平面上にとりなさい。

x	…	-4	-3	-2	-1	0	1	2	3	4	…
y	…	□	□	□	□	0	1	4	9	16	…

(2) x の値が，-3.5, -2.5, -1.5, -0.5, 0.5, 1.5, 2.5, 3.5 のときの対応する y の値を求め，$(x,\ y)$ を座標とする点を，㋐の座標平面上にかき加えなさい。

(3) x の変域を $-1 \leqq x \leqq 1$ とします。x の値を 0.1 きざみにとって対応する y の値を求め，$(x,\ y)$ を座標とする点を，107ページ(教科書)の㋑の座標平面上にとりなさい。

ガイド (1) $y=x^2$ に $x=-4,\ -3,\ -2,\ -1$ を代入して，y の値を求める。

(2) $y=x^2$ に x のそれぞれの値を代入して，y の値を求める。

x	-3.5	-2.5	-1.5	-0.5	0.5	1.5	2.5	3.5
y	12.25	6.25	2.25	0.25	0.25	2.25	6.25	12.25

(3) x の値を-1 から 1 まで 0.1 きざみにとって，$y=x^2$ に x の値を代入して y の値を求めると，$(-1,\ 1)$，$(-0.9,\ 0.81)$，$(-0.8,\ 0.64)$，$(-0.7,\ 0.49)$，$(-0.6,\ 0.36)$，$(-0.5,\ 0.25)$，$(-0.4,\ 0.16)$，$(-0.3,\ 0.09)$，$(-0.2,\ 0.04)$，$(-0.1,\ 0.01)$，$(0,\ 0)$，$(0.1,\ 0.01)$，$(0.2,\ 0.04)$，$(0.3,\ 0.09)$，$(0.4,\ 0.16)$，$(0.5,\ 0.25)$，$(0.6,\ 0.36)$，$(0.7,\ 0.49)$，$(0.8,\ 0.64)$，$(0.9,\ 0.81)$，$(1,\ 1)$

解答 (1)

x	…	-4	-3	-2	-1	0	1	2	3	4	…
y	…	**16**	**9**	**4**	**1**	0	1	4	9	16	…

点は右の図(㋐)

(2) 右の図(㋐)

(3) 右の図(㋑)

㋐
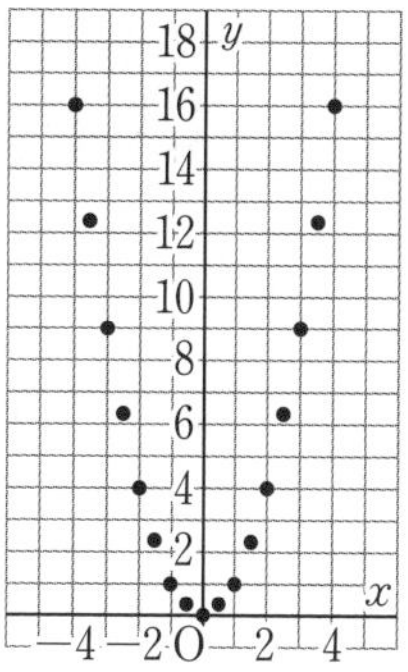

㋑
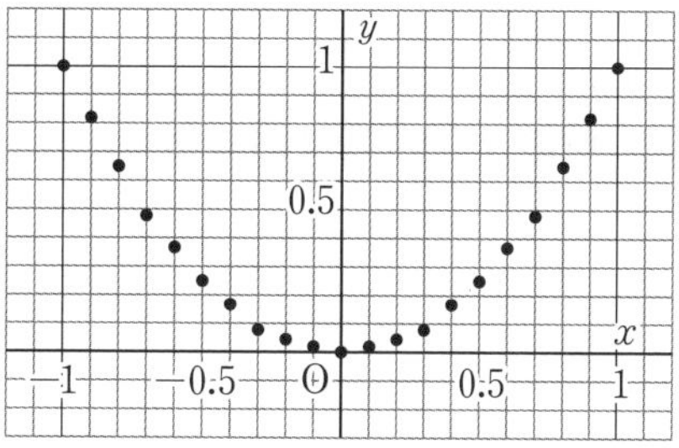

教科書 p.106

Q1 関数 $y=x^2$ のグラフは，y 軸(じく)について対称(たいしょう)であることを確かめなさい。

ガイド 教科書108ページの㋒のグラフをよく見て確かめよう。

解答 活動1 で求めた$(x,\ y)$を座標とする点は，つねに y 軸について対称な点が存在するので，**$y=x^2$ のグラフは，y 軸について対称である。**

教科書 p.106

Q2 関数 $y=x^2$ のグラフの特徴をいいなさい。

解答 **原点を通る。限りなく延びるなめらかな曲線である。**
y 軸について対称である。x 軸の上側にある。

教科書 p.110

活動2 $y=2x^2$ のグラフの特徴を，$y=x^2$ のグラフをもとにして調べよう。

(1) $y=2x^2$ で，次の表を完成させなさい。

x	…	-4	-3	-2	-1	0	1	2	3	4	…
y	…	□	□	8	2	0	2	8	□	□	…

(2) $y=2x^2$ のグラフを，109ページ(教科書)の㋓の座標平面上にかきなさい。

(3) 同じ x の値に対応する $2x^2$ と x^2 の値の間には，どのような関係がありますか。

x	…	-4	-3	-2	-1	0	1	2	3	4	…
x^2	…	16	9	4	1	0	1	4	9	16	…
$2x^2$	…	32	18	8	2	0	2	8	18	32	…

ガイド (1) $y=2x^2$ に，$x=-4,\ -3,\ 3,\ 4$ を代入して，y の値を求める。

解答 (1)

x	…	-4	-3	-2	-1	0	1	2	3	4	…
y	…	32	18	8	2	0	2	8	18	32	…

(2) 右の図

(3) **$2x^2$ の値は x^2 の値の2倍である。**

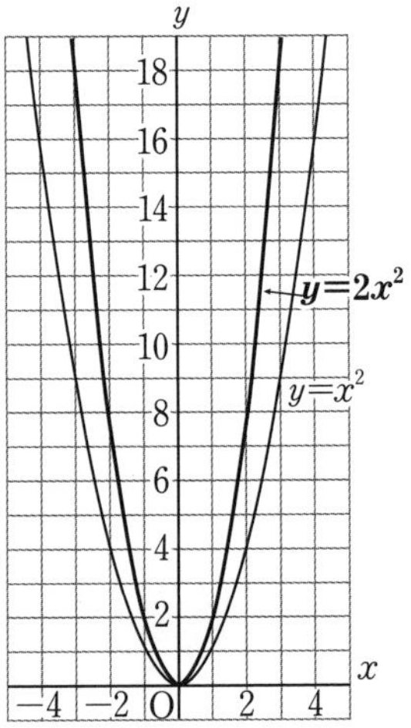

教科書 p.110

Q3 上のこと(教科書110ページ)を，右のグラフ(教科書110ページ)で確かめなさい。

解答 グラフから，$x=2$ に対応する $2x^2$ と x^2 の値は，それぞれ8と4である。このように，**$y=2x^2$ のグラフは，$y=x^2$ のグラフ上の1つ1つの点について，y 座標を2倍にした点の集合である。**

教科書 p.110

Q4 次の関数のグラフを，109ページ(教科書)の㋓の座標平面上にかきなさい。

(1) $y=3x^2$　　(2) $y=\frac{1}{2}x^2$

ガイド $y=x^2$ のグラフを利用してかくことができる。

(1) $y=3x^2$ のグラフは，$y=x^2$ のグラフ上のおのおのの点について，y 座標を 3 倍した点の集まりである。

(2) $y=\frac{1}{2}x^2$ のグラフは，$y=x^2$ のグラフ上のおのおのの点について，y 座標を $\frac{1}{2}$ 倍した点の集まりである。

解答 (1)(2) 右の図

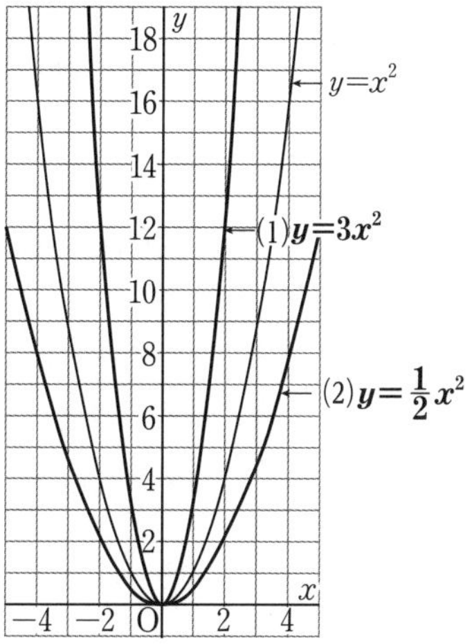

教科書 p.110

Q5 $a>0$ のとき，関数 $y=ax^2$ のグラフは，a の値が大きくなるほど，どうなりますか。

ガイド 今までにかいたグラフを比べてみよう。

活動2 と Q4 のグラフから，$y=3x^2$ のグラフの開き方が最も小さく，$y=2x^2$，$y=x^2$，$y=\frac{1}{2}x^2$ の順に開き方が大きくなっている。

解答 **a の値が大きくなるほど開き方が小さくなる。**

教科書 p.111

活動3 $y=-x^2$ のグラフの特徴を，$y=x^2$ のグラフをもとにして調べよう。

x	…	−4	−3	−2	−1	0	1	2	3	4	…
x^2	…	16	9	4	1	0	1	4	9	16	…
$-x^2$	…	−16	−9	−4	−1	0	−1	−4	−9	−16	…

(1) $y=-x^2$ のグラフを，109ページ(教科書)の㊤の座標平面上にかきなさい。

(2) 同じ x 座標をもつ，$y=x^2$ のグラフ上の点の y 座標と，$y=-x^2$ のグラフ上の点の y 座標を比べなさい。

(3) $y=x^2$ と $y=-x^2$ のグラフは，x 軸についてどのような位置の関係にありますか。

解答 (1) 右の図

(2) **絶対値が等しく，符号が異なっている。**

(3) x 軸から等しい距離に $y=x^2$ の点と $y=-x^2$ の点があるので，**x 軸について対称である。**

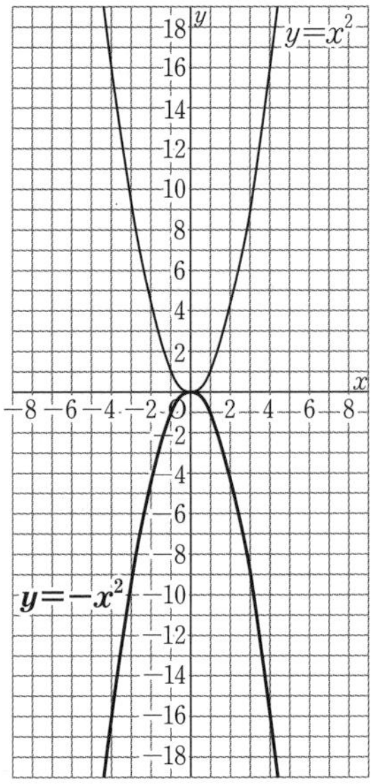

教科書 p.111

たしかめ 1 $y=2x^2$ のグラフをもとにして，$y=-2x^2$ のグラフを109ページ(教科書)の㊁の座標平面上にかき，この2つのグラフの関係を，活動3と同じようにして調べなさい。

ガイド

x	…	−3	−2	−1	0	1	2	3	…
$2x^2$	…	18	8	2	0	2	8	18	…
$-2x^2$	…	−18	−8	−2	0	−2	−8	−18	…

解答 グラフは右の図

同じ x 座標をもつ，$y=2x^2$ のグラフ上の点と $y=-2x^2$ のグラフ上の点の y 座標は，**絶対値が等しく，符号が異なっている。**

また，2つのグラフは，**x 軸について対称である。**

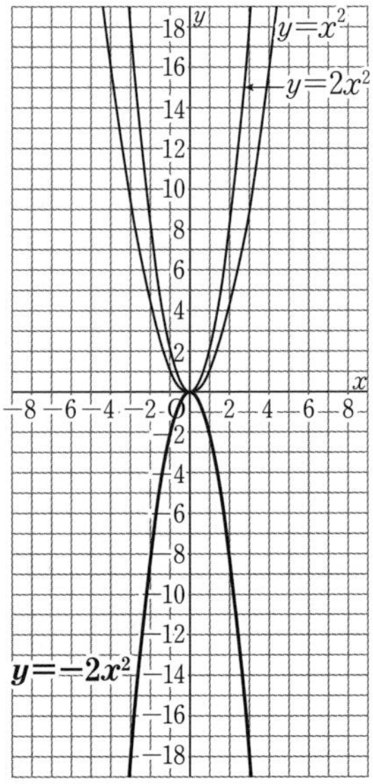

教科書 p.111

Q6 次の関数のグラフを，109ページ(教科書)の㊁の座標平面上にかきなさい。

(1) $y=-3x^2$　　(2) $y=-\frac{1}{2}x^2$

ガイド Q4でかいたグラフを利用してかくことができる。

(1) $y=-3x^2$ のグラフは，$y=3x^2$ のグラフと x 軸について対称になる。

$y=3x^2$ のグラフ上の点と x 軸について対称な点をとり，なめらかな曲線で結ぶ。

(2) $y=-\frac{1}{2}x^2$ のグラフは，$y=\frac{1}{2}x^2$ のグラフと x 軸について対称になる。

$y=\frac{1}{2}x^2$ のグラフ上の点と x 軸について対称な点をとり，なめらかな曲線で結ぶ。

解答 (1)(2) 右の図

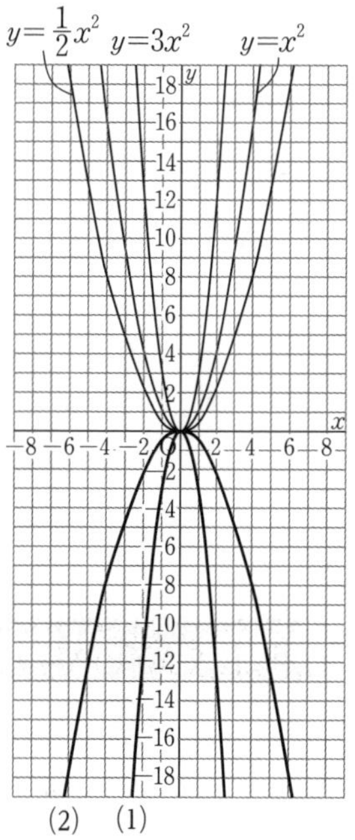

教科書 p.111

Q7 $a<0$ のときの関数 $y=ax^2$ のグラフの特徴を，$a>0$ のときのグラフの特徴と比べていいなさい。

解答 $a>0$ のときと同じところ

原点を通り，y 軸について対称な曲線である。

a の絶対値が大きくなるほど，グラフの開き方が小さくなる。

$a>0$ のときと異なるところ

$a>0$ のときは上に開くが，$a<0$ のときは下に開く。

教科書 p.112

Q8 次の(1)～(3)にあてはまるものを，下の**ア**～**カ**のなかから選びなさい。

(1) グラフが上に開く　(2) グラフの開き方がもっとも小さい

(3) x 軸について対称なグラフの組

ア $y=-1.5x^2$　**イ** $y=\frac{1}{3}x^2$　**ウ** $y=\frac{3}{2}x^2$

エ $y=-4x^2$　**オ** $y=-3x^2$　**カ** $y=-\frac{1}{3}x^2$

ガイド (1) グラフが上に開くのは，$y=ax^2$ で $a>0$ のときである。

(2) $y=ax^2$ で a の絶対値が大きいほど，グラフの開き方は小さくなる。

(3) $y=ax^2$ で a の絶対値が等しく符号が異なる 2 つのグラフは，x 軸について対称である。

ウ $y=\frac{3}{2}x^2$ は，$y=1.5x^2$ となおすことができる。

解答 (1) **イ，ウ**　(2) **エ**　(3) **アとウ，イとカ**

教科書 p.112

Q9 右の(1)～(4)の放物線は，次の**ア**～**エ**のいずれかのグラフです。それぞれどの関数のグラフですか。

ア $y=\frac{1}{2}x^2$　　**イ** $y=-x^2$

ウ $y=3x^2$　　**エ** $y=-2x^2$

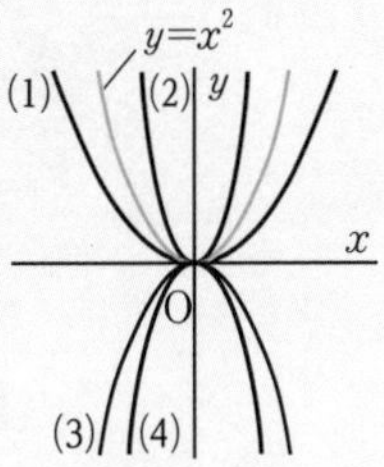

ガイド $y=ax^2$ のグラフは，$a>0$ のとき上に開き，$a<0$ のとき下に開く。また，a の絶対値が大きいほどグラフの開き方が小さくなる。

解答 (1) **ア**　(2) **ウ**　(3) **イ**　(4) **エ**

3 関数 $y=ax^2$ の値の変化と変域

CHECK! 確認したら✓を書こう

教科書の要点

□ $y=ax^2$ の値の変化

$y=ax^2$ の値の変化のようす

$a>0$ のとき

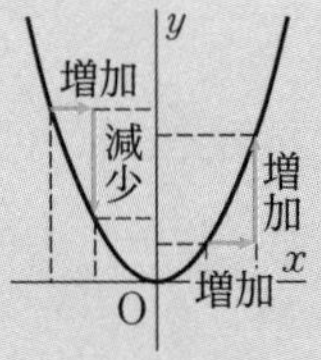

x	負	0	正
y	↘	0	↗

$x=0$ のとき y の値は最小

$a<0$ のとき

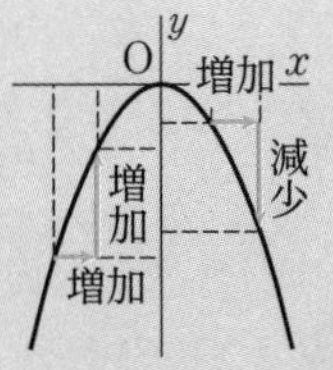

x	負	0	正
y	↗	0	↘

$x=0$ のとき y の値は最大

□ $y=ax^2$ の変域

関数 $y=ax^2$ で，x の変域に0がふくまれるとき，
$a>0$ ならば，$x=0$ のとき y は**最小値0**をとる。
$a<0$ ならば，$x=0$ のとき y は**最大値0**をとる。

教科書 p.114

活動1 $a>0$ の場合の関数 $y=ax^2$ の値の変化のようすを，関数 $y=x^2$ のグラフをもとにして調べよう。

(1) $x<0$ のとき，x の値が増加すると，対応する y の値はどのように変化しますか。

(2) $x>0$ のとき，x の値が増加すると，対応する y の値はどのように変化しますか。

(3) 109ページ(教科書)でかいた $a>0$ のグラフでも，(1)や(2)と同じことがいえますか。

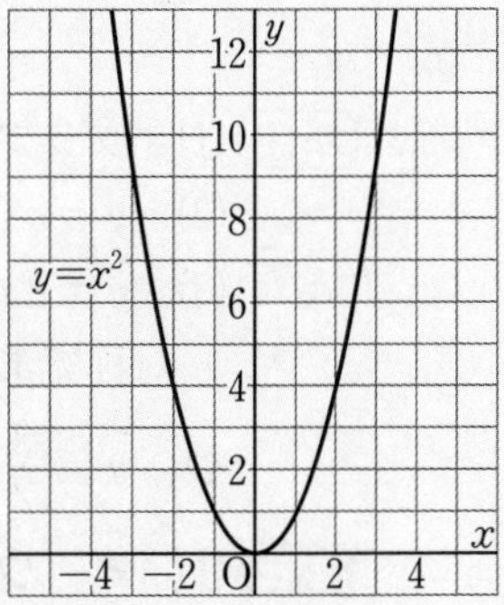

ガイド (1)(2)　$y=x^2$ のグラフにおいて，$x<0$ のときの 2 点，$x>0$ のときの 2 点をとり，それぞれの 2 点の座標の値の変化を調べる。

(3)　教科書109ページにかいた $a>0$ のグラフにおいても，$x<0$ のときの 2 点，$x>0$ のときの 2 点をとり，それぞれの 2 点の座標の値の変化を調べる。

解答 (1)　**減少する**　　(2)　**増加する**　　(3)　**同じことがいえる**

教科書 p.114

Q1 $a<0$ の場合の関数 $y=ax^2$ の値の変化のようすを，活動1 の $a>0$ の場合にならって説明しなさい。

解答 **$x<0$ のとき，x の値が増加すると，対応する y の値は増加する。**
$x>0$ のとき，x の値が増加すると，対応する y の値は減少する。

教科書 p.115

Q2 Aさんは，関数 $y=2x^2$ について，x の変域が $-4 \leqq x \leqq 1$ のときの y の変域を次のように求めましたが，この考えはまちがっています。その理由を説明しなさい。また，正しい y の変域を求めなさい。

まちがい

> $y=2x^2$ で，$x=-4$，$x=1$ のときの y の値をそれぞれ求めると，
> $x=-4$ のとき，$y=2\times(-4)^2$
> $=32$
> $x=1$ のとき，$y=2\times 1^2$
> $=2$
> したがって，y の変域は，$2 \leqq y \leqq 32$

ガイド グラフのおよその形をかいてみよう。$x=0$ のときに y の値が最小になることがわかる。

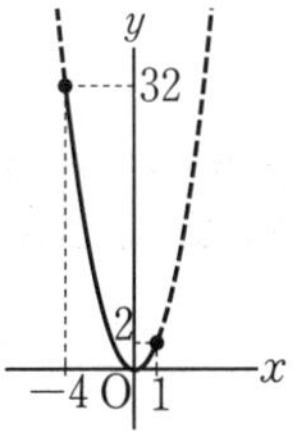

解答 $y=2x^2$ で，**$x=0$ のとき $y=2\times 0^2=0$ となり，y の値は 2 よりも小さいので。**
正しい y の変域……**$0 \leqq y \leqq 32$**

教科書 p.115

Q3 関数 $y=3x^2$ について，x の変域が次のときの y の変域を求めなさい。
(1)　$-3 \leqq x \leqq -2$　　(2)　$-2 \leqq x \leqq 3$　　(3)　$2 \leqq x \leqq 3$

ガイド $y=3x^2$ のグラフは上に開くグラフで，x の変域に 0 がふくまれる場合，y の最小値は 0 である。

(2)

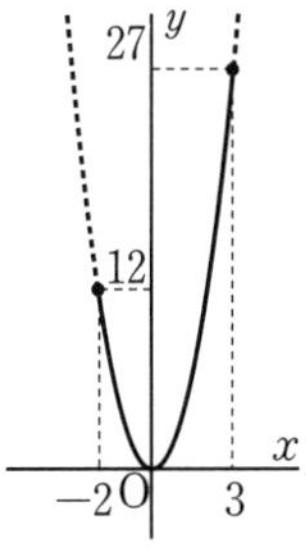

(1)　$x=-3$ のとき，$y=3\times(-3)^2=27$
$x=-2$ のとき，$y=3\times(-2)^2=12$
よって，$x=-2$ のとき最小値12，
$x=-3$ のとき最大値27をとる。

(2)　$x=-2$ のとき，$y=3\times(-2)^2=12$

$x=3$ のとき，$y=3\times3^2=27$
$x=0$ のとき，$y=0$
よって，$x=0$ のとき最小値 0，$x=3$ のとき最大値27をとる。

(3) $x=2$ のとき，$y=3\times2^2=12$
$x=3$ のとき，$y=3\times3^2=27$
よって，$x=2$ のとき最小値12，$x=3$ のとき最大値27をとる。

解答 (1) $\boldsymbol{12\leqq y\leqq 27}$　(2) $\boldsymbol{0\leqq y\leqq 27}$　(3) $\boldsymbol{12\leqq y\leqq 27}$

教科書 p.115

Q4 関数 $y=-3x^2$ について，x の変域が次のときの y の変域を求めなさい。
(1) $-3\leqq x\leqq -2$　(2) $-2\leqq x\leqq 3$　(3) $2\leqq x\leqq 3$

ガイド $y=-3x^2$ のグラフは下に開くグラフで，x の変域に 0 がふくまれる場合，y の最大値は 0 である。

(2)
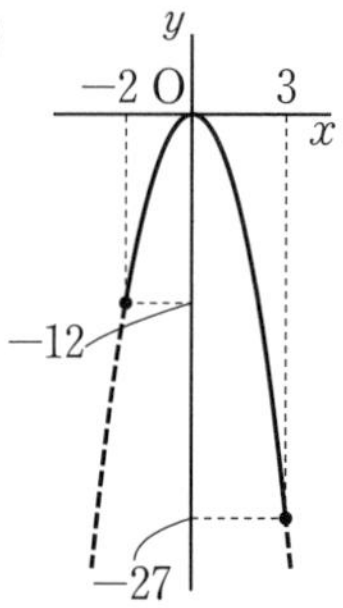

(1) $x=-3$ のとき，$y=-3\times(-3)^2=-27$
$x=-2$ のとき，$y=-3\times(-2)^2=-12$
よって，$x=-3$ のとき最小値-27，
$x=-2$ のとき最大値-12をとる。

(2) $x=-2$ のとき，$y=-3\times(-2)^2=-12$
$x=3$ のとき，$y=-3\times3^2=-27$
よって，$x=3$ のとき最小値-27，
$x=0$ のとき最大値 0 をとる。

(3) $x=2$ のとき，$y=-3\times2^2=-12$
$x=3$ のとき，$y=-3\times3^2=-27$
よって，$x=3$ のとき最小値-27，$x=2$ のとき最大値-12をとる。

解答 (1) $\boldsymbol{-27\leqq y\leqq -12}$　(2) $\boldsymbol{-27\leqq y\leqq 0}$　(3) $\boldsymbol{-27\leqq y\leqq -12}$

4 関数 $y=ax^2$ の変化の割合

CHECK! 確認したら ✓を書こう

教科書の要点

□$\boldsymbol{y=ax^2}$ の変化の割合	関数 $y=ax^2$ では，1 次関数の場合とちがって，その変化の割合は一定ではない。 $(\text{変化の割合})=\dfrac{(y\text{の増加量})}{(x\text{の増加量})}$

教科書 p.116

1次関数 $y=2x$ では，x の値が1ずつ増加すると，対応する y の値はいつも2ずつ増加する。

（x の増加量：1　1　1　1　1　1）

x	-3	-2	-1	0	1	2	3
y	-6	-4	-2	0	2	4	6

（y の増加量：2　2　2　2　2　2）

関数 $y=2x^2$ では，x の値が1ずつ増加するとき，対応する y の値はどのように増加するだろうか。

解答 関数 $y=2x^2$ で，x の値が1ずつ増加すると，対応する y の値は，2，8，18，32，……となり，**増加のしかたは一定ではない。**

教科書 p.116

活動1 関数 $y=x^2$ で，x の値が1ずつ増加するときの y の増加量を調べよう。

(1) x の値が1ずつ増加すると，対応する y の値はどのように増加しますか。

(2) 右の図は，$y=x^2$ のグラフです。x の値が1ずつ増加するときの y の増加量は，右の図のどこに示されていますか。また，それは，一定であるといえますか。

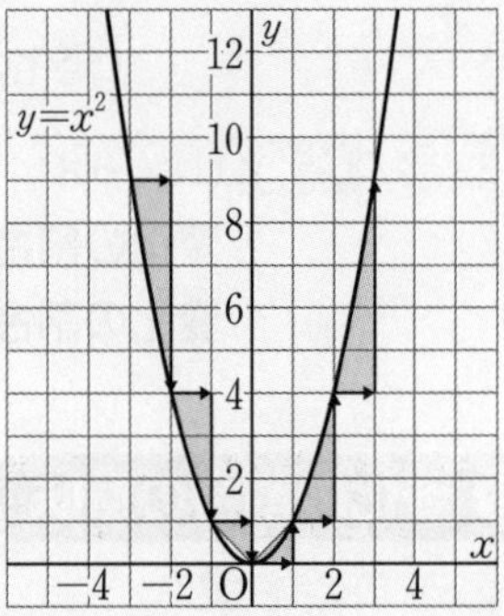

解答 (1)

（x の増加量：1　1　1　1　1　1）

x	…	-3	-2	-1	0	1	2	3	…
y	…	**9**	**4**	**1**	**0**	**1**	**4**	**9**	…

（y の増加量：**−5**　**−3**　**−1**　**1**　**3**　**5**）

(2) ***y* 軸に平行な矢印の長さと向きで示されている。**　**一定ではない。**

教科書 p.117

たしかめ1 例2 の関数 $y=\frac{1}{2}x^2$ で，x の値が0から2まで増加するときの変化の割合を求めなさい。また，求めた変化の割合は，グラフ上でどのようなことを表していますか。

ガイド $x=0$ のとき，$y=\frac{1}{2}\times 0^2=0$

$x=2$ のとき，$y=\frac{1}{2}\times 2^2=2$

$$(\text{変化の割合})=\frac{(y\text{の増加量})}{(x\text{の増加量})}=\frac{2-0}{2-0}=1$$

解答 変化の割合……**1**

グラフ上の2点(0, 0), (2, 2)を通る直線の傾きを表している。

教科書 p.117

Q1 例2 と たしかめ1 で求めた変化の割合を比べなさい。

解答 xの増加量はどちらも2で同じだが，変化の割合は**異なっている。**

教科書 p.117

Q2 関数 $y=-2x^2$ で，xの値が次のように増加するときの変化の割合を求めなさい。また，それらの値を比べなさい。

(1) 1から3まで　　(2) -3から0まで

ガイド (1) $x=1$のとき，$y=-2\times1^2=-2$

$x=3$のとき，$y=-2\times3^2=-18$

$$(\text{変化の割合})=\frac{-18-(-2)}{3-1}=\frac{-16}{2}=-8$$

(2) $x=-3$のとき，$y=-2\times(-3)^2=-18$

$x=0$のとき，$y=-2\times0^2=0$

$$(\text{変化の割合})=\frac{0-(-18)}{0-(-3)}=\frac{18}{3}=6$$

解答 (1) **−8**　　(2) **6**

変化の割合の値は，(1)はマイナスであるが，(2)はプラスである。
変化の割合の値は，一定ではない。

5 変化の割合の意味

CHECK! 確認したら✓を書こう

教科書の要点

□平均の速さ　関数 $y=ax^2$ で，xが時間，yが距離(きょり)を表す場合，変化の割合は，**平均の速さ**を表している。

$$(\text{変化の割合})=\frac{(y\text{の増加量})}{(x\text{の増加量})}=\frac{(\text{進んだ距離})}{(\text{かかった時間})}=(\text{平均の速さ})$$

教科書 p.118

考えよう ボールを自然に落とすとき，ボールの速さはどのようになっていくだろうか。

解答 **次第に速さが増していく。**

教科書 p.118

活動1 考えよう で，ボールが落ちていくようすを調べよう。
ボールが落ち始めてからx秒間にy m落ちるとすると，xとyの間には，およそ次のような関係があるという。

$y=5x^2$

(1) 1秒ごとに何m落ちますか。
(2) 1秒後から3秒後までの2秒間に何m落ちますか。
(3) 5秒後から7秒後までの2秒間に何m落ちると考えられますか。

ガイド $x=3$ のとき，$y=5\times3^2=45$
$x=4$ のとき，$y=5\times4^2=80$
$x=5$ のとき，$y=5\times5^2=125$
(1) 2〜3(秒) $45-20=25$
3〜4(秒) $80-45=35$
4〜5(秒) $125-80=45$
(2) $45-5=40$
(3) 7秒後は，$5\times7^2=245$(m)落ちるので，
$245-125=120$

解答

x(秒)	0	1	2	3	4	5
y(m)	0	5	20	**45**	**80**	**125**

(1) 右の表
(2) **40 m**　(3) **120 m**

時間(秒)	落ちる距離(きょり)(m)
0〜1	5
1〜2	15
2〜3	**25**
3〜4	**35**
4〜5	**45**

教科書 p.119
たしかめ 1 活動1 で，3秒後から5秒後までの平均の速さを求めなさい。

ガイド $\dfrac{5\times5^2-5\times3^2}{5-3}=\dfrac{125-45}{5-3}=\dfrac{80}{2}=40$

解答 **秒速40 m**

教科書 p.119
Q1 活動1 で，ボールが落ち始めてから，1秒ごとの平均の速さを求めて，右の表(教科書119ページ)を完成させなさい。
また，ボールが落ちる速さについて，どのようなことがいえますか。

解答

時間(s)	平均の速さ(m/s)	
0〜1	5	
1〜2	15	
2〜3	**25**	← $\dfrac{5\times3^2-5\times2^2}{3-2}=\dfrac{25}{1}=25$
3〜4	**35**	← $\dfrac{5\times4^2-5\times3^2}{4-3}=\dfrac{35}{1}=35$
4〜5	**45**	← $\dfrac{5\times5^2-5\times4^2}{5-4}=\dfrac{45}{1}=45$

落ちる速さが，1秒ごとに平均で秒速10 mずつ速くなっている。

教科書 p.119
学びにプラス ボールが落ちるときの平均の速さ

ボールを自然に落とすとき，次の平均の速さを求めてみましょう。
(1) 1秒後から1.1秒後まで　(2) 1秒後から1.01秒後まで
(3) 1秒後から1.001秒後まで
これらの結果から，気づいたことを話し合ってみましょう。

ガイド 関数 $y=5x^2$ で，(平均の速さ) $=\dfrac{(\text{落ちる距離})}{(\text{落ちる時間})}$ を求めればよい。

平均の速さを求める式で，落ちる距離を計算するときは，因数分解を利用して工夫する。

(1) $\dfrac{5\times1.1^2-5\times1^2}{1.1-1}=\dfrac{5(1.1^2-1^2)}{0.1}=\dfrac{5(1.1+1)(1.1-1)}{0.1}=\dfrac{5\times2.1\times0.1}{0.1}$

$=5\times2.1=10.5$

(2) $\dfrac{5\times1.01^2-5\times1^2}{1.01-1}=\dfrac{5(1.01^2-1^2)}{0.01}=\dfrac{5(1.01+1)(1.01-1)}{0.01}$

$=\dfrac{5\times2.01\times0.01}{0.01}=5\times2.01=10.05$

(3) $\dfrac{5\times1.001^2-5\times1^2}{1.001-1}=\dfrac{5(1.001^2-1^2)}{0.001}=\dfrac{5(1.001+1)(1.001-1)}{0.001}$

$=\dfrac{5\times2.001\times0.001}{0.001}=5\times2.001=10.005$

解答 (1) **秒速10.5m**　(2) **秒速10.05m**　(3) **秒速10.005m**

(例) **時間が短くなると，平均の速さでは秒速10mに近づく。**

⑥ 関数 $y=ax^2$ の式の求め方

CHECK! 確認したら ✓を書こう

教科書の要点

□条件から式を求める	x と y の関係が $y=ax^2$ であることがわかっているとき，1組の x と y の値を $y=ax^2$ に代入して a の値を求めれば，y を x の式で表すことができる。
□グラフから式を求める	頂点が原点である放物線の式は $\boldsymbol{y=ax^2}$ で表されるから，x 座標と y 座標が整数値の点を見つけ，その点の座標を $y=ax^2$ に代入して a の値を求めれば，式を求めることができる。

教科書 p.120

たしかめ1 y が x の2乗に比例しています。次の場合について，y を x の式で表しなさい。

(1) $x=3$ のとき $y=-27$　(2) $x=-3$ のとき $y=36$

ガイド (1) $y=ax^2$ に $x=3$，$y=-27$ を代入すると，

$-27=a\times3^2$　よって，$a=-3$

(2) $y=ax^2$ に $x=-3$，$y=36$ を代入すると，

$36=a\times(-3)^2$　よって，$a=4$

解答 (1) $\boldsymbol{y=-3x^2}$　(2) $\boldsymbol{y=4x^2}$

教科書 p.120

Q1 x と y の関係が $y=ax^2$ で表され，$x=-2$ のとき $y=-8$ です。このとき，y を x の式で表しなさい。

プラス・ワン① (1) $x=2$ のとき $y=2$　(2) $x=-\dfrac{1}{2}$ のとき $y=-1$

ガイド $y=ax^2$ に $x=-2$，$y=-8$ を代入すると，

$-8=a\times(-2)^2$　よって，$a=-2$

プラス・ワン①

(1) $y=ax^2$ に $x=2$, $y=2$ を代入すると,

$$2=a\times2^2 \quad よって,\ a=\frac{1}{2}$$

(2) $y=ax^2$ に $x=-\frac{1}{2}$, $y=-1$ を代入すると,

$$-1=a\times\left(-\frac{1}{2}\right)^2 \quad よって,\ a=-4$$

解答 $\boldsymbol{y=-2x^2}$ **プラス・ワン①** (1) $\boldsymbol{y=\frac{1}{2}x^2}$ (2) $\boldsymbol{y=-4x^2}$

教科書 p.121

活動2 右の図の放物線は，関数 $y=ax^2$ のグラフである。
このグラフから, x と y の関係を表す式を求めよう。

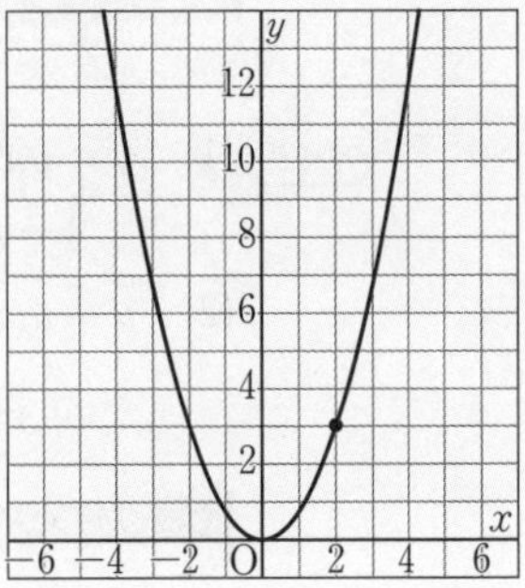

マイさんの考え

> グラフが点(2, 3)を通るので,
> 式 $y=ax^2$ に $x=2$,
> $y=3$ を代入すればよい。

(1) マイさんの考えをもとに, y を x の式で表しなさい。
(2) 点(2, 3)以外の点に着目しても，式を求めることはできますか。
その場合，どの点に着目すればよいですか。

ガイド (1) $y=ax^2$ に $x=2$, $y=3$ を代入すると,

$$3=a\times2^2 \quad よって,\ a=\frac{3}{4}$$

解答 (1) $\boldsymbol{y=\frac{3}{4}x^2}$

(2) **できる。*x* 座標, *y* 座標ともに整数となる点**に着目すればよい。

教科書 p.121

たしかめ2 次の図の放物線は，関数 $y=ax^2$ のグラフです。
このとき, y を x の式で表しなさい。

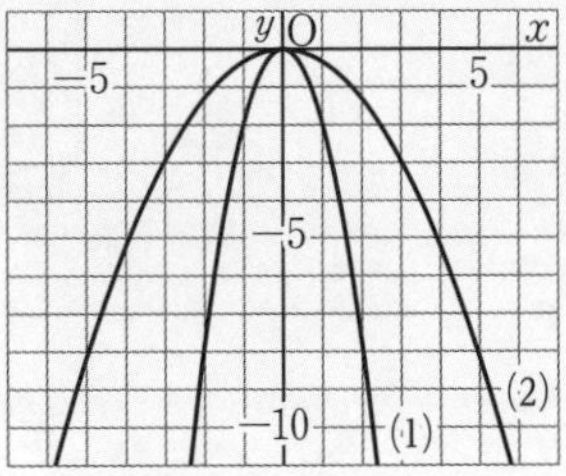

ガイド x 座標と y 座標がともに整数となる点を見つけて, $y=ax^2$ に x 座標の値, y 座標の値を代入して a の値を求める。x 座標, y 座標ともに整数値となる点であれば，どの点をとってもよい。

(1) 点(1, −2)を通っていることより，$y=ax^2$ に $x=1$, $y=-2$ を代入すると，

$-2=a\times1^2$ よって，$a=-2$

(2) 点(3, −3)を通っていることより，$y=ax^2$ に $x=3$, $y=-3$ を代入すると，

$-3=a\times3^2$ よって，$a=-\frac{1}{3}$

解答 (1) $\boldsymbol{y=-2x^2}$ (2) $\boldsymbol{y=-\frac{1}{3}x^2}$

教科書 p.121

Q2 関数 $y=ax^2$ のグラフが次の点を通るとき，y を x の式で表しなさい。

(1) 点(−2，8) (2) 点(6，−3)

プラス・ワン② 点$\left(-3,\ -\frac{1}{3}\right)$

ガイド (1) $y=ax^2$ に $x=-2$, $y=8$ を代入すると，

$8=a\times(-2)^2$ よって，$a=2$

(2) $y=ax^2$ に $x=6$, $y=-3$ を代入すると，

$-3=a\times6^2$ よって，$a=-\frac{1}{12}$

プラス・ワン②

$y=ax^2$ に $x=-3$, $y=-\frac{1}{3}$ を代入すると，

$-\frac{1}{3}=a\times(-3)^2$ よって，$a=-\frac{1}{27}$

解答 (1) $\boldsymbol{y=2x^2}$ (2) $\boldsymbol{y=-\frac{1}{12}x^2}$

プラス・ワン② $\boldsymbol{y=-\frac{1}{27}x^2}$

たしかめよう

教科書 p.123

1 底面が1辺 x cmの正方形，高さが8 cmの四角柱の体積を y cm^3 とするとき，y を x の式で表しなさい。

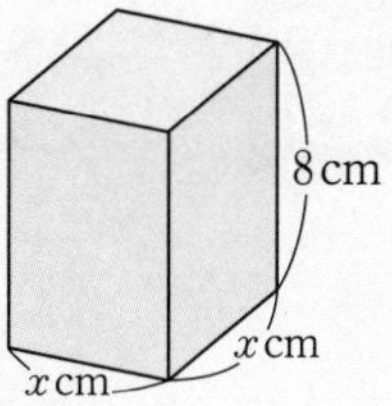

ガイド (四角柱の体積)＝(底面積)×(高さ)だから，$y=x^2\times8$

解答 $\boldsymbol{y=8x^2}$

教科書 p.123

2 関数 $y=2x^2$ について，x の変域が次のときの y の変域を求めなさい。

(1) $1\leqq x\leqq4$ (2) $-3\leqq x\leqq1$ (3) $-2\leqq x\leqq4$

ガイド $y=ax^2$ で，x の変域に0がふくまれる場合，$a>0$ ならば y の最小値は0，$a<0$

ならばyの最大値は0である。不等号に注意すること。

(1)　$x=1$のとき，$y=2\times1^2=2$，$x=4$のとき，$y=2\times4^2=32$
よって，$x=1$のとき最小値2，$x=4$のとき最大値32をとる。

(2)　$x=-3$のとき，$y=2\times(-3)^2=18$，$x=1$のとき，$y=2$
よって，$x=0$のとき最小値0，$x=-3$のとき最大値18をとる。

(3)　$x=-2$のとき，$y=2\times(-2)^2=8$，$x=4$のとき，$y=32$
よって，$x=0$のとき最小値0，$x=4$のとき最大値32をとる。

解答 (1)　$\boldsymbol{2\leqq y\leqq 32}$　　(2)　$\boldsymbol{0\leqq y\leqq 18}$　　(3)　$\boldsymbol{0\leqq y\leqq 32}$

教科書 p.123

3　関数$y=3x^2$で，xの値が次のように増加するときの変化の割合を求めなさい。
(1)　1から3まで　　(2)　2から4まで　　(3)　−4から−1まで

ガイド $(変化の割合)=\dfrac{(y の増加量)}{(x の増加量)}$

解答 (1)　$\dfrac{3\times3^2-3\times1^2}{3-1}=\dfrac{27-3}{2}=\boldsymbol{12}$

(2)　$\dfrac{3\times4^2-3\times2^2}{4-2}=\dfrac{48-12}{2}=\boldsymbol{18}$

(3)　$\dfrac{3\times(-1)^2-3\times(-4)^2}{(-1)-(-4)}=\dfrac{3-48}{3}=\boldsymbol{-15}$

教科書 p.123

4　次の場合について，yをxの式で表しなさい。
(1)　yがxの2乗に比例し，$x=3$のとき$y=18$である。
(2)　xとyの関係が$y=ax^2$で表され，$x=-2$のとき$y=-16$である。

ガイド (1)　yがxの2乗に比例するから，比例定数をaとすると，$y=ax^2$と表される。
この式に$x=3$，$y=18$を代入すると，$18=a\times3^2$より，$a=2$
(2)　$y=ax^2$に$x=-2$，$y=-16$を代入すると，$-16=a\times(-2)^2$より，
$a=-4$

解答 (1)　$\boldsymbol{y=2x^2}$　　(2)　$\boldsymbol{y=-4x^2}$

教科書 p.123

5　右の図の放物線は，関数$y=ax^2$のグラフです。このとき，yをxの式で表しなさい。

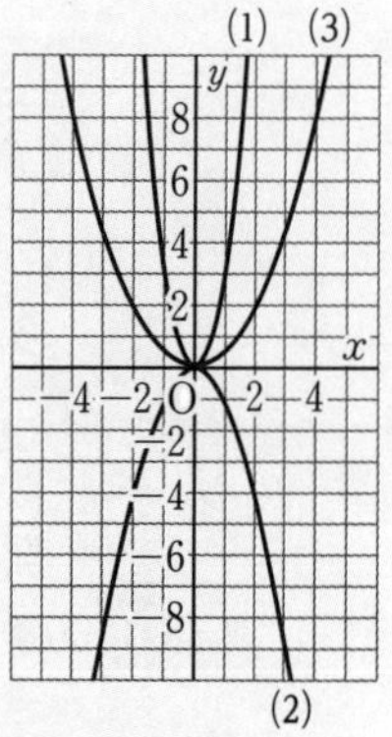

ガイド グラフが通る点の座標を読み取り，その x 座標，y 座標の値を $y=ax^2$ に代入して，a の値を求める。

(1) 点(1，3)を通るから，$y=ax^2$ に $x=1$，$y=3$ を代入して，$3=a\times1^2$
よって，$a=3$

(2) 点(1，−1)を通るから，$y=ax^2$ に $x=1$，$y=-1$ を代入して，$-1=a\times1^2$
よって，$a=-1$

(3) 点(2，2)を通るから，$y=ax^2$ に $x=2$，$y=2$ を代入して，$2=a\times2^2$
よって，$a=\frac{1}{2}$

解答 (1) $\boldsymbol{y=3x^2}$　(2) $\boldsymbol{y=-x^2}$　(3) $\boldsymbol{y=\frac{1}{2}x^2}$

2節 関数の利用

① 停止距離は何mになるだろうか

CHECK! 確認したら ✓を書こう

教科書の要点

□関数の利用　表やグラフをもとに関数の関係を見いだして，問題を解決する。

□自動車の停止距離　(停止距離)＝(空走距離)＋(制動距離)
↓ 自動車の速さに比例
↓ 自動車の速さの 2 乗に比例

□関数を表す式
$\boldsymbol{y=ax}$ ⟷ **y は x に比例**する
$\boldsymbol{y=ax^2}$ ⟷ **y は x の 2 乗に比例**する

教科書 p.124~125

時速100kmで走る自動車Aの停止距離(きょり)を求めよう。
表 1 は自動車Aの速さと空走距離の関係を，表 2 はある舗装(ほそう)道路で路面が乾(かわ)いているときの自動車Aの速さと制動距離の関係を表したものである。

表1　自動車Aの速さと空走距離

速さ(km/h)	20	30	40	50	60	70	80
空走距離(m)	4	6	8	10	12	14	16

表2　路面が乾いているときの自動車Aの速さと制動距離

速さ(km/h)	20	30	40	50	60	70	80
制動距離(m)	2	4.5	8	12.5	18	24.5	32

(1) 時速100kmで走る自動車Aの空走距離と制動距離は，どのように考えれば求められそうですか。

(2) 一般に，空走距離は自動車の速さに比例することが知られています。
表 1 から，自動車Aの速さを時速 x km，空走距離を y mとするとき，x と y の関係を式で表しなさい。

(3) 一般に，制動距離は自動車の速さの 2 乗に比例することが知られています。
表 2 から，自動車Aの速さを時速 x km，制動距離を y mとするとき，x と y の関係を式で表しなさい。

(4) 自動車Aが時速100kmで走っているときの停止距離を求めなさい。

ガイド (2) 空走距離は自動車の速さに比例するので，表1より，$y=ax$ に $x=20$，$y=4$ を代入すると，$4=20a$，$a=\frac{1}{5}$

(3) 制動距離は自動車の速さの2乗に比例するので，表2より，$y=ax^2$ に $x=20$，$y=2$ を代入すると，$2=a\times20^2$，$a=\frac{1}{200}$

(4) (2)で求めた式 $y=\frac{1}{5}x$ に，$x=100$ を代入すると，$y=\frac{1}{5}\times100=20$

(3)で求めた式 $y=\frac{1}{200}x^2$ に，$x=100$ を代入すると，$y=\frac{1}{200}\times100^2=50$

(停止距離)＝(空走距離)＋(制動距離)より，$20+50=70$(m)

解答 (1) 時速100kmのときの空走距離は表1をもとに，制動距離は表2をもとに，関係性を式で表すことができれば求められそうである。

(2) $\boldsymbol{y=\frac{1}{5}x}$　(3) $\boldsymbol{y=\frac{1}{200}x^2\ (y=0.005x^2)}$　(4) **70m**

教科書 p.125

Q1 次のグラフは，上の問題と同じ道路で路面がぬれているときの，自動車Aの速さと制動距離の関係を表したものです。

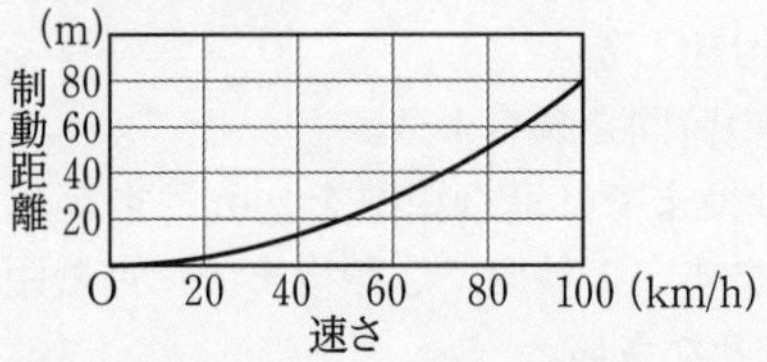

(1) 表1と上のグラフから，自動車Aがぬれている路面を時速100kmで走っているときの停止距離を求めなさい。

(2) 自分で自動車Aの速さを決めて，そのときの停止距離を求めなさい。

ガイド (1) 時速100kmのときの空走距離は，表1より求めた式 $y=\frac{1}{5}x$ に $x=100$ を代入して，$y=20$ より，20m

路面がぬれているときの制動距離は教科書125ページのグラフより，80m

よって，(停止距離)＝(空走距離)＋(制動距離)＝$20+80=100$(m)

(2) (例1) 時速50kmの場合

空走距離は，教科書124ページの表より，10m

路面がぬれているときの制動距離は教科書125ページのグラフより，20m

よって，(停止距離)＝(空走距離)＋(制動距離)＝$10+20=30$(m)

(例2) 時速80kmの場合

空走距離は，教科書124ページの表より，16m

路面がぬれているときの自動車Aの速さを時速 x km，制動距離を y mとすると，制動距離は自動車の速さの2乗に比例するので，$y=ax^2$

グラフより，$x=100$，$y=80$ を代入すると，

$80=a\times100^2$, $a=\frac{80}{10000}$, $a=\frac{1}{125}$

よって，$y=\frac{1}{125}x^2$

この式に $x=80$ を代入すると，$y=\frac{1}{125}\times80^2=51.2$ より，

制動距離は 51.2m

よって，停止距離は，16+51.2＝67.2m

解答 (1) **100m**

(2) (例1)時速50kmの場合…30m　(例2)時速80kmの場合…67.2m

② 身近に現れる関数 $y=ax^2$ について考えよう

CHECK! 確認したら ✓を書こう

教科書の要点

□身のまわりの問題	身のまわりにあるいろいろなことがらの中から関数を見いだして，式やグラフを使って，問題を解決する。

教科書 p.126

活動1 一定の速さで走るYさんが地点Aを通過した瞬間(しゅんかん)に，地点Aで待っていたMさんは，自転車でYさんと同じ方向に走り出した。
Mさんが Yさんに追いつくまでの時間を調べよう。

(1) Mさんが出発してから x 秒後までに進む距離(きょり)を y mとすると，$0\leqq x\leqq12$ の範囲(はんい)では，$y=ax^2$ の関係があります。1秒後，2秒後までに進む距離が次のようにわかっているとき，表を完成させなさい。

x(秒)	0	1	2									
y(m)	0	0.3	1.2									

(2) 右のグラフ(教科書126ページ)は，地点AからのYさんの進行のようすを示したものです。ここに，Mさんの進行のようすを示すグラフをかき加えなさい。

(3) (2)でかいたグラフから，MさんがYさんに追いつくのは，出発してから何秒後ですか。また，それは地点Aから何mの地点ですか。

ガイド (1) 表より $x=1$ のとき $y=0.3$ である。
$y=ax^2$ に $x=1$，$y=0.3$ を代入すると，
$0.3=a\times1^2$，$a=0.3$　よって，$y=0.3x^2$

(3) 2つのグラフの交点が，MさんがYさんに追いついたところである。

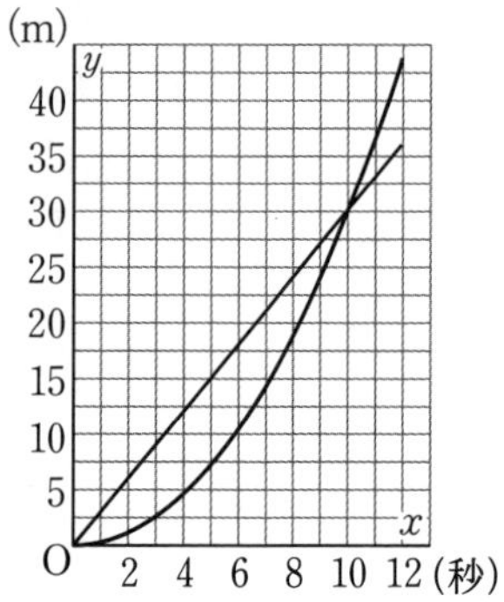

解答 (1)

x(秒)	0	1	2	**3**	**4**	**5**	**6**	**7**	**8**	**9**	**10**	**11**	**12**
y(m)	0	0.3	1.2	**2.7**	**4.8**	**7.5**	**10.8**	**14.7**	**19.2**	**24.3**	**30**	**36.3**	**43.2**

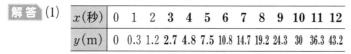

(2) 右の図

(3) **10秒後　地点Aから30mの地点**

教科書 p.126

Q1 活動1 で，Yさんが進む速さを変えて，地点Aを再び一定の速さで通過しました。このとき，地点Aで待っていたMさんは，5秒後にYさんに追いつきました。Mさんが Yさんに追いついたのは，地点Aから何mの地点ですか。
また，Yさんは秒速何mで進んでいましたか。

ガイド 活動1 (1)の表より，Mさんは5秒後に地点Aから7.5mの地点にいる。
Yさんが地点Aからx秒後に進む距離をymとすると，一定の速さで進むことより，$y=ax$と表せる。
Yさんも5秒後に同じ地点にいるので，$y=ax$に$x=5$，$y=7.5$を代入すると，
$7.5=5a$，$a=1.5$　これがYさんの進む速さである。

解答 **地点Aから7.5mの地点　　秒速1.5m**

③ 図形のなかに現れる関数について調べよう

CHECK! 確認したら✓を書こう

教科書の要点

□図形の移動と関数	図形を移動させるときに現れる関数は，辺の長さなど変域に着目して問題を解決する。

教科書 p.127

活動1 WEB 次の図のような，1辺が8cmの正方形ABCDがある。点P，QはBを同時に出発して，点Pは秒速2cmで辺BA，AD上をBからDまで動き，点Qは秒速1cmで辺BC上をBからCまで動く。
点P，QがBを出発してからx秒後の△BQPの面積を$y\,\mathrm{cm}^2$として，△BQPの面積の変化のようすを調べよう。

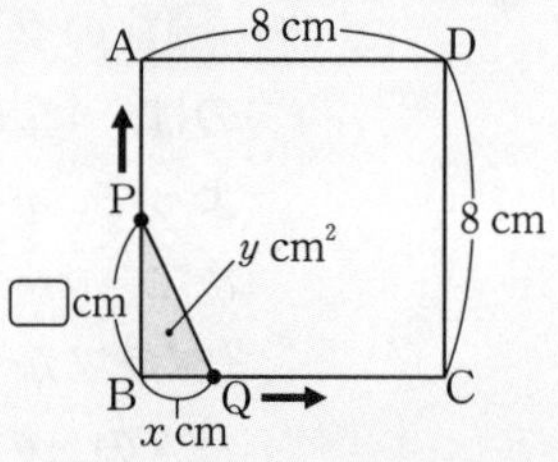

(1) 点Pが辺BA上を動くとき，
yをxの式で表しなさい。
△BQPで，
底辺はBQで，$x$cm
高さはBPで，□cm
だから，△BQPの面積は，
$y=\frac{1}{2}\times$□$\times$□
よって，$y=$□

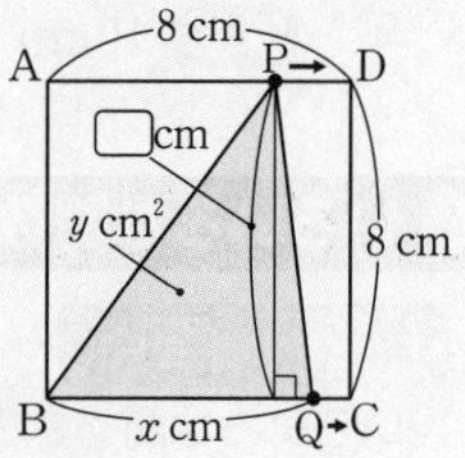

(2) 点Pが辺AD上を動くとき，yをxの式で表しなさい。
(3) 変域に注意してグラフをかき，△BQPの面積の変化のようすを説明しなさい。

ガイド (2) 点Pが辺AD上を動くときの△BQPの面積は，底辺はBQでx cm，高さはBA(CD)で8 cmだから，

$$y=\frac{1}{2}\times x\times 8$$

(3) 点PがAに着くのは，$8\div2=4$ より，4秒後。
点PがDに着くのは，$(8+8)\div2=8$ より，8秒後。
点QがCに着くのは，$8\div1=8$ より，8秒後。
よって，グラフは，$0\leqq x\leqq 4$ のとき $y=x^2$ で放物線となり，$4\leqq x\leqq 8$ のとき $y=4x$ で直線となる。

解答 (1) (上から順に)$\boldsymbol{2x}$，$\boldsymbol{x}$，$\boldsymbol{2x}$，$\boldsymbol{x^2}$

(2) $\boldsymbol{y=4x}$

(3) グラフは右の図
△BQPの面積は，**$0\leqq x\leqq 4$ のときは，時間(x)の2乗に比例し，$4\leqq x\leqq 8$ のときは，時間(x)に比例する。**

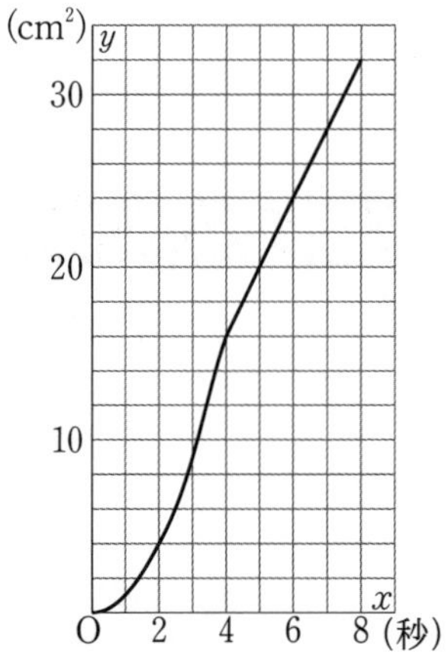

教科書 p.127

Q1 活動1 で，△BQPの面積が10 cm²，20 cm²になるときのxの値(あたい)をそれぞれ求めなさい。

ガイド 活動1 のグラフから，$y=10$ となるのは，$0\leqq x\leqq 4$ のときであり，$y=20$ となるのは，$4\leqq x\leqq 8$ のときであることがわかる。
よって，$y=x^2$ に $y=10$ を代入すると，$10=x^2$　$x\geqq 0$ だから，$x=\sqrt{10}$
次に，$y=4x$ に $y=20$ を代入すると，$20=4x$，$x=5$
(グラフから，$y=20$ のときのxの値は5であることは読み取れるが，$y=10$ のときのxの値は，正確には読みとれない。)

解答 10 cm²になるとき……$\boldsymbol{x=\sqrt{10}}$　　20 cm²になるとき……$\boldsymbol{x=5}$

4 いろいろな関数について調べよう

CHECK! 確認したら✓を書こう

教科書の要点

□いろいろな関数のグラフ	鉄道の乗車距離と運賃の関係などのように，ある範囲の値に対して一定の値となる関数のグラフを考える。

活動1 静岡県に住んでいるPさんは，箱に入った荷物を北海道まで送るのに，A社とB社ではどちらが安いかを調べてみた。A社もB社も箱の縦の長さ，横の長さ，高さの和によって料金が決まっている。

箱の縦，横，高さの和をx cm，料金をy円として，表やグラフからA社，B社の料金について調べよう。

(1) 右の表は，A社の料金表で，これをグラフに表すと次のようになります。yはxの関数であるといえますか。

●A社の料金表

縦，横，高さの和	料金
60 cmまで	1500円
70 cmまで	1700円
100 cmまで	1900円
140 cmまで	2000円

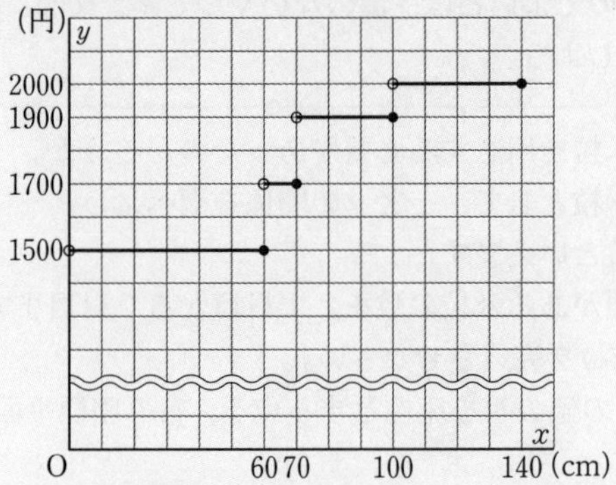

●B社の料金表

縦，横，高さの和	料金
60 cmまで	1400円
80 cmまで	1600円
100 cmまで	1800円
120 cmまで	2000円
140 cmまで	2200円

(2) B社の料金表は右の通りです。
上の図にB社の料金のグラフをかき加えなさい。

(3) 箱の縦，横，高さの和によって，A社とB社のどちらを選べば安くなりますか。グラフを使って説明しなさい。

ガイド ふくむ場合は●，ふくまない場合は○で表す。

解答 (1) xの値を決めると，それに対応してyの値がただ1つに決まるので，yはxの関数であるといえる。

(2) 右の図

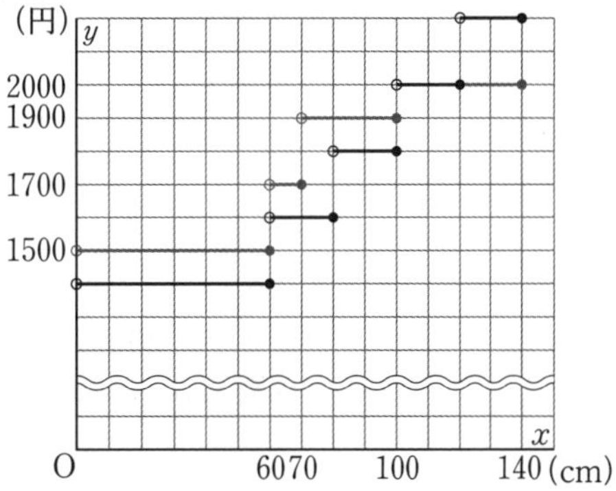

(3) A社とB社の料金のグラフより，縦，横，高さの和が100 cmまではB社のほうが安く，100 cmを超えて120 cmまでは，A社とB社の料金は同じ，120 cmを超えて140 cmまでは，A社のほうが安くなる。

xが同じ範囲で比べて，グラフが下にあるほうが安くなるね。

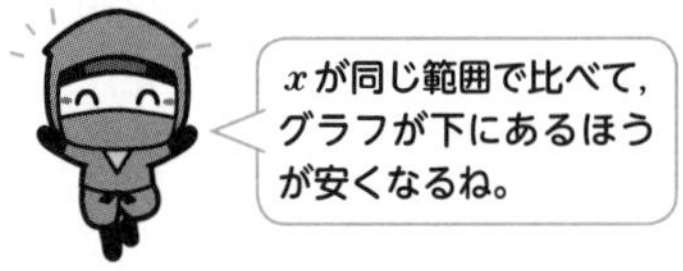

教科書 p.129

活動2 今から450年ほど前，曽呂利新左衛門という人がいたといわれている。
ある日，新左衛門は豊臣秀吉からほうびをもらうことになった。

秀吉　「ほうびは何がよいか。」

新左衛門　「米を1日目には1粒，2日目には2粒，3日目には4粒のように，前の日の2倍になるように，30日間ください。」

秀吉　「そんなものでよいとは，欲のないやつじゃ。では，毎日，家来に運ばせるとしよう。」

秀吉は，毎日何粒ずつ米粒を用意する必要があったのだろうか。
x日目に必要な米粒をy粒として，xとyの関係を調べよう。

(1)　yはxの関数であるといえますか。

(2)　1日に用意する必要がある米粒の数を，1日目から7日目までそれぞれ調べ，次の表(教科書129ページ)を完成させなさい。
また，対応するx，yの値の組を座標とする点を，右の座標平面上(教科書129ページ)にとりなさい。

(3)　1日に用意する必要がある米粒の数が10000粒を超えるのは，何日目になりますか。

(4)　30日目に用意する必要がある米粒の数を求めなさい。

ガイド (2)　yの値は，はじめは1で，2日目以降は前の日のyの値の2倍。
順に2をかけて求めればよい。

(3)　表の続きをかいてみる。

x(日目)	8	9	10	11	12	13	14	15
y(粒)	128	256	512	1024	2048	4096	8192	16384

(4)　米粒の数は，3日目は2×2，4日目は$2\times2\times2$，…となっており，x日目には2を$(x-1)$回かければよいことがわかる。
よって，30日目の米粒の数は，2を29回かけることで求められる。

解答 (1)　xの値を決めると，yの値がただ1つに決まるので，**yはxの関数であるといえる。**

(2)

x(日目)	1	2	3	4	5	6	7
y(粒)	**1**	**2**	**4**	**8**	**16**	**32**	**64**

点は右の図

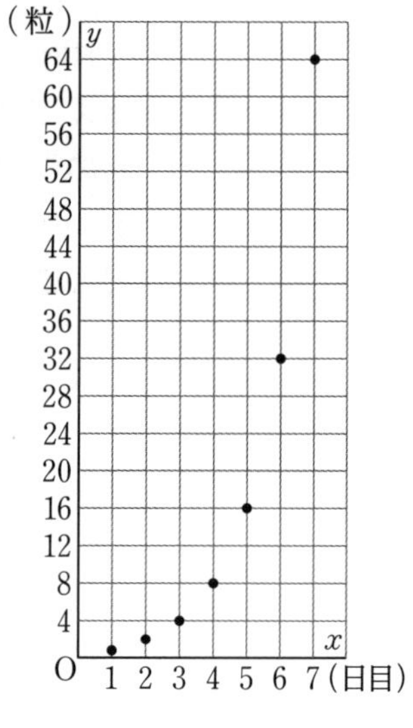

(3)　**15日目**

(4)　**536870912粒**

4章をふり返ろう

教科書 p.130

1 関数 $y=4x^2$ について，次の(1)~(3)に答えなさい。

(1) 右の表を完成させなさい。

x	-2	-1	0	1	2	3
y	□	4	□	□	16	36

(2) x の値(あたい)が1から3まで増加するときの変化の割合を求めなさい。

(3) x の変域が $-2\leqq x\leqq 3$ のときの y の変域を求めなさい。

ガイド (1) $x=-2$ のとき $y=4\times(-2)^2=16$，$x=0$ のとき $y=4\times 0^2=0$，$x=1$ のとき $y=4\times 1^2=4$

(2) $(\text{変化の割合})=\dfrac{(y\text{ の増加量})}{(x\text{ の増加量})}=\dfrac{36-4}{3-1}=16$

(3) x の変域に0がふくまれるので，$x=0$ のとき y は最小値0をとる。
$x=-2$ のとき $y=16$，$x=3$ のとき $y=36$ より，
$x=0$ のとき最小値0，$x=3$ のとき最大値36である。

解答 (1) (左から)**16，0，4**　(2) **16**　(3) $\boldsymbol{0\leqq y\leqq 36}$

教科書 p.130

2 右の(1)~(3)の放物線は，それぞれ次の**ア**~**エ**のうちのどの関数のグラフですか。

ア $y=x^2$　**イ** $y=3x^2$

ウ $y=\dfrac{1}{3}x^2$　**エ** $y=-\dfrac{1}{3}x^2$

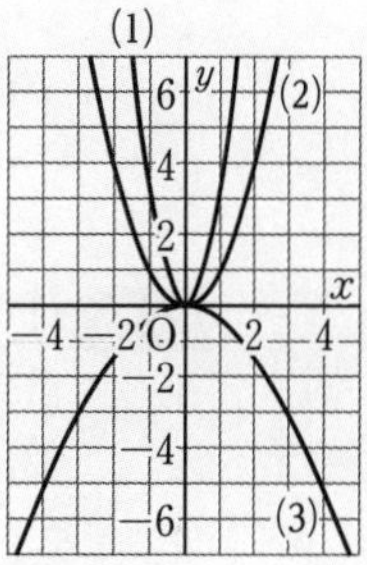

ガイド (1) 点(1，3)を通るので，$y=ax^2$ に $x=1$，$y=3$ を代入すると，
$3=a\times 1^2$，$a=3$　よって，$y=3x^2$

(2) 点(2，4)を通るので，$y=ax^2$ に $x=2$，$y=4$ を代入すると，
$4=a\times 2^2$，$a=1$　よって，$y=x^2$

(3) 点(3，-3)を通るので，$y=ax^2$ に $x=3$，$y=-3$ を代入すると，
$-3=a\times 3^2$，$a=-\dfrac{1}{3}$　よって，$y=-\dfrac{1}{3}x^2$

解答 (1) **イ**　(2) **ア**　(3) **エ**

教科書 p.130

3 次の(1)~(3)にあてはまるものを，下の**ア**~**エ**のなかから選びなさい。

(1) $x<0$ のとき，x の値が増加すると対応する y の値も増加する。

(2) y の値が負の値をとらない。

(3) 点(-1，2)を通る。

ア $y=2x$　**イ** $y=2x^2$　**ウ** $y=-2x$　**エ** $y=-2x^2$

ガイド (1) $y=ax$ ならば $a>0$ の式，$y=ax^2$ ならば $a<0$ の式を選ぶ。

(2) $y=ax^2$ で，$a>0$ の式を選ぶ。

(3) $x=-1$，$y=2$ を代入して，等式が成り立つものを選ぶ。

解答 (1) **ア，エ**　(2) **イ**　(3) **イ，ウ**

教科書 p.130

4 周期(1往復するのにかかる時間)が x 秒の振(ふ)り子の長さを y m とすると，x と y の間には，およそ次の関係があるといいます。

$$y=\frac{1}{4}x^2$$

(1) 周期が1秒の振り子の長さを求めなさい。

(2) 周期を2秒にするには，(1)の振り子の長さを何mのばせばよいですか。
また，周期が3秒の場合はどうですか。

ガイド (1) $y=\frac{1}{4}x^2$ に $x=1$ を代入すると，$y=\frac{1}{4}\times1^2=\frac{1}{4}$

(2) $y=\frac{1}{4}x^2$ に $x=2$ を代入すると，$y=\frac{1}{4}\times2^2=1$

のばす振り子の長さは，$1-\frac{1}{4}=\frac{3}{4}$

$y=\frac{1}{4}x^2$ に $x=3$ を代入すると，$y=\frac{1}{4}\times3^2=\frac{9}{4}$

のばす振り子の長さは，$\frac{9}{4}-\frac{1}{4}=2$

解答 (1) $\frac{1}{4}$ **m**

(2) 周期が2秒のとき……$\frac{3}{4}$ **m**　周期が3秒のとき……**2 m**

教科書 p.130

学びのふり返り **5** これまでに学んできた関数について，それぞれの特徴(とくちょう)を比べてちがいをあげてみましょう。

解答 (例)① 変化の割合が，関数 $y=ax^2$ では一定でないが，比例 $y=ax$ や1次関数 $y=ax+b$ では一定である。

② グラフが，関数 $y=ax^2$ では放物線で，比例 $y=ax$ と1次関数 $y=ax+b$ では直線である。反比例 $y=\frac{a}{x}$ では双曲線である。

力をのばそう

教科書 p.131

❶ 関数 $y=ax^2$ で，次の(1)，(2)のとき，a の値を求めなさい。

(1) x の値が 2 から 4 まで増加するときの変化の割合が 24

(2) x の変域が $-1 \leqq x \leqq 2$ のとき y の変域が $-6 \leqq y \leqq 0$

ガイド (1) $x=2$ のとき $y=a\times 2^2=4a$，$x=4$ のとき $y=a\times 4^2=16a$ だから，

$$(\text{変化の割合})=\frac{(y\text{の増加量})}{(x\text{の増加量})}=\frac{16a-4a}{4-2}=\frac{12a}{2}=6a$$

したがって，$6a=24$，$a=4$

(2) グラフをイメージするとわかりやすい。

y の変域が $-6 \leqq y \leqq 0$ で，x の変域に 0 がふくまれているので，$x=0$ のときに y は最大値 0 をとる。$y=-6$ となるのは，$x=2$ のときである。

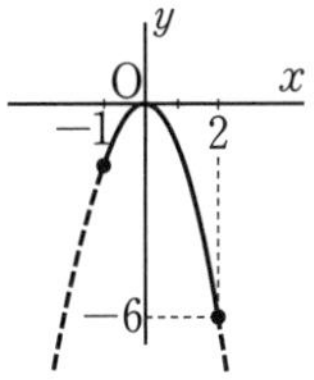

$y=ax^2$ に $x=2$，$y=-6$ を代入すると，$-6=a\times 2^2$

よって，$a=-\frac{3}{2}$

解答 (1) $\boldsymbol{a=4}$　　(2) $\boldsymbol{a=-\frac{3}{2}}$

教科書 p.131

❷ 速さ x m/s の風が吹くとき，1m^2 の面に y N（ニュートン）の力がかかるとすると，x と y の関係は，$y=ax^2$ の式で表されるといいます。このことを利用して，次の(1)，(2)に答えなさい。

(1) 速さ 1m/s の風が吹くとき，1m^2 の面にはおよそ 0.6N の力がかかりました。a の値を求めなさい。

(2) 1m^2 の面に 1500N の力がかかっても耐(た)えられるように設計された窓ガラスがあります。この窓ガラスは速さ何 m/s の風に耐えることができますか。

ガイド (1) $y=ax^2$ に $x=1$，$y=0.6$ を代入すると，

$0.6=a\times 1^2$，$a=0.6$

(2) $y=0.6x^2$ に $y=1500$ を代入すると，

$1500=0.6x^2$，$x^2=2500$

$x \geqq 0$ だから，$x=50$

解答 (1) $\boldsymbol{a=0.6}$　　(2) **速さ 50 m/s の風**

4章

教科書 p.131

3 右の直角三角形ABCで，点P，Qが同時にCを出発して，Pは秒速1 cmで辺CA上をCからAまで動き，Qは秒速2 cmで辺CB上をCからBまで動きます。点P，QがCを出発してからx秒後の△PQCの面積をy cm^{2}とするとき，次の(1)，(2)に答えなさい。

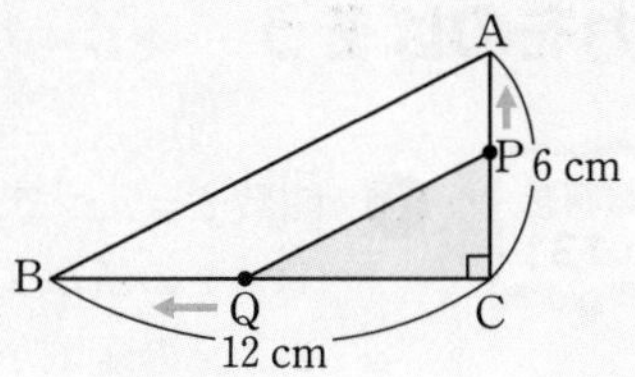

(1) yをxの式で表しなさい。
(2) △PQCの面積が△ABCの面積の半分になるときのxの値を求めなさい。

ガイド (1) △PQCの底辺は，$QC=2x$，高さは，$PC=x$

よって，面積は，$\frac{1}{2}\times 2x\times x$ (cm^2)

(2) △ABCの面積は，$\frac{1}{2}\times 12\times 6=36$ (cm^2) だから，その半分は18cm^2

(1)で求めた式 $y=x^2$ に $y=18$ を代入すると，$18=x^2$

$x>0$ だから，$x=\sqrt{18}=3\sqrt{2}$

解答 (1) $y=x^2$　　(2) $x=3\sqrt{2}$

教科書 p.131

4 関数$y=x^2$のグラフと直線ℓが，2点A，Bで交わっています。A，Bのx座標はそれぞれ-1，3です。
次の(1)~(3)に答えなさい。

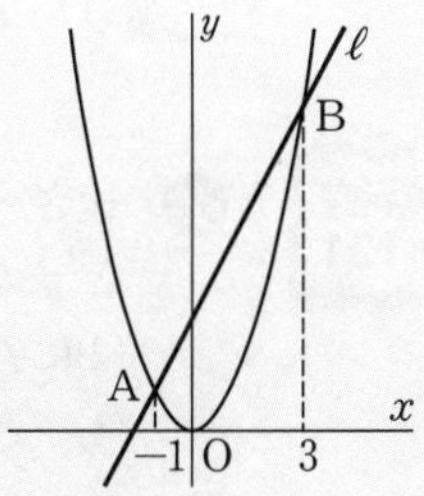

(1) 2点A，Bの座標をそれぞれ求めなさい。
(2) 直線ℓの式を求めなさい。
(3) △AOBの面積を求めなさい。

ガイド (1) $y=x^2$ に $x=-1$ を代入すると，$y=(-1)^2=1$

$y=x^2$ に $x=3$ を代入すると，$y=3^2=9$

(2) 直線ℓの式を$y=ax+b$と置く。A$(-1,\ 1)$，B$(3,\ 9)$ のx座標，y座標の値をそれぞれ代入すると，$1=-a+b$……①，$9=3a+b$……②

①，②を連立方程式として解くと，$a=2$，$b=3$

(3) 直線ABとy軸との交点をCとすると，△AOB＝△AOC＋△BOC

△AOCと△BOCは底辺をCOとみると，3

△AOCの高さは，点Aとy軸との距離で，1

△BOCの高さは，点Bとy軸との距離で，3

よって，△AOB$=\frac{1}{2}\times 3\times 1+\frac{1}{2}\times 3\times 3=\frac{1}{2}\times 3\times(1+3)=6$

Cは直線ℓの切片だから，y座標は3だね。

解答 (1) A$(-1,\ 1)$，B$(3,\ 9)$　　(2) $y=2x+3$　　(3) 6

活用・探究 つながる・ひろがる・数学の世界 発展

教科書 p.132

図形のなかにいろいろな関数を見つけよう
周の長さを固定して

花火大会の会場で，グループごとにロープが配られました。このロープで周の長さが20mの長方形をつくり，その範囲(はんい)の中で花火を見ます。

(1) 長方形の縦の長さを x m とするときの面積を y m² とし，対応する x，y の値の組を調べ，座標平面上に点をとってみましょう。

(2) y は x の関数であるといえますか。

ガイド (1)(2) 長方形の横の長さは $(10-x)$m である。
$y=x(10-x)$

解答 (1)

x(m)	0	1	2	3	4	5
y(m²)	0	**9**	**16**	**21**	**24**	**25**

6	7	8	9	10
24	**21**	**16**	**9**	0

点は右の図

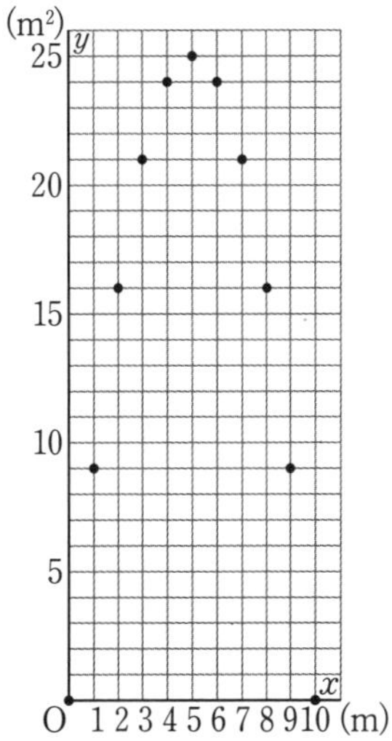

(2) x の値を決めると，それに対応して y の値がただ1つに決まるので，**y は x の関数であるといえる。**

教科書 p.133

図形を動かして

左の図(下の図)㋐のように，長方形ABCDと直角二等辺三角形EFGが直線 ℓ 上に並んでいます。

長方形を固定し，直角二等辺三角形を矢印の方向に，図㋑，㋒，㋓のように，頂点FがCに重なるまで移動させます。

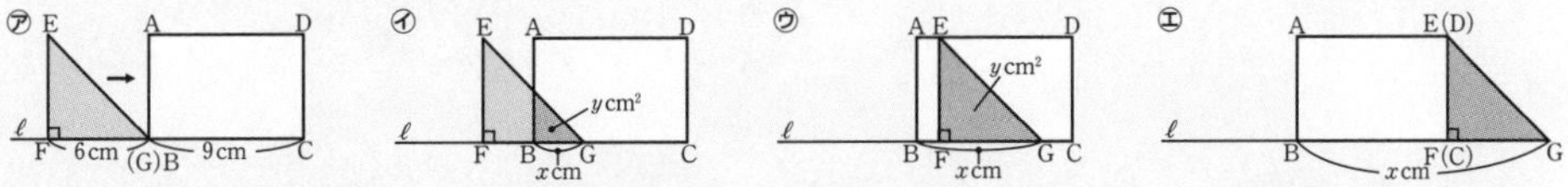

(3) 線分BGの長さを x cmとするときに，重なってできる図形の面積を y cm² として，対応する x，y の値の組を調べ，座標平面に点をとってみましょう。

(4) y は x の関数であるといえますか。

ガイド (3)(4) 重なってできる図形の面積は，x の値によって3つの場合に分けられる。

① 頂点FがBに重なるまで($0 \leqq x \leqq 6$)
重なってできる図形は直角二等辺三角形。

$$y=\frac{1}{2}\times x\times x=\frac{1}{2}x^2$$

② 頂点FがBに重なってから，頂点GがCに重なるまで($6 \leqq x \leqq 9$)
重なってできる図形は直角二等辺三角形EFG

$$y=\frac{1}{2}\times 6\times 6=18$$

③ 頂点GがCに重なってから，頂点FがCに重なるまで($9 \leqq x \leqq 15$)
重なってできる図形は，直角二等辺三角形EFGから，重なっていない直角二等辺三角形を除いた台形。

$$y=18-\frac{1}{2}(x-9)^2$$

解答 (3)

x(cm)	0	1	2	3	4	5	6	7
y(cm^2)	0	**0.5**	**2**	**4.5**	**8**	**12.5**	**18**	**18**

8	9	10	11	12	13	14	15
18	**18**	**17.5**	**16**	**13.5**	**10**	**5.5**	0

点は右の図

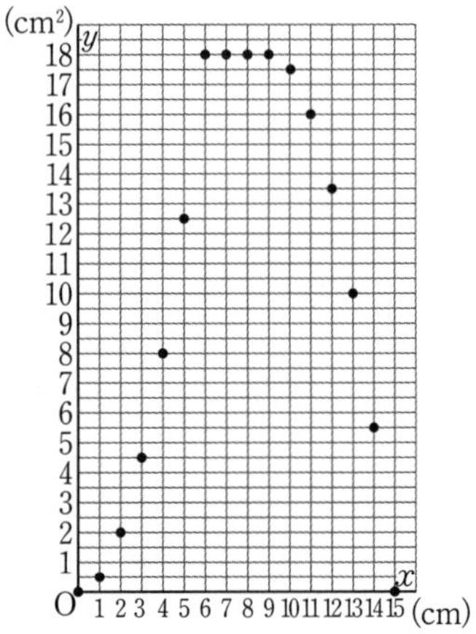

(4) xの値を決めると，それに対応してyの値がただ1つに決まるので，**yはxの関数であるといえる。**

教科書 p.134

発展 学びにプラス 関数 $y=ax^2$ のグラフと1次関数のグラフの交点

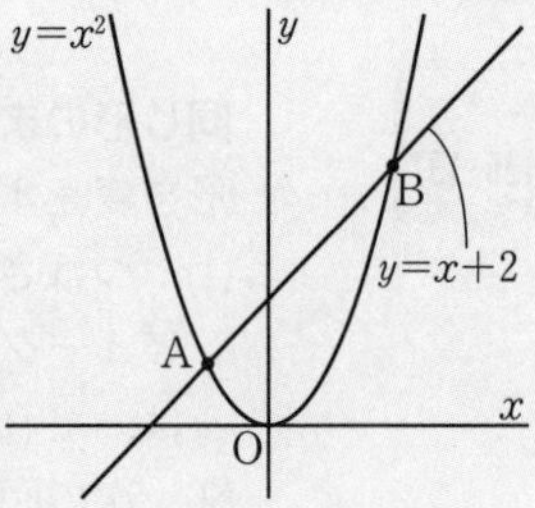

右の図の放物線と直線は，次の2つの関数のグラフである。

$y=x^2$ ……①

$y=x+2$ ……②

この2つのグラフの交点の x 座標と y 座標の値の組は，①と②の両方を成り立たせる。つまり，交点の座標は①と②を組にした次のような連立方程式の解を表している。

$$\begin{cases} y=x^2 & \cdots\cdots① \\ y=x+2 & \cdots\cdots② \end{cases}$$

①と②から y を消去すると，次の2次方程式ができる。

$x^2=x+2$

この2次方程式を解くと，$x=-1$，$x=2$ となり，交点Aの x 座標は -1，Bの x 座標は2である。

(1) 上のことから，①，②のグラフの交点A，Bの座標を求めなさい。

ガイド (1) ①あるいは②の式に，$x=-1$，$x=2$ をそれぞれ代入して y の値を求める。

解答 (1) **A(−1, 1)，B(2, 4)**

4章

教科書 136~138ページ

5章 相似と比

教科書 p.136~137

同じ形のまま大きさを変えよう

形を変えずに大きさを変えるには，どのようにすればよいか，考えてみましょう。

(1) つばささん，さくらさん，カルロスさんが，上の写真(教科書136ページ)をコンピュータで拡大しました。上の写真と大きさがちがっていても，同じ形に見えるのは，だれの写真ですか。

(2) 次の図形(教科書137ページ)を２倍に拡大した図形をかきましょう。

ガイド (2) それぞれの線分の長さが，もとの図形の線分の２倍の長さで，角の大きさが，もとの図形の角と等しい図形をかく。

解答 (1) **さくらさんの写真**

(2)

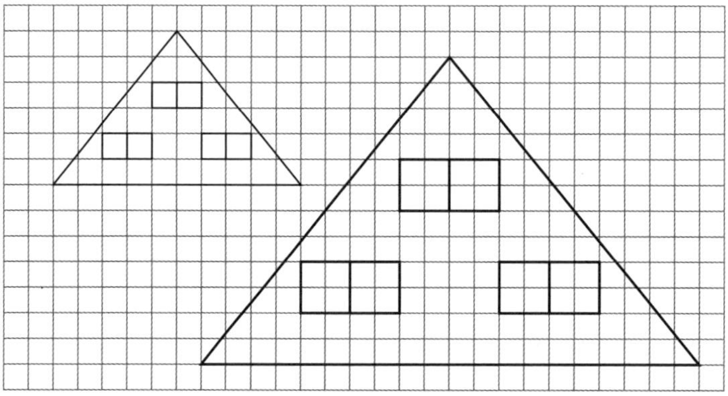

1節 相似な図形

1 図形の拡大・縮小と相似

CHECK! 確認したら✓を書こう

教科書の要点

□図形の拡大と縮小	１点Oを定めて，図形を拡大または縮小したとき，対応する線分の比は，点Oから対応する２点までの距離(きょり)の比に等しい。 また，対応する角の大きさはそれぞれ等しい。
□相似	ある図形を拡大または縮小した図形と合同な図形は，もとの図形と相似(そうじ)であるという。相似であることを，記号「∽」を使って表す。このとき，頂点は対応する順に書く。
□円と相似	２つの円はいつでも相似である。

教科書 p.138

活動1 次の手順で，図形**ア**(教科書138ページ)をもとに図形**イ**をかき，２つの図形の関係を調べよう。

❶　１点Oを定め，この点から図形**ア**の各頂点を通る半直線をひく。

❷　OA′＝2OA，OB′＝2OB，OC′＝2OC，OD′＝2ODとなる点A′，B′，C′，D′を，それぞれ❶でひいた半直線上にとる。

❸　点A′，B′，C′，D′を順に結ぶ。

(1)　点C′，D′をとり，図形**イ**を完成させなさい。

(2)　辺ABと辺A′B′の比を求めなさい。また，辺BCと辺B′C′の比，辺CDと辺C′D′の比，辺DAと辺D′A′の比を求めると，どのようなことがいえますか。

(3)　∠Aと∠A′の大きさを比べなさい。また，∠Bと∠B′の大きさ，∠Cと∠C′の大きさ，∠Dと∠D′の大きさを比べると，どのようなことがいえますか。

(4)　辺CD上の点Xについて，OX′＝2OXとなる半直線OX上の点X′はどこにありますか。

解答 (1)　右の図

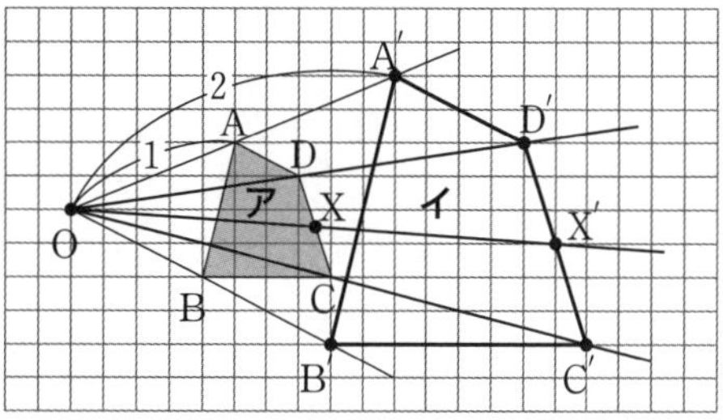

(2)　**AB：A′B′＝1：2**

また，BC：B′C′＝1：2

CD：C′D′＝1：2

DA：D′A′＝1：2

対応する辺の比はすべて等しい。

(3)　**∠Aと∠A′の大きさは等しい。**

また，∠B＝∠B′，∠C＝∠C′，∠D＝∠D′

対応する角の大きさはそれぞれ等しい。

(4)　**辺C′D′上にある。**

教科書 p.139

たしかめ1 上の図(教科書139ページ)で，図形**カ**と**キ**，つまり四角形ABCDと四角形EFGHが相似であることを，記号∽を使って表しなさい。

ガイド 頂点は対応する順に書く。

解答 **四角形ABCD∽四角形EFGH**

教科書 p.139

Q1 右の図形**ケ**は，図形**ク**(教科書139ページ)を裏返したものです。図形**カ**と**ケ**が相似であることを，記号∽を使って表しなさい。

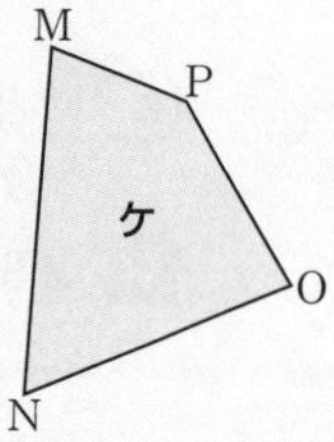

解答 **四角形ABCD∽四角形PONM**

② 相似な図形の性質と相似比

CHECK! 確認したら✓を書こう

教科書の要点

□相似な図形の性質	相似な図形では，次の性質が成り立つ。 **1 対応する線分の比はすべて等しい。** **2 対応する角はそれぞれ等しい。**
□相似比	相似な図形の対応する線分の比を，それらの図形の**相似比**という。

教科書 p.140

活動1 次の図で，四角形ABCD∽四角形HGFEである。
対応する辺の比や角の大きさについて調べよう。

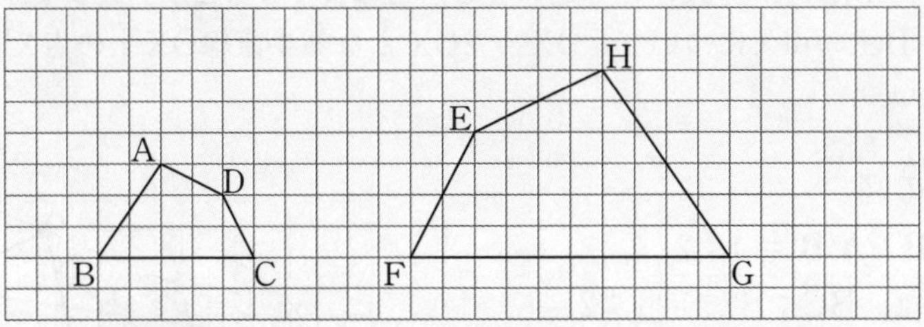

(1) 対応する辺をすべていいなさい。また，それらの間にはどのような関係がありますか。

(2) 対応する角をすべていいなさい。また，それらの間にはどのような関係がありますか。

解答 (1) **辺ABと辺HG，辺BCと辺GF，辺CDと辺FE，辺DAと辺EH**
対応する辺の比はすべて等しい。

(2) **∠Aと∠H，∠Bと∠G，∠Cと∠F，∠Dと∠E**
対応する角の大きさはそれぞれ等しい。

教科書 p.141

Q1 右の図で，△ABC∽△DEFです。
△ABCと△DEFの相似比を求めなさい。

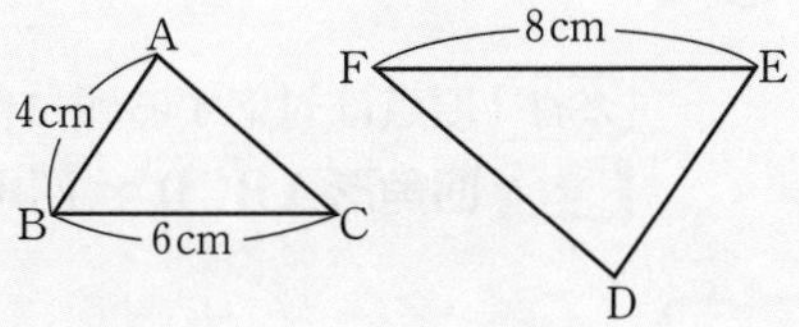

ガイド 相似比は，相似な図形の対応する線分の比である。
対応する辺は辺BCと辺EFで，BC：EF＝6：8＝3：4

解答 **3：4**

教科書 p.141

たしかめ 1 例題3 で，辺ACの長さを求めなさい。

ガイド 対応する線分の比が等しいことから，比例式をつくる。

辺AC＝$x$cm とする。

AB：DE＝AC：DF だから，

$4:10=x:5$

$10x=20$

$x=2$

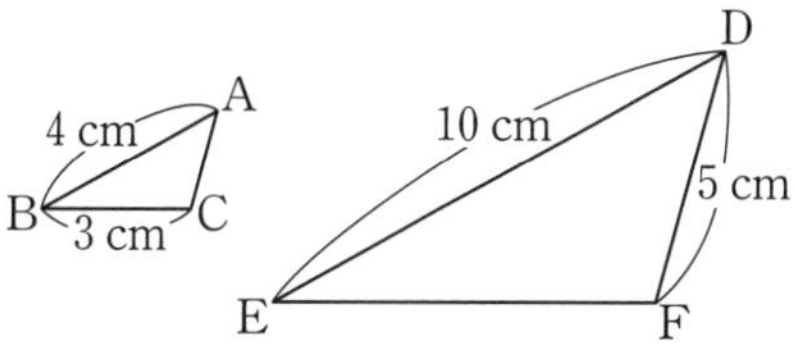

解答 **2 cm**

教科書 p.141

Q2 右の図で，四角形ABCD∽四角形HGFEです。
次の(1)〜(3)を求めなさい。

(1) ∠Gの大きさ

(2) 四角形ABCDと四角形HGFEの相似比

(3) 辺HGの長さ

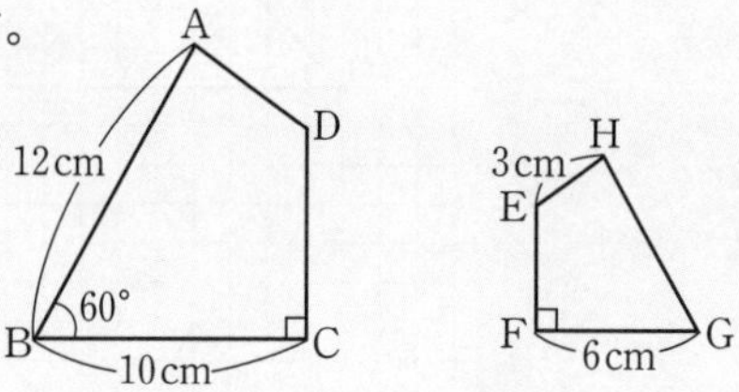

ガイド (1) ∠G＝∠B

(2) BC：GF＝10：6＝5：3

(3) HG＝$x$cm とする。

AB：HG＝BC：GF だから，

$12:x=5:3$

$5x=36$

$x=7.2$

解答 (1) **60°**　(2) **5：3**　(3) **7.2cm**

3 相似の位置

CHECK! 確認したら✓を書こう

教科書の要点

□相似の位置と相似の中心	相似な図形の対応する2点を通る直線がすべて1点Oで交わり，Oから対応する点までの距離の比がすべて等しいとき，それらの図形は相似の位置にあるといい，Oを相似の中心という。

教科書 p.142

活動1 次の図の①～④は，点Oをいろいろなところにとって，図形アと相似で，その相似比が2：3である図形イをかこうとしたものである。
図形アと図形イの関係を調べよう。

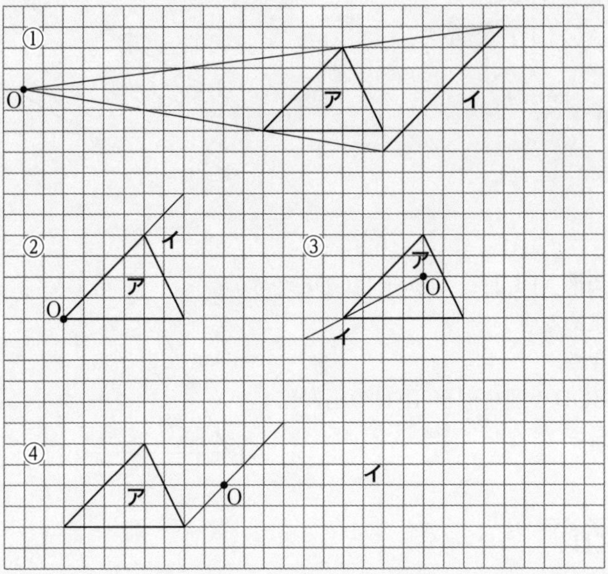

(1) ①～④の図形イを，それぞれ完成させなさい。

(2) 図形アとイで，対応する線分はそれぞれどのような位置の関係にありますか。

ガイド (1) 点Oと図形アの各頂点を通る直線をひき，点Oと図形アの頂点を結ぶ線分と，点Oと図形イの頂点を結ぶ線分の比が2：3になるように，図形アの各頂点に対して対応する点をとり，それらを直線で結ぶと図形イになる。

解答 (1)

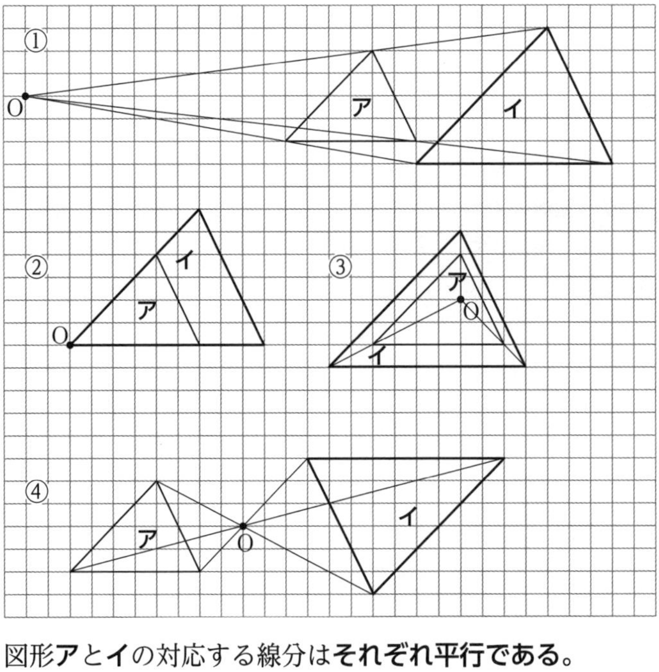

(2) 図形アとイの対応する線分は**それぞれ平行である。**

教科書 p.143

Q1 次の図(教科書143ページ)の点Oを相似の中心として，四角形ABCDと相似の位置にある四角形A′B′C′D′をかき，対応する辺が平行であることを確かめなさい。
ただし，四角形ABCDと四角形A′B′C′D′の相似比を2：1とします。

ガイド 点Oと四角形ABCDの頂点を結ぶ線分と，点Oと四角形A′B′C′D′の頂点を結ぶ線分の比が2：1になるようにかく。つまり，OA：OA′＝OB：OB′＝OC：OC′＝OD：OD′＝2：1となるように，頂点A′，B′，C′，D′をとる。

解答 (1)

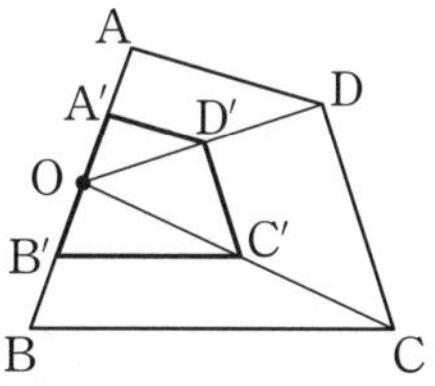

(2)

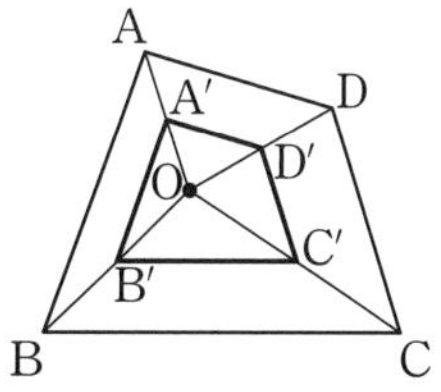

対応する辺はそれぞれ平行になっている。

教科書 p.143

Q2 次の図形(教科書143ページ)**ア**と**イ**は相似の位置にあります。相似の中心Oを図に示しなさい。

ガイド 対応する2点を通る直線をひき，それらの直線が交わる点がOである。

解答

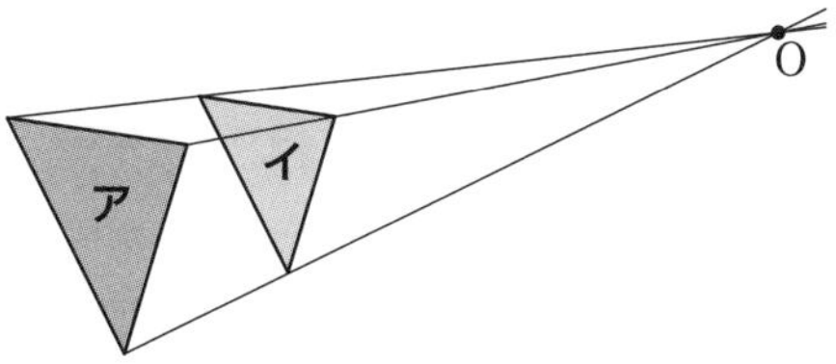

プラス・ワン

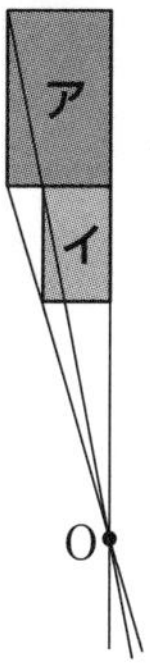

別解

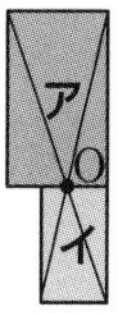

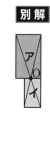

教科書 p.143

Q3 次の図(教科書143ページ)の点Oを相似の中心として，△ABCと活動1の④のような相似の位置にある△A′B′C′をかきなさい。ただし，△ABCと△A′B′C′の相似比は1：1とします。
このとき，△ABCと△A′B′C′は，どんな関係にありますか。

ガイド 相似比が1：1だから，AO＝A′O，BO＝B′O，CO＝C′Oとなるような点A′，B′，C′をとる。

解答 右の図
関係…**合同な関係**

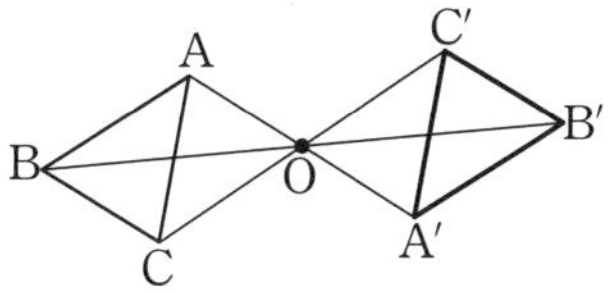

④ 三角形の相似条件

CHECK! 確認したら✓を書こう

教科書の要点

□三角形の相似条件

2つの三角形は，次のどれかが成り立つとき相似である。

1　3組の辺の比がすべて等しい。

$a : a' = b : b' = c : c'$

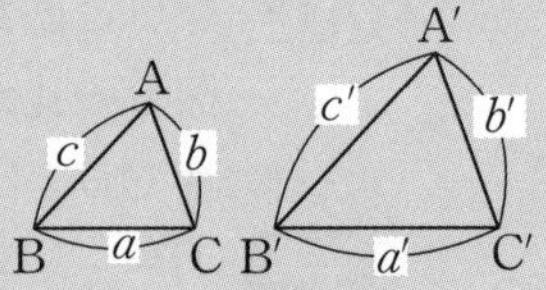

2　2組の辺の比が等しく，その間の角が等しい。

$a : a' = c : c'$

$\angle B = \angle B'$

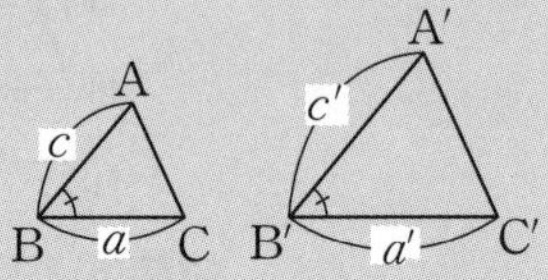

3　2組の角がそれぞれ等しい。

$\angle B = \angle B'$，$\angle C = \angle C'$

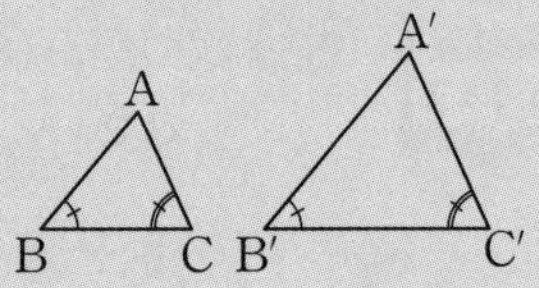

教科書 p.144

考えよう　右の2つの三角形(教科書144ページ)が相似かどうかを調べたい。どのように調べればよいだろうか。

解答 次のいずれかの方法で調べればよい。

- 2組の辺とその間の角がわかれば，三角形が1つに決まるので，2組の辺の比とその間の角を測って調べる。
- 2組の角がそれぞれ等しければ，残りの角も等しくなり，形が同じ(相似)になるので，2組の角を測って調べる。
- 3辺の長さを測ってその比を調べる。(3組の辺の比がすべて等しければ，角の大きさを測らなくてもよい。)

教科書 p.144

活動1 次の図の△ABCと△A′B′C′で，

$a:a'=b:b'=c:c'=1:2$……①

ならば，△ABCと△A′B′C′が相似であることを調べよう。

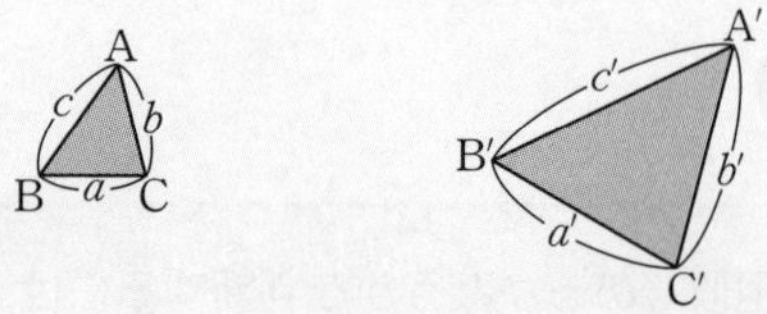

相似の定義から，△ABCを2倍に拡大した△DEFと，△A′B′C′が合同であるかどうかを調べればよい。

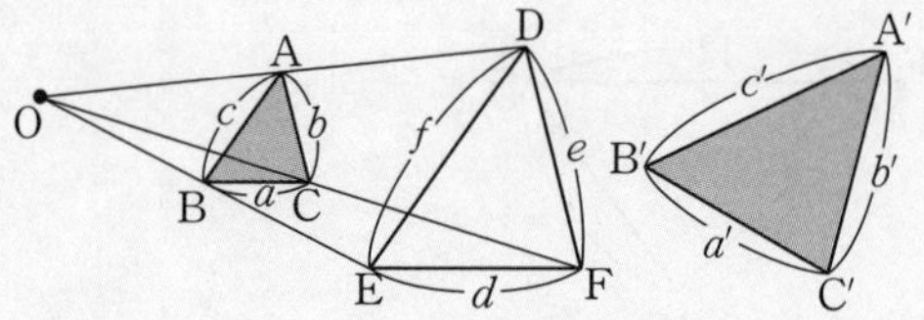

(1) $a:d$，$b:e$，$c:f$ の比を，それぞれ求めなさい。

(2) △DEFと△A′B′C′は合同であるといえますか。
また，それはなぜですか。

(3) △ABCと△A′B′C′は，相似であるといえますか。

ガイド (2) (1)より，$a:d=b:e=c:f=1:2$……②

①，②から，$a'=d$，$b'=e$，$c'=f$

解答 (1) $\boldsymbol{a:d=1:2}$，$\boldsymbol{b:e=1:2}$，$\boldsymbol{c:f=1:2}$

(2) **合同であるといえる。　3組の辺がそれぞれ等しいので。**

(3) **相似であるといえる。**

(△ABCと△DEFが相似で，△DEFと△A′B′C′が合同なので。)

教科書 p.145

Q1 活動1で，次の(1)または(2)が成り立つ場合も△ABC ∽ △A′B′C′です。それはなぜですか。また，それぞれどの合同条件を使いましたか。

(1) $a:a'=c:c'=1:2$，∠B＝∠B′

(2) $a:a'=1:2$，∠B＝∠B′，∠C＝∠C′

ガイド △ABCを2倍に拡大した△DEFと△A′B′C′が合同であることを示す。

解答 (1) $a:a'=c:c'=1:2$，∠B＝∠B′　……①

$a:d=c:f=1:2$，　∠B＝∠E　……②

①，②から，$a'=d$，$c'=f$，∠B′＝∠E

2組の辺とその間の角がそれぞれ等しいので，△A′B′C′≡△DEF

よって，△ABC ∽ △A′B′C′

(2) $a:a'=1:2$，∠B＝∠B′，∠C＝∠C′　……①

$a:d=1:2$，∠B＝∠E，∠C＝∠F　……②

①，②から，$a' = d$，$\angle B' = \angle E$，$\angle C' = \angle F$

1組の辺とその両端の角がそれぞれ等しいので，$\triangle A'B'C' \equiv \triangle DEF$

よって，$\triangle ABC \backsim \triangle A'B'C'$

⑤ 相似な三角形と相似条件

CHECK! 確認したら ✓を書こう

教科書の要点

□相似であるかどうかの判断	2つの三角形が相似であるかどうかを判断するには，三角形の相似条件を使う。

教科書 p.146

活動1 次の図の2つの三角形が相似であるかどうかを調べよう。

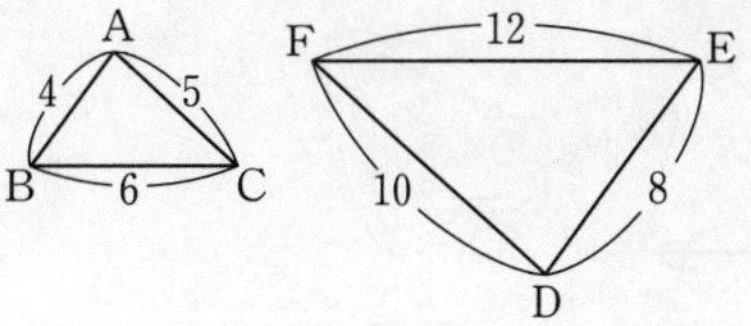

ゆうとさんは，対応しそうな辺の比を，次のように調べた。

AB：□＝4：□＝1：2
BC：□＝6：□＝1：2
CA：□＝5：□＝1：2

(1) 2つの三角形は相似であるといえます。それはなぜですか。

(2) 2つの三角形が相似であることを，記号 ∽ を使って表しなさい。

解答 AB：**DE**＝4：**8**＝1：2，BC：**EF**＝6：**12**＝1：2，CA：**FD**＝5：**10**＝1：2

(1) **相似であるといえる。3組の辺の比がすべて等しいので。**

(2) **$\triangle ABC \backsim \triangle DEF$**

教科書 p.146

Q1 次の三角形のなかから相似な三角形の組を見つけなさい。
また，そのときに使った相似条件をいいなさい。

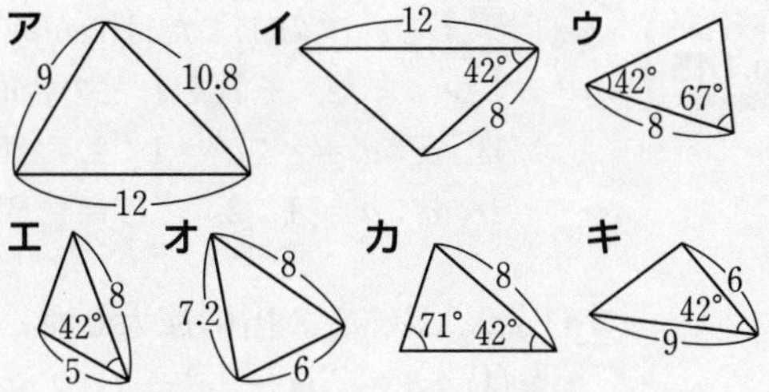

ガイド **ア**と**オ**の辺の比を調べてみると，12：8＝10.8：7.2＝9：6(＝3：2)

イと**キ**の辺の比を調べてみると，12：9＝8：6(＝4：3)

イと**エ**では，12：8≠8：5

エと**キ**では，5：6≠8：9

ウの残りの角は，180°−(42°+67°)＝71°

ウと**カ**は合同な図形であり，相似比が1：1の相似な図形といえる。

似た形をさがして，見当をつけるといいね。

解答 アとオ　3組の辺の比がすべて等しい。
イとキ　2組の辺の比が等しく，その間の角が等しい。
ウとカ　2組の角がそれぞれ等しい。

教科書 p.147

活動2 右の図㋐で，相似な三角形を見つけよう。

(1) 図㋑は，図㋐の△ADEを取り出してかいたものです。頂点A，D，Eをかき入れなさい。

(2) 相似な三角形を，記号∽を使って表しなさい。

(3) (2)で使った相似条件をいいなさい。

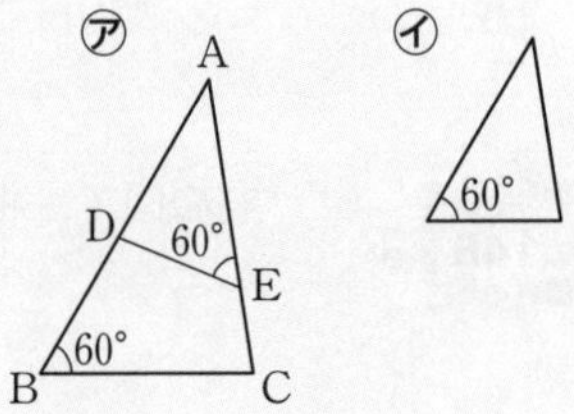

ガイド (3)　∠Aは共通，∠B＝∠E＝60°

解答 (1)　右の図

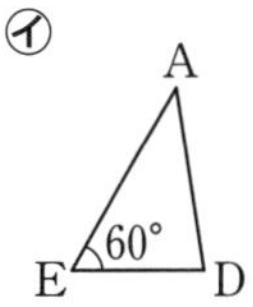

(2)　**△ABC∽△AED**

(3)　**2組の角がそれぞれ等しい。**

教科書 p.147

たしかめ1 右の図で，相似な三角形を見つけ，記号∽を使って表しなさい。また，そのときに使った相似条件をいいなさい。

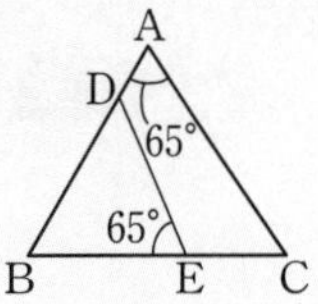

ガイド ∠Bは共通，∠BAC＝∠BED

解答 **△ABC∽△EBD　2組の角がそれぞれ等しい。**

教科書 p.147

Q2 次の図で，相似な三角形を見つけ，記号∽を使って表しなさい。また，そのときに使った相似条件をいいなさい。

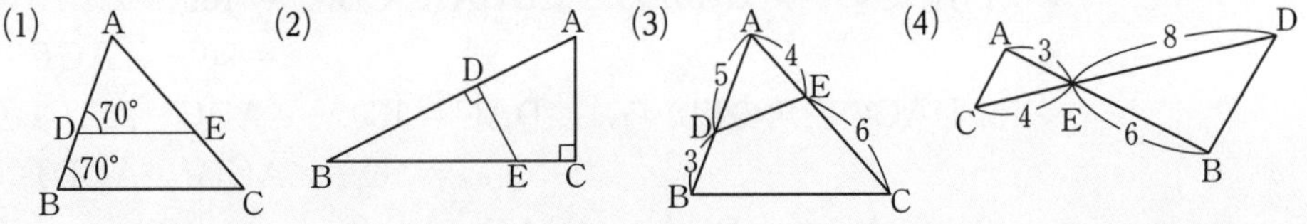

ガイド (1)　∠Aは共通，∠ABC＝∠ADE

(2)　∠Bは共通，∠ACB＝∠EDB＝90°

(3)　AB：AE＝(5＋3)：4＝8：4＝2：1
AC：AD＝(4＋6)：5＝10：5＝2：1
∠Aは共通

(4)　AE：BE＝3：6＝1：2，CE：DE＝4：8＝1：2
∠AEC＝∠BED(対頂角)

解答 (1)　**△ABC∽△ADE　2組の角がそれぞれ等しい。**

(2)　**△ABC∽△EBD　2組の角がそれぞれ等しい。**

(3)　**△ABC∽△AED　2組の辺の比が等しく，その間の角が等しい。**

(4)　**△ACE∽△BDE　2組の辺の比が等しく，その間の角が等しい。**

⑥ 三角形の相似条件を使った証明

CHECK! 確認したら✓を書こう

教科書の要点

□相似条件の使い方	三角形の合同条件と同じように，三角形の相似条件を証明に使うことができる。辺の長さの比や，角の大きさに着目して，どの相似条件が使えるか考える。

教科書 p.148

考えよう 右の図で，相似であるといえそうな三角形の組を見つけてみよう。

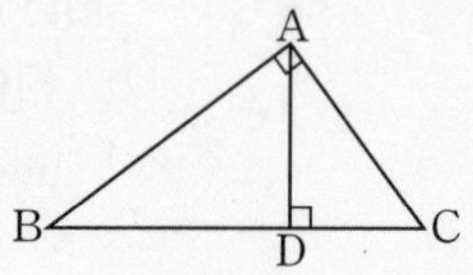

解答 **△ABCと△DAC，△ABCと△DBA，△DBAと△DAC**

教科書 p.148

活動2 例題1で，ほかの相似な三角形の組について調べよう。

(1) 相似な三角形の組を見つけ，記号∽を使って表しなさい。

(2) (1)で見つけた三角形の組が相似であることを証明しなさい。

解答 (1) **△ABC∽△DBA，△DBA∽△DAC**

(2) △ABCと△DBAで，

仮定から，　∠BAC＝∠BDA(＝90°)　……①

共通な角だから，∠ABC＝∠DBA　……②

①，②から，2組の角がそれぞれ等しいので，

△ABC∽△DBA

△DBAと△DACで，

仮定から，∠BDA＝∠ADC(＝90°)　……③

△ABCの内角の和から，∠DBA(∠CBA)＝180°－∠BAC－∠ACB

＝90°－∠ACB　……④

△DACの内角の和から，∠DAC＝180°－∠ADC－∠ACB(∠ACD)

＝90°－∠ACB(∠ACD)　……⑤

④，⑤から，∠DBA＝∠DAC　……⑥

③，⑥から，2組の角がそれぞれ等しいので，

△DBA∽△DAC

教科書 p.149

Q1 例題1で，AB＝4cm，BC＝5cm，CA＝3cmのとき，ADとBDの長さを求めなさい。

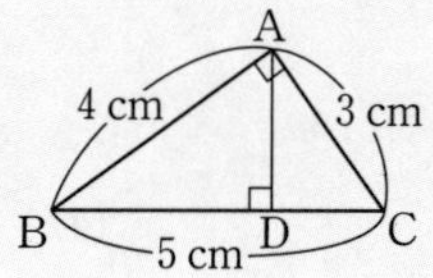

ガイド △ABC ∽ △DAC より，
AB：DA＝BC：AC
4：DA＝5：3
5DA＝12
$DA=\frac{12}{5}$

△ABC ∽ △DBA より，
AB：DB＝BC：BA
4：DB＝5：4
5DB＝16
$DB=\frac{16}{5}$

解答 AD…… $\frac{12}{5}$ **cm**　　BD…… $\frac{16}{5}$ **cm**

教科書 p.149

Q2 例3 で，結論から，ほかにわかることをいいなさい。

解答 **AB：BD＝2：1，∠ABC＝∠BDC，∠BAC＝∠DBC**

教科書 p.149

Q3 AB＝9cm，BC＝6cm である△ABCの辺AB上に，AD＝5cm である点Dをとります。このとき，△ABC ∽ △CBD であることを証明しなさい。

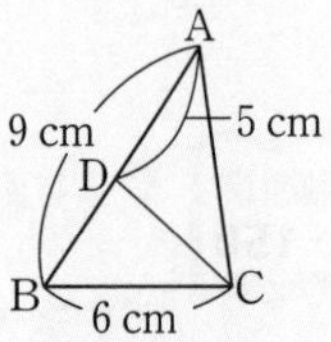

解答 △ABCと△CBDで，
仮定から，AB：CB＝9：6＝3：2　……①
また，BD＝AB－AD＝4cm だから，BC：BD＝6：4＝3：2　……②
共通な角だから，∠ABC＝∠CBD　……③
①，②，③から，2組の辺の比が等しく，その間の角が等しいので，
△ABC ∽ △CBD

2節 図形と比

① 三角形と比

CHECK! 確認したら✓を書こう

教科書の要点

□三角形と比

定理 △ABCで，辺AB，AC上の点をそれぞれD，Eとする。
1　DE∥BCならば，AD：AB＝AE：AC＝DE：BC
2　DE∥BCならば，AD：DB＝AE：EC

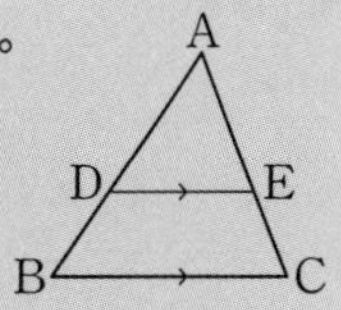

教科書 p.150

考えよう ? 右の図で，直線nを上下に平行移動させてみよう。
3直線ℓ，m，nでつくられる三角形について，どのようなことがいえるだろうか。
WEB

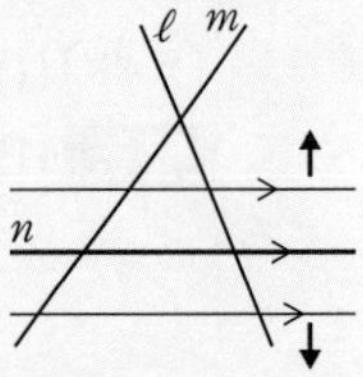

解答 (例)対応する角がそれぞれ等しいので，**相似な三角形ができる。**

教科書 p.150

活動1 右の図の△ABCで，辺AB，AC上に，DE∥BCとなる点D，Eをとる。

(1) △ADEと△ABCはどんな関係になっていますか。

(2) (1)から，AD：AB＝AE：ACであることを証明しなさい。

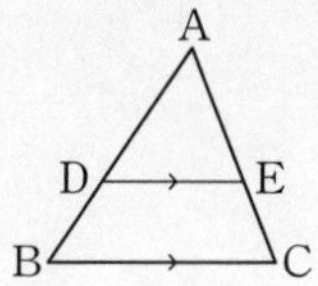

ガイド (1) 平行線の性質(同位角は等しい)を使う。
△ADEと△ABCで，∠Aは共通 ……①
平行線の同位角より，∠ADE＝∠ABC ……②
①，②より，２組の角がそれぞれ等しいので，△ADE∽△ABC

解答 (1) **相似の関係**

(2) (1)より，相似な三角形の対応する辺の長さの比は等しいので，
AD：AB＝AE：AC

教科書 p.150

Q1 活動1で，AD：AB＝DE：BCであることを証明しなさい。

解答 活動1より，△ADE∽△ABCなので，AD：AB＝DE：BC

教科書 p.150

Q2 活動1，Q1で調べたことは，点D，Eが辺BA，CAをそれぞれ延長した直線上にあっても成り立ちますか。

ガイド 対頂角や平行線の性質(錯角は等しい)を使って，△ADE ∽ △ABC を導く。

解答 △ADEと△ABCで，∠DAE＝∠BAC(対頂角) ……①
平行線の錯角より，∠ADE＝∠ABC ……②
①，②より，２組の角がそれぞれ等しいので，△ADE ∽ △ABC
相似な三角形の対応する辺の長さの比は等しいので，
AD：AB＝AE：AC，AD：AB＝DE：BC
よって，延長した直線上にあっても**成り立つ。**

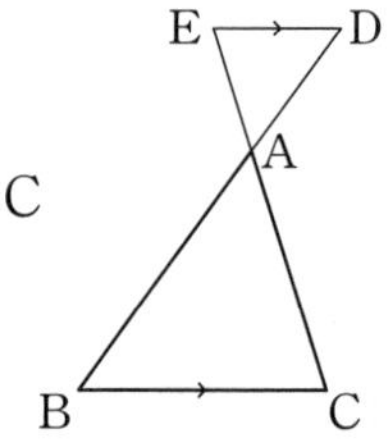

教科書 p.151

活動2 活動1で，次のことがらも成り立つことを証明しよう。
「DE∥BCならば，AD：DB＝AE：EC」

(1) 次の手順で証明しなさい。

❶ 辺BC上に，DF∥ACとなる点Fをとり，AD：DB＝AE：DFを示す。

❷ 四角形DFCEで，DF＝ECを示す。

❸ ❶，❷から，AD：DB＝AE：ECを示す。

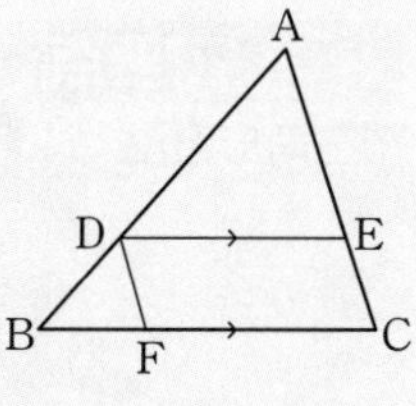

ガイド (1)❶ AD：DB＝AE：DFを示すためには，△ADE ∽ △DBFを導く。

解答 (1)❶ 辺BC上に，DF∥ACとなる点Fをとる。
△ADEと△DBFで，
DE∥BCより，∠ADE＝∠DBF(平行線の同位角) ……①

DF∥AC より，∠DAE＝∠BDF（平行線の同位角）……②
①，②より，2組の角がそれぞれ等しいので，△ADE ∽ △DBF
対応する辺の比は等しいので，AD：DB＝AE：DF……③

❷ また，四角形DFCEは，DE∥BC，DF∥AC より，平行四辺形なので，
DF＝EC……④

❸ ③，④より，AD：DB＝AE：EC

教科書 p.151

Q3 右の図で，DE∥BC です。
x，y の値（あたい）を求めなさい。

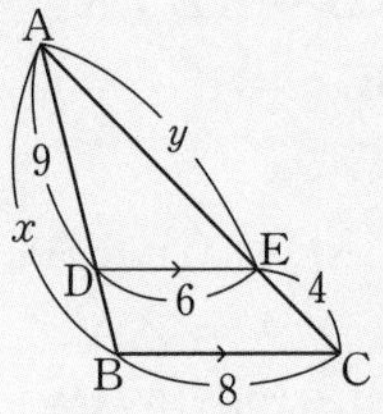

プラス・ワン

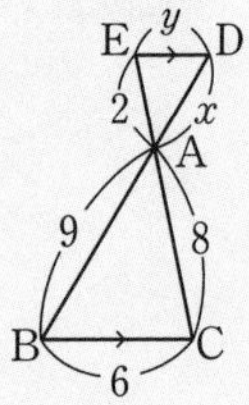

解答 AD：AB＝DE：BC より，9：x＝6：8，$6x=72$，$\boldsymbol{x=12}$
AD：DB＝AE：EC より，9：(12−9)＝y：4，$3y=36$，$\boldsymbol{y=12}$

プラス・ワン

AD：AB＝AE：AC より，x：9＝2：8，$8x=18$，$\boldsymbol{x=\dfrac{9}{4}}$

DE：BC＝AE：AC より，y：6＝2：8，$8y=12$，$\boldsymbol{y=\dfrac{3}{2}}$

② 三角形と比の定理の逆

CHECK! 確認したら✓を書こう

教科書の要点

□三角形と比の定理の逆

定理 △ABCで，辺AB，AC上の点をそれぞれD，Eとする。
1′ AD：AB＝AE：ACならば，DE∥BC
2′ AD：DB＝AE：ECならば，DE∥BC

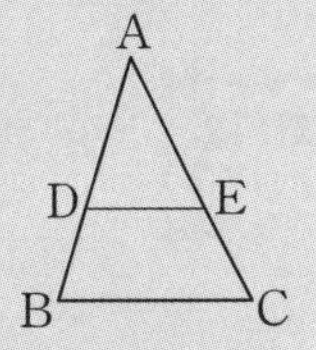

教科書 p.152

？（考えよう） 右の図の△ABCで，AB＝18cm，AD＝12cm，
AC＝15cm です。AC上にある点Eを動かして，
DE∥BC となるのはどのようなときでしょうか。
WEB

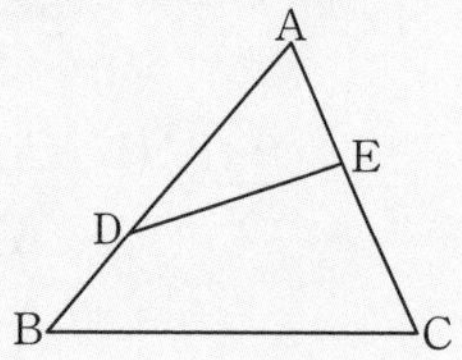

ガイド 実際に三角形をかいて，DE∥BC となるように線分DEをひき，線分AEの長さを測ってみよう。

解答 **AE＝10cm となるところに点Eがあるとき。**

教科書 p.152

活動1 次のことがらが成り立つことを証明しよう。
「△ABCで，辺AB，AC上に，
　AD：AB＝AE：AC
となる点D，Eをとると，DE∥BCとなる。」
(1) 仮定と結論をいいなさい。
(2) 相似（そうじ）な三角形の性質を利用して証明しなさい。

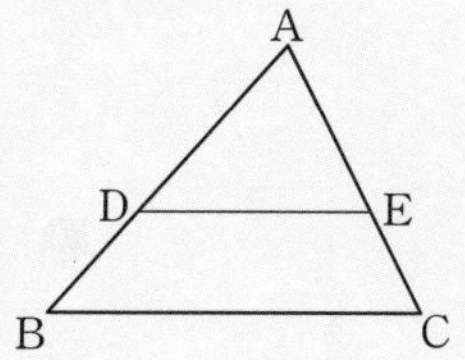

解答 (1) 仮定……**AD：AB＝AE：AC**
結論……**DE∥BC**

(2) △ADEと△ABCで，
仮定から，AD：AB＝AE：AC　……①
共通な角だから，∠A＝∠A　……②
①，②から，２組の辺の比が等しく，その間の角が等しいので，
　△ADE ∽ △ABC
よって，∠ADE＝∠ABC
同位角が等しいから，DE∥BC

教科書 p.153

Q1 152ページ(教科書)の❶で，△ADE ∽ △BDF が成り立つことを証明しなさい。

解答 △ADEと△BDFで，
　∠ADE＝∠BDF(対頂角)　……①
　∠EAD＝∠FBD(平行線の錯角)　……②
①，②から，２組の角がそれぞれ等しいので，
　△ADE ∽ △BDF

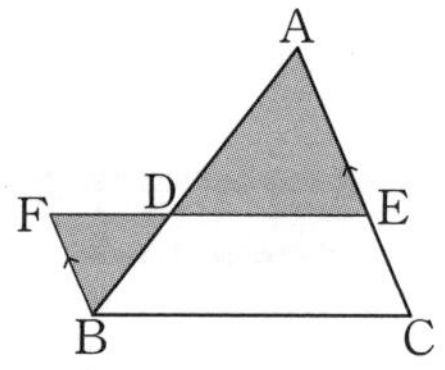

教科書 p.153

Q2 次の図で，平行な線分の組を見つけ，その理由をいいなさい。

(1)

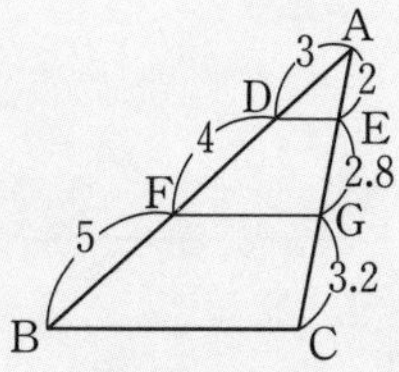

(2)

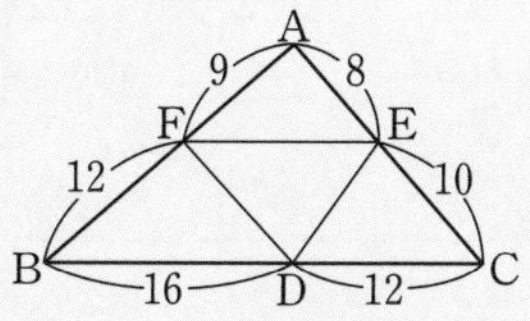

ガイド (1) AD：DF＝AE：EG ならば，DE∥FG
AF：FB＝AG：GC ならば，FG∥BC
AD：DB＝AE：EC ならば，DE∥BC
(2) AF：FB＝AE：EC ならば，FE∥BC
BF：FA＝BD：DC ならば，FD∥AC
CD：DB＝CE：EA ならば，ED∥AB

解答 (1) **DEとBC**
〈理由〉 AD：DB＝3：(4＋5)＝3：9＝1：3　……①
　AE：EC＝2：(2.8＋3.2)＝2：6＝1：3　……②

①，②より，**AD：DB＝AE：EC だから。**

(2) **FDとAC**

〈理由〉 BF：FA＝12：9＝4：3 ……①

BD：DC＝16：12＝4：3 ……②

①，②より，**BF：FA＝BD：DC だから。**

③ 平行線と線分の比

CHECK! 確認したら✓を書こう

教科書の要点

□平行線と線分の比

定理 3つ以上の平行線に，1つの直線がどのように交わっても，その直線は平行線によって一定の比に分けられる。

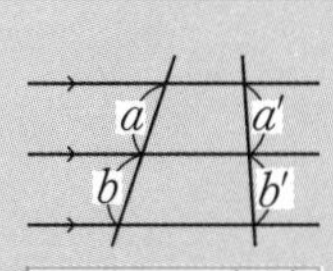

$a:b = a':b'$

教科書 p.154

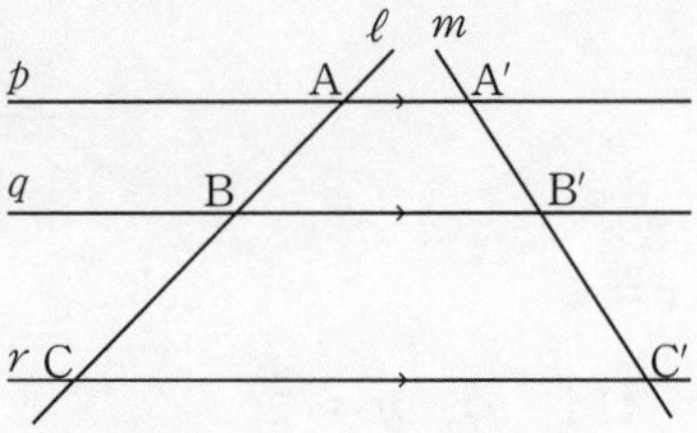

左の図のように，平行な3直線 p，q，r に2直線 ℓ，m が交わるとき，どのようなことが成り立つだろうか。線分の長さを測って予想してみよう。

解答 教科書(154ページ)の図で測ると，AB＝1.4cm，BC＝2.1cm，A′B′＝1.2cm，B′C′＝1.8cm

よって，AB：BC＝1.4：2.1＝2：3，A′B′：B′C′＝1.2：1.8＝2：3より，

AB：BC＝A′B′：B′C′が成り立つと予想される。

教科書 p.154

活動1 左(右)の図のように，平行な3直線 p，q，r に2直線 ℓ，m が交わるとき，次のことが成り立つことを調べよう。

AB：BC＝A′B′：B′C′

(1) 左の図(教科書154ページ)のように補助線をひいて三角形をつくり，証明しなさい。

(2) (1)とはちがう補助線をひいて，証明しなさい。

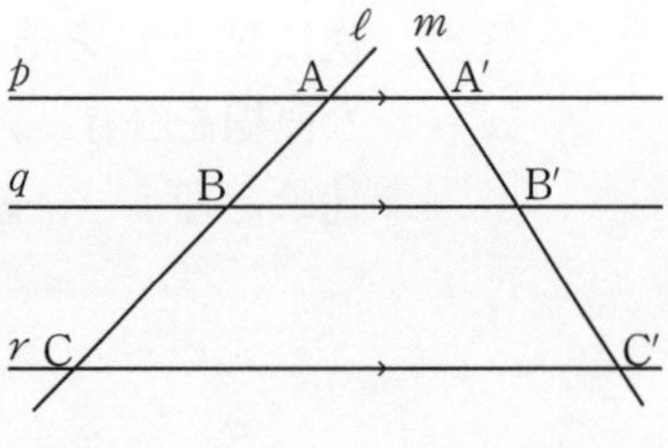

ガイド 三角形をつくり，三角形と比の定理を利用する。

解答 (1) 右の図のように，点A′を通り，ℓ に平行な直線をひき，q，r との交点をそれぞれD，Eとする。

AA′∥BD，AB∥A′D だから，

四角形ABDA′は平行四辺形。

よって，A′D＝AB ……①

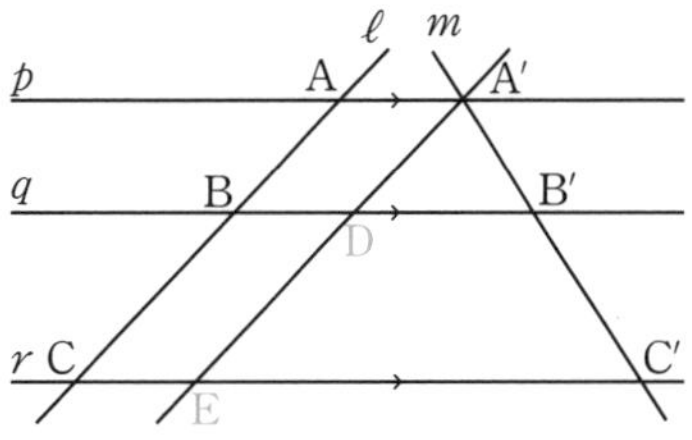

同様にして，$DE = BC$ ……②

①，②から，$A'D : DE = AB : BC$ ……③

$\triangle A'EC'$において，$DB' /\!/ EC'$ なので，$A'D : DE = A'B' : B'C'$ ……④

③，④から，$AB : BC = A'B' : B'C'$

(2) 右の図のように，補助線AC'をひいて，AC'とBB'の交点をFとする。

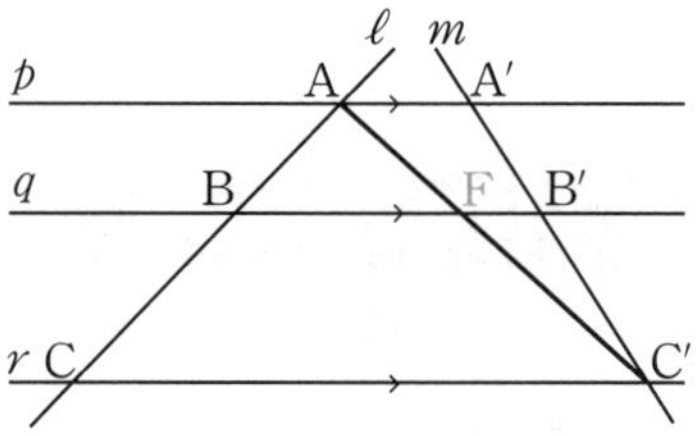

$\triangle ACC'$において，$BF /\!/ CC'$ なので，

$AB : BC = AF : FC'$ ……①

$\triangle C'AA'$において，$FB' /\!/ AA'$ なので，

$AF : FC' = A'B' : B'C'$ ……②

①，②から，$AB : BC = A'B' : B'C'$

教科書 p.155

Q1 右の図で，直線 p，q，r は平行です。
x，y の値を求めなさい。

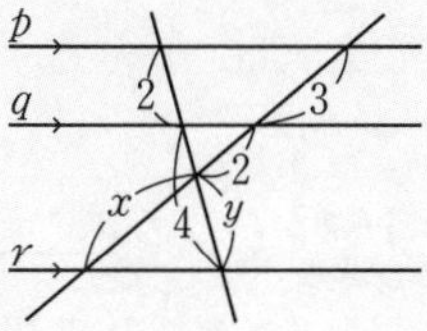

解答 $3 : (2+x) = 2 : 4$，$2(2+x) = 12$，$\boldsymbol{x = 4}$

$(4-y) : y = 2 : x$　$x = 4$ より，$2y = 4(4-y)$，$\boldsymbol{y = \dfrac{8}{3}}$

教科書 p.155

学びにプラス ノートの罫線(けいせん)を使って3等分してみよう

与(あた)えられた線分ABを3等分したい。どのようにすればよいだろうか。

解答 半直線AXをひき，AX上に等間隔な点P_1，P_2，P_3をとる。次にP_3とBを結ぶ。P_1，P_2からそれぞれ直線P_3Bに平行な直線をひき，ABとの交点をQ_1，Q_2とする。三角形と比の定理より，Q_1，Q_2は線分ABを3等分する。

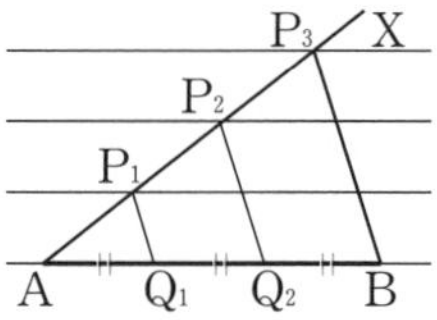

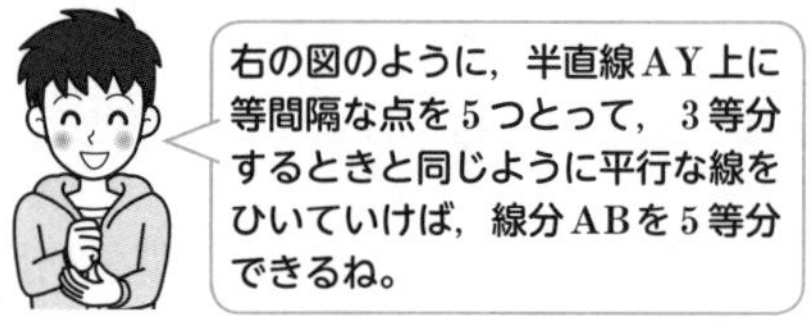

右の図のように，半直線AY上に等間隔な点を5つとって，3等分するときと同じように平行な線をひいていけば，線分ABを5等分できるね。

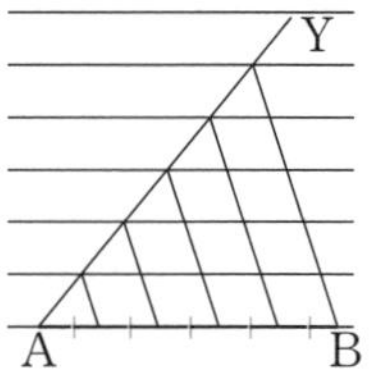

④ 中点連結定理

CHECK! 確認したら✓を書こう

教科書の要点

□中点連結定理　**定理**　三角形の 2 つの辺の中点を結ぶ線分は，残りの辺に平行であり，長さはその半分である。

$MN /\!/ BC$，$MN = \frac{1}{2}BC$

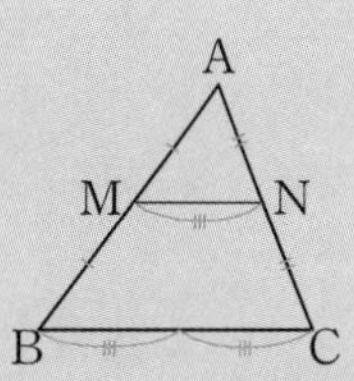

教科書 p.156

? 右の図は，線分AB，ACの中点をそれぞれM，Nとして，線分MNをひいたものである。
BCを固定し，点Aの位置をいろいろ変えると，MNの長さや位置の関係はどうなるだろうか。
WEB

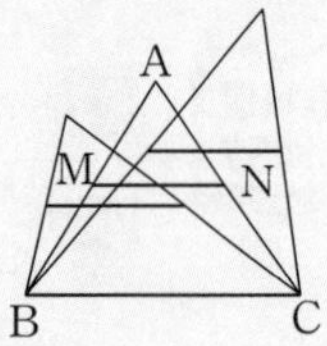

解答 教科書(156ページ)の図で測ると，BCの長さは3.2cmで，MNの長さはどれも1.6cmだから，BCを固定し，点Aの位置をいろいろ変えても，MNの長さは変わらず，BCの長さの$\frac{1}{2}$で，また，$MN /\!/ BC$となりそうである。

教科書 p.156

活動1 ? 考えよう で調べたことから，△ABCの辺AB，ACの中点を，それぞれM，Nとすると，

$MN /\!/ BC$ ……①

$MN = \frac{1}{2}BC$ ……②

が成り立ちそうである。このことを証明しよう。

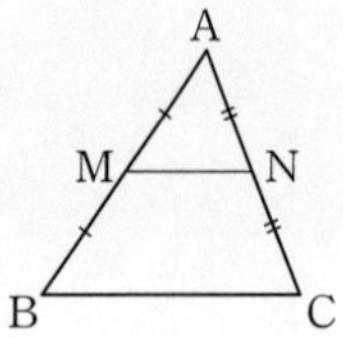

(1) AM：MB，AN：NC から，①を示しなさい。

(2) (1)から，②を証明しなさい。

ガイド (1) 三角形と比の定理の逆2′より，AM：MB＝AN：NC ならば，$MN /\!/ BC$

(2) 三角形と比の定理 1 より，$MN /\!/ BC$ ならば，AM：AB＝MN：BC

解答 (1) AM：MB＝1：1，AN：NC＝1：1
よって，AM：MB＝AN：NC
したがって，$MN /\!/ BC$

(2) $MN /\!/ BC$ だから，AM：AB＝MN：BC
また，AM：AB＝1：2
よって，MN：BC＝1：2
したがって，$MN = \frac{1}{2}BC$

5章　2節　図形と比

教科書 p.156

Q1 右の図で，点M，Nはそれぞれ辺AB，ACの中点です。
x，y の値を求めなさい。

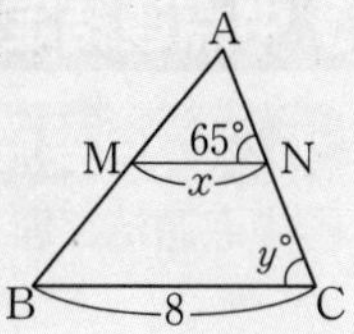

解答 $\mathrm{MN}=\dfrac{1}{2}\mathrm{BC}$ より，$\boldsymbol{x}=\dfrac{1}{2}\times 8=\mathbf{4}$

$\mathrm{MN}/\!/\mathrm{BC}$ より，$\angle\mathrm{ACB}=\angle\mathrm{ANM}$ だから，$\boldsymbol{y}=\mathbf{65}$

教科書 p.157

活動2 WEB 次の図で，線分AB，BC，CD，DAの中点をそれぞれP，Q，R，Sとする。このとき，四角形PQRSが平行四辺形になることを証明しよう。

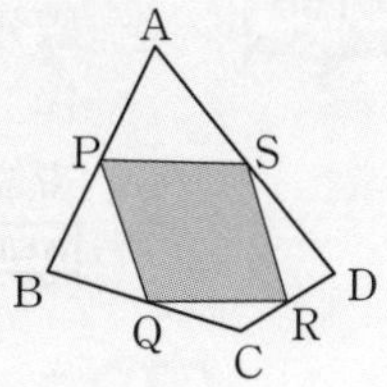

(1) 次の手順で証明しなさい。

❶ 対角線BDをひく。
❷ △ABDに着目して，PSとBDとの関係を示す。
❸ △CBDに着目して，QRとBDとの関係を示す。
❹ ❷，❸から，四角形PQRSがどんな四角形かを示す。

解答 (1)❶ 対角線BDをひく。

❷ △ABDで，AP：PB＝AS：SD＝1：1だから，
中点連結定理より，$\mathrm{PS}/\!/\mathrm{BD}$，$\mathrm{PS}=\dfrac{1}{2}\mathrm{BD}$ ……①

❸ △CBDで，CQ：QB＝CR：RD＝1：1だから，
中点連結定理より，$\mathrm{QR}/\!/\mathrm{BD}$，$\mathrm{QR}=\dfrac{1}{2}\mathrm{BD}$ ……②

❹ ①，②より，$\mathrm{PS}/\!/\mathrm{QR}$，PS＝QR だから，1組の対辺が平行で等しいので，四角形PQRSは平行四辺形である。

教科書 p.157

Q2 活動2で，点CをBDに対して点Aと同じ側にとると，四角形PQRSはどんな四角形になりますか。

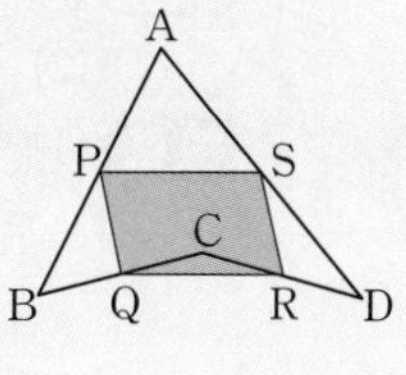

ガイド 点B，Dを結ぶと，△ABDで中点連結定理より，

$\mathrm{PS}/\!/\mathrm{BD}$，$\mathrm{PS}=\dfrac{1}{2}\mathrm{BD}$ ……①

△CBDで中点連結定理より，$\mathrm{QR}/\!/\mathrm{BD}$，$\mathrm{QR}=\dfrac{1}{2}\mathrm{BD}$ ……②

①，②より，$\mathrm{PS}/\!/\mathrm{QR}$，PS＝QR だから，四角形PQRSは1組の対辺が平行で等しい。

解答 **平行四辺形**

教科書 p.157

学びにプラス 特別な四角形になるのはどんなとき？

活動2 で，四角形PQRSがひし形や長方形など特別な四角形になるのは，四角形ABCDがどんな四角形のときか，調べてみよう。

解答 ・ひし形は4辺の長さが等しいので，**四角形PQRSがひし形になるのは，四角形ABCDの対角線の長さが等しいとき**である。

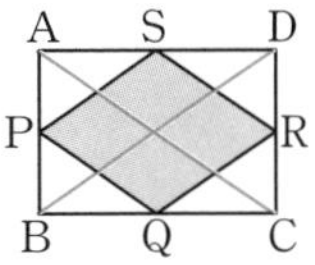

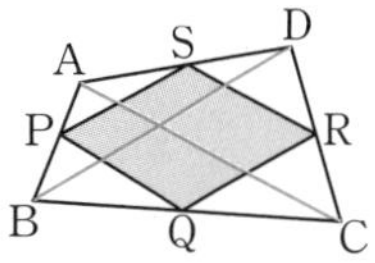

・長方形は4つの角が直角なので，**四角形PQRSが長方形になるのは，四角形ABCDの対角線が直角に交わるとき**である。

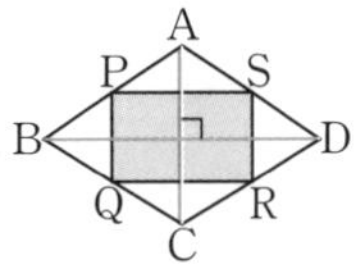

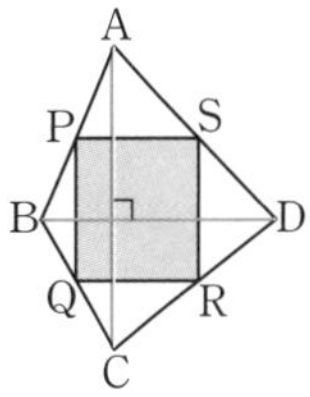

・正方形は4辺の長さが等しく，4つの角が直角なので，**四角形PQRSが正方形になるのは，四角形ABCDの対角線の長さが等しく，かつ直角に交わるとき**である。

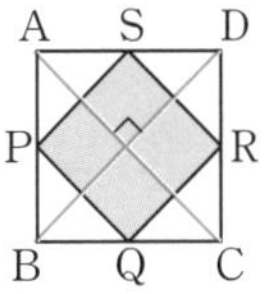

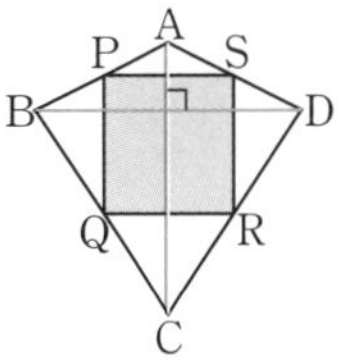

5 三角形の角の二等分線と比

CHECK! 確認したら ✓を書こう

教科書の要点

□三角形の角の二等分線と比

定理 △ABCで，∠Aの二等分線と辺BCとの交点をDとすると，

AB：AC＝BD：CD

である。

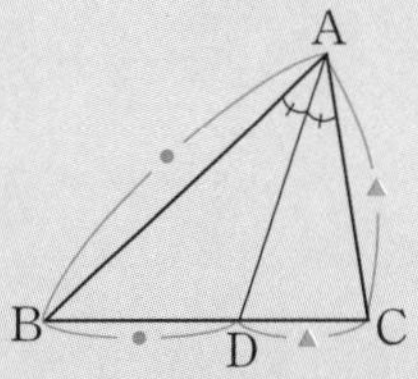

教科書 p.158

？ 次(右)の図のような三角形の紙を，頂点の角を2等分するように折ると，折り目と辺の交点はどんなところにできるだろうか。

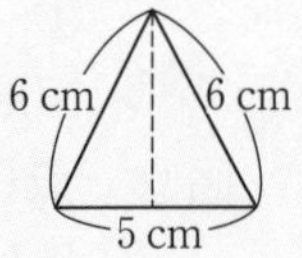

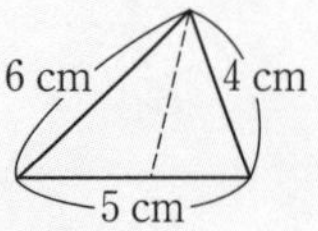

ガイド 実際に三角形をつくって，折ってできた交点の位置を調べてみる。

解答 左の二等辺三角形の場合，折り目と辺との交点は，5 cmの**辺の中点**にできる。
右の三角形の場合，折り目と辺との交点は，5 cmの**辺を3：2に分けるところ**にできる。

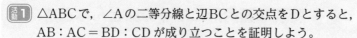

教科書 p.158~159

活動1 △ABCで，∠Aの二等分線と辺BCとの交点をDとすると，AB：AC＝BD：CD が成り立つことを証明しよう。

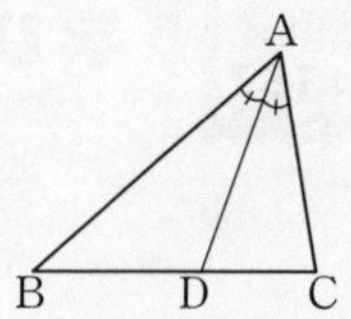

(1) 点Cを通りADと平行な直線と，BAを延長した直線との交点をEとして，次の手順で証明しなさい。

❶ AD//EC から，AC＝AE であることを示す。

❷ 三角形と比の定理から，BA：AE＝BD：DC を示す。

❸ ❶，❷から，AB：AC＝BD：CD を示す。

(2) 159ページ(教科書)の図㋑～㋕のどれかを使って証明しなさい。また，そのときに使った図形の性質をいいなさい。

ガイド (1) 平行線をつくることで，三角形と比の定理を利用する。

解答 (1) ❶ 図㋐において，AD//EC より，

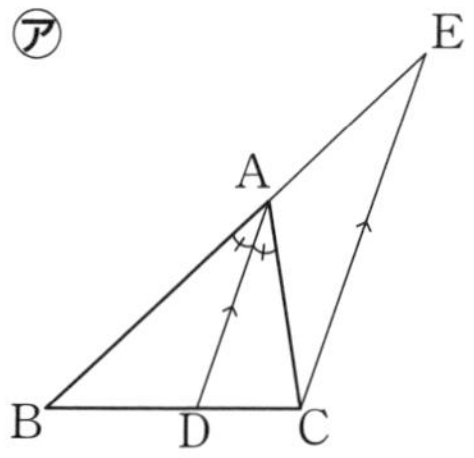

∠ACE＝∠DAC(平行線の錯角) ……①

∠AEC＝∠BAD(平行線の同位角) ……②

∠BAD＝∠DAC(仮定) ……③

①，②，③から，∠ACE＝∠AEC

したがって，△ACE は二等辺三角形。

よって，AC＝AE ……④

❷ △BCE で三角形と比の定理から，BA：AE＝BD：DC……⑤

❸ ④，⑤から，BA：AC＝BD：DC → AB：AC＝BD：CD

(2) 図㋑ 点Bを通りACと平行な直線と，ADを延長した直線との交点をEとする。

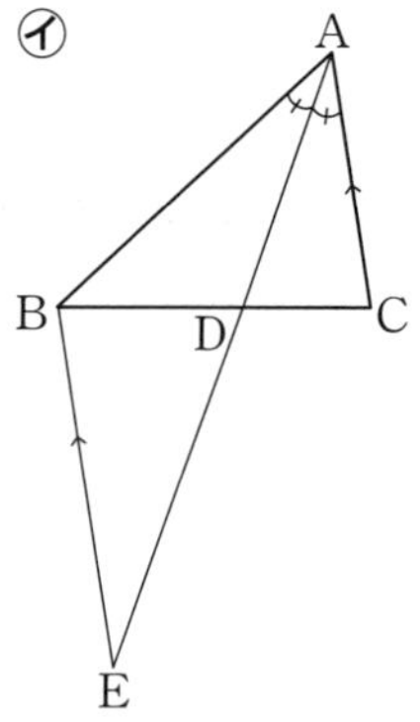

△DBEと△DCAで，

∠EDB＝∠ADC，∠BED＝∠CAD

2組の角がそれぞれ等しいので，

△DBE ∽ △DCA

よって，EB：AC＝BD：CD……①

△BEAで，∠BAE＝∠CAE＝∠BEA より，

△BEAは二等辺三角形。

よって，AB＝EB……②

①，②から，AB：AC＝BD：CD

図形の性質……**相似な図形では，対応する線分の比はすべて等しい。**

図㋒ 点Cを通りABと平行な直線と，ADを延長した直線との交点をEとする。

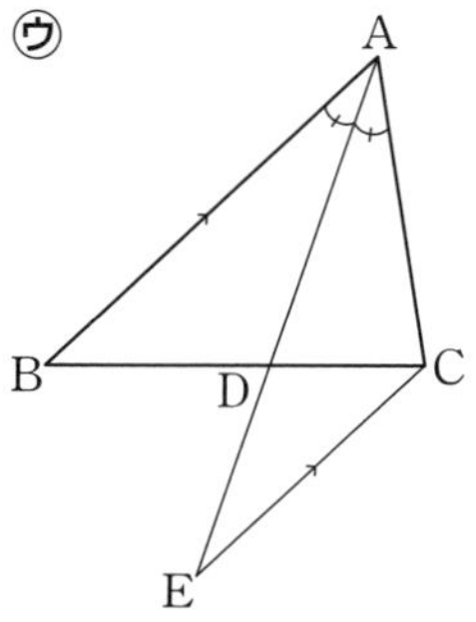

㋑と同様にして，△ABD ∽ △ECDであることと，△CAEが二等辺三角形であることから，AB：AC＝BD：CD

図形の性質……**相似な図形では，対応する線分の比はすべて等しい。**

図㋓　点B，CからADを延長した直線に垂線をひき，
その交点をそれぞれE，Fとする。

㋓

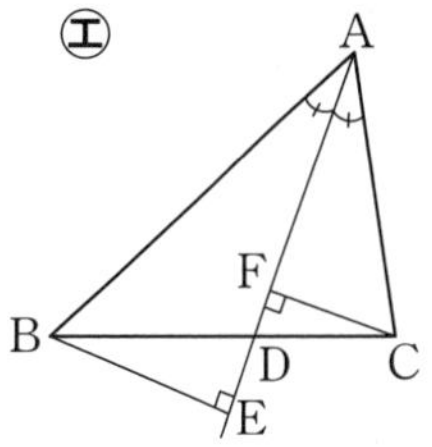

△ABEと△ACFで，

∠AEB＝∠AFC＝90°，∠BAE＝∠CAF

2組の角がそれぞれ等しいので，

△ABE ∽ △ACF

よって，AB：AC＝BE：CF　……①

△BDEと△CDFで，

∠BED＝∠CFD＝90°，∠BDE＝∠CDF

2組の角がそれぞれ等しいので，△BDE ∽ △CDF

したがって，BE：CF＝BD：CD　……②

①，②から，AB：AC＝BD：CD

図形の性質……**相似な図形では，対応する線分の比はすべて等しい。**

図㋔　点DからACと平行な直線をひき，ABとの交点をEとする。

∠EAD＝∠CAD＝∠EDA から，△EADは二等辺三角形。

よって，ED＝EA……①

ED∥AC より，BD：DC＝BE：EA　……②

BE：ED＝BA：AC　……③

①，②から，BD：DC＝BE：ED　……④

③，④から，AB：AC＝BD：CD

㋔

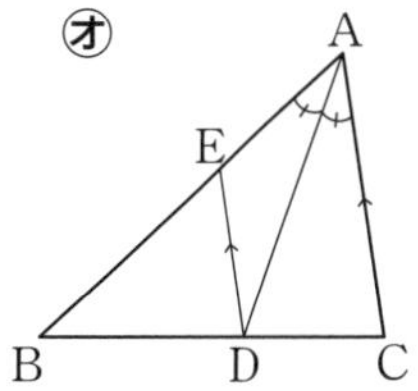

図形の性質……**三角形と比の定理**

図㋕　AD上に，∠ACE＝∠ABD となるような点Eをとる。

△ABDと△ACEで，

∠BAD＝∠CAE　……①

∠ABD＝∠ACE　……②

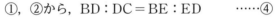

①，②から，2組の角がそれぞれ等しいので，

△ABD∽△ACE

㋕

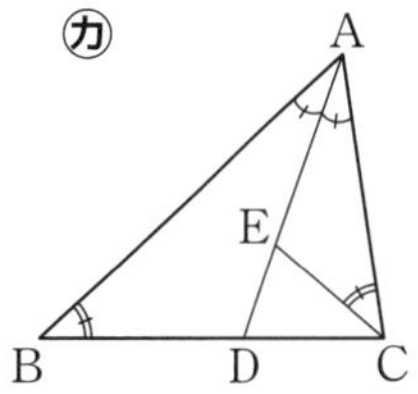

よって，AB：AC＝BD：CE　……③

また，△ABD∽△ACE より，

∠ADB＝∠AEC　……④

∠EDC＝180°－∠ADB　……⑤

∠CED＝180°－∠AEC　……⑥

④，⑤，⑥より，∠EDC＝∠CED となるので，△CDE は二等辺三角形で，

CD＝CE　……⑦

③，⑦から，AB：AC＝BD：CD

図形の性質…**相似な図形では，対応する線分の比はすべて等しい。**
相似な図形では，対応する角はそれぞれ等しい。

教科書 p.159

Q1 次の図で，∠BAD＝∠CAD です。x の値を求めなさい。

(1)

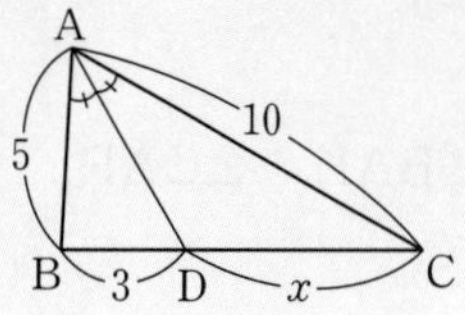

(2)

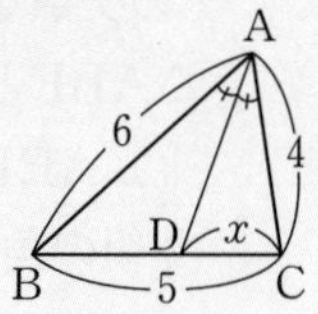

ガイド ∠BAD＝∠CAD より，AB：AC＝BD：CD

解答 (1) 5：10＝3：x，$5x=30$，$\boldsymbol{x=6}$

(2) 6：4＝$(5-x)$：x，$6x=4(5-x)$，$6x=20-4x$，$10x=20$，$\boldsymbol{x=2}$

6 平行線と図形の面積

CHECK! 確認したら✓を書こう

教科書の要点

□平行線と図形の面積

平行線にはさまれた三角形どうしの面積の比は，底辺の長さの比に等しい。

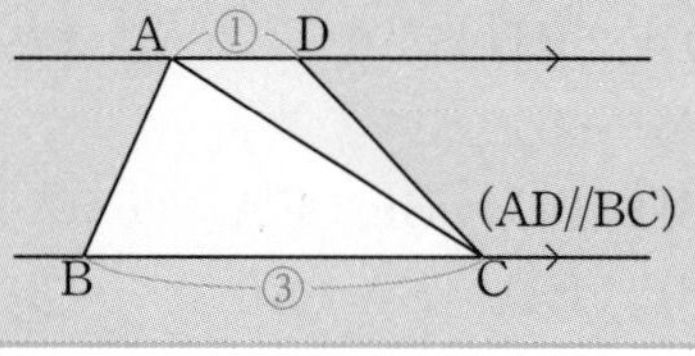

AD：BC＝1：3
↕
△ACD：△ABC＝1：3

教科書 p.160

考えよう 右の四角形ABCDは，AD∥BC の台形である。△ABDと△DBCの面積の比を求めるためには，どの辺の比がわかればよいだろうか。

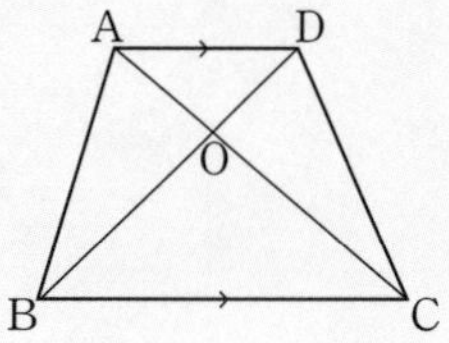

ガイド 三角形の面積は，$\frac{1}{2}\times$(底辺)$\times$(高さ)で求められる。

解答 AD∥BC より，高さは等しいので，それぞれの底辺となる**辺ADと辺BCの比**がわかればよい。

教科書 p.160

活動1 右の図のように，AD∥BC，AD：BC＝1：2の台形ABCDがあり，対角線の交点をOとする。
この図形の中にある三角形どうしの面積の比を調べよう。

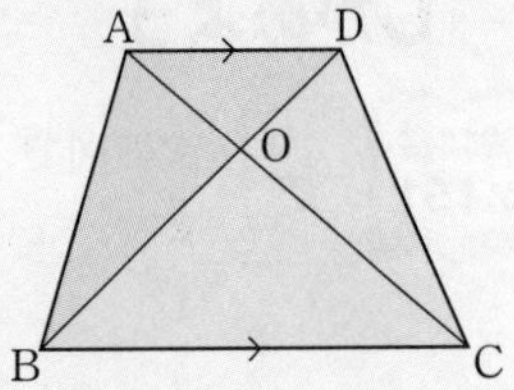

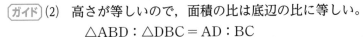

(1) △ABDと△DBCで，辺AD，辺BCをそれぞれ底辺とみると，高さはどのような関係になりますか。
(2) △ABDと△DBCの面積の比を求めなさい。
(3) △AODと△DOCの面積の比を求めなさい。

ガイド (2) 高さが等しいので，面積の比は底辺の比に等しい。
△ABD：△DBC＝AD：BC

(3) △AODと△COBで，
AD∥BCより，∠OAD＝∠OCB ……①
対頂角より，∠AOD＝∠COB ……②
①，②から，2組の角がそれぞれ等しいので，
△AOD∽△COB
よって，AO：CO＝AD：CB＝1：2
△AODと△DOCは，底辺をそれぞれAO，OCとみると高さは等しいので，面積の比は底辺の比に等しい。
よって，△AOD：△DOC＝AO：CO＝1：2

解答 (1) AD∥BCなので，高さは**等しい。**
(2) **1：2**
(3) **1：2**

教科書 p.160

Q1 次の図のように，平行な3直線p，q，rに直線ℓ，mが交わっている。
AB：BC＝2：3のとき，△DBEと△EBFの面積の比を求めなさい。

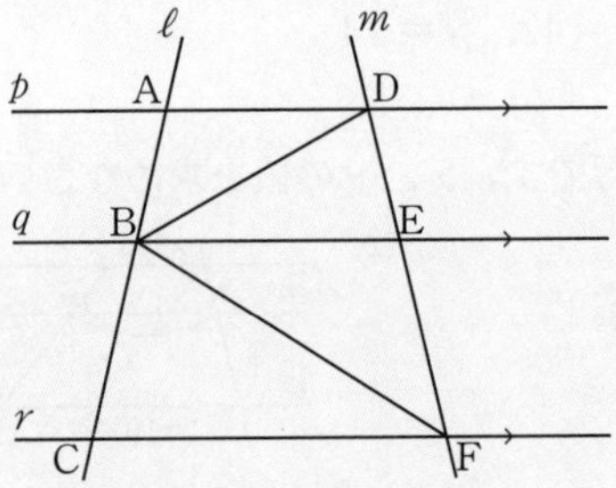

ガイド 平行線と線分の比の定理より，AB：BC＝DE：EF
△DBEと△EBFは，底辺をそれぞれDE，EFとみると，高さは等しいので，面積の比は底辺の比に等しい。よって，△DBE：△EBF＝DE：EF

解答 **2：3**

たしかめよう

教科書 p.161

1 次の図で，相似な三角形を見つけ，記号∽を使って表しなさい。
また，xの値を求めなさい。

(1)

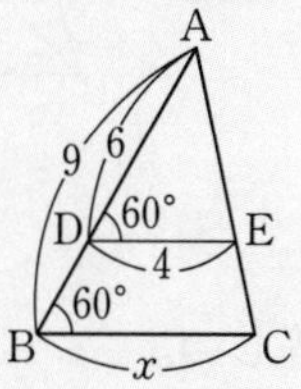

(2)

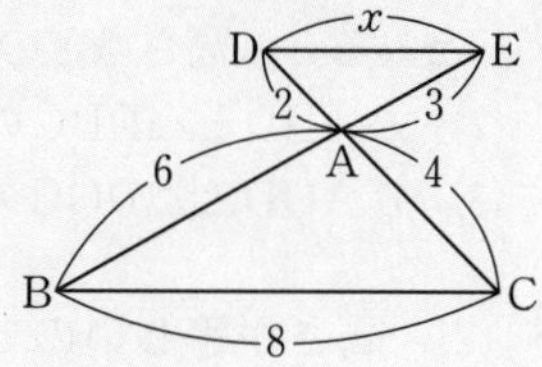

ガイド 相似な三角形を見つけ，相似比を利用して比例式を立てる。

(1) $\angle ADE = \angle ABC (= 60^\circ)$，$\angle DAE = \angle BAC$(共通)

(2) $AB : AE = 6 : 3 = 2 : 1$，$AC : AD = 4 : 2 = 2 : 1$，
$\angle BAC = \angle EAD$(対頂角)

解答 (1) **△ADE∽△ABC** より，$6 : 9 = 4 : x$，$6x = 36$，$\boldsymbol{x = 6}$

(2) **△ABC∽△AED** より，$8 : x = 4 : 2$，$4x = 16$，$\boldsymbol{x = 4}$

教科書 p.161

2 次の図で，x，yの値を求めなさい。

(1)

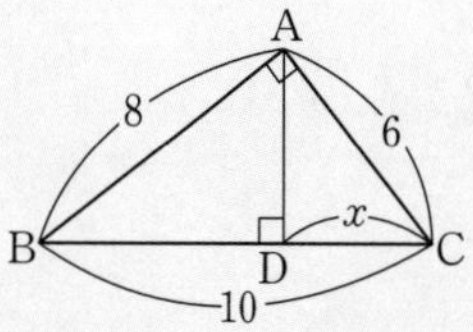

(2)

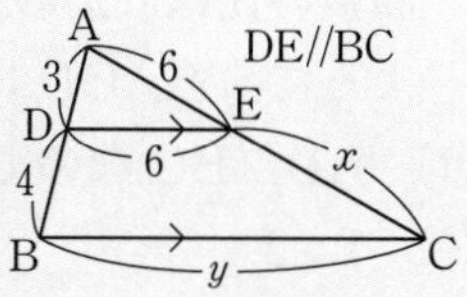

解答 (1) △ABC∽△DAC より，$6 : x = 10 : 6$，$10x = 36$，$\boldsymbol{x = \frac{18}{5}}$

(2) 三角形と比の定理より，$3 : 4 = 6 : x$，$3x = 24$，$\boldsymbol{x = 8}$
$3 : (3+4) = 6 : y$，$3y = 42$，$\boldsymbol{y = 14}$

教科書 p.161

3 次の図で，直線ℓ，m，nは平行です。x，yの値を求めなさい。

(1)

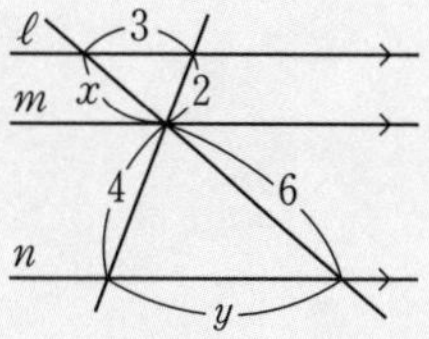

(2)

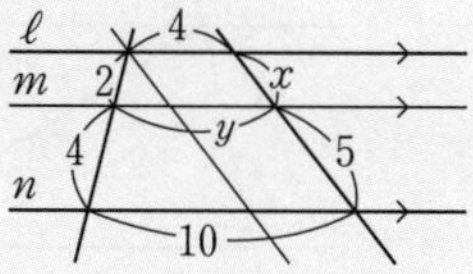

ガイド 平行線と線分の比の定理，三角形と比の定理を使う。

解答 (1) $x : 6 = 2 : 4$，$4x = 12$，$\boldsymbol{x = 3}$　　$3 : y = 2 : 4$，$2y = 12$，$\boldsymbol{y = 6}$

(2) $2 : 4 = x : 5$，$4x = 10$，$\boldsymbol{x = \frac{5}{2}}$

右の図で，左側の三角形において，
三角形と比の定理より，
$2 : (2+4) = z : 6$，$6z = 12$，$z = 2$
よって，$y = 2+4$，$\boldsymbol{y = 6}$

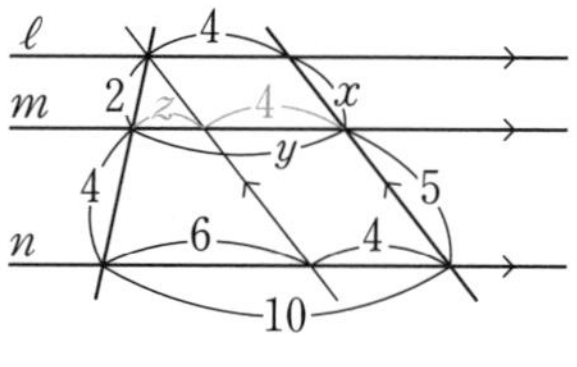

教科書 p.161

4 次の図で，∠BAD＝∠CAD です。x の値を求めなさい。
また，△ABD と△ADC の面積の比を求めなさい。

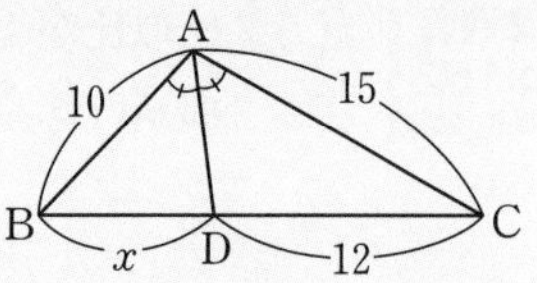

ガイド 三角形の角の二等分線と比の定理より，AB：AC＝BD：CD
△ABD と△ADC は，底辺をそれぞれ BD，CD とみると，高さは等しいので，
面積の比は底辺の比に等しい。

解答 10：15＝2：3 より，2：3＝x：12，$3x$＝24，$\boldsymbol{x=8}$
△ABD：△ADC＝BD：CD＝8：12＝**2：3**

3節 相似な図形の面積と体積

1 相似な図形の面積

CHECK! 確認したら ✓を書こう

教科書の要点

□相似な図形の面積の比	相似比が $m:n$ である 2 つの図形の面積の比は，$m^2:n^2$ である。

教科書 p.162

？ **ア**の三角形を 4 枚使うと，辺の長さが 2 倍の相似(そうじ)な三角形ができる。
辺の長さが 3 倍の相似な三角形を作るには，**ア**の三角形を何枚使えば
よいだろうか。

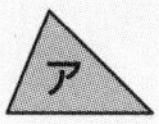

解答 **9 枚**

教科書 p.162

活動1 相似比が 1：3 である 2 つの三角形**ア**と**イ**の面積 S，S' の比について調べよう。
三角形**ア**の底辺の長さを a，高さを h とすると，三角形**イ**の底辺の長さは $3a$，高さは $3h$ である。

(1) S' を a，h の式で表しなさい。
また，S' は S の何倍であるといえますか。

(2) **ア**と**イ**の相似比と，S，S' の面積の比を比べなさい。

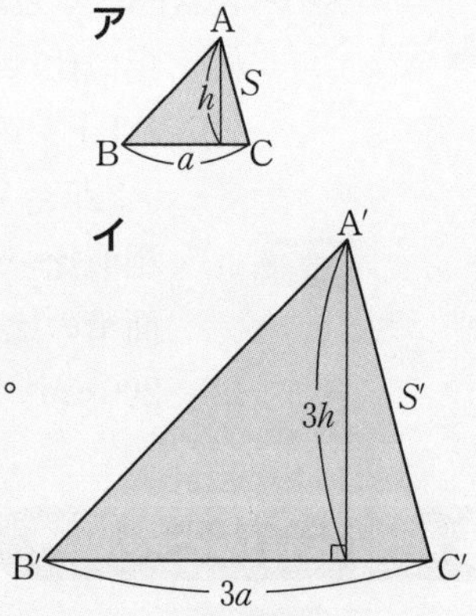

ガイド (1) $S=\frac{1}{2}\times a\times h=\frac{1}{2}ah$　　$S'=\frac{1}{2}\times 3a\times 3h=\frac{9}{2}ah$

解答 (1) $\boldsymbol{S'=\frac{9}{2}ah}$　　**9 倍**

(2) **相似比は 1：3 で，面積の比は 1：9＝1^2：3^2** となっている。

教科書 p.162

Q1 相似比が $1:k$ である 活動1 の三角形**ア**と右の図の三角形**ウ**の面積の比を求めなさい。

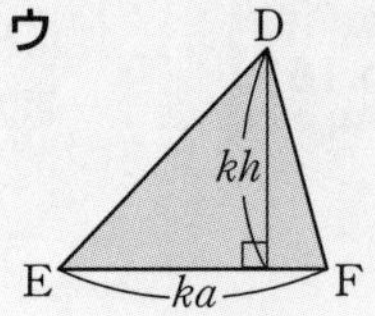

ガイド 三角形**ウ**の面積は，$\frac{1}{2}\times ka\times kh=k^2\times\frac{1}{2}ah$

解答 **ア**と**ウ**の面積の比は，$\frac{1}{2}ah:k^2\times\frac{1}{2}ah=\mathbf{1:k^2}$

教科書 p.163

Q2 相似比が $1:3$ である2つの円の面積の比を求めなさい。

ガイド 相似比が $1:3$ だから，2つの円の半径は，r，$3r$ と表せる。
よって，面積の比は，$\pi r^2:\pi\times(3r)^2=\pi r^2:9\pi r^2=1:9$

解答 **1：9**

教科書 p.163

Q3 相似比が $2:3$ である2つの三角形の面積の比を求めなさい。

ガイド 相似比が $2:3$ だから，面積の比は，$2^2:3^2$

解答 **4：9**

教科書 p.163

Q4 $\triangle ABC\backsim\triangle DEF$ で，AB＝6cm，DE＝10cm です。
(1) △ABCと△DEFの相似比と面積の比を求めなさい。
(2) △ABCの面積が 72cm^2 であるとき，△DEFの面積を求めなさい。

ガイド $\triangle ABC\backsim\triangle DEF$ より，対応する辺は辺ABと辺DEである。
(1) 相似比は対応する辺の比である。
(2) △DEFの面積を $x\ \text{cm}^2$ とすると，
$9:25=72:x$，$9x=25\times72$，$x=200$

解答 (1) 相似比……$6:10=\mathbf{3:5}$
面積の比……$3^2:5^2=\mathbf{9:25}$
(2) $\mathbf{200\,cm^2}$

② 相似な立体と表面積

CHECK! 確認したら✓を書こう

教科書の要点

□相似な立体	ある立体を一定の割合で拡大または縮小した立体は，もとの立体と相似であるという。
□相似な立体の表面積の比	相似比が $m:n$ である2つの立体の表面積の比は，$m^2:n^2$ である。

教科書 p.164

考えよう 右の図の2つの立方体の表面にペンキを塗(ぬ)るとき，大きいほうは，小さいほうの何倍の量のペンキが必要だろうか。

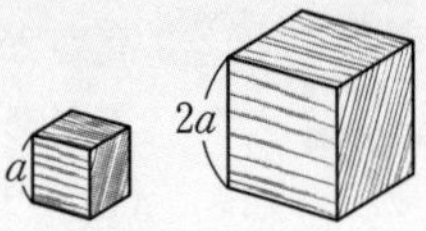
a
2a

ガイド 大きいほうの立方体の表面積は，$6\times 2a\times 2a=24a^2$

小さいほうの立方体の表面積は，$6\times a\times a=6a^2$

よって，$24a^2:6a^2=4:1$

解答 **4倍**

教科書 p.164

Q1 上の図(教科書164ページ)で，立体**ア**の辺ABに対応する立体**イ**の辺をいいなさい。
また，AB＝5cm であるとき，その辺の長さを求めなさい。

ガイド 相似比が1：2だから，対応する辺の長さも1：2である。

解答 対応する辺……**辺A′B′**　辺A′B′の長さ……**10cm**

立体の場合も，
相似な図形の
対応する線分
の比を相似比
というよ。

教科書 p.165

活動1 164ページ(教科書)の図の立体**ア**と**イ**で，相似な立体の表面積の比について調べよう。

(1) 立体**ア**と**イ**で，対応する面，たとえば△ABCと△A′B′C′の面積の比にはどんな関係がありますか。
　また，ほかの面についても同じことがいえますか。

(2) 立体**ア**と**イ**の表面積の比を求めなさい。

ガイド (1) 相似比が1：2だから，対応する面の面積の比は，$1^2:2^2=1:4$ である。

(2) どの面の面積の比も1：4だから，面積を合計したものどうしの比も同じになる。

解答 (1) **1：4の関係がある。　ほかの面も同じことがいえる。**

(2) **1：4**

教科書 p.165

Q2 半径の比が1：4である2つの球の表面積の比を求めなさい。

ガイド 半径の比が1：4であるから，2つの球の半径は，r，$4r$と表せる。

解答 $4\pi r^2:4\pi\times(4r)^2=4\pi r^2:64\pi r^2=$ **1：16**

教科書 p.165

Q3 相似比が2：3である2つの立方体の表面積の比を求めなさい。
また，半径の比が2：3である2つの球の表面積の比を求めなさい。

ガイド 立方体の対応する面積の比は，$2^2:3^2=4:9$

面は6つあるから，表面積の比は，$4\times 6:9\times 6=4:9$

2つの球の半径を$2r$，$3r$とすると，表面積の比は，

$4\pi\times(2r)^2:4\pi\times(3r)^2=4:9$

解答 2つの立方体の表面積の比……**4：9**　2つの球の表面積の比……**4：9**

教科書 p.165

Q4 高さが 8 cmと10cmである相似な 2 つの円柱**ウ**，**エ**があります。

(1) 円柱**ウ**と**エ**の相似比と表面積の比をそれぞれ求めなさい。

(2) 円柱**ウ**の表面積が96πcm^{2}であるとき，円柱**エ**の表面積を求めなさい。

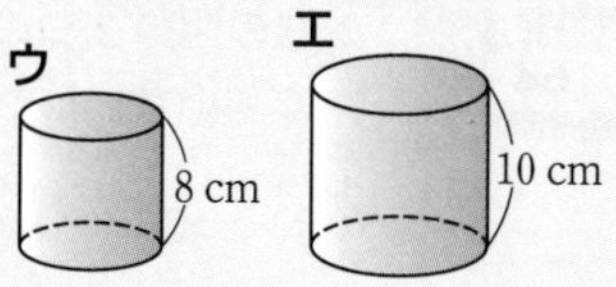

ガイド (2) 円柱**エ**の表面積をx cm^{2}とすると，

$16:25=96\pi:x$，$16x=25\times96\pi$，$x=150\pi$

解答 (1) 相似比……$8:10=\mathbf{4:5}$

表面積の比……$4^2:5^2=\mathbf{16:25}$

(2) **150πcm^2**

教科書 p.165

Q5 表面積の比が 4：9 である相似な 2 つの四角錐（しかくすい）の高さの比を求めなさい。

ガイド 表面積の比が $4:9=2^2:3^2$ だから，相似比は 2：3

高さの比は相似比に等しい。

解答 **2：3**

3 相似な立体の体積

CHECK! 確認したら ✓を書こう

教科書の要点

□相似な立体の体積の比	相似比が $\boldsymbol{m}:\boldsymbol{n}$ である 2 つの立体の体積の比は，$m^3:n^3$ である。

教科書 p.166

考えよう 右の図のような 2 つの立方体がある。
大きいほうの立方体の体積は，小さいほうの立方体の何個分だろうか。

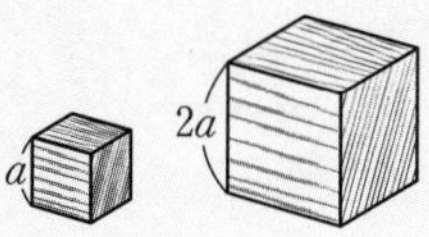

ガイド 大きいほうの立方体の体積は，$2a\times2a\times2a=8a^3$

小さいほうの立方体の体積は，$a\times a\times a=a^3$

よって，$8a^3:a^3=8:1$

解答 8 個分

教科書 p.166

活動1 相似比が $1:k$ である 2 つの直方体**ア**と**イ**の体積V，V'の比について調べよう。

直方体**ア**の縦の長さをa，横の長さをb，高さをcとする。

(1) 直方体**イ**の縦の長さ，横の長さ，高さをそれぞれ求めなさい。

(2) V'をk，a，b，cの式で表しなさい。

(3) **ア**と**イ**の相似比と，体積V，V'の比を比べなさい。

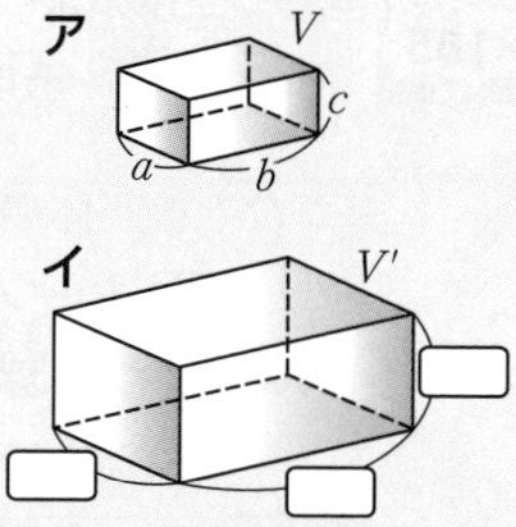

ガイド (2) $V'=ka\times kb\times kc$

(3) 相似比は $a:ka=1:k$ で，体積の比は $abc:k^3abc=1:k^3=1^3:k^3$

解答 (1) 縦の長さ……$\boldsymbol{ka}$　　横の長さ……$\boldsymbol{kb}$　　高さ……$\boldsymbol{kc}$

(2) $\boldsymbol{V'=k^3abc}$

(3) **体積の比は，相似比の 3 乗になっている。**

教科書 p.166

Q1 半径の比が 1：2 である 2 つの球の体積の比を求めなさい。また，半径の比が 2：3 である 2 つの球の体積の比を求めなさい。

解答 半径の比が 1：2 である 2 つの球の半径は，r，$2r$ と表せる。

体積の比は，$\frac{4}{3}\pi r^3:\frac{4}{3}\pi\times(2r)^3=\mathbf{1:8}$

また，半径の比が 2：3 である 2 つの球の半径を，2R，3R と表すと，

体積の比は，$\frac{4}{3}\pi\times(2\mathrm{R})^3:\frac{4}{3}\pi\times(3\mathrm{R})^3=\mathbf{8:27}$

教科書 p.166

Q2 高さが 8 cm と 10 cm である相似な 2 つの円柱**ウ**，**エ**があります。

(1) 円柱**ウ**と**エ**の相似比と体積の比をそれぞれ求めなさい。

(2) 円柱**ウ**の体積が $128\pi\,\mathrm{cm}^3$ であるとき，円柱**エ**の体積を求めなさい。

ガイド (2) 円柱**エ**の体積を $x\,\mathrm{cm}^3$ とすると，

$64:125=128\pi:x$，$64x=125\times128\pi$，$x=250\pi$

解答 (1) 相似比……$8:10=\mathbf{4:5}$

体積の比……$4^3:5^3=\mathbf{64:125}$

(2) $\mathbf{250\pi\,cm^3}$

4節 相似な図形の利用

1 校舎の高さを調べる方法を考えよう

CHECK! 確認したら ✓ を書こう

教科書の要点

□高さを調べる　校舎や木の高さなど，直接測ることが難しいものは，影の長さや鏡の入射角・反射角の性質などを利用して求めることができる。

相似な三角形をつくり，対応する辺の長さの比から高さを求める。

例 右の図で，△ABC ∽ △DEF より，

AC：DF＝BC：EF

$1:x=0.8:12$

$x=15$

木の高さは 15 m

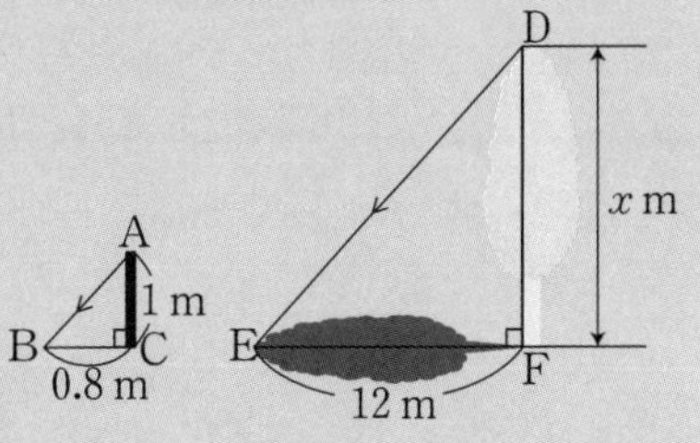

教科書 p.167~168

校舎の高さを直接測らずに求める方法を考えよう。

(1) どのように考えれば，校舎の高さを直接測らずに求められそうですか。

(2) つばささんとマイさんは，影の長さと相似な図形の性質を使って，校舎の高さを求めようと考えました。

2人は，ある時刻にマイさんの影の長さと校舎の影の長さを測って，次のように表しました。

上の図を見て，2人は相似な図形の性質をどのように利用しようとしていると考えられますか。

(3) (2)をもとにして，校舎の高さを求めなさい。

ガイド 右の図のようにA～Fとすると，△ABCと△DEFは相似である。

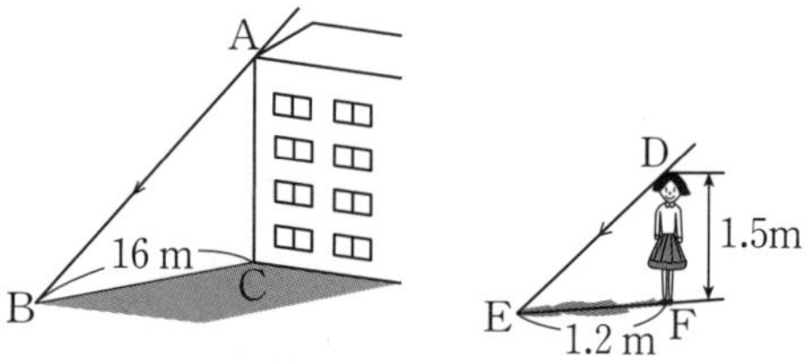

(3) △ABC ∽ △DEF より，

AC：DF＝BC：EF

AC：1.5＝16：1.2

1.2×AC＝1.5×16

AC＝20

解答 (1) (例)校舎の影と人の影を利用して，相似な三角形をつくれば，求められそうである。

(2) 相似な図形の対応する辺の長さの比がすべて等しいことを利用し，比例式をつくり，計算で校舎の高さを求めようとしている。

(3) **20 m**

教科書 p.168

Q1 上の問題で，カルロスさんは，光の進み方の性質と相似な図形の性質を使って，校舎の高さを求めようと考えました。

次の図のように，校舎から25m離(はな)れた水平な地面の上に鏡を置き，校舎と鏡を結ぶ直線上を移動しながら，校舎の屋上が鏡に映って見える位置を調べると，鏡から2m離れたときに，校舎の屋上が見えました。

目の高さを1.6mとして，カルロスさんの考えで，校舎の高さを求めなさい。

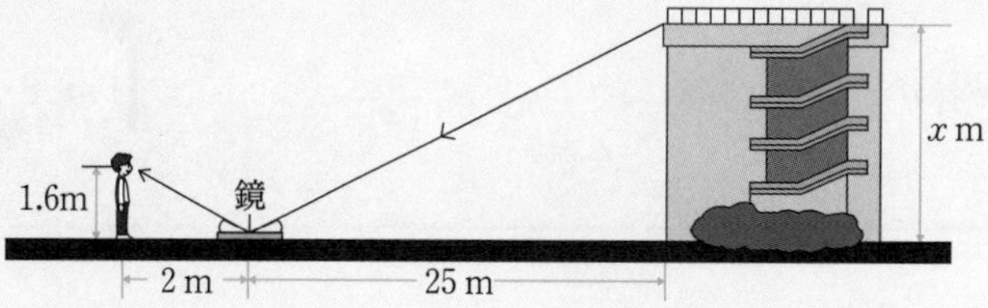

ガイド 右の図のように，2つの相似な三角形の辺の比から，

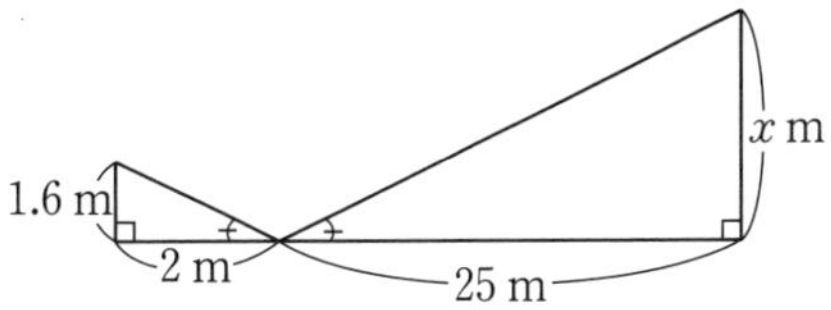

$1.6 : x = 2 : 25$

$2x = 1.6 \times 25$

$x = 20$

解答 **20 m**

② 縮図を使って考えよう

CHECK! 確認したら ✓を書こう

教科書の要点

□縮図の利用 | 直接測ることのできない距離を求めるときは，縮図をかいて，相似比を利用すると，実際の距離が求められる。

例 1000分の1の縮図で表した場合

(実際の距離)：(縮図上の長さ)＝1000：1

よって，(実際の距離)＝(縮図上の長さ)×1000 となる。

教科書 p.169

活動1 直接測ることのできない校舎の両端(りょうたん)に立つ木の間の距離(きょり)を求めよう。

右の図のように，適当な点Oを定めて，OX，OYの距離と∠XOYの大きさを測ったところ，次のようになった。

OX＝24m　OY＝32m　∠XOY＝45°

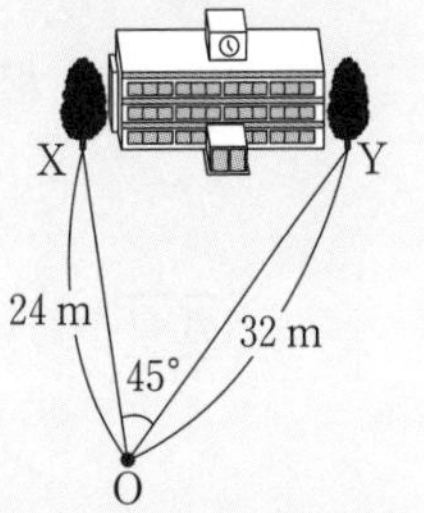

(1) △XOYと相似な△ABCを，相似比を自分で決めて，ノートにかきなさい。

(2) (1)でかいた△ABCの辺の長さを測って，木の間の距離を求めなさい。

ガイド (1) (例)相似比を1000：1とすると，24m→2.4cm，32m→3.2cm

(2) 1000分の1の縮図でかいた三角形の辺の長さを測ると，AC＝2.3cm

よって，XY：2.3＝1000：1より，

XY＝2.3×1000＝2300(cm)

解答 (1) 右の図

(2) **約23m**

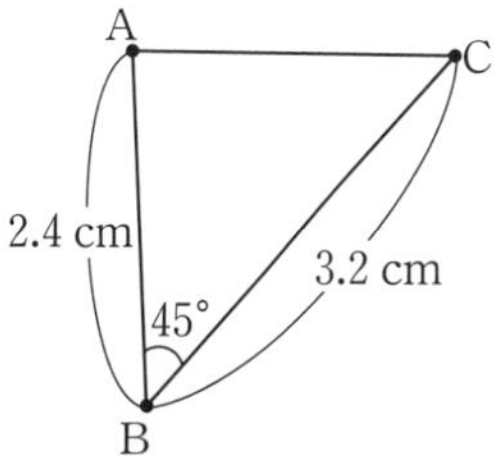

教科書 p.169

Q1 海岸線から沖合(おきあい)に停泊(ていはく)している船が見えます。船から海岸線までの距離を調べるために，50m離れた2地点A，Bから船を見る角度を測ったところ，それぞれ60°，45°でした。縮図をかいて，船から海岸線までの距離を求めなさい。

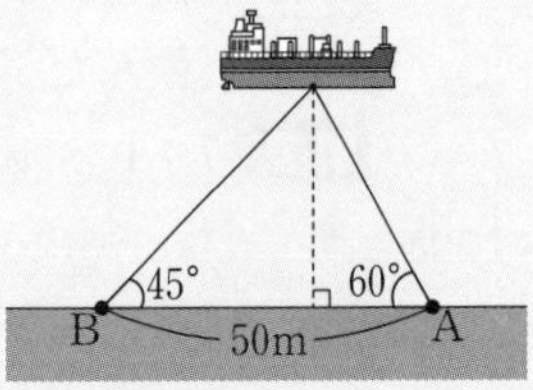

ガイド (例)1000分の1の縮図をかくと，右の図のようになる。縮図上の船から海岸線までの長さを測ると，3.2 cm
よって，実際の船から海岸線までの距離を x cmとすると，

$x：3.2=1000：1$ より，

$x=3.2\times1000=3200$ (cm)

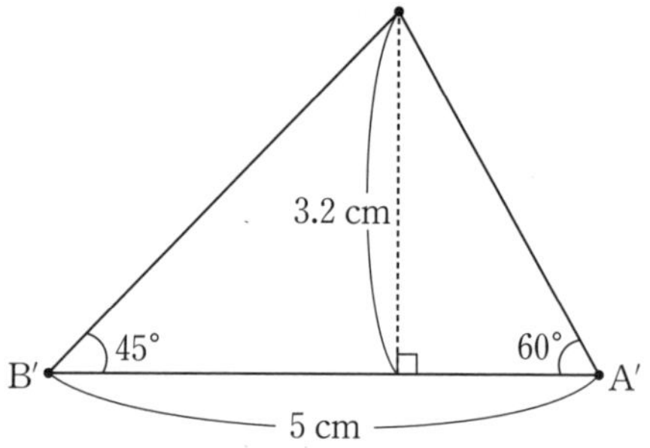

解答 縮図は右の図　　**約32 m**

③ 相似を利用して身のまわりのものの体積を求めよう

教科書 p.170

活動1 右の図のようなグラスの上の部分に，半分の深さまでジュースが入っている。
グラスの上の部分を円錐(えんすい)状の容器とみて，次の(1)〜(3)に答えなさい。

(1) この容器の容積を求めなさい。

(2) ジュースが入っている部分と容器は相似です。
相似比をいいなさい。

(3) 容器に入っているジュースの体積を求めなさい。

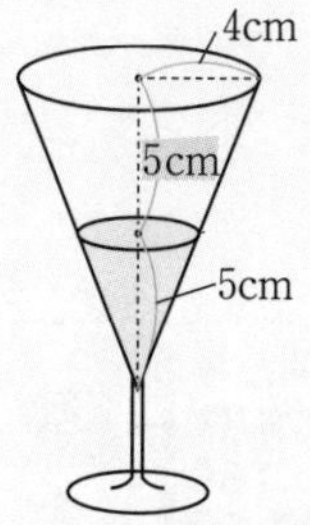

ガイド (1) (円錐の体積) $=\dfrac{1}{3}\times$(底面積)$\times$(高さ)だから，

$$\frac{1}{3}\times\pi\times4^2\times(5+5)=\frac{160}{3}\pi$$

(2) 深さ(高さ)の比が相似比になる。$5：(5+5)=5：10=1：2$

(3) 相似比が $1：2$ なので，体積の比は $1^3：2^3=1：8$ である。
求めるジュースの体積を x cm^3 とすると，

$$x：\frac{160}{3}\pi=1：8,\ 8x=\frac{160}{3}\pi,\ x=\frac{20}{3}\pi$$

解答 (1) $\boldsymbol{\dfrac{160}{3}\pi}$**cm**^{3}　　(2) **1：2**　　(3) $\boldsymbol{\dfrac{20}{3}\pi}$**cm**^{3}

教科書 p.170

Q1 活動1 のグラスにジュースが満杯(まんぱい)になるまで入れ，半分の深さになるまで飲みました。
飲んだジュースの体積と，残りのジュースの体積の比を求めなさい。

ガイド (満杯のジュースの体積)：(残りのジュースの体積) $=8：1$ だから，
(飲んだジュースの体積)：(残りのジュースの体積) $=(8-1)：1=7：1$

解答 **7：1**

体積を求めなくても，
比はわかるね。

教科書 p.170

Q2 ある店では，右(教科書170ページ)のように，直径12cmと直径18cmの２つのサイズのチーズケーキを売っている。２つのチーズケーキを相似な円柱とみて，次の(1)，(2)に答えなさい。

(1)　２つのチーズケーキの体積の比を求めなさい。

(2)　2400円持っているとき，多く食べられるのは，次のどちらの場合ですか。

　ア　直径12cmのチーズケーキを３個買う。

　イ　直径18cmのチーズケーキを１個買う。

ガイド (1)　相似比は，$12:18=2:3$

(2)　**ア**と**イ**の体積の比は，**ア**：**イ**$=(8\times3):(27\times1)=24:27$

解答 (1)　$2^3:3^3=\mathbf{8:27}$　　(2)　**イ**

5章をふり返ろう

教科書 p.171

1 右の図で，AB，EF，CDは平行です。
次の(1)，(2)に答えなさい。

(1)　△ABEと相似(そうじ)な三角形をいいなさい。
　また，その相似比を求めなさい。

(2)　BF，EFの長さを求めなさい。

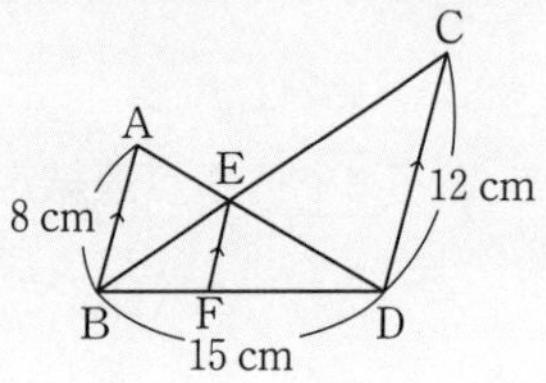

ガイド (1)　△ABEと△DCEで，

AB∥CDより，∠ABE＝∠DCE　……①

∠BAE＝∠CDE　……②

①，②から，２組の角がそれぞれ等しいので，△ABE∽△DCE

よって，$AB:DC=8:12=2:3$

(2)　EF∥CDと(1)より，$BF:FD=BE:EC=AB:DC=2:3$

$BF:BD=2:(2+3)=2:5$

BD＝15cmより，$BF:15=2:5$，$5BF=30$，$BF=6$

また，$EF:CD=BF:BD=2:5$

CD＝12cmより，$EF:12=2:5$，$5EF=24$，$EF=\dfrac{24}{5}$

解答 (1)　**△DCE**　　相似比……**2：3**

(2)　$\mathbf{BF=6cm}$，$\mathbf{EF=\dfrac{24}{5}cm}$

教科書 p.171

2 右の図のように，長方形ABCDの紙を，頂点Cが辺AD上にくるように折ります。このときの折り目の線分をBPとするとき，

　△ABE∽△DEP

であることを証明しなさい。

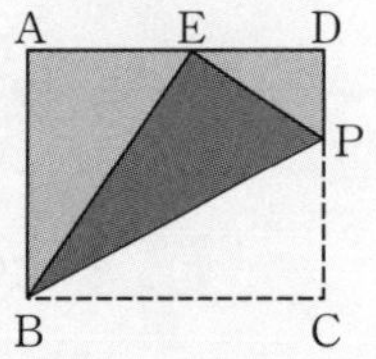

ガイド 2組の角がそれぞれ等しいことを導く。

解答 △ABEと△DEPで,

$\angle A = \angle D (= 90^\circ)$ ……①

$\angle AEB + \angle BEP + \angle PED = 180^\circ$ より,

$\angle AEB = 180^\circ - \angle BEP - \angle PED$

$= 180^\circ - 90^\circ - \angle PED = 90^\circ - \angle PED$ ……②

△DEPの内角の和は180°だから,

$\angle DPE = 180^\circ - \angle D - \angle PED = 180^\circ - 90^\circ - \angle PED = 90^\circ - \angle PED$ ……③

②,③から,$\angle AEB = \angle DPE$ ……④

①,④から,2組の角がそれぞれ等しいので,$\triangle ABE \backsim \triangle DEP$

教科書 p.171

3 四角形ABCDで,辺AD,BC,対角線BD,ACの中点を,それぞれP,Q,M,Nとします。四角形PMQNはどんな四角形ですか。

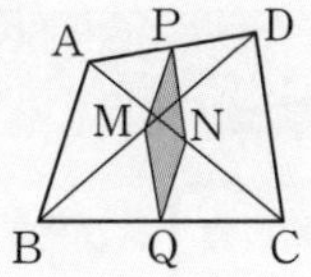

ガイド 中点連結定理を使って,四角形PMQNの辺の長さや位置関係を調べる。

△ABCで,中点連結定理より,$NQ = \frac{1}{2}AB$,$NQ /\!/ AB$ ……①

△ABDで,中点連結定理より,$PM = \frac{1}{2}AB$,$PM /\!/ AB$ ……②

①,②から,$NQ = PM$,$NQ /\!/ PM$

よって,1組の対辺が平行で等しいので,四角形PMQNは平行四辺形である。

解答 **平行四辺形**

教科書 p.171

4 右の図のように,円錐(えんすい)の母線OA上にOB:BA=4:1となる点Bがあります。この円錐を,点Bを通り底面に平行な平面で切り,2つの立体に分けます。
もとの円錐の体積が500π cm³のとき,切ってできた2つの立体は,どちらが何cm³大きいですか。

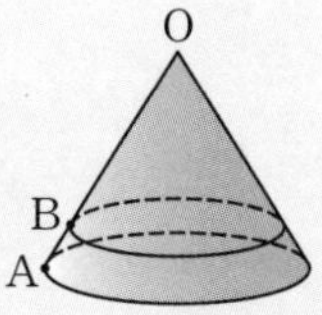

ガイド 切ってできた上の部分は円錐だから,もとの円錐との相似比は,

$4:(4+1) = 4:5$

切ってできた円錐ともとの円錐の体積の比は,$4^3 : 5^3 = 64 : 125$

切ってできた円錐の体積をx cm³とすると,

$x : 500\pi = 64 : 125$,$125x = 500\pi \times 64$,$x = 256\pi$

切ってできた残りの立体の体積は,$500\pi - 256\pi = 244\pi$

よって,ちがいは,$256\pi - 244\pi = 12\pi$

解答 **上の円錐のほうが下の立体より12πcm³大きい。**

教科書 p.171 学びのふり返り **5** 身のまわりで相似が利用されている場面を探して，相似であることのよさを考えてみましょう。

解答 (例) 料理に使うボウル…重ねて収納できる。
地球儀…面積の大小関係や方位が正しく表される。
日本地図…日本の形がよくわかる。
ほかにもいろいろ探してみよう。

力をのばそう

教科書 p.172 **1** 次の写真(教科書172ページ)は利尻山(りしりざん)です。海面からの高さを1700mとするとき，2地点X，Y間の実際の距離(きょり)を求めなさい。

ガイド 教科書の図で測ると，海面から頂上までの長さは1.2cm，X，Y間の長さは10cm
利尻山の実際の高さは1700m＝170000cmだから，実際のX，Y間の距離を$x$cmとすると，$170000:1.2=x:10$，$1.2x=1700000$，$x=1416666.6\cdots$(cm)

解答 **約14000m**

教科書 p.172 **2** 右の図の△ABCは，AB＝AC＝2cmの二等辺三角形です。
∠ABCの二等分線と辺ACとの交点をDとすると，AD＝BD＝BCになりました。
次の(1)，(2)に答えなさい。
(1) ∠BACの大きさを求めなさい。
(2) BCの長さを求めなさい。

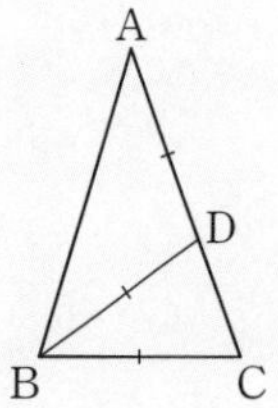

ガイド (1) ∠BACの大きさをa°とすると，AD＝BDより，∠ABD＝a°
△ABDの内角と外角の関係から，
∠BDC＝$2a^\circ$
BD＝BCより，∠ACB＝∠BDC＝$2a^\circ$
AB＝ACより，∠ABC＝∠ACB＝$2a^\circ$
よって，△ABCの内角の和は180°より，
$a+2a+2a=180$，$5a=180$，$a=36$

(2) 三角形の角の二等分線と比の定理より，BA：BC＝AD：CD
BC＝AD＝$x$cmとすると，
$2:x=x:(2-x)$，$x^2=2(2-x)$，$x^2+2x-4=0$，
$$x=\frac{-2\pm2\sqrt{5}}{2}=-1\pm\sqrt{5}$$
$x>0$だから，$x=-1+\sqrt{5}$

解答 (1) **36°**　　(2) **$-1+\sqrt{5}$(cm)**

5章

教科書 p.172

3 右の図の▱ABCDで，辺ADの中点をP，CQ：QD＝1：2となる辺CD上の点をQとします。また，半直線BCと半直線AQの交点をR，BPとAQの交点をSとします。このとき，次の(1)〜(3)の比をそれぞれ求めなさい。

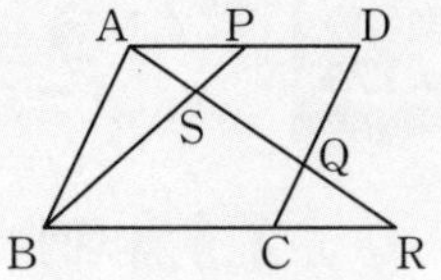

(1) AS：RS　　(2) △ASP：△RSB　　(3) △RQC：△ASP

ガイド (1) 三角形と比の定理を利用する。

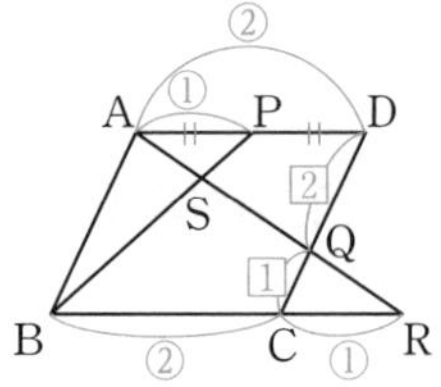

AD∥BR より，△AQD∽△RQC

AD＝BC より，

RC：CB＝RC：AD＝CQ：DQ＝1：2

また，△ASP∽△RSB より，

AS：RS＝AP：RB＝1：(1＋2)＝1：3

(2) 相似な三角形の面積の比を利用する。

(1)より，△ASPと△RSBの相似比は1：3

よって，面積の比は $1^2:3^2=1:9$

(3) 相似な三角形の面積の比と，高さが等しい三角形の面積の比は底辺の比に等しいことを利用する。

△RQCと△RABの相似比は，RC：RB＝1：3

よって，面積の比は1:9だから，△RQCの面積を s とすると，△RAB＝$9s$

(1)より，AS：RS＝1：3で，AS：AR＝1：4だから，

$$\triangle ASB=\frac{1}{4}\triangle RAB=\frac{9}{4}s$$

△ASP∽△RSB より，PS：BS＝AS：RS＝1：3だから，

$$\triangle ASP=\frac{1}{3}\triangle ASB=\frac{1}{3}\times\frac{9}{4}s=\frac{3}{4}s$$

よって，$\triangle RQC:\triangle ASP=s:\frac{3}{4}s=4:3$

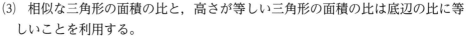

解答 (1) **1：3**　　(2) **1：9**　　(3) **4：3**

活用・探究 つながる・ひろがる・数学の世界

教科書 p.173

パスタメジャーを作ろう

調理器具を図形とみると，相似の関係になっているものが多くあります。

次の写真(教科書173ページ)のように，穴にパスタを通してパスタの量をはかるパスタメジャーという道具があります。パスタメジャーの穴は円なので，相似の関係になっています。

(1) パスタメジャーの1人前の穴の直径が2cmのとき，3人前や$\frac{1}{2}$人前の量をはかる穴をあけるには，それぞれの穴の直径を何cmにすればよいか考えてみましょう。

ガイド (1) 3人前は穴の面積が1人前の3倍になればよいので，面積の比が1：3

よって，穴の直径の比は，$\sqrt{1}:\sqrt{3}=1:\sqrt{3}$

1人前の穴の直径が2 cmだから，3人前の穴の直径を x cmとすると，
$1:\sqrt{3}=2:x$，$x=2\sqrt{3}$

同様に，1人前の穴と $\frac{1}{2}$ 人前の穴の直径の比は，$\sqrt{1}:\sqrt{\frac{1}{2}}=1:\frac{\sqrt{2}}{2}$

$\frac{1}{2}$ 人前の穴の直径を y cmとすると，$1:\frac{\sqrt{2}}{2}=2:y$，$y=\sqrt{2}$

解答 (1)　3人前……$\mathbf{2\sqrt{3}}$ **cm**　　$\frac{1}{2}$ 人前……$\mathbf{\sqrt{2}}$ **cm**

MATHFUL 図形　三角形の重心 発展

教科書 p.174

1 右の図の△ABCで，辺BCの中点をD，辺ACの中点をE，2本の中線ADとBEの交点をGとします。
AG：GDが2：1になることを，中点連結定理を使って証明しましょう。

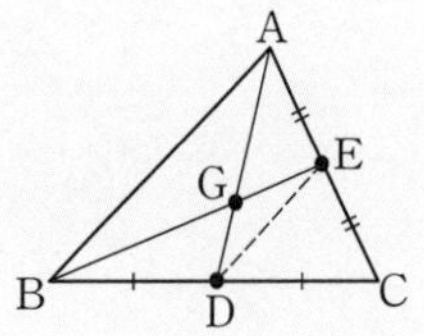

2 右の図の△ABCで，辺BCの中点をD，辺ABの中点をF，2本の中線ADとCFの交点をG′とします。
AG′：G′Dが2：1になることを，中点連結定理を使って証明しましょう。

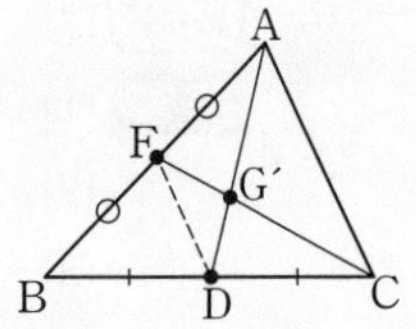

解答 1　△ABCで，CE＝EA，CD＝DBだから，中点連結定理より，
ED∥AB　……①
$\mathrm{ED}=\frac{1}{2}\mathrm{AB}$　……②
△ABGと△DEGで，①から，平行線の錯角だから，
∠GAB＝∠GDE　……③
∠GBA＝∠GED　……④
③，④から，2組の角がそれぞれ等しいので，△ABG∽△DEG
対応する辺だから，AG：DG＝AB：DE　……⑤
②，⑤から，AG：GD＝2：1

2　△ABCで，BF＝FA，BD＝DCだから，中点連結定理より，
FD∥AC　……①
$\mathrm{FD}=\frac{1}{2}\mathrm{AC}$　……②
△ACG′と△DFG′で，①から，平行線の錯角だから，
∠G′AC＝∠G′DF　……③
∠G′CA＝∠G′FD　……④
③，④から，2組の角がそれぞれ等しいので，△ACG′∽△DFG′
対応する辺だから，AG′：DG′＝AC：DF　……⑤
②，⑤から，AG′：G′D＝2：1

6章 円

教科書 p.177

円周上に点をとってできる角の大きさを調べよう WEB

円周上に点をとってできる角には，どのような性質があるでしょうか。

(1) 右の図の円Oで，$\overset{\frown}{AB}$を決め，$\overset{\frown}{AB}$を除いた円周上に点Pをとって，∠APBをつくりました。
点Pの位置をいろいろ変えて，∠APBの大きさを測りましょう。

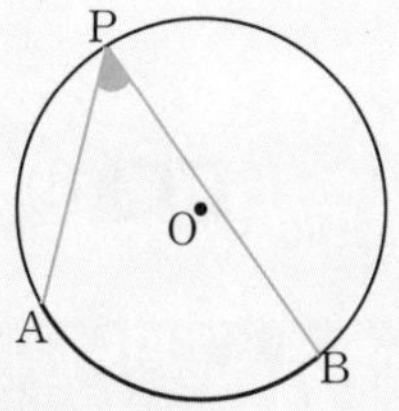

(2) 右の図(教科書177ページ)の円Oで，$\overset{\frown}{AB}$を自分で決めて，(1)と同じように∠APBをつくりなさい。
また，点Pの位置をいろいろ変えて，∠APBの大きさを測りましょう。

(3) (1)，(2)で，∠APBと∠AOBの大きさの関係は，それぞれどのようになっていますか。

ガイド (3) ∠AOBを測ると，100°である。

解答 (1) 点Pをどこにとっても，**∠APB＝50°**

(2) 省略

(3) **(1)でも(2)でも，∠APBの大きさは，∠AOBの大きさの半分になっている。**
(∠AOBの大きさは，∠APBの大きさの2倍になっている。)

1節 円周角の定理

1 円周角の定理

CHECK! 確認したら✓を書こう

教科書の要点

□円周角　円Oの$\overset{\frown}{AB}$の両端A，Bと，$\overset{\frown}{AB}$を除いた円周上の点Pを結んでできる∠APBを，$\overset{\frown}{AB}$に対する円周角(えんしゅうかく)という。

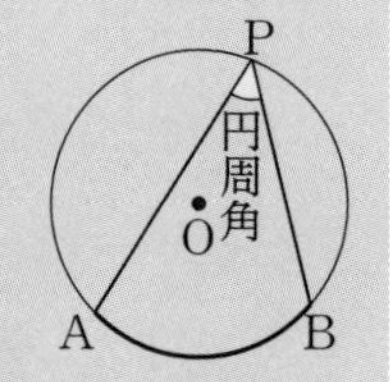

□弧　$\overset{\frown}{AB}$を∠APBに対する弧という。

□円周角の定理　**定理** 円周角と中心角について，次の性質が成り立つ。

1　1つの弧に対する円周角の大きさは，その弧に対する中心角の大きさの半分である。

$$\angle APB = \frac{1}{2}\angle AOB$$

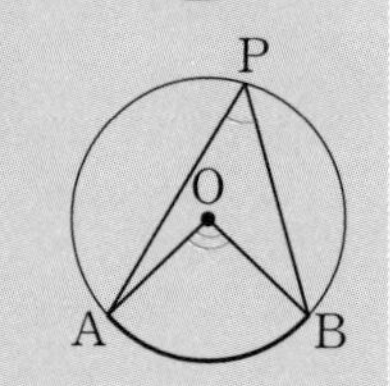

2　1つの弧に対する円周角の大きさは等しい。

□半円の弧に対する円周角　半円の弧に対する円周角は，中心角180°の半分だから，直角である。つまり，△ABPは直角三角形になる。

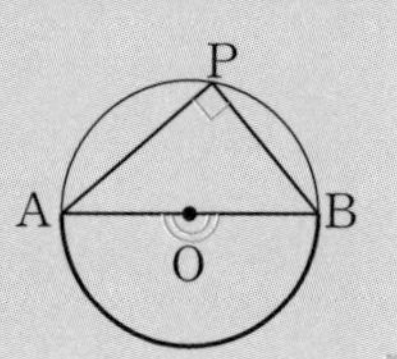

教科書 p.179

活動1 「1つの弧に対する円周角の大きさは，その弧に対する中心角の大きさの半分である」ことを証明しよう。

(1) 中心Oが$\angle APB$の辺上にある場合(ア)について，つばささんは，次のように証明しました。

つばささんの考え

$\angle AOB=\angle P+\angle A$ ……①

$=\angle P+\angle P$ ……②

$=2\angle P$

したがって，$\angle P=\frac{1}{2}\angle AOB$

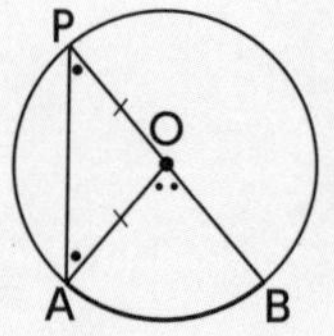

①，②がいえるのはなぜですか。

(2) 中心Oが$\angle APB$の内部にある場合(イ)について，右の図を使って次の手順で証明しなさい。

❶ 点Pと中心Oを結んだ直線と$\overset{\frown}{AB}$との交点をCとする。

❷ △OAPと△OBPに着目して，$\angle APB=\frac{1}{2}\angle AOB$を示す。

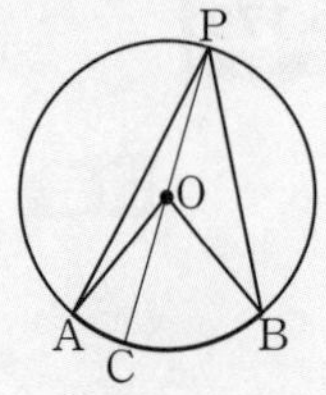

(3) 中心Oが$\angle APB$の外部にある場合(ウ)について，右の図を使って証明しなさい。

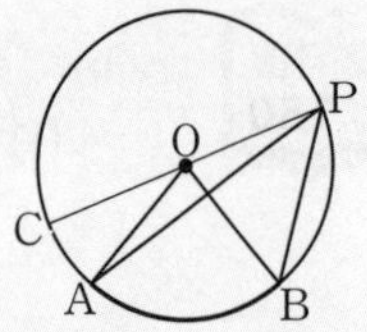

解答 (1) **①三角形の1つの外角は，それととなり合わない2つの内角の和に等しいから。**

②△OPAはOP＝OAの二等辺三角形より，底角は等しいから。

(2) ❶ 点Pと中心Oを結んだ直線と$\overset{\frown}{AB}$との交点をCとする。

❷ △OAPで，$OP=OA$だから，$\angle OPA=\angle OAP$

よって，$\angle AOC=2\angle OPA$

したがって，$\angle OPA=\frac{1}{2}\angle AOC$

つまり，$\angle APC=\frac{1}{2}\angle AOC$ ……①

△OBPで，$OP=OB$だから，$\angle OPB=\angle OBP$

よって，$\angle BOC=2\angle OPB$

したがって，$\angle OPB=\frac{1}{2}\angle BOC$

つまり，$\angle BPC=\frac{1}{2}\angle BOC$ ……②

①，②から，$\angle APB=\angle APC+\angle BPC=\frac{1}{2}\angle AOC+\frac{1}{2}\angle BOC$

$=\frac{1}{2}(\angle AOC+\angle BOC)=\frac{1}{2}\angle AOB$

(3) 点Pと中心Oを結んだ直線と円周との交点をCとする。(2)と同様にして，

$\angle APC=\dfrac{1}{2}\angle AOC$ ……①

$\angle BPC=\dfrac{1}{2}\angle BOC$ ……②

①，②から，$\angle APB=\angle BPC-\angle APC$

$=\dfrac{1}{2}\angle BOC-\dfrac{1}{2}\angle AOC$

$=\dfrac{1}{2}(\angle BOC-\angle AOC)$

$=\dfrac{1}{2}\angle AOB$

教科書 p.179

Q1 活動1 から，「1つの弧に対する円周角の大きさは等しい」ことも証明されたことになります。それはなぜですか。

解答 **1つの弧に対する円周角の大きさは，円周角に対して円の中心がどの位置にあっても，その弧に対する中心角の $\dfrac{1}{2}$ の大きさであるから。**

教科書 p.180

たしかめ 1 次の図で，x の値(あたい)を求めなさい。

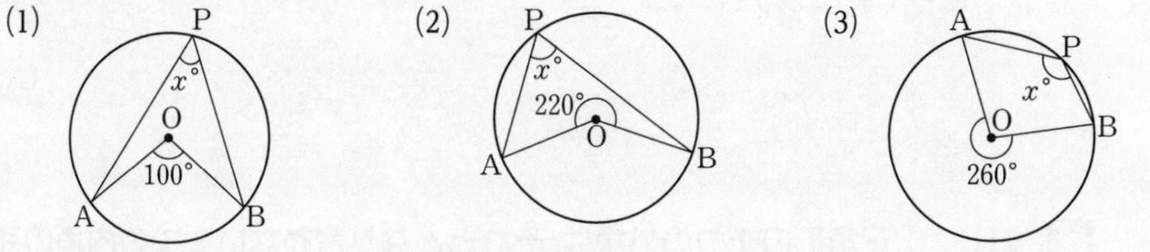

ガイド 1つの弧に対する円周角の大きさは，その弧に対する中心角の大きさの半分である。求める円周角に対する中心角がどこの角か，図をよく見ること。

解答 (1) $x=\dfrac{1}{2}\times100=\mathbf{50}$

(2) $x=\dfrac{1}{2}\times(360-220)=\dfrac{1}{2}\times140=\mathbf{70}$

(3) $x=\dfrac{1}{2}\times260=\mathbf{130}$

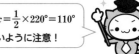

(2) $\angle x=\dfrac{1}{2}\times220°=110°$ としないように注意！

教科書 p.181

Q2 次の図で，x の値を求めなさい。

(1)

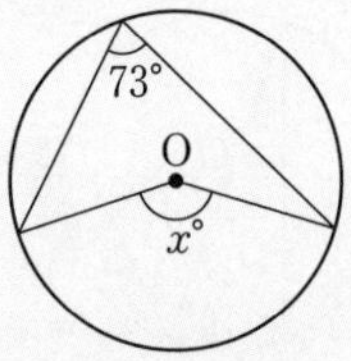

(2)

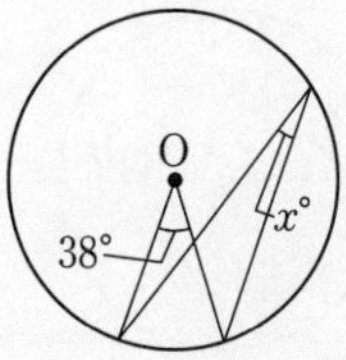

(3)

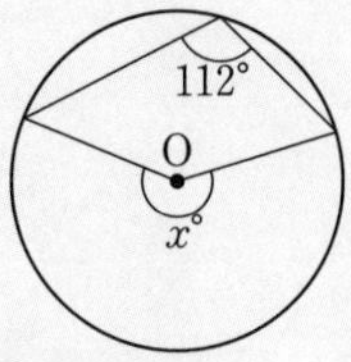

(4)

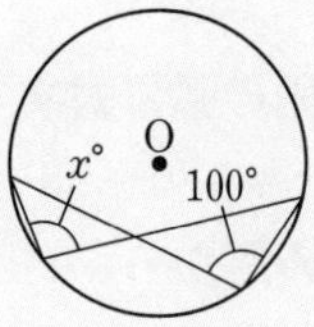

プラス・ワン (1)

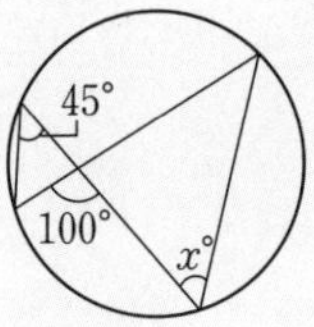

(2)

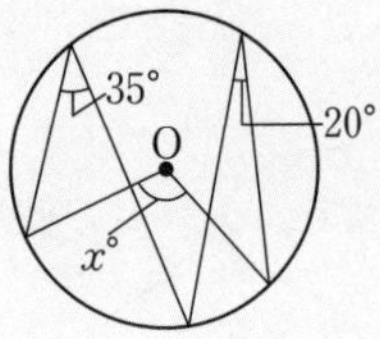

ガイド　1つの弧に対する円周角の大きさは等しく，その弧に対する中心角の大きさの半分である。

(1)　$x=2\times73=146$

(2)　$x=\frac{1}{2}\times38=19$

(3)　$x=2\times112=224$

(4)　同じ弧に対する円周角だから，$x=100$

プラス・ワン

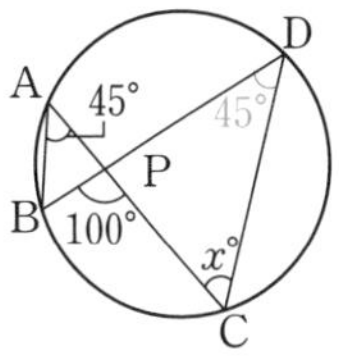

(1)　右の図で，$\angle BDC=\angle BAC=45°$

$\triangle PCD$の内角と外角の関係より，

$\angle PDC+\angle PCD=100°$

$x=100-45=55$

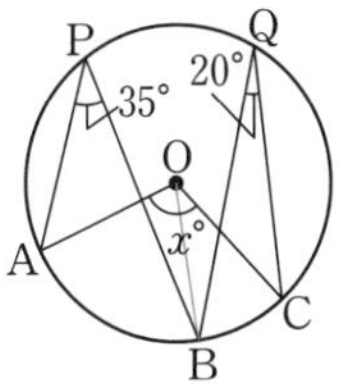

(2)　右の図で，$\angle AOB=2\times\angle APB=2\times35°=70°$

$\angle BOC=2\times\angle BQC=2\times20°=40°$

$x=70+40=110$

解答 (1)　$\boldsymbol{x=146}$　　(2)　$\boldsymbol{x=19}$

(3)　$\boldsymbol{x=224}$　　(4)　$\boldsymbol{x=100}$

プラス・ワン (1)　$\boldsymbol{x=55}$　　(2)　$\boldsymbol{x=110}$

教科書 p.181

Q3 次の図で，x の値を求めなさい。

(1)

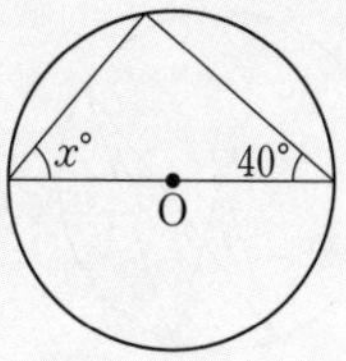

(2)

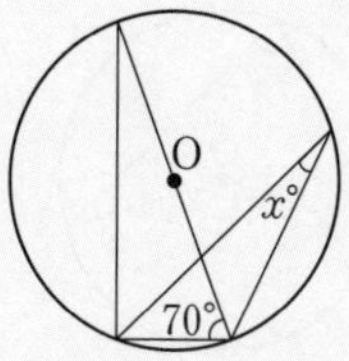

ガイド (1)　半円の弧に対する円周角は直角だから，

$x=180-90-40=50$

(2)　右の図から，$x+70+90=180$

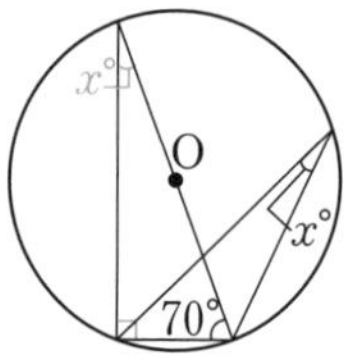

解答 (1)　$\boldsymbol{x=50}$　　(2)　$\boldsymbol{x=20}$

教科書 p.181

Q4 次の図で，x，y の値を求めなさい。

(1)

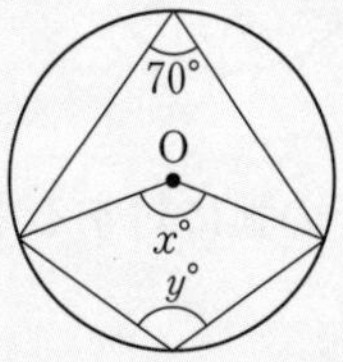

(2)

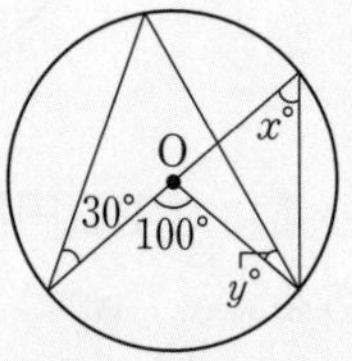

ガイド (1)　$x=2\times70=140$

$y=\dfrac{1}{2}\times(360-x)=\dfrac{1}{2}\times(360-140)=\dfrac{1}{2}\times220=110$

(2)　右の図で，$x=\dfrac{1}{2}\times100=50$

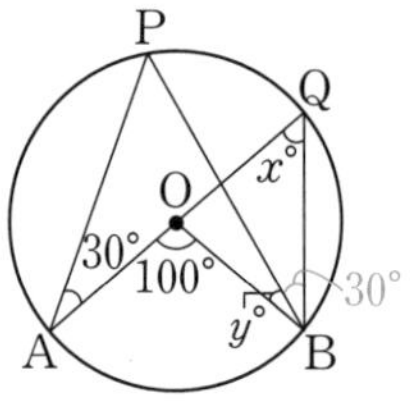

$\angle QBP=\angle QAP=30°$

$\angle OQB+\angle OBQ=100°$

$\angle OQB+\angle OBP+\angle QBP=100°$

よって，$x+y+30=100$

$50+y+30=100$

$y=20$

解答 (1)　$\boldsymbol{x=140,\ y=110}$　　(2)　$\boldsymbol{x=50,\ y=20}$

② 弧と円周角

CHECK! 確認したら✓を書こう

教科書の要点

□弧と円周角

定理 1つの円で，次のことが成り立つ。

1 円周角の大きさが等しいならば，それに対する弧の長さは等しい。

2 弧の長さが等しいならば，それに対する円周角の大きさは等しい。

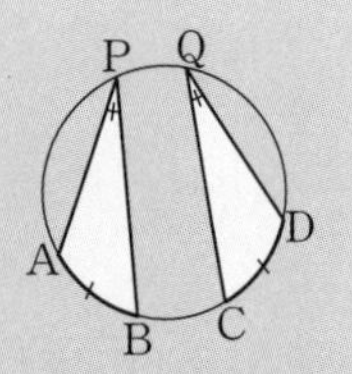

□弧の長さと円周角の関係

1 円周角の大きさは，それに対する弧の長さに比例する。

2 弧の長さは，それに対する円周角の大きさに比例する。

例 右の図で，$\angle CQD = 2\angle APB$ ならば，$\overset{\frown}{CD} = 2\overset{\frown}{AB}$

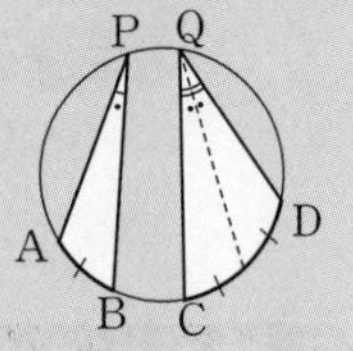

教科書 p.182

活動1 右の図で，$\overset{\frown}{AB}$，$\overset{\frown}{CD}$ と，それぞれの円周角 $\angle APB$，$\angle CQD$ の関係を調べよう。

(1) $\angle APB = \angle CQD$ ならば，$\overset{\frown}{AB} = \overset{\frown}{CD}$ であることを説明しなさい。

(2) $\overset{\frown}{AB} = \overset{\frown}{CD}$ ならば，$\angle APB = \angle CQD$ であることを説明しなさい。

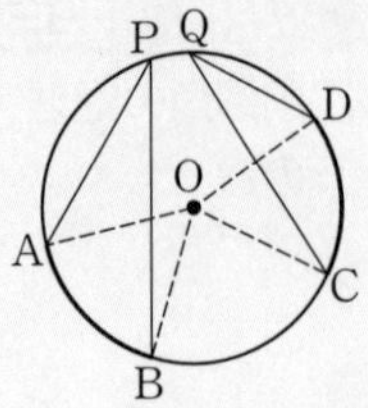

解答 (1) $\angle APB = \frac{1}{2}\angle AOB$，$\angle CQD = \frac{1}{2}\angle COD$

$\angle APB = \angle CQD$ だから，$\frac{1}{2}\angle AOB = \frac{1}{2}\angle COD$ より，$\angle AOB = \angle COD$

中心角の大きさが等しいので，$\overset{\frown}{AB} = \overset{\frown}{CD}$

(2) $\overset{\frown}{AB} = \overset{\frown}{CD}$ より，$\angle AOB = \angle COD$

円周角の大きさは中心角の大きさの半分なので，$\angle APB = \angle CQD$

教科書 p.183

Q1 次の図で，x の値を求めなさい。

(1)

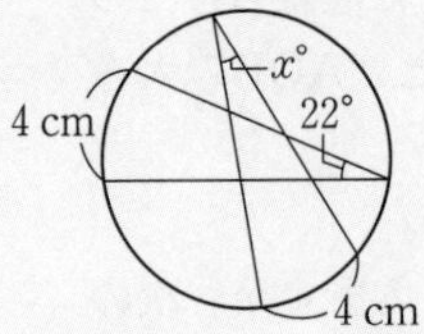

(2)

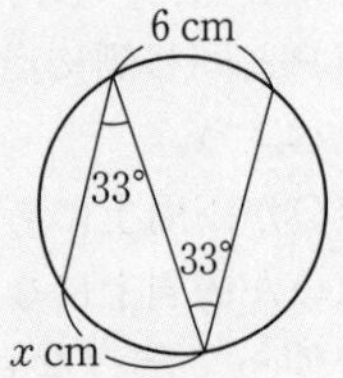

ガイド (1) 弧の長さが等しいので，円周角の大きさも等しい。

(2) 円周角の大きさが等しいので，弧の長さも等しい。

解答 (1) $x = 22$　　(2) $x = 6$

教科書 p.183

Q2 次の図で，xの値を求めなさい。

(1)

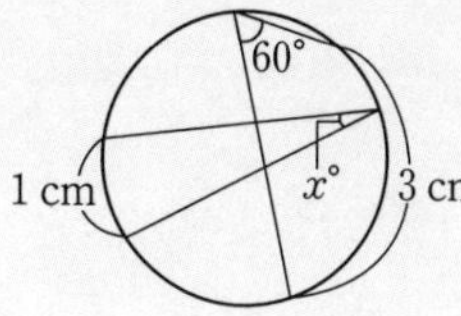

(2)

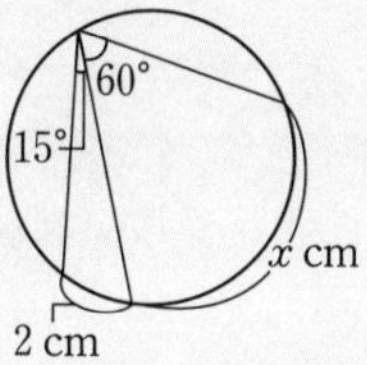

(3)

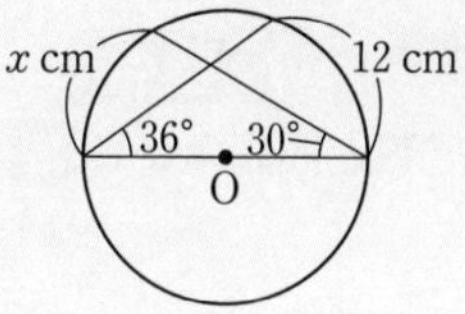

ガイド 弧の長さと円周角の大きさが比例することを利用する。

解答 (1) $1:3=x:60$，$3x=60$，$\boldsymbol{x=20}$

(2) $2:x=15:60$，$15x=2\times60$，$\boldsymbol{x=8}$

(3) $x:12=30:36$，$36x=12\times30$，$\boldsymbol{x=10}$

3 円周角の定理の逆

CHECK! 確認したら✓を書こう

教科書の要点

□円周角の定理の逆

定理 2点P，Qが直線ABの同じ側にあって，
∠APB＝∠AQB
ならば，4点A，B，P，Qは，1つの円周上にある。

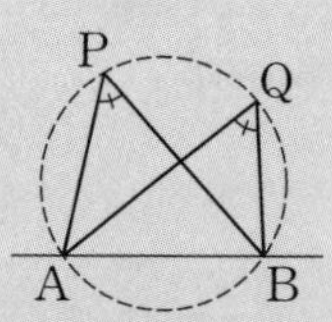

教科書 p.184

? 三角定規を2本のピンに当てながら動かすと，頂点Pはどのような線上を動くだろうか。WEB

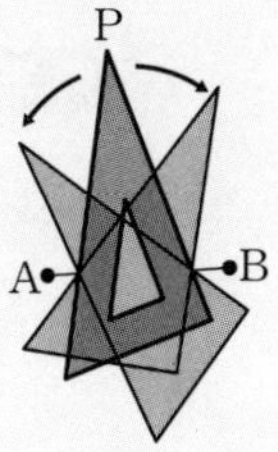

解答 頂点Pは，**頂点Pと2点A，Bを通る円の周上を通る。**

教科書 p.184

活動1 円周上に3点A，B，Pがある。右の図のように直線ABについて点Pと同じ側に点Qをとるとき，∠APBと∠AQBの大きさを比べよう。

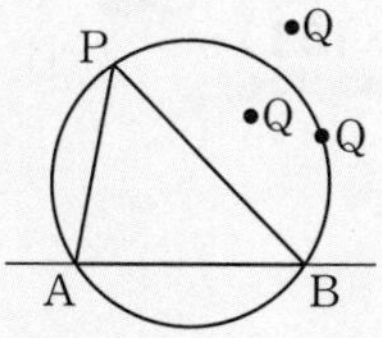

(1) 点Qが円周上にある場合はどうなりますか。

(2) 点Qが円周上にない場合はどんなことがいえますか。次の図を使って調べなさい。ただし，直線AQと円Oとの交点をQ′とします。

点Qが円の内部にある場合

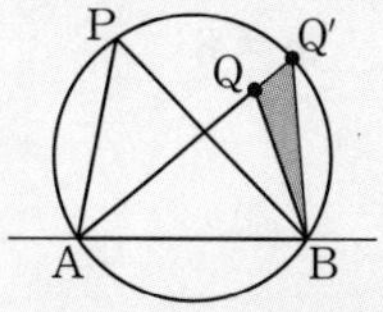

∠APB □ ∠AQB

点Qが円の外部にある場合

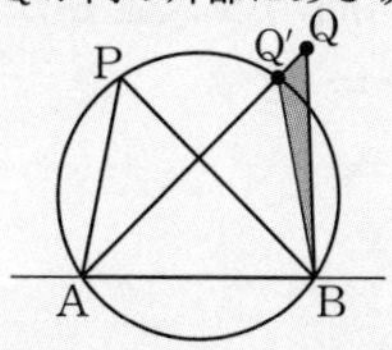

∠APB □ ∠AQB

ガイド (1) ∠APBも∠AQBも $\overset{\frown}{AB}$ に対する円周角になる。

(2) 実際に測って調べてみる。

解答 (1) **∠APB＝∠AQB**

(2) **左の図……∠APB＜∠AQB　　右の図……∠APB＞∠AQB**

参考 (2)は，三角形の内角と外角の性質を使うと，次のようにいえる。

・点Qが円の内部にある場合

円周角の定理より，　∠APB＝∠AQ'B……①

△BQQ'の内角と外角の性質より，　∠AQB＝∠AQ'B＋∠QBQ'……②

①，②より，　∠APB＜∠AQB

・点Qが円の外部にある場合

円周角の定理より，　∠APB＝∠AQ'B……③

△BQQ'の内角と外角の性質より，　∠AQB＝∠AQ'B－∠QBQ'……④

③，④より，　∠APB＞∠AQB

教科書 p.185

 Q1 次のア〜エのうち，4点A，B，C，Dが1つの円周上にあるものはどれですか。

ア 　イ 　ウ 　エ

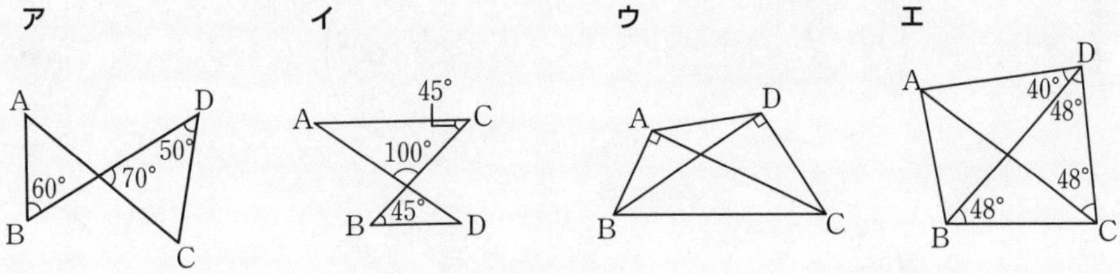

ガイド ア　右の図で，△CODの内角の和が180°より，

∠OCD＝180°－(70°＋50°)＝60°

よって，∠ACD(∠OCD)＝∠ABD(＝60°)

イ　右の図で，△AOCの内角の和が180°より，

∠OAC＝180°－(100°＋45°)＝35°

よって，∠DAC(∠OAC)≠∠DBC

ウ　∠BAC＝∠BDC(＝90°)である。

エ　△DACの内角の和が180°であることより，

∠DAC＝180°－(48°＋48°＋40°)＝44°

よって，∠DAC≠∠DBCである。

別解 △DBCの内角の和より，

∠ACB＝180°－(48°＋48°＋48°)＝36°

よって，∠ACB≠∠ADBである。

円周角の定理の逆を使おう。

解答 **ア，ウ**

6章

1節

円周角の定理

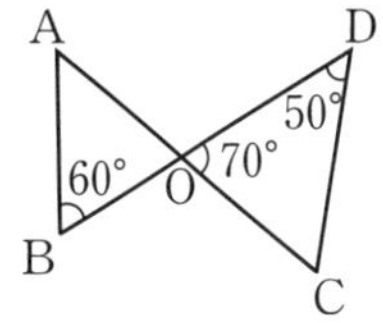

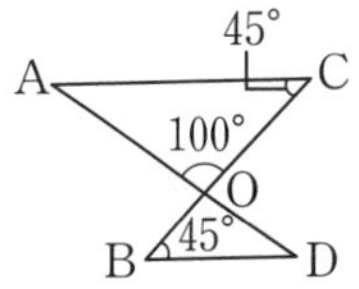

教科書 p.185

Q2 右の図で，xの値を求めなさい。

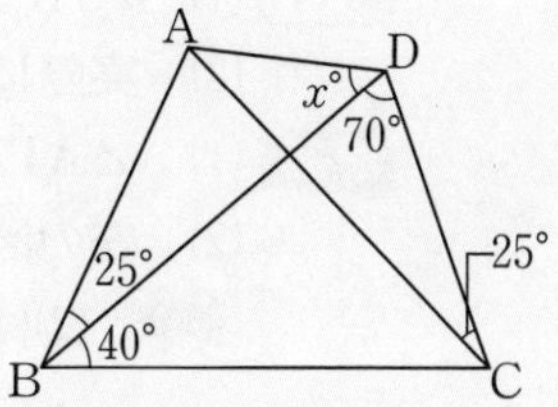

ガイド $\angle ABD = \angle ACD (= 25^\circ)$ だから，４点A，B，C，Dは１つの円周上にある。
よって，$\angle DAC = \angle DBC = 40^\circ$
$\triangle ADC$の内角の和は180°だから，$x = 180 - (70 + 25 + 40) = 45$

解答 $x = 45$

たしかめよう

教科書 p.186

1 次の図で，xの値を求めなさい。

(1)

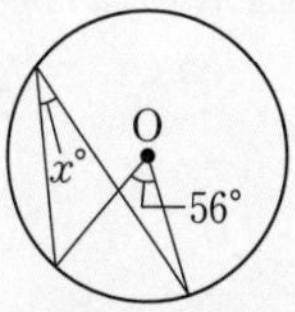

(2)

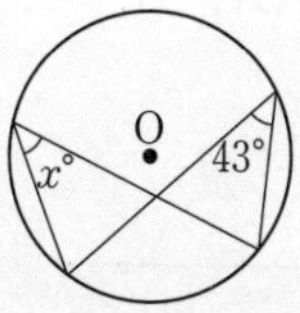

(3)

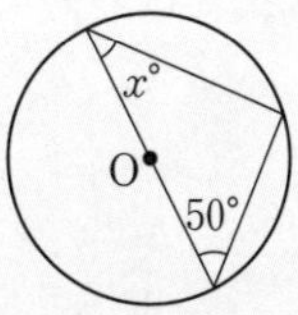

(4)

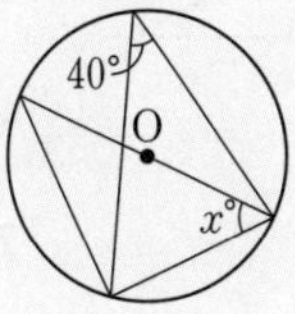

(5)

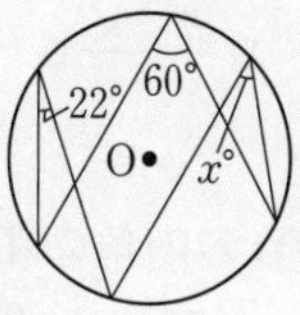

(6)

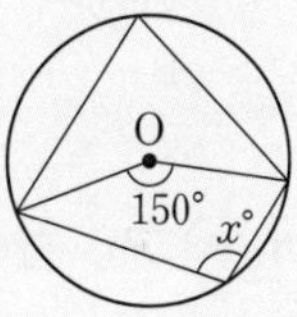

ガイド (1) $x = \frac{1}{2} \times 56 = 28$

(2) １つの弧に対する円周角の大きさは等しい。

(3) 半円の弧に対する円周角は90°より，$x = 180 - 50 - 90 = 40$

(4) 右の図で，$\angle DAC = \angle DBC = 40^\circ$，$\angle ADC = 90^\circ$
よって，$x = 180 - 40 - 90 = 50$

(5) 右の図で，$\angle APE = \angle ABE = 22^\circ$，$\angle EPD = \angle ECD = x^\circ$
$x = 60 - 22 = 38$

(6) 右の図で，$\angle ACB$に対する弧は$\overset{\frown}{ADB}$(太線部分) だから，この弧に対する中心角は，$360^\circ - 150^\circ = 210^\circ$

$x = \frac{1}{2} \times 210 = 105$

(4)

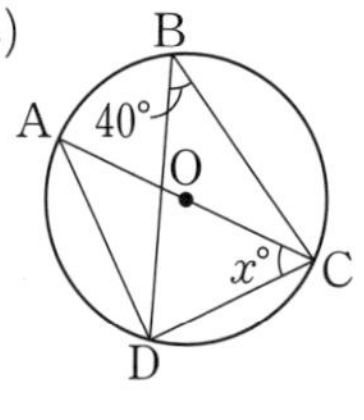

(5)

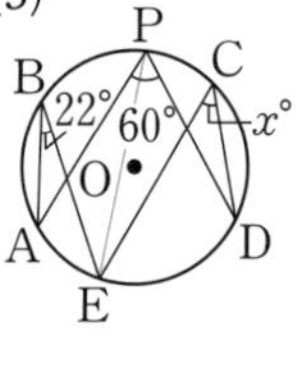

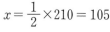

(6)

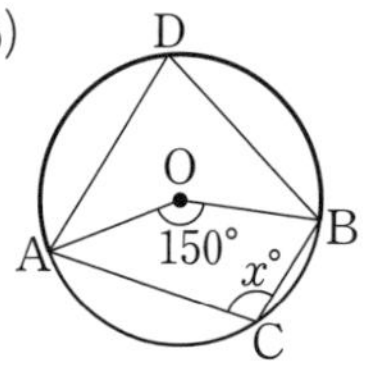

解答 (1) $x = 28$　(2) $x = 43$　(3) $x = 40$
(4) $x = 50$　(5) $x = 38$　(6) $x = 105$

教科書 p.186

2 次の図で，x の値を求めなさい。

(1)

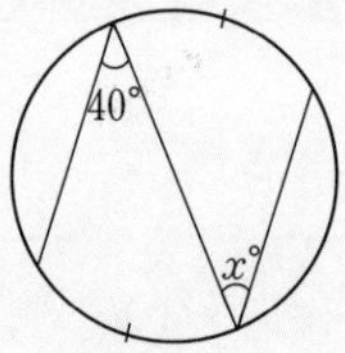

(2)

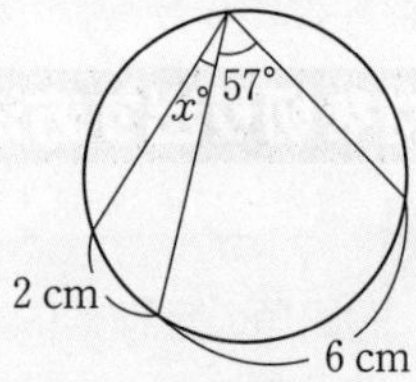

(3)

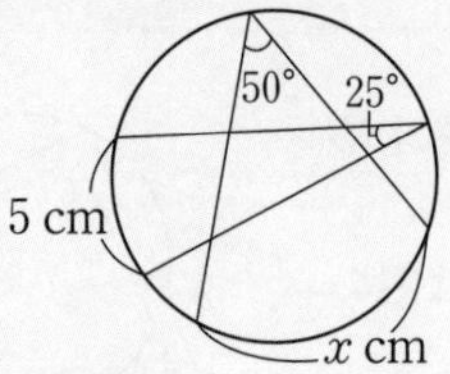

(4)

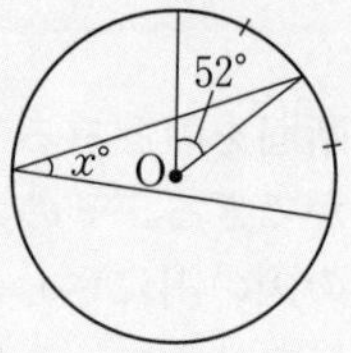

ガイド (1) 弧の長さが等しいとき，それに対する円周角の大きさは等しい。

(2) 円周角の大きさは，それに対する弧の長さに比例するから，$x:57=2:6$

(3) 弧の長さは，それに対する円周角の大きさに比例するから，$x:5=50:25$

(4) 弧の長さが等しいとき，それに対する中心角の大きさは等しい。

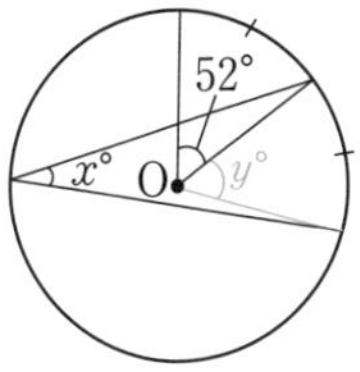

右の図で，$y=52$，$x=\dfrac{1}{2}\times52=26$

解答 (1) $\boldsymbol{x=40}$　(2) $\boldsymbol{x=19}$

(3) $\boldsymbol{x=10}$　(4) $\boldsymbol{x=26}$

教科書 p.186

3 次の図で，x の値を求めなさい。

(1)

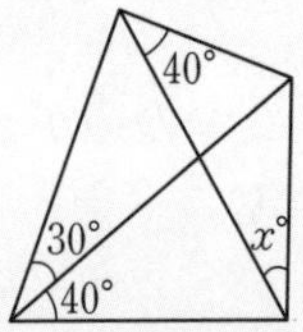

(2)

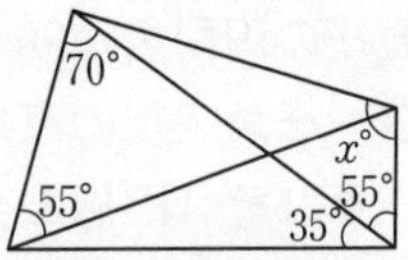

ガイド まず，円周角の定理の逆を利用して，四角形の 4 つの頂点が同じ円周上にあるか調べる。

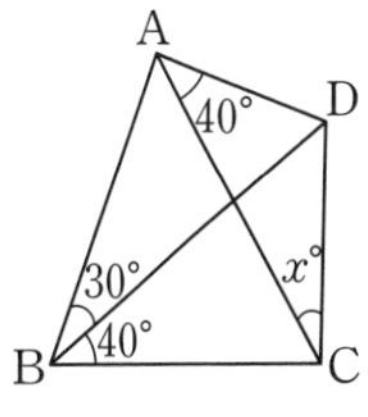

(1) 右の図で，$\angle DAC=\angle DBC(=40°)$ より，4 点A，B，C，Dは 1 つの円周上にある。

よって，$\angle ACD=\angle ABD=30°$

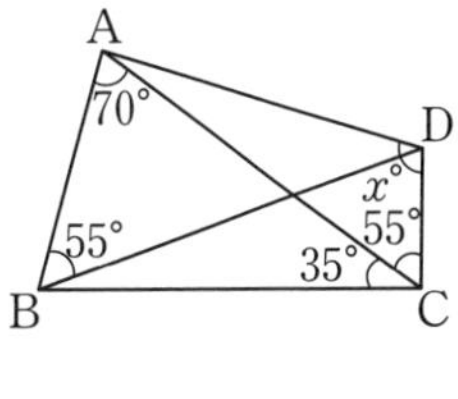

(2) 右の図で，$\angle ABD=\angle ACD(=55°)$ より，4 点A，B，C，Dは 1 つの円周上にある。

よって，$\angle ADB=\angle ACB=35°$

$\angle BDC=\angle BAC=70°$

$\angle ADB+\angle BDC=35°+70°=105°$

解答 (1) $\boldsymbol{x=30}$　(2) $\boldsymbol{x=105}$

2節 円の性質の利用

① 丸太から角材を切り出す方法を考えよう

CHECK! 確認したら✓を書こう

教科書の要点

□円に関する作図
- 円周角の定理や円周角の定理の逆を利用して，作図をする。
- 作図をするときは，垂直二等分線や垂線の作図を利用する。

教科書 p.187

活動1 丸太の断面を円とみると，さしがねで，中心を求めることができる。その方法を考えよう。

(1) 右の図の円にさしがねをあてると，ABは円の直径になります。それはなぜですか。

(2) あおいさんは，右のように考えています。あおいさんの考えで，円の中心を求めることができる理由を説明しなさい。

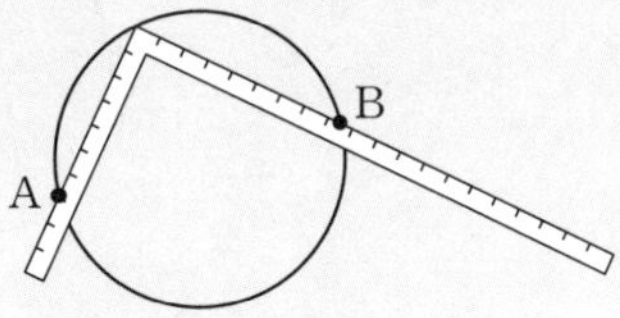

もう一度，位置を変えてさしがねを置けば中心を求められるね。

解答 (1) **$\overset{\frown}{AB}$に対する円周角が直角になることから，$\overset{\frown}{AB}$は半円の弧になるので，ABは円の直径になる。**

(2) **2本の直径の交点が円の中心になるから。**

教科書 p.187

Q1 活動1のさしがねの代わりに三角定規を使って，右(教科書187ページ)の円の中心を求めなさい。また，円の内側に接する正方形をかきなさい。

ガイド 円の中心

2本の直径の交点が円の中心になるので，直径を2本ひけばよい。

直径の円周角が90°であることを利用する。

❶ 三角定規の直角の部分を円周に合わせて，2つの辺がそれぞれ円周と交わる2つの点(A，B)を結ぶ。

❷ 位置を変えて，❶と同じことをする。(2つの交点をC，Dとする。)

❸ ❶，❷でひいた2つの直線(ABとCD)の交点が円の中心(O)となる。

❶
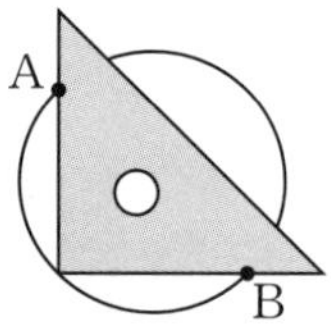

❷
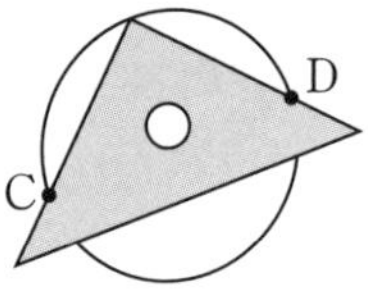

円の内側に接する正方形

正方形の対角線は垂直に交わることから考える。

❹ ❶でひいた線分ABの垂直二等分線をかき，円との交点をE，Fとする。(点Oを通る線分ABの垂線をかいてもよい。)

❺ A，E，B，Fの4点を結んでできた四角形AEBFが円の内側に接する正方形である。

解答 右の図

(円の中心……O
円に接する正方形……四角形AEBF)

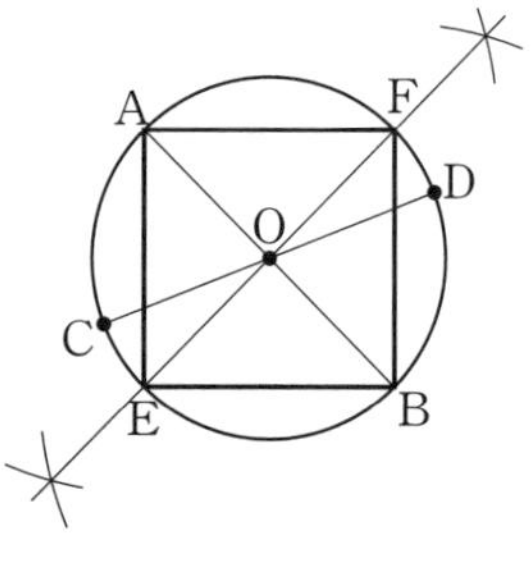

② 円の外部にある点から接線を作図しよう

教科書 p.188〜189

円Oの外部にある点Aから，円Oの接線を作図しよう。

(1) 点Aから円Oに，接線はどのようにひけそうですか。次(右)の図に示しなさい。

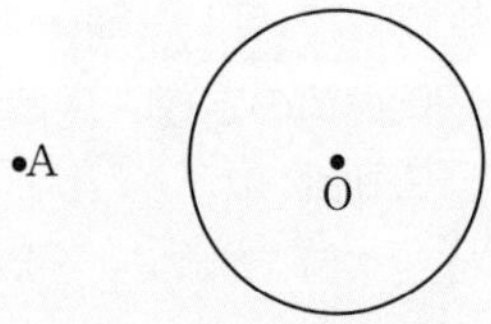

(2) 点Aから円Oに接線ABがひけたとして，点Bを円Oの接点とすると，∠ABOは何度ですか。

(3) 次の手順にしたがって，下の図の点Aから円Oに接線を作図しなさい。

❶ 2点A，Oを結ぶ。

❷ 線分AOの垂直二等分線をひき，AOの中点Mを求める。

❸ Mを中心とする半径MAの円をかき，円Oとの交点をそれぞれB，Cとする。

❹ AとB，AとCを結ぶ。

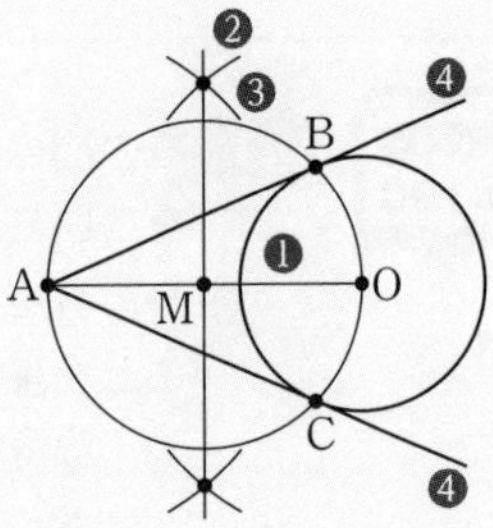

(4) (3)の手順で作図が正しくできる理由を説明しなさい。

ガイド (2) 円の接線と接点を通る円の半径は垂直である。

解答 (1) 省略

(2) **90°**

(3) 省略

(4) **円周角の定理の逆より，線分AOを直径とする円をかき，その円が円Oと交わる点をB，Cとすれば，∠ABO＝∠ACO＝90° となるから。**

教科書 p.189

Q1 上(教科書189ページ)の(3)で，点Aから円Oにひいた接線の長さについて，AB＝AC であるといえます。
それはなぜですか。

解答 △ABOと△ACOで，

∠ABO＝∠ACO＝90° ……①

AO＝AO(共通) ……②

BO＝CO(円の半径) ……③

①，②，③から，直角三角形で，斜辺と他の1辺がそれぞれ等しいので，

△ABO≡△ACO

よって，AB＝AC

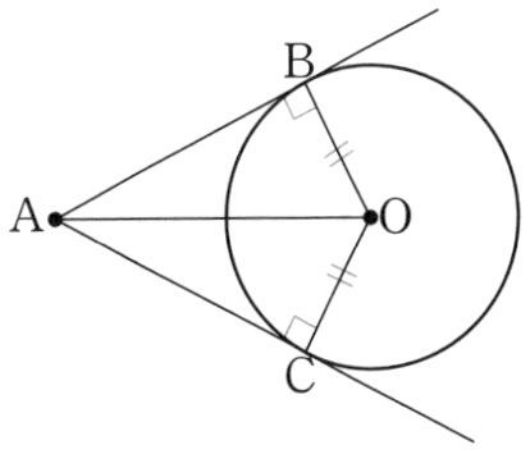

教科書 p.189

Q2 円の外部の点Aの位置を変えて，点Aから円Oに接線を作図しなさい。

ガイド 教科書189ページ(3)の作図の手順にしたがって，作図しよう。

解答 省略

6章 2節 円の性質の利用

③ 円と２つの線分の関係を調べよう

CHECK! 確認したら✓を書こう

教科書の要点

□円周角の定理の利用　円周角の定理を証明に使うことができる。

1　１つの弧に対する円周角の大きさは，その弧に対する中心角の大きさの半分である。

2　１つの弧に対する円周角の大きさは等しい。

教科書 p.190

活動1 右の図のように，円の内部に点Pをとり，Pを通る２本の直線をひいて，円との交点をA，B，C，Dとする。点AとC，点DとBをそれぞれ結んでできる△PACと△PDBは相似であることを証明しよう。

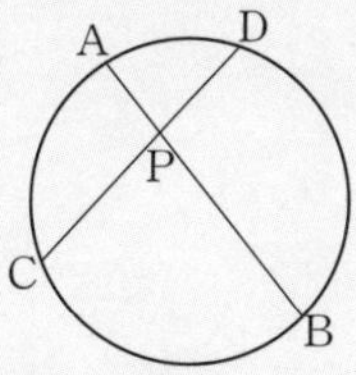

(1)　線分AC，BDをひき，図の中にある等しい角をいいなさい。

(2)　さくらさんは，次のように証明しようとしています。証明を完成させなさい。

さくらさんの考え

(証明) △PACと△PDBで，
$\overset{\frown}{\mathrm{BC}}$に対する円周角だから，∠PAC＝∠PDB　……①
［　　　］に対する円周角だから，∠ACP＝∠DBP　……②
①，②から，２組の角がそれぞれ等しいので，
△PAC∽△PDB

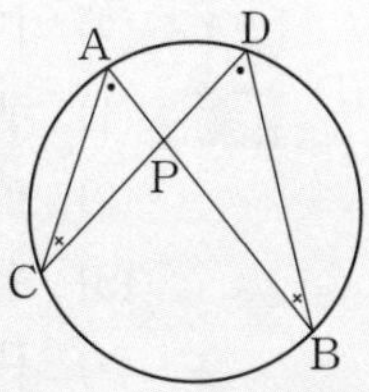

ガイド (1)　$\overset{\frown}{\mathrm{CB}}$に対する円周角なので，∠CAB＝∠BDC
$\overset{\frown}{\mathrm{AD}}$に対する円周角なので，∠ACD＝∠DBA
対頂角だから，∠APC＝∠DPB，∠APD＝∠CPB

解答 (1)　**∠CABと∠BDC，∠ACDと∠DBA，∠APCと∠DPB，∠APDと∠CPB**

(2)　**$\overset{\frown}{\mathrm{AD}}$**

教科書 p.190

Q1 活動1で，右の図のように円の外部に点Pをとったときも，△PACと△PDBは相似です。このことを証明しなさい。

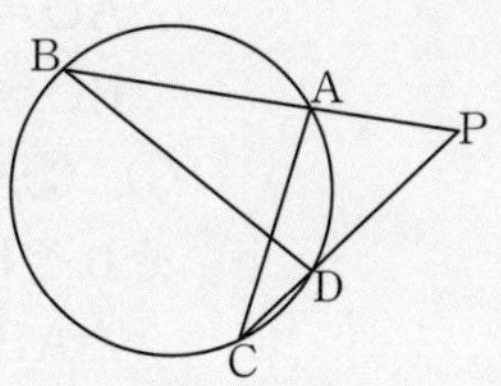

ガイド 等しい角が２組見つけられれば相似といえる。

解答 △PACと△PDBで，$\overset{\frown}{\mathrm{AD}}$に対する円周角だから，
∠PCA＝∠PBD……①
共通な角だから，∠CPA＝∠BPD……②
①，②から，２組の角がそれぞれ等しいので，
△PAC∽△PDB

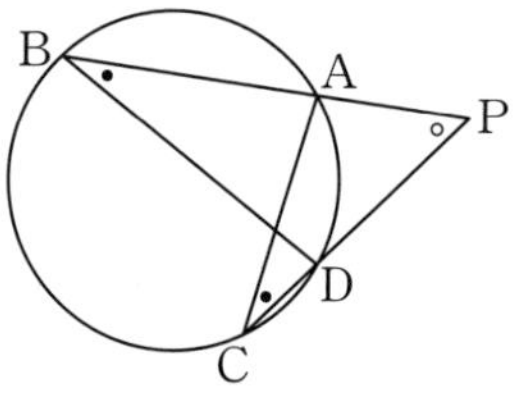

教科書 p.190

発展 学びにプラス 方べきの定理

活動1，Q1では，$\triangle PAC \backsim \triangle PDB$ を証明しました。
このとき，2つの三角形の対応する辺の比は等しいので，$PA : PD = PC : PB$
よって，次の式が成り立ちます。$PA \times PB = PC \times PD$
活動1で，$PA = 1.5$cm，$PB = 4$cm，$PC = 3$cmのとき，PDの長さを求めなさい。

ガイド $PA \times PB = PC \times PD$ より，$1.5 \times 4 = 3 \times PD$，$PD = 2$

解答 **2 cm**

6章をふり返ろう

教科書 p.191

1 次の図で，xの値(あたい)を求めなさい。

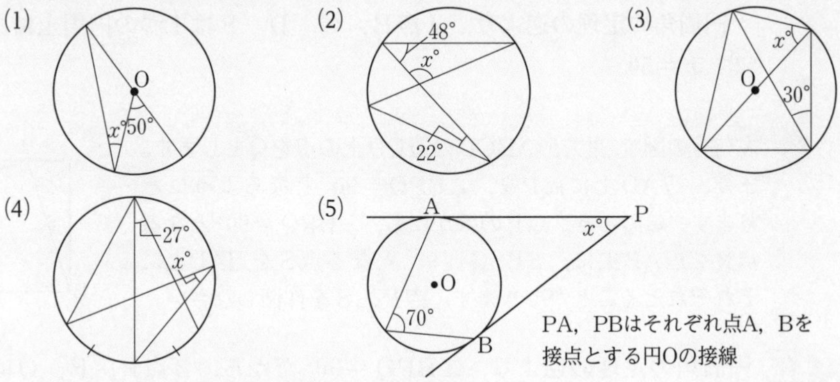

ガイド (3) 半円の弧に対する円周角は90°である。
(4) 長さが等しい弧に対する円周角の大きさは等しい。
(5) 右の図で，$\angle AOB = 2\angle AQB = 2 \times 70° = 140°$
$\angle OAP = \angle OBP = 90°$
また，四角形の内角の和は360°である。

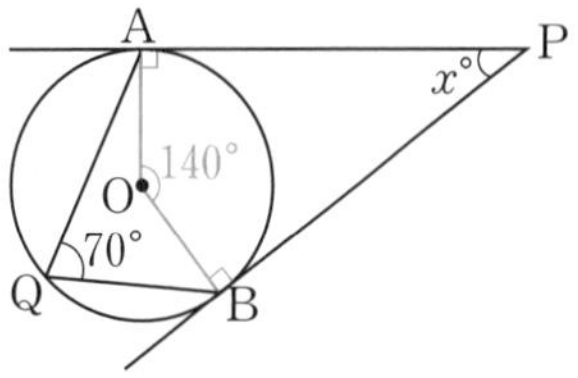

解答 (1) $2x = 50$，$\boldsymbol{x = 25}$　(2) $\boldsymbol{x} = 180 - 48 - 22 \boldsymbol{= 110}$
(3) $\boldsymbol{x} = 180 - 90 - 30 \boldsymbol{= 60}$　(4) $\boldsymbol{x = 27}$
(5) $\boldsymbol{x} = 360 - 140 - 90 - 90 \boldsymbol{= 40}$

教科書 p.191

2 1つの円で，平行な2つの弦(げん)の間にはさまれた2つの弧(こ)の長さは等しいことを証明しなさい。

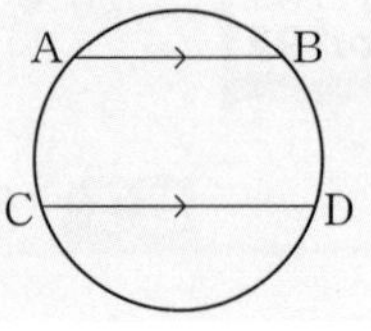

解答 右の図のように，点Aと点Dを結ぶと，AB//CDで錯角は等しいから，$\angle BAD = \angle ADC$
等しい円周角に対する弧は等しいから，$\overset{\frown}{AC} = \overset{\frown}{BD}$

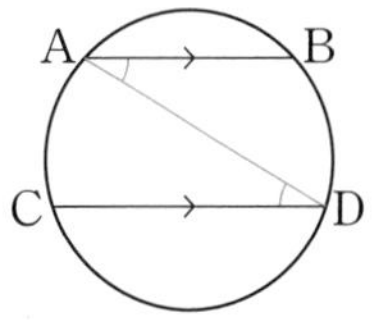

教科書 p.191

3 右の図について，次の(1)，(2)に答えなさい。

(1) 4点B，C，D，Eが1つの円周上にあることを証明しなさい。

(2) x の値を求めなさい。

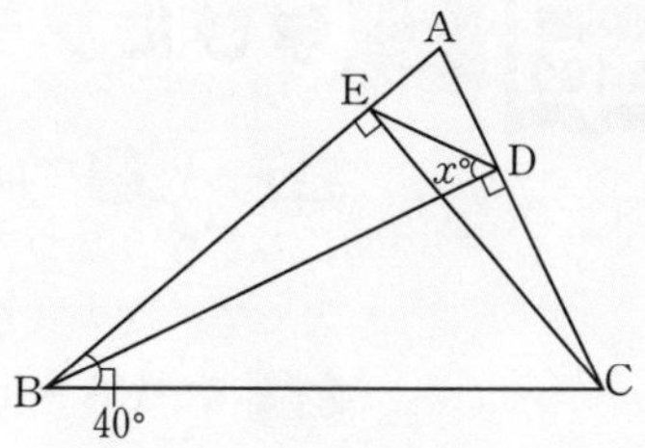

ガイド (1) 円周角の定理の逆が利用できる。

(2) 4点B，C，D，Eが1つの円周上にあるので，

$\angle EDB = \angle ECB$

△EBCの三角形の内角の和が180°であることより，

$\angle ECB = 180° - 90° - 40° = 50°$

解答 (1) 2点D，Eは直線BCの同じ側にあり，∠BDC＝∠BEC（＝90°）なので，円周角の定理の逆より，4点B，C，D，Eは1つの円周上にある。

(2) **$x = 50$**

教科書 p.192

4 左(右)の図で，長方形ABCDの辺CD上の点をQとします。また，辺AD上に点Pを，∠BPQ＝90°となるようにとります。このとき，点Pのほかにも，∠BRQ＝90°となる点Rを辺AB上に，∠BSQ＝90°となる点Sを辺AD上にそれぞれとることができます。点R，Sを作図しなさい。

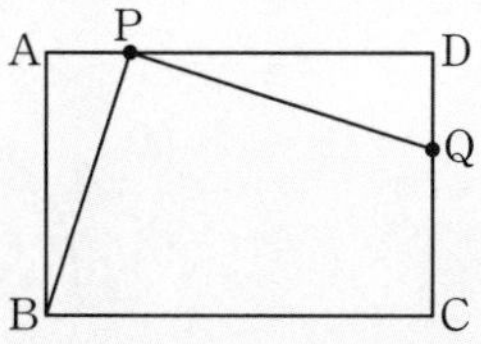

ガイド 円周角の定理の逆より，∠BPQ＝90°だから，3点P，B，Qは1つの円周上にあり，BQはその円の直径である。3点P，B，Qを通る円をかいて，辺AB，ADとの交点がR，Sになる。

解答 右の図

（かき方） ❶ 点Bと点Qを結んで線分BQの垂直二等分線をかき，線分BQとの交点をOとする。

❷ OBを半径とする円をかく。

❸ ❷の円と辺ABとの交点が点R，辺ADとの交点が点Sである。

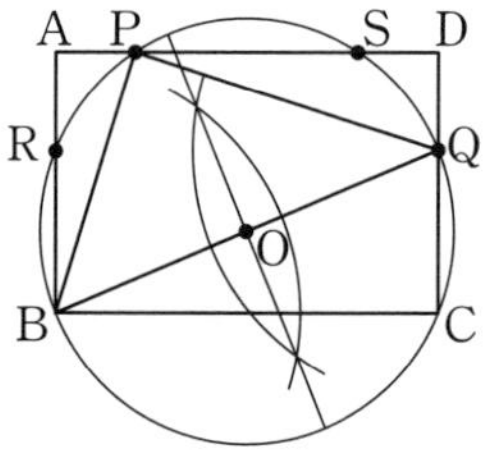

教科書 p.192

学びのふり返り **5** 1つの弧に対する円周角の大きさのように，点の位置が変わっても変わらないことがらをほかにも探してみましょう。

解答 (例)三角形の頂点の位置が底辺と平行に動いても，その面積は変わらない。

力をのばそう

教科書 p.192

❶ 右の図のように，円周上にA，B，C，Dをとり，弦AC と弦BDの交点をEとします。AB＝6cm，AE＝5cm，CD＝9cmのとき，線分DEの長さを求めなさい。

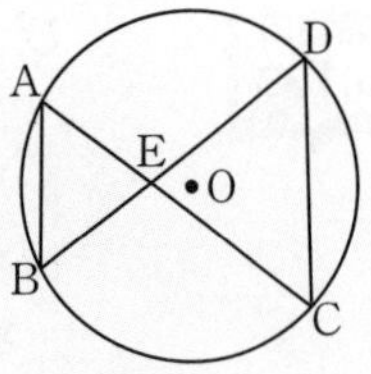

ガイド 相似を利用して，対応する辺の比から長さを求める。
相似をいうには，等しい角を2組見つければよい。
△ABEと△DCEで，
$\overset{\frown}{BC}$に対する円周角だから，∠BAE＝∠CDE ……①
$\overset{\frown}{AD}$に対する円周角だから，∠ABE＝∠DCE ……②
①，②から，2組の角がそれぞれ等しいので，△ABE∽△DCE
よって，AB：DC＝AE：DE
よって，6：9＝5：DE，6DE＝45，DE＝$\frac{15}{2}$

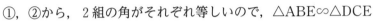

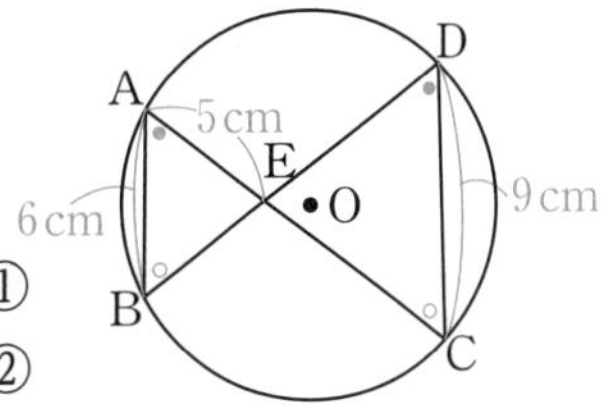

解答 $\frac{15}{2}$cm

教科書 p.192

❷ 右の図のように，円周を5つの等しい長さの弧に分ける点を A，B，C，D，Eとします。xの値を求めなさい。

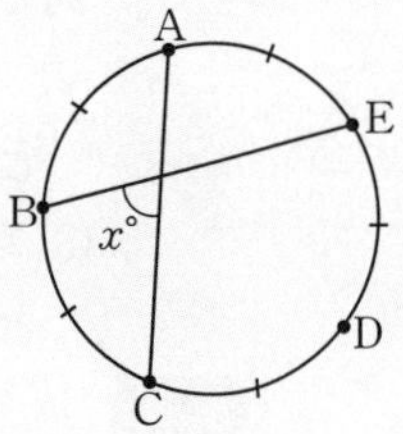

ガイド 右の図のように，点Aと点Bを結ぶと，
△ABQの内角と外角の関係から，
∠BQC＝∠BAQ＋∠ABQ
∠BAQは$\overset{\frown}{BC}$に対する円周角で，$\overset{\frown}{BC}$に対する中心角は，
$360°\times\frac{1}{5}=72°$ なので，$\angle BAQ=\frac{1}{2}\times72°=36°$
同様に，∠ABQ＝36°
よって，∠BQC＝36°＋36°＝72°

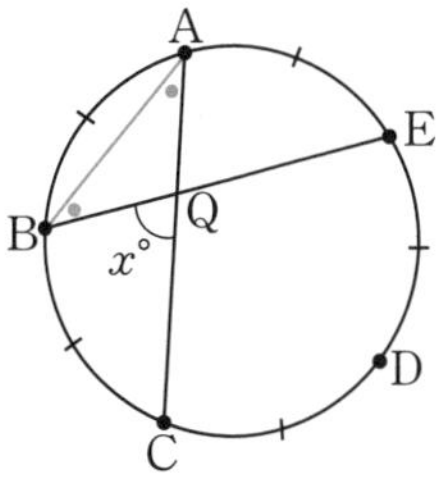

解答 $x=72$

補助線をひいて，
三角形をつくるんだね。

活用・探究 つながる・ひろがる・数学の世界

教科書 p.193

ぴったり入る撮影位置はどこ？

音楽の授業で，グループ発表のようすを，発表する生徒全員が画面に入るように撮(さつ)影(えい)します。ゆりさんは，発表する生徒と座席の間で，生徒全員がぴったり入る撮影位置を探しています。

撮影位置が変わっても，カメラで撮影できる角度(∠AQB)は，一定であるとし，右上の図(教科書193ページ)の点A，B，P，Qの位置を表した図１をもとに考えましょう。

(1) ３点A，B，Qを通る円をかいたとすると，点Pはこの円の周上にありますか。

(2) 座席の最前部の直線上で，全員がぴったり入る撮影位置は，点Qのほかにもあります。その位置を点Rとして図１に作図しましょう。

図１

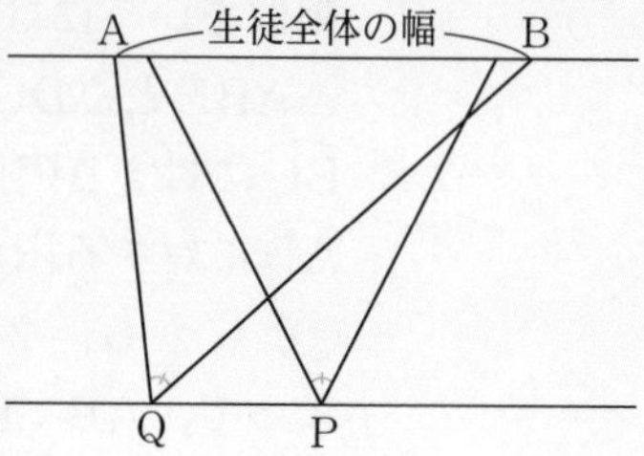

(3) 発表する生徒と座席の最前部との間で，全員がぴったり入る撮影位置を，図１に示しましょう。

ガイド ３点A，B，Qを通る円をかくと，∠AQBは$\overset{\frown}{AB}$に対する円周角である。同じ弧に対する円周角の大きさは等しいことを利用する。

(2) 直線QP上で，∠AQB＝∠ARBとなる点Rは，３点A，B，Qを通る円と直線QPとの交点である。

(3) (2)でかいた円周のうち，発表する生徒と座席の最前部(直線ABと直線QP)との間にある部分である。

解答 (1) **ない。**

(2) 右の図

(線分ABの垂直二等分線と，線分AQの垂直二等分線の交点Oを中心とした半径OA(OB, OQ)の円をかき，直線QPと交わる点のうち，Qとは別の点を点Rとする。)

(3) 右の図

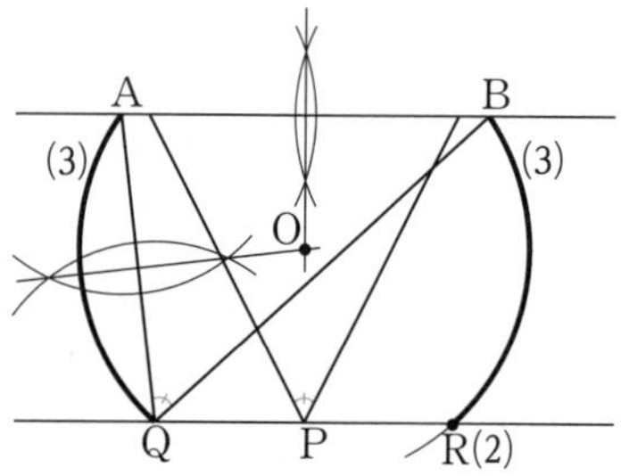

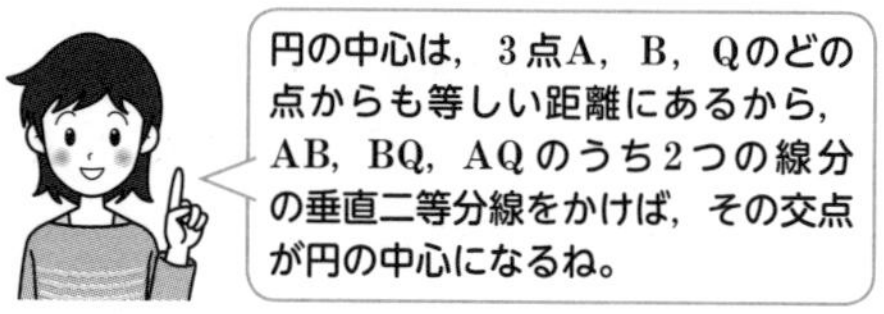

円の中心は，３点A，B，Qのどの点からも等しい距離にあるから，AB，BQ，AQのうち２つの線分の垂直二等分線をかけば，その交点が円の中心になるね。

教科書 p.194

発展 学びにプラス まだある！ 円の性質

円周上に4点をとって，それらを結んでできる四角形の角の大きさを測ってみましょう。
どのような関係があるでしょうか。

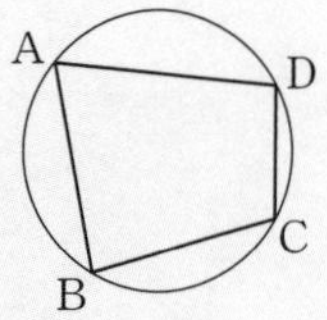

解答 実際に測ると，$\angle A = 75^\circ$，$\angle B = 85^\circ$，$\angle C = 105^\circ$，$\angle D = 95^\circ$ より，
$\angle A + \angle C = 180^\circ$　また，$\angle A$ は $\angle C$ の外角に等しい。
$\angle B + \angle D = 180^\circ$　また，$\angle B$ は $\angle D$ の外角に等しい。

教科書 p.194

(1) 上の性質（教科書194ページ）を使って，次の図の x，y の値を求めなさい。

ア
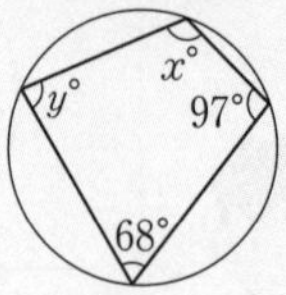

イ
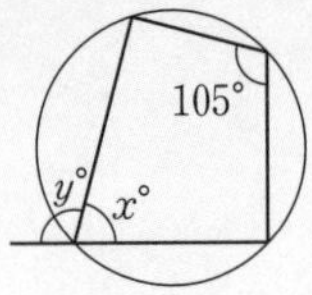

ガイド 円に内接する四角形の性質を利用する。
・対角の和は180°である。
・外角はそれととなり合う内角の対角に等しい。

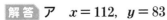

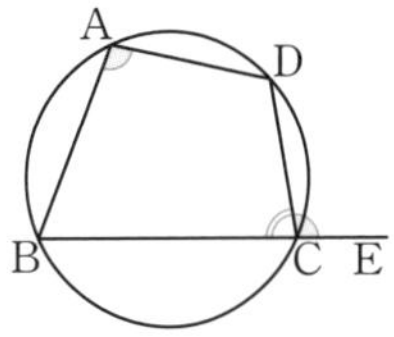

ア　$x = 180 - 68 = 112$，$y = 180 - 97 = 83$
イ　$x = 180 - 105 = 75$，$y = 105$

解答 ア　$\boldsymbol{x = 112}$，$\boldsymbol{y = 83}$
イ　$\boldsymbol{x = 75}$，$\boldsymbol{y = 105}$

教科書 p.195

右の図で，円Oに内接する四角形ABCDの点Cを動かして点Bと重ねたとき，∠DBEと∠Aの関係はどのようになるでしょうか。

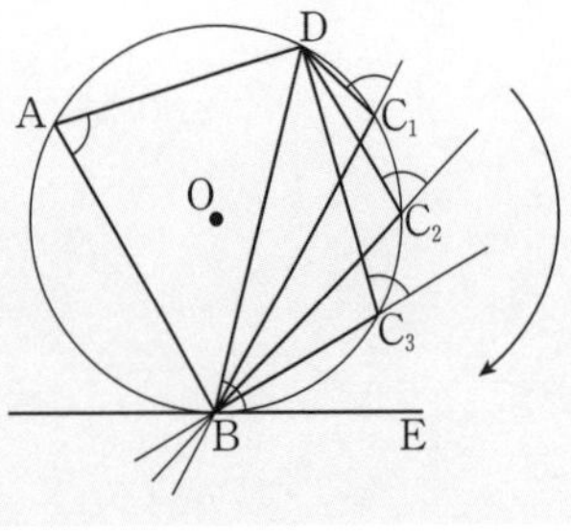

解答 円に内接する四角形の性質より，$\angle A = \angle C_1 = \angle C_2 = \angle C_3$……となるので，点CをBの位置まで移動させると，**$\angle A = \angle DBE$** となることがいえる。

教科書 p.195

(2) 右の図で，直線AB，CDは円Oの接線です。
上の性質(教科書195ページ)を使って，xの値を求めなさい。

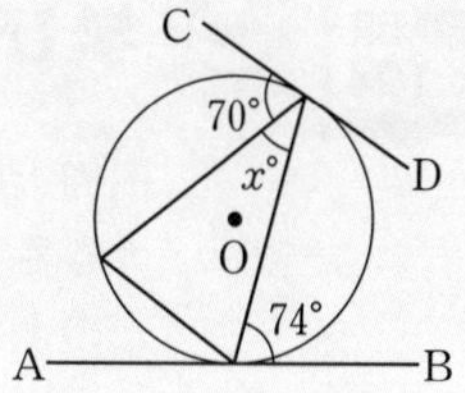

ガイド 円の接線と接点を通る弦とがつくる角の性質から，
∠EFG＝∠EGB＝74°，∠EGF＝∠FEC＝70°
△EFGで，∠FEG＝180°－(∠EFG＋∠EGF) だから，
$x=180-(74+70)=36$

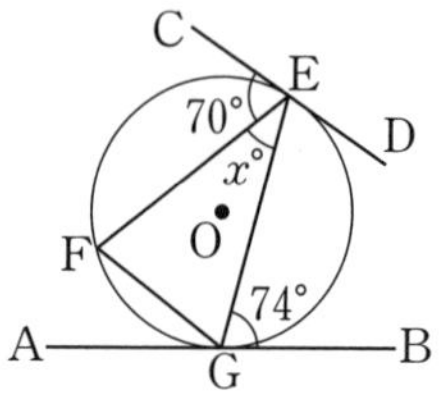

解答 $x=36$

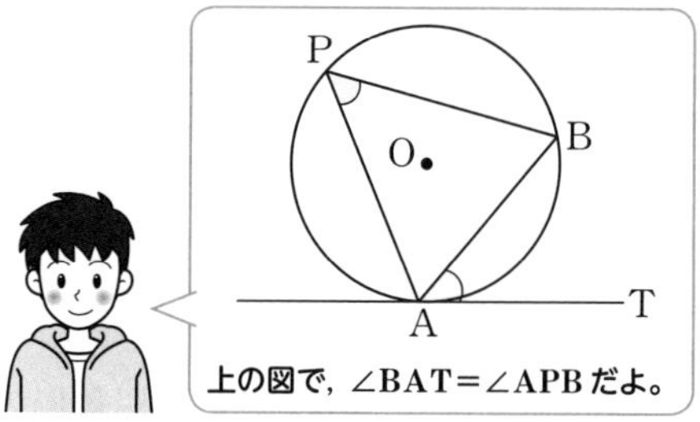

7章 三平方の定理

教科書 p.196~197

ピタゴラスが見つけた関係とは？

紀元前500年ごろ，ギリシャにピタゴラスという数学者がいました。
彼は，石畳の上を歩いていたとき，直角三角形の辺の上にできる図形の面積について，ある関係を発見したといわれています。どのような関係を発見したのでしょうか。

(1) 次の図の**ア～ウ**は，それぞれABを斜辺とする直角三角形ABCと，その各辺を1辺とする正方形をかいたものです。このとき，辺BC，CA，ABを1辺とする正方形の面積をそれぞれP，Q，Rとします。

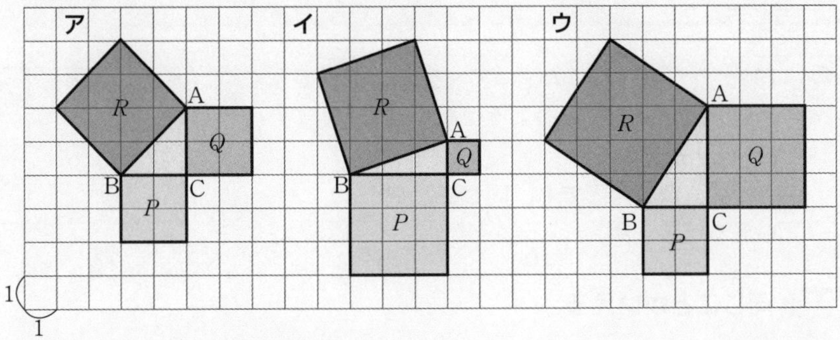

	P	Q	R
ア	4		
イ	9		
ウ			

ア～ウについて，P，Q，Rの値をそれぞれ左の表に書き入れ，表を完成させなさい。また，P，Q，Rにはどのような関係があるか，考えてみましょう。

(2) (1)の**ア～ウ**以外の直角三角形をかき，(1)と同じことがいえるかどうかを調べてみましょう。

ガイド (1) **ウ**のRの面積は，右の図のように，大きい正方形から4つの直角三角形をひいた面積である。

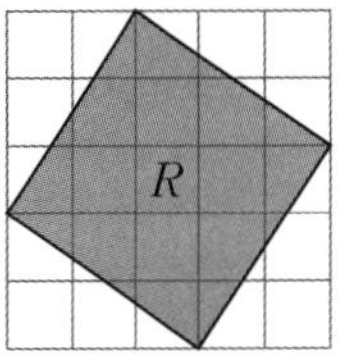

解答 (1)

	P	Q	R
ア	4	**4**	**8**
イ	9	**1**	**10**
ウ	**4**	**9**	**13**

(Pの面積)＋(Qの面積)＝(Rの面積)の関係がある。

(2) (例)

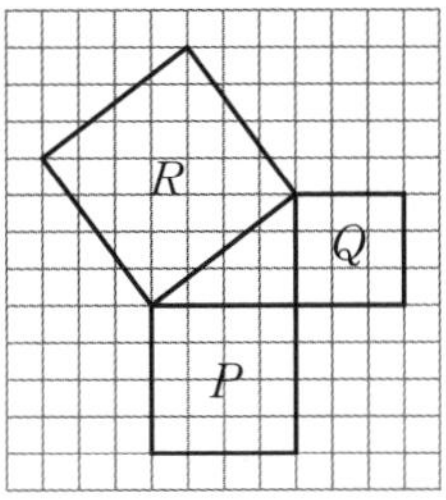

Pの面積…16
Qの面積…9
Rの面積…25
同じことがいえる。

1節 三平方の定理

1 三平方の定理とその証明

CHECK! 確認したら ✓を書こう

教科書の要点

□三平方の定理

定理 直角三角形の直角をはさむ2辺の長さを a, b, 斜辺の長さを c とすると,

$a^2+b^2=c^2$

例 $4^2+3^2=5^2$

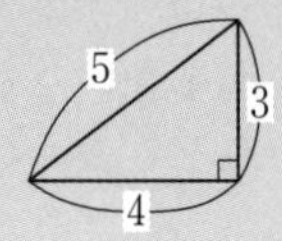

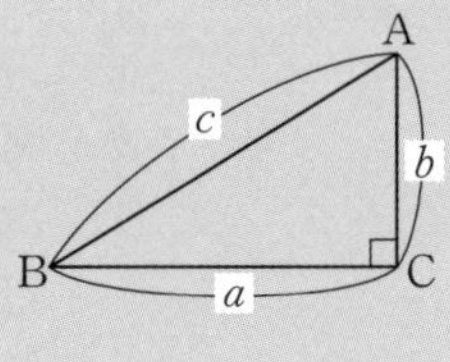

教科書 p.198

196ページ(教科書)の(1)の**ア～ウ**で,面積の関係は右の表のようになり,$P+Q=R$ となる。ほかの直角三角形でも,同じことがいえるだろうか。

	P	Q	R
ア	4	4	8
イ	9	1	10
ウ	4	9	13

解答 **同じことがいえる。**

教科書 p.199

Q1 三平方の定理を,次の手順で証明しなさい。

❶ 直角三角形ABCの斜辺の上にその長さを1辺とする正方形ADEBをかく。

❷ 正方形ADEBの中に直角三角形ABCと合同な三角形をしきつめ,真ん中の四角形の面積を求める。

❸ 真ん中の四角形と直角三角形ABCの4つ分の面積の和が正方形ADEBの面積であることから,$a^2+b^2=c^2$ を導く。

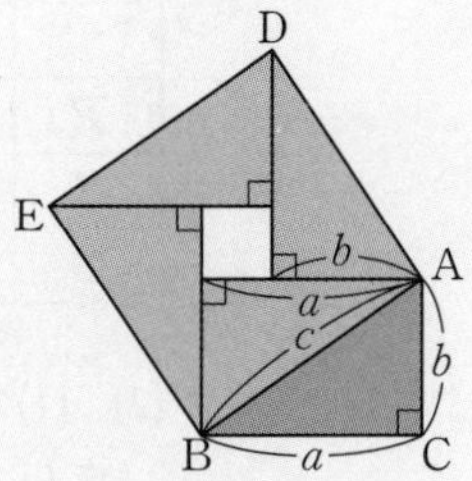

解答 ❶ 直角三角形ABCの斜辺の上にその長さを1辺とする正方形ADEBをかく。

❷ 真ん中の四角形は4つの角がすべて90°で,4つの辺の長さがすべて $a-b$ の正方形だから,面積は,$(a-b)^2$ ……①

❸ 直角三角形ABCの4つ分の面積は,$4\times\frac{1}{2}ab$ ……②

正方形ADEBの面積は,c^2 ……③

③は①と②の和であることより,

$$c^2=(a-b)^2+4\times\frac{1}{2}ab$$
$$=a^2-2ab+b^2+2ab$$
$$=a^2+b^2$$

よって,$a^2+b^2=c^2$

② 直角三角形の辺の長さ

CHECK! 確認したら ✓を書こう

教科書の要点

□直角三角形の辺の長さ　三平方の定理を使うと，直角三角形の2辺の長さから他の1辺の長さを求めることができる。

教科書 p.200

? 右のような道路がある。AからBへ行くのに，Cを通る場合と斜め(なな)の道を通る場合では，どちらがどれだけ近いかを調べたい。
どのように調べたらよいだろうか。

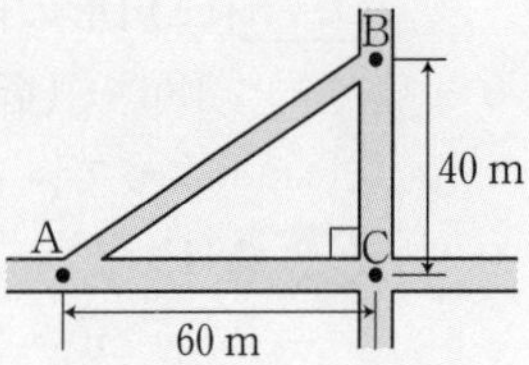

解答 三平方の定理を使って，斜めの道の長さを求めてから比べるとよい。

教科書 p.200

たしかめ 1 次の直角三角形で，xの値を求めなさい。

(1)

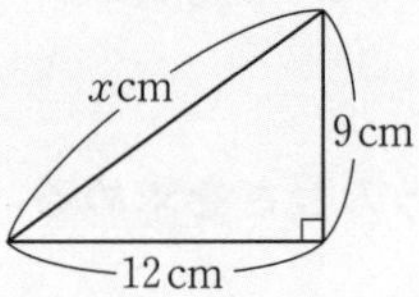

(2)

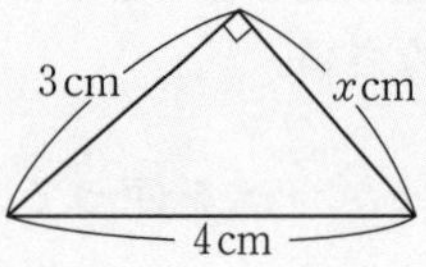

ガイド どの辺が斜辺かよく見て，三平方の定理を使ってxの値を求める。

解答 (1) $9^2+12^2=x^2$
$x^2=225$
$x>0$ だから，$\boldsymbol{x=\sqrt{225}=15}$

(2) $3^2+x^2=4^2$
$x^2=7$
$x>0$ だから，$\boldsymbol{x=\sqrt{7}}$

教科書 p.201

Q1 次の直角三角形で，xの値を求めなさい。

(1)

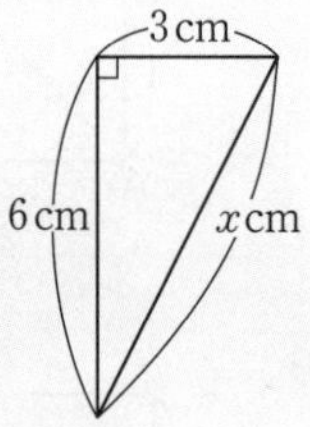

(2)

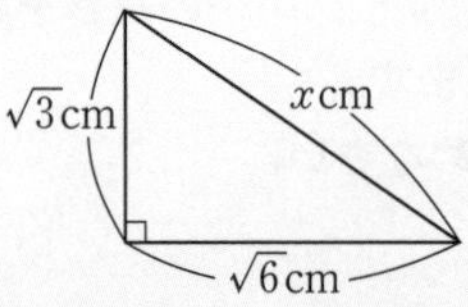

(3)

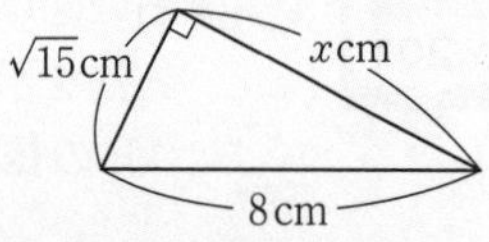

解答 (1) $3^2+6^2=x^2$
$x^2=45$
$x>0$ だから，$\boldsymbol{x=\sqrt{45}=3\sqrt{5}}$

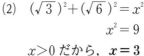

(2) $(\sqrt{3})^2+(\sqrt{6})^2=x^2$
$x^2=9$
$x>0$ だから，$\boldsymbol{x=3}$

(3) $(\sqrt{15})^2+x^2=8^2$
$x^2=49$
$x>0$ だから，$\boldsymbol{x=7}$

教科書 p.201

Q2 次の三角形で，x の値を求めなさい。

(1)
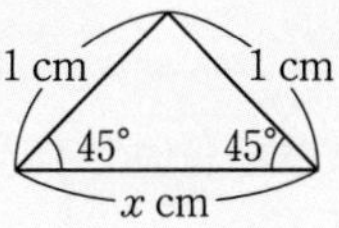

(2)
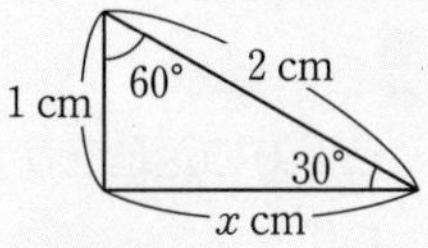

ガイド 三角形の内角の和が180°であることより，残りの角の大きさを求めると，(1)は，$180°-(45°+45°)=90°$，(2)は，$180°-(60°+30°)=90°$

よって，どちらも直角三角形だから，三平方の定理を使って x の値を求める。

解答 (1) $x^2=1^2+1^2$

$x^2=2$

$x>0$ だから，$\boldsymbol{x=\sqrt{2}}$

(2) $x^2+1^2=2^2$

$x^2=3$

$x>0$ だから，$\boldsymbol{x=\sqrt{3}}$

教科書 p.201

Q3 直角三角形の直角をはさむ2辺の長さをそれぞれ a，b とし，斜辺の長さを c とします。次の表(教科書201ページ)を完成させなさい。

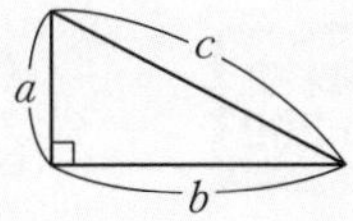

ガイド $a^2+b^2=c^2$ を使って，表のあいているところの長さを求める。

$3^2+4^2=c^2$　$c>0$ だから，$c=5$

$5^2+b^2=13^2$　$b>0$ だから，$b=12$

$7^2+24^2=c^2$　$c>0$ だから，$c=25$

$8^2+b^2=17^2$　$b>0$ だから，$b=15$

$a^2+40^2=41^2$　$a>0$ だから，$a=9$

解答 右の表

a	3	5	7	8	**9**
b	4	**12**	24	**15**	40
c	**5**	13	**25**	17	41

教科書 p.201

Q4 右の図は，$\sqrt{2}$，$\sqrt{3}$，……の長さを順にとっていく方法を示しています。AEの長さを求めなさい。

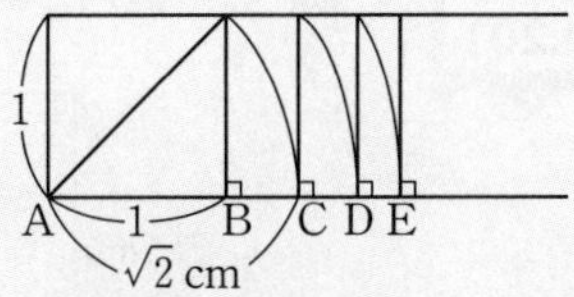

ガイド AD＝AC′ だから，△AC′C で三平方の定理より，

$AC'^2=AC^2+C'C^2=(\sqrt{2})^2+1^2=3$

$AC'>0$ だから，$AC'=\sqrt{3}$

よって，$AD=\sqrt{3}$

AE＝AD′ だから，△AD′D で三平方の定理より，

$AD'^2=AD^2+D'D^2=(\sqrt{3})^2+1^2=4$

$AD'>0$ だから，$AD'=2$

よって，$AE=2$

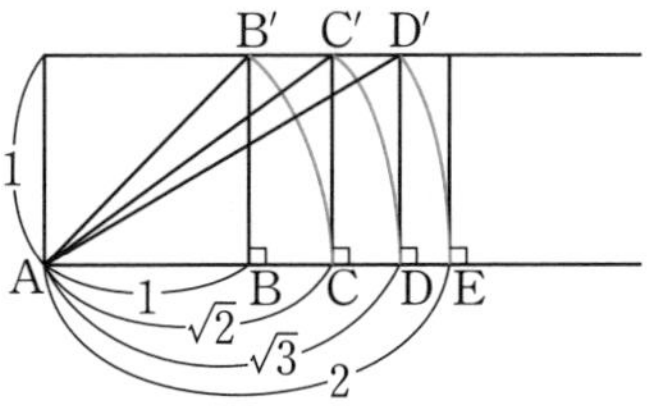

解答 **2 cm**

教科書 p.201

学びにプラス 直角三角形の辺の長さ

2 辺の長さが 8 cm, 10 cm である直角三角形の，残りの辺の長さを求めてみましょう。

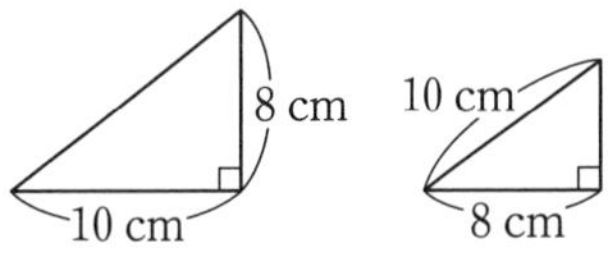

ガイド 右の図のように，２つの場合について考える。
残りの辺の長さを x cm とすると，
斜辺が x cm の場合
　三平方の定理から，$x^2=10^2+8^2=164$
　$x>0$ だから，$x=\sqrt{164}=2\sqrt{41}$
斜辺が 10 cm の場合
　三平方の定理から，$x^2+8^2=10^2$，$x^2=10^2-8^2=36$
　$x>0$ だから，$x=6$

解答 **$2\sqrt{41}$ cm または 6 cm**

③ 三平方の定理の逆

CHECK! 確認したら ✓ を書こう

教科書の要点

□三平方の定理の逆

定理　3 辺の長さが a，b，c の三角形で，$\boldsymbol{a^2+b^2=c^2}$ ならば，その三角形は長さ c の辺を斜辺とする直角三角形である。

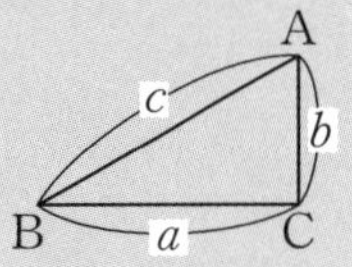

教科書 p.202

? 3 辺の長さがそれぞれ次のような三角形をかいてみよう。
かいた三角形は，直角三角形になるだろうか。
(1)　2 cm，　3 cm，　4 cm　　　(2)　3 cm，　4 cm，　5 cm

解答 (1)　**直角三角形にはならない。**　　(2)　**直角三角形になる。**

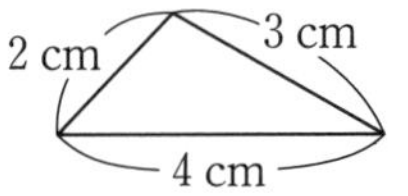

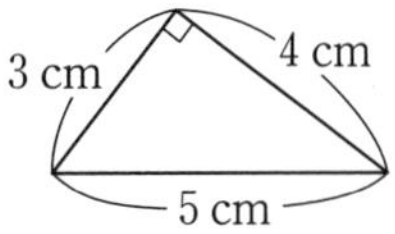

教科書 p.202

活動1 右の△ABCは，?考えよう の(2)でかいた三角形である。△ABCが直角三角形であることを，次の考え方で調べよう。

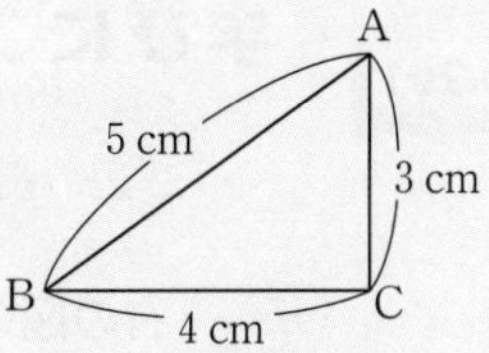

> 考え方 右の△A′B′C′は，A′C′＝3cm，B′C′＝4cm，∠C′＝90° である。△A′B′C′が△ABCと合同であるといえれば，△ABCも直角三角形であるといえる。

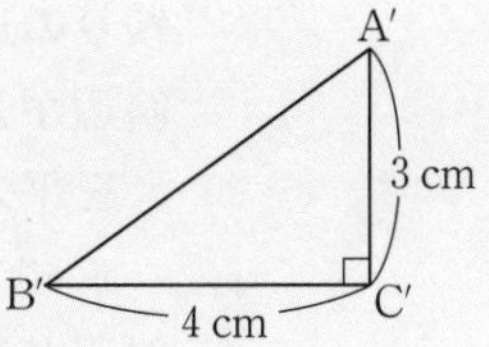

(1) A′B′の長さを求めなさい。
(2) (1)から，∠C＝90° を示し，△ABCは直角三角形であることを証明しなさい。

ガイド (1) A′B′＝$x$cm とすると，三平方の定理から，$3^2+4^2=x^2$，$x^2=25$
$x>0$ だから，$x=5$

解答 (1) **5 cm**
(2) △ABCと△A′B′C′で，
AC＝A′C′……①　BC＝B′C′……②
(1)より，AB＝A′B′……③
①，②，③から，3組の辺がそれぞれ等しいので，
△ABC≡△A′B′C′
よって，∠C＝∠C′＝90° より，△ABCは直角三角形である。

教科書 p.203

Q1 3辺の長さが次の**ア**～**エ**のような三角形のうち，直角三角形はどれですか。

ア 2 cm，3 cm，4 cm　**イ** 7 cm，24cm，25cm
ウ $\sqrt{3}$ cm，$\sqrt{4}$ cm，$\sqrt{5}$ cm　**エ** $\sqrt{5}$ cm，2 cm，1 cm

ガイド 3辺のうち，最も長い辺をcとして，$a^2+b^2=c^2$ が成り立つかどうか調べる。
ア $c=4$ とすると，$a^2+b^2=2^2+3^2=13$，$c^2=4^2=16$
イ $c=25$ とすると，$a^2+b^2=7^2+24^2=49+576=625$，$c^2=25^2=625$
ウ $c=\sqrt{5}$ とすると，$a^2+b^2=(\sqrt{3})^2+(\sqrt{4})^2=7$，$c^2=(\sqrt{5})^2=5$
エ $c=\sqrt{5}$ とすると，$a^2+b^2=2^2+1^2=5$，$c^2=(\sqrt{5})^2=5$

解答 **イ**，**エ**

2節 三平方の定理と図形の計量

1 平面図形の計量

CHECK! 確認したら✓を書こう

教科書の要点

□四角形の対角線の長さ
正方形や長方形の対角線の長さは，直角三角形をつくり，三平方の定理を利用して求める。

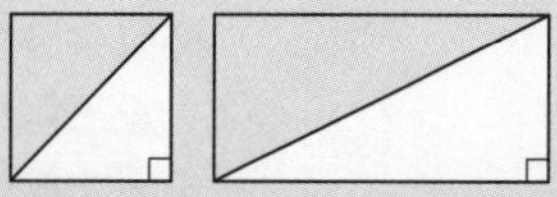

□正三角形の高さ
正三角形の高さは，直角三角形をつくり，三平方の定理を利用して求める。

例 1辺が$2a$の正三角形の高さhは，
$h^2+a^2=(2a)^2$ より，$h=\sqrt{3}\,a$

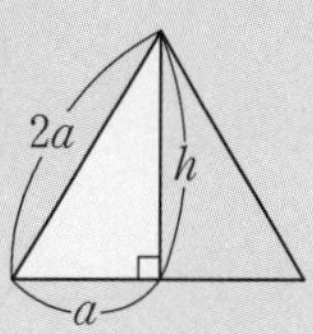

□直角二等辺三角形
直角二等辺三角形の3辺の比は，
AB：BC：CA＝1：1：$\sqrt{2}$

□30°と60°の角をもつ直角三角形
直角以外の角が30°と60°の直角三角形の3辺の比は，
BC：BA：AC＝1：2：$\sqrt{3}$

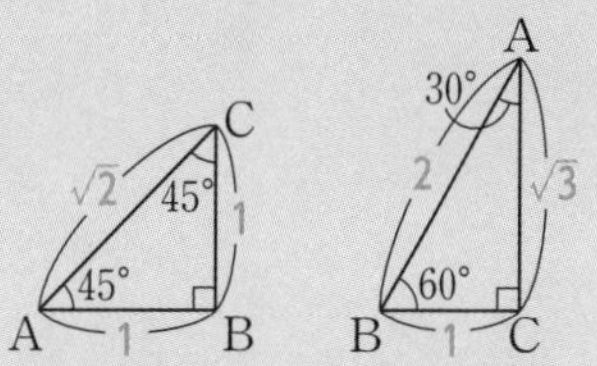

□辺の比の利用
正三角形の高さは，30°と60°の角をもつ直角三角形の辺の比を利用して求めることもできる。
正方形の対角線の長さは，直角二等辺三角形の辺の比を利用して求めることもできる。

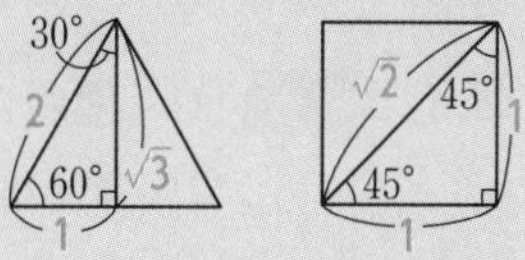

□円の弦の長さや中心からの距離
円の弦の長さや中心からの距離は，中心から弦に垂線をひき，直角三角形をつくり，三平方の定理を使って求める。

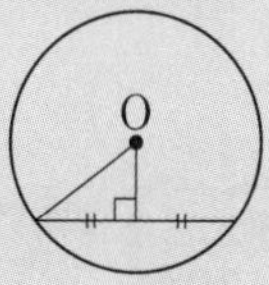

教科書 p.204

Q1 縦が2 cm，横が4 cmの長方形の対角線の長さを求めなさい。

プラス・ワン①
次の図形の対角線の長さを求めなさい。
(1) 1辺がa cmの正方形　　(2) 縦がa cm，横がb cmの長方形

ガイド 直角三角形をつくり，三平方の定理を利用する。
対角線の長さをx cmとすると，三平方の定理から，
$x^2=2^2+4^2=20$　$x>0$ だから，$x=\sqrt{20}=2\sqrt{5}$

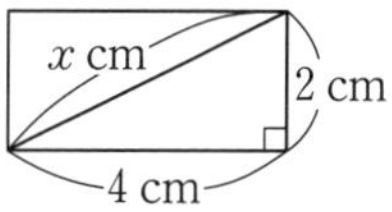

プラス・ワン①
(1) 正方形の対角線の長さをx cmとすると，
三平方の定理から，$x^2=a^2+a^2=2a^2$
$x>0$ だから，$x=\sqrt{2a^2}=\sqrt{2}\,a$

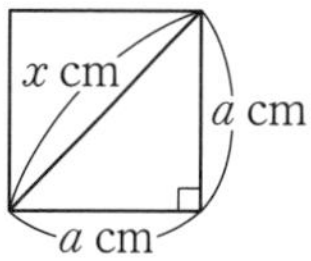

(2) 長方形の対角線の長さをy cmとすると，
三平方の定理から，$y^2=a^2+b^2$
$y>0$ だから，$y=\sqrt{a^2+b^2}$

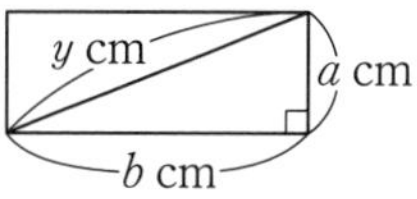

解答 $2\sqrt{5}$ **cm**

プラス・ワン① (1) $\sqrt{2}\,a$ **cm**　　(2) $\sqrt{a^2+b^2}$ **cm**

教科書 p.204

活動2 1辺が10cmの正三角形ABCの面積を求めよう。

(1) 右の図の正三角形ABCで，面積を求めるために必要な長さは，どの部分ですか。

(2) 正三角形ABCに，BCを底辺としたときの高さを表す線分AHをかき入れなさい。

(3) 三平方の定理を使って，AHの長さを求めなさい。

(4) 正三角形ABCの面積を求めなさい。

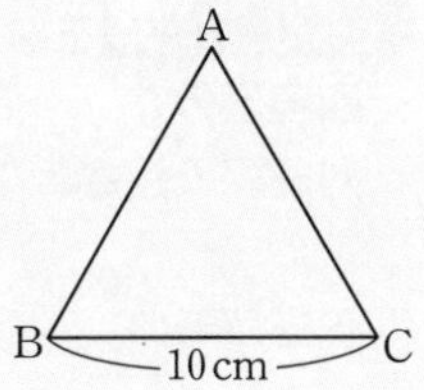

ガイド (2) Hは辺BCの中点になるので，BCの中点と頂点Aを結べばよい。

(3) AH＝$x$cmとする。BH＝5cm，AB＝10cmより，三平方の定理から，

$5^2+x^2=10^2$

$x^2=75$

$x>0$ だから，$x=\sqrt{75}=5\sqrt{3}$

(4) $\frac{1}{2}\times10\times5\sqrt{3}=25\sqrt{3}$

解答 (1) **頂点Aから辺BCにひいた垂線の長さ**

(2) 右の図

(3) $5\sqrt{3}$ **cm**

(4) $25\sqrt{3}$ **cm²**

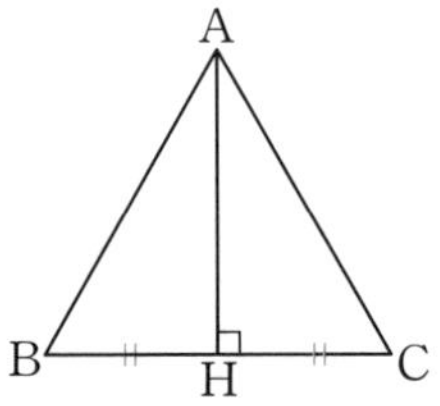

教科書 p.204

Q2 次の三角形の高さと面積を求めなさい。

(1) 1辺が4cmの正三角形

(2) 底辺が4cm，残りの2辺が3cmの二等辺三角形

プラス・ワン② 1辺が$a$cmの正三角形

ガイド (1) 直角三角形をつくり，三平方の定理を利用して高さを求めてから面積を求める。

頂点から底辺に垂線をひき，高さを$h$cmとすると，

三平方の定理から，$h^2+2^2=4^2$，$h^2=12$

$h>0$ だから，$h=\sqrt{12}=2\sqrt{3}$

よって，面積は，$\frac{1}{2}\times4\times2\sqrt{3}=4\sqrt{3}$

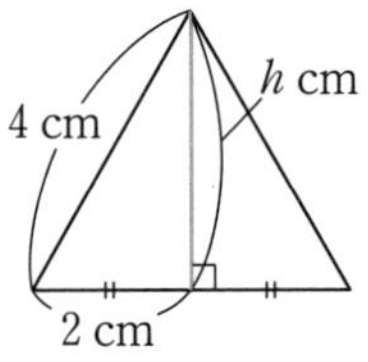

(2) 右の図のように，頂点から底辺に垂線をひく。

高さを$h$cmとすると，三平方の定理から，

$h^2+2^2=3^2$，$h^2=3^2-2^2=5$

$h>0$ だから，$h=\sqrt{5}$

よって，面積は，$\frac{1}{2}\times4\times\sqrt{5}=2\sqrt{5}$

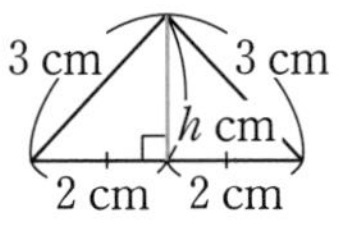

プラス・ワン②

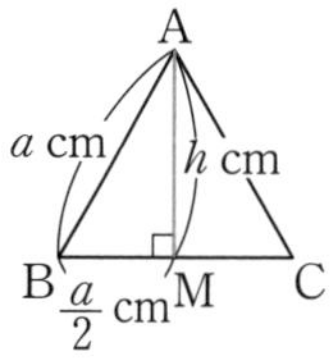

1辺がa cmの正三角形ABCで，頂点Aから辺BCに垂線AMをひく。点MはBCの中点だから，BM$=\frac{a}{2}$cm

また，△ABMは直角三角形だから，AM$=h$cmとすると，

三平方の定理から，$h^2+\left(\frac{a}{2}\right)^2=a^2$，$h^2=\frac{3}{4}a^2$

$h>0$だから，$h=\frac{\sqrt{3}}{2}a$

よって，面積は，$\frac{1}{2}\times a\times\frac{\sqrt{3}}{2}a=\frac{\sqrt{3}}{4}a^2$

正三角形は，1辺の長さがわかれば，高さもわかるね。

解答 (1)　高さ……$\mathbf{2\sqrt{3}}$ **cm**　　面積……$\mathbf{4\sqrt{3}}$ **cm²**

(2)　高さ……$\mathbf{\sqrt{5}}$ **cm**　　面積……$\mathbf{2\sqrt{5}}$ **cm²**

プラス・ワン② 高さ……$\boldsymbol{\frac{\sqrt{3}}{2}a}$**cm**　　面積……$\boldsymbol{\frac{\sqrt{3}}{4}a^2}$**cm²**

教科書 p.205

たしかめ 1 次の直角三角形で，x，yの値(あたい)を求めなさい。

(1)

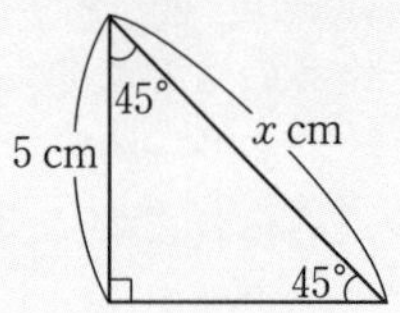

(2)

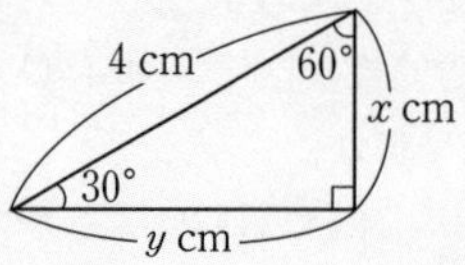

ガイド (1)　直角二等辺三角形の3辺の比は，$1:1:\sqrt{2}$

(2)　直角以外の角が30°と60°の直角三角形の3辺の比は，$1:2:\sqrt{3}$

解答 (1)　$5:x=1:\sqrt{2}$ より，$\boldsymbol{x=5\sqrt{2}}$

(2)　$x:4=1:2$ より，$2x=4$，$\boldsymbol{x=2}$

$y:4=\sqrt{3}:2$ より，$2y=4\sqrt{3}$，$\boldsymbol{y=2\sqrt{3}}$

教科書 p.205

Q3 次の(1)，(2)を求めなさい。

(1)　1辺が$\sqrt{2}$ cmの正方形の対角線の長さ

(2)　1辺が$\sqrt{3}$ cmの正三角形の高さ

プラス・ワン③ 高さが6 cmの正三角形の1辺の長さ

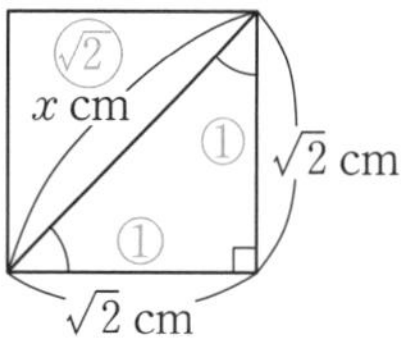

ガイド (1)　対角線によって，2つの合同な直角二等辺三角形に分けられるので，3辺の比$1:1:\sqrt{2}$を利用して比例式を立てる。

対角線をx cmとすると，$\sqrt{2}:x=1:\sqrt{2}$ より，

$x=(\sqrt{2})^2=2$

(2) 直角三角形をつくり，直角以外の角が30°と60°の直角三角形の3辺の比 $1:2:\sqrt{3}$ を利用する。

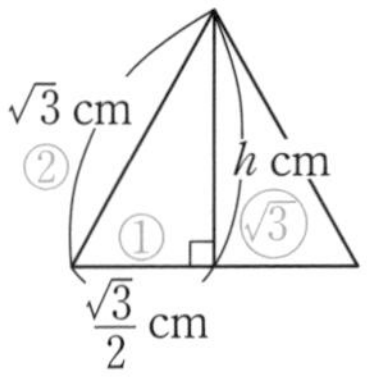

右の図のように，頂点から底辺に垂線をひく。

高さを h cmとすると，$\sqrt{3}:h=2:\sqrt{3}$ より，

$$2h=(\sqrt{3})^2,\ 2h=3,\ h=\frac{3}{2}$$

プラス・ワン③

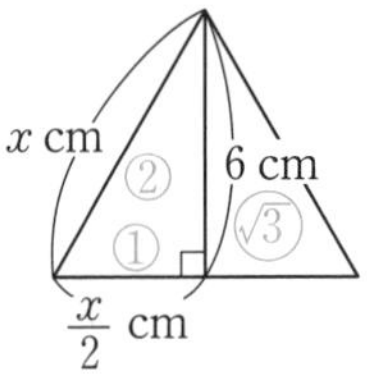

右の図のように，頂点から底辺に垂線をひく。

正三角形の1辺を x cmとすると，$x:6=2:\sqrt{3}$ より，

$$\sqrt{3}x=12,\ x=\frac{12}{\sqrt{3}}=4\sqrt{3}$$

解答 (1) **2 cm**　(2) $\boldsymbol{\frac{3}{2}}$ **cm**

プラス・ワン③ $\boldsymbol{4\sqrt{3}}$ **cm**

教科書 p.206

活動4 半径が10cmの円Oで，中心からの距離(きょり)が6cmである弦(げん)ABの長さを求めよう。

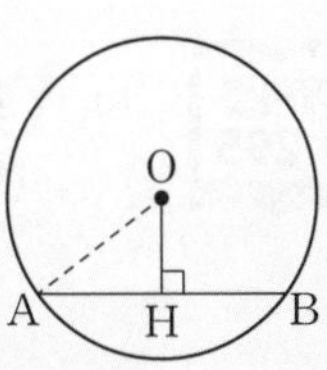

(1) 右の図で，中心Oと弦ABとの距離を示しているのはどこですか。

(2) 線分AHの長さがわかれば，弦ABの長さが求められます。それはなぜですか。

(3) 弦ABの長さを求めなさい。

ガイド (3) △OAHは直角三角形だから，三平方の定理を使うと，

$$AH^2+OH^2=OA^2,\ AH^2+6^2=10^2,\ AH^2=10^2-6^2=64$$

$AH>0$ だから，$AH=8$

よって，$AB=2AH=16$

解答 (1) **線分OH**

(2) **円の中心から弦にひいた垂線は，弦を2等分する。よって，AB＝2AH だから。**

(3) **16cm**

教科書 p.206

Q4 半径が12cmの円Oに，長さが20cmの弦をかきました。この弦と円の中心Oとの距離を求めなさい。

ガイド 図をかいてみるとよい。中心Oから弦に垂線OHをひくと，OHの長さが求める距離になる。

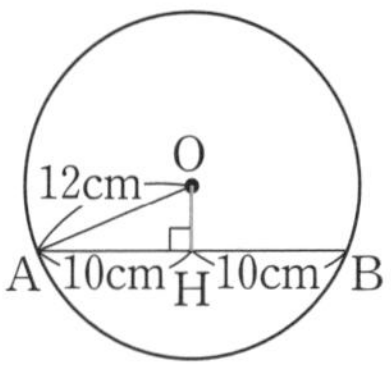

右の図で，点Hは弦ABの中点となる。

△OAHは直角三角形だから，三平方の定理を使うと，

$$OH^2+AH^2=OA^2,\ OH^2+10^2=12^2,\ OH^2=12^2-10^2=44$$

$OH>0$ だから，$OH=\sqrt{44}=2\sqrt{11}$

解答 $\boldsymbol{2\sqrt{11}}$ **cm**

教科書 p.206

Q5 半径が6 cmの円Oに，円の外部にある点Pから接線をひき，接点をAとする。接線PAの長さが8 cmのとき，2点O，P間の距離を求めなさい。

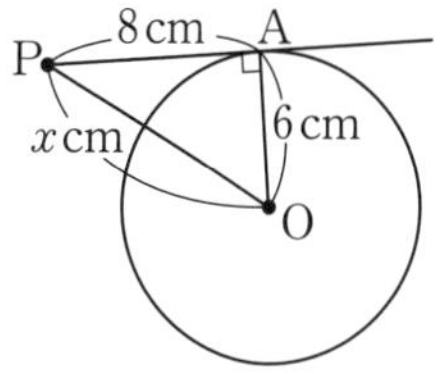

ガイド 円の接線は，その接点を通る半径に垂直であるから，右の図のように，点Oと点Pを結ぶと，△OAPは直角三角形になる。
OP＝$x$cmとすると，△OAPで三平方の定理から，

$$6^2+8^2=x^2$$
$$x^2=100$$

$x>0$ だから，$x=10$

解答 **10cm**

② 座標平面上の点と距離

CHECK! 確認したら✓を書こう

教科書の要点

□座標平面上の2点間の距離　2点 **A**$(a,\ b)$，**B**$(a',\ b')$ の間の距離は，ABを斜辺とする直角三角形を座標平面上につくり，三平方の定理を使って求める。

$$\mathbf{AB^2=(a'-a)^2+(b'-b)^2}$$

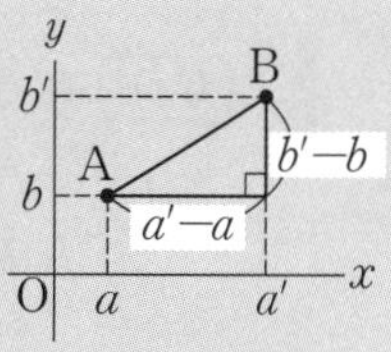

教科書 p.207

活動1 座標平面上で，点A(6, 7)と点B(−2, 3)の間の距離を求めよう。
右の図のように，座標軸(じく)に平行な2つの直線をかいて，その交点をCとすると，

AC＝7−3＝4
BC＝6−(−2)＝8

である。

(1) 直角三角形ABCで，三平方の定理を使って2点A，B間の距離を求めなさい。

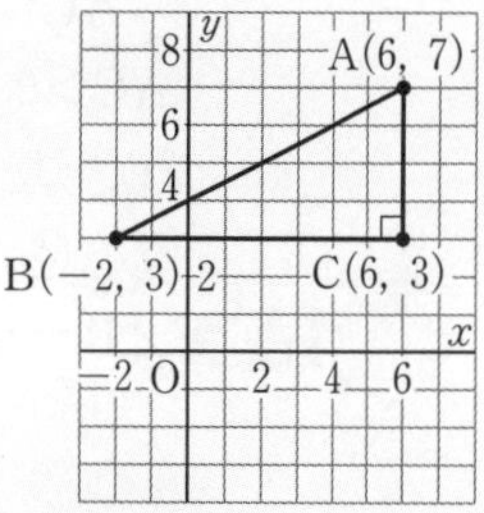

ガイド (1) $AB^2=AC^2+BC^2=4^2+8^2=80$
$AB>0$ だから，$AB=\sqrt{80}=4\sqrt{5}$

解答 (1) $\mathbf{4\sqrt{5}}$

教科書 p.207

Q1 次の2点間の距離を求めなさい。

(1) P(4, 2)，Q(7, −2)　　(2) R(0, −3)，S(3, −1)

7章 2節 三平方の定理と図形の計量

ガイド 座標平面上に直角三角形をつくり，三平方の定理を使う。

(1) 右の図のように，直角三角形PTQをつくる。

点Tの座標は$(4, -2)$だから，

PT $= 2-(-2) = 4$, TQ $= 7-4 = 3$

三平方の定理から，PQ$^2 = 4^2+3^2 = 25$

PQ>0だから，PQ $= 5$

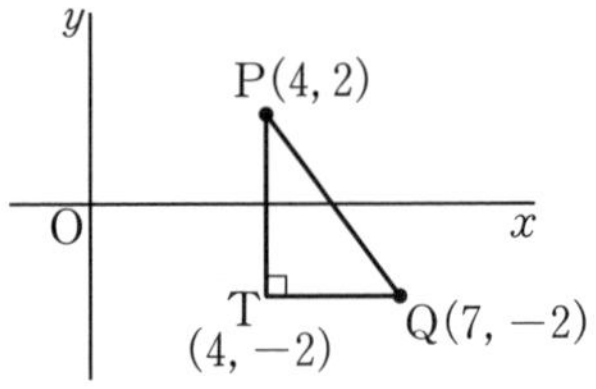

(2) 右の図のように，直角三角形RSUをつくる。

点Uの座標は$(0, -1)$だから，

RU $= -1-(-3) = 2$, SU $= 3-0 = 3$

三平方の定理から，RS$^2 = 2^2+3^2 = 13$

RS>0だから，RS $= \sqrt{13}$

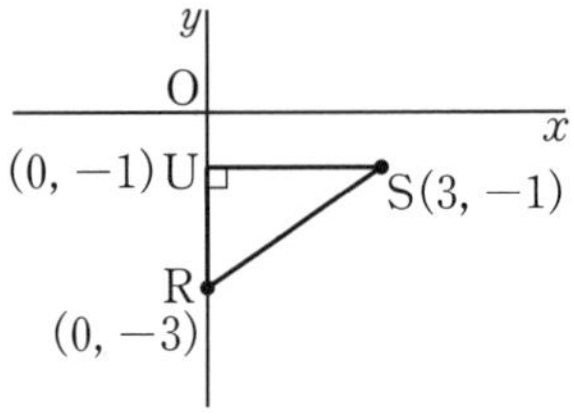

解答 (1) **5**　　　　(2) $\sqrt{13}$

教科書 p.207 **Q2** 座標平面上に3点A$(0, -4)$，B$(3, 0)$，C$(-1, 3)$があります。

この3点を頂点とする△ABCはどんな三角形ですか。

ガイド 座標平面上に△ABCをかき，3辺の長さの関係を調べる。

$$AB^2 = (3-0)^2+\{0-(-4)\}^2 = 25 \quad \cdots\cdots①$$

AB>0だから，AB $= 5$ 　　　　　$\cdots\cdots②$

$$BC^2 = \{3-(-1)\}^2+(3-0)^2 = 25 \quad \cdots\cdots③$$

BC>0だから，BC $= 5$ 　　　　　$\cdots\cdots④$

$$AC^2 = \{0-(-1)\}^2+\{3-(-4)\}^2 = 50 \quad \cdots\cdots⑤$$

AC>0だから，AC $= 5\sqrt{2}$ 　　　$\cdots\cdots⑥$

①，③，⑤より，AB2+BC2 = AC2

②，④，⑥より，AB：BC：AC $= 1:1:\sqrt{2}$

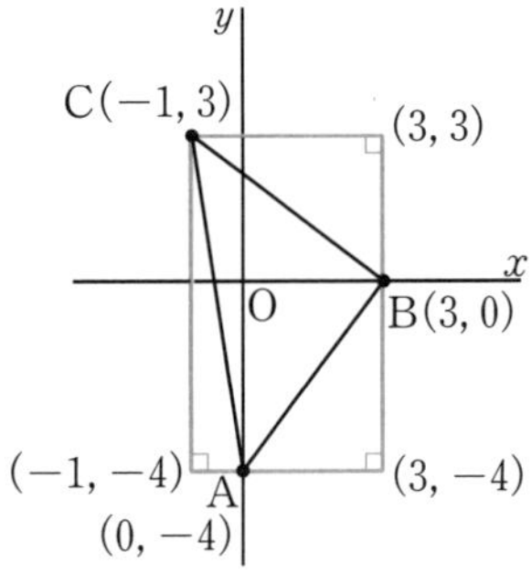

解答 ∠B $= 90°$ の直角二等辺三角形

図をかくと，直角
二等辺三角形と予
想できるね。

③ 空間図形の計量

CHECK! ･･

確認したら
✓を書こう

教科書の要点

□直方体の対角 　線の長さ	縦，横，高さが，a，b，cの直方体の対角線の長さxは，$x = \sqrt{a^2+b^2+c^2}$ で表される。

□角錐，円錐の 　体積	角錐，円錐の体積は，角錐，円錐の高さが1辺となるような直角三角形をつくり，三平方の定理を使って高さを求めてから体積を求める。

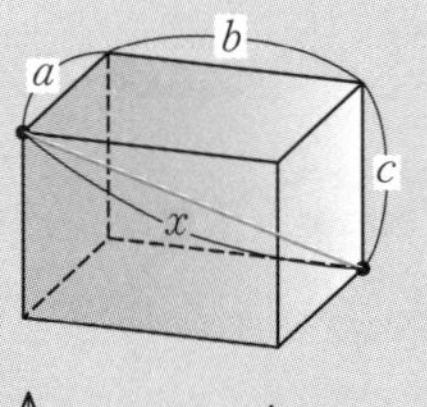

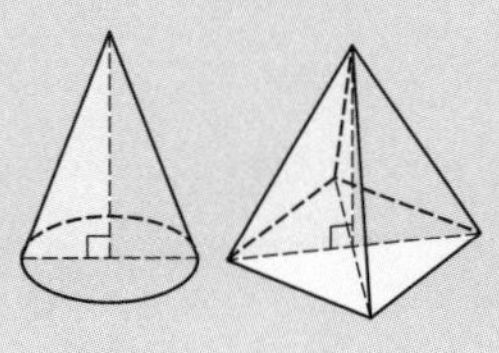

p.208

活動1 右の図は，FG＝3cm，EF＝5cm，
AE＝4cm の直方体である。
頂点A，G間の距離を求めよう。

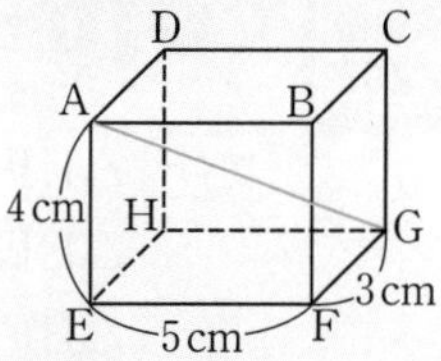

マイさんの考え

> 直角三角形AEGに着目して，AGの長さを求める。
> そのためにまず，EGの長さを求める。
> △EFGで三平方の定理を使うと，
> $5^2+3^2=EG^2 \cdots\cdots$①
>
>

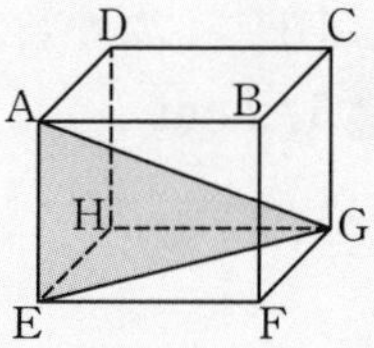

(1) ①から，EGの長さを求めなさい。

(2) (1)を利用して，頂点A，G間の距離を求めなさい。

ガイド (1)　①より，$EG^2=34$
\qquad EG＞0 より，$EG=\sqrt{34}$

(2)　△AEGで三平方の定理から，
$\qquad AE^2+EG^2=AG^2$
$\qquad 4^2+(\sqrt{34})^2=AG^2$
$\qquad\qquad AG^2=50$
\qquad AG＞0 だから，$AG=5\sqrt{2}$

解答 (1)　$\sqrt{34}$ cm \qquad (2)　$5\sqrt{2}$ cm

教科書
p.208

たしかめ1 活動1 で，直角三角形AFGに着目して直方体の頂点
A，G間の距離を求めなさい。

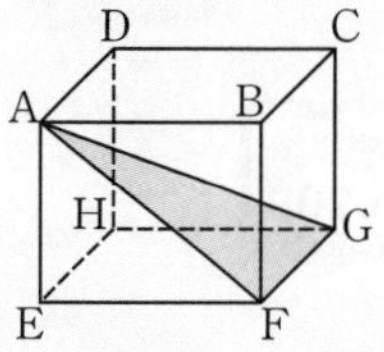

ガイド まず，AFの長さを求める。

\qquad △AEFで，三平方の定理から，$4^2+5^2=AF^2$，$AF^2=41$

\qquad AF＞0 だから，$AF=\sqrt{41}$

\qquad 次に，△AFGで，三平方の定理から，$(\sqrt{41})^2+3^2=AG^2$，$AG^2=50$

\qquad AG＞0 だから，$AG=5\sqrt{2}$

別解 △AEFで三平方の定理から，$AF^2=AE^2+EF^2$ $\cdots\cdots$①
\qquad △AFGで三平方の定理から，$AG^2=AF^2+FG^2$ $\cdots\cdots$②
\qquad ①を②に代入して，$AG^2=AE^2+EF^2+FG^2$
\qquad よって，$AG^2=4^2+5^2+3^2=50$
\qquad AG＞0 だから，$AG=5\sqrt{2}$

解答 $5\sqrt{2}$ cm

直方体の対角線の長さは
$\sqrt{(縦)^2+(横)^2+(高さ)^2}$
なんだね。

7章

2節

三平方の定理と図形の計量

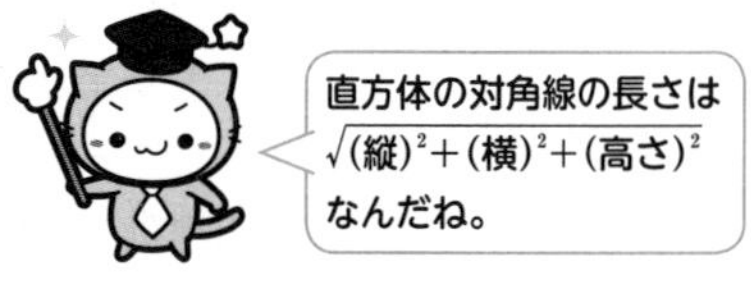

教科書 p.208

Q1 活動1で，頂点B，H間の距離を求めなさい。

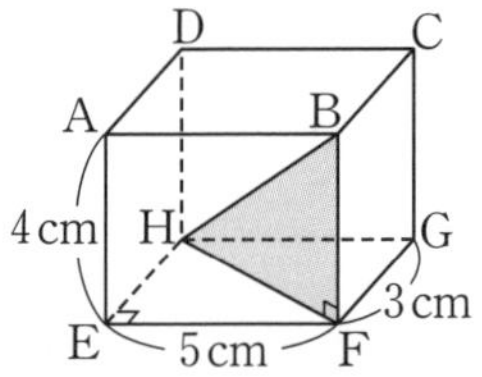

ガイド △EFH，△BFHはともに直角三角形である。

△EFHで三平方の定理から，$FH^2=3^2+5^2$ ……①

△BFHで三平方の定理から，$BH^2=4^2+FH^2$ ……②

①を②に代入して，$BH^2=4^2+3^2+5^2=50$

$BH>0$ だから，$BH=5\sqrt{2}$

解答 $5\sqrt{2}$ **cm**

直方体の4つの対角線の長さは，すべて等しいんだね。

教科書 p.208

Q2 1辺が4 cmの立方体の対角線の長さを求めなさい。

プラス・ワン

次の立体の対角線の長さを求めなさい。

(1) 縦が a cm，横が b cm，高さが c cmの直方体　(2) 1辺が a cmの立方体

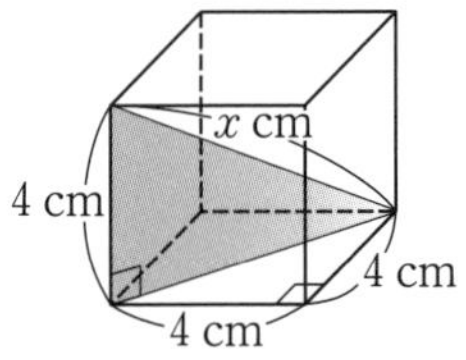

ガイド 活動1やQ1から，縦，横，高さが a，b，c の直方体の対角線の長さ x は，$x=\sqrt{a^2+b^2+c^2}$ で表される。

1辺が4 cmの立方体の対角線の長さを x cmとすると，

$x=\sqrt{4^2+4^2+4^2}=\sqrt{48}=4\sqrt{3}$

プラス・ワン

(1) 対角線の長さを x cmとすると，$x=\sqrt{a^2+b^2+c^2}$

(2) 対角線の長さを x cmとすると，$x=\sqrt{a^2+a^2+a^2}=\sqrt{3}\,a$

解答 $4\sqrt{3}$ **cm**　**プラス・ワン** (1) $\sqrt{a^2+b^2+c^2}$ **cm**　(2) $\sqrt{3}\,a$ **cm**

教科書 p.209

活動2 右の図の正四角錐（せいしかくすい）OABCDで，底面ABCDは1辺の長さが6 cmの正方形，側面は等しい辺の長さが9 cmの二等辺三角形である。

この正四角錐の体積を求めよう。

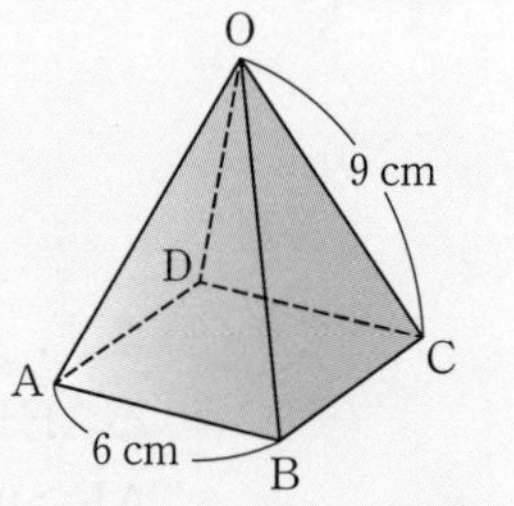

(1) 正四角錐の高さを求めるために，見取図に，頂点Oから底面にひいた垂線OHをかき入れなさい。このとき，点Hは，右の正方形ABCDのどこにありますか。

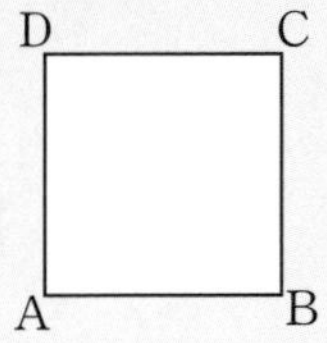

(2) ゆうとさんが考えた次の手順で，正四角錐の高さを求めなさい。

> ❶ △ABCが直角二等辺三角形であることからACの長さを求める。
> ❷ AHの長さを求める。
> ❸ △OAHが直角三角形であることから，OHの長さを求める。

(3) 正四角錐OABCDの体積を求めなさい。

解答 (1) OHは右の図。点Hは**正方形ABCDの対角線の交点。**

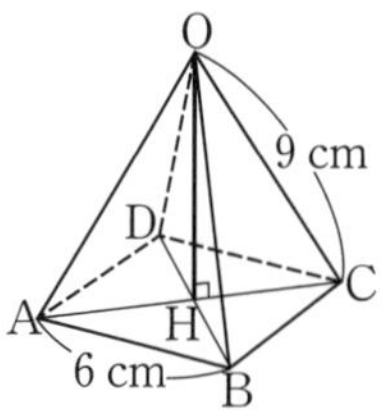

(2) ❶ △ABCは直角二等辺三角形だから，

$AB : AC = 1 : \sqrt{2}$　　よって，$AC = 6\sqrt{2}$

❷ 底面の対角線の交点をHとすると，

$AH = \frac{1}{2}AC = \frac{1}{2} \times 6\sqrt{2} = 3\sqrt{2}$

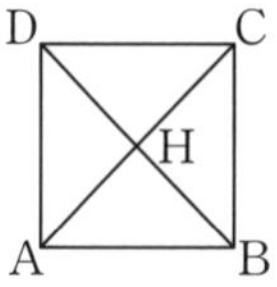

❸ △OAHは∠OHA＝90°の直角三角形だから，

三平方の定理より，$OH^2 + AH^2 = OA^2$

$OH^2 = OA^2 - AH^2 = 9^2 - (3\sqrt{2})^2 = 63$

$OH > 0$ だから，$OH = \sqrt{63} = 3\sqrt{7}$　　**答 $3\sqrt{7}$ cm**

(3) $\frac{1}{3} \times 6^2 \times 3\sqrt{7} = 36\sqrt{7}$　　**答 $36\sqrt{7}$ cm³**

教科書 p.209

Q3 活動2 で，さくらさんは，右の図のようにABの中点Mをとって体積を求めようと考えました。さくらさんの考えで，体積を求めなさい。

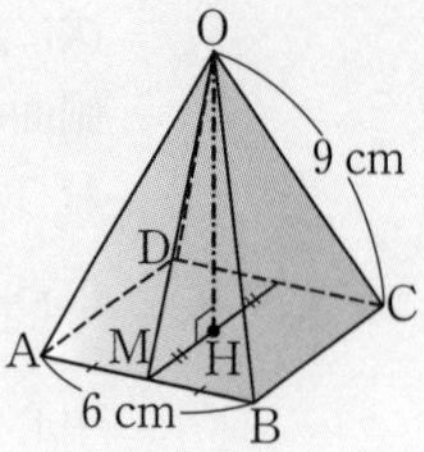

ガイド 辺ABの中点をMとし，Mから辺BCに平行な直線をひくと，Hはその直線上にある。

△OMBは直角三角形だから，三平方の定理から，

$OM^2 + MB^2 = OB^2$

$OM^2 = OB^2 - MB^2 = 9^2 - 3^2 = 72$

$OM > 0$ だから，$OM = \sqrt{72} = 6\sqrt{2}$

△OMHは直角三角形だから，三平方の定理から，

$MH^2 + OH^2 = OM^2$

$OH^2 = OM^2 - MH^2 = (6\sqrt{2})^2 - 3^2 = 63$

$OH > 0$ だから，$OH = \sqrt{63} = 3\sqrt{7}$

よって，求める体積は，$\frac{1}{3} \times 6^2 \times 3\sqrt{7} = 36\sqrt{7}$

解答 **$36\sqrt{7}$ cm³**

教科書 p.209

Q4 活動2 の正四角錐OABCDの表面積を求めなさい。

ガイド 表面積は，(底面積)＋(側面積)で求められる。

正四角錐の側面は，４つの合同な二等辺三角形である。

Q3 より，側面の三角形の高さは$6\sqrt{2}$ cmだから，三角形１つ分の面積は，

$\frac{1}{2} \times 6 \times 6\sqrt{2} = 18\sqrt{2}$

よって，表面積は，$6^2 + 4 \times 18\sqrt{2} = 36 + 72\sqrt{2}$

7章 2節 三平方の定理と図形の計量

解答 $36+72\sqrt{2}$ (cm^2)

教科書 p.209

Q5 高さが 6 cm，母線の長さが 10 cm の円錐の体積と表面積を求めなさい。

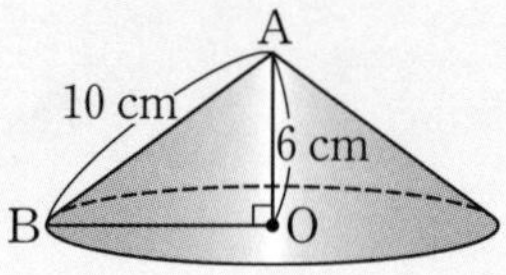

ガイド まず，円錐の高さと母線から，三平方の定理を利用して底面の円の半径を求める。

$\triangle$ABO は直角三角形だから，OB $= x$ cm とすると，三平方の定理から，

$x^2+6^2=10^2$，$x^2=64$

$x>0$ だから，$x=8$

よって，体積は，$\frac{1}{3}\times\pi\times 8^2\times 6=128\pi$

次に，側面積を求める。

側面は展開図で考えると，半径 10 cm のおうぎ形である。

おうぎ形の面積は，おうぎ形の中心角を $x°$ とすると，

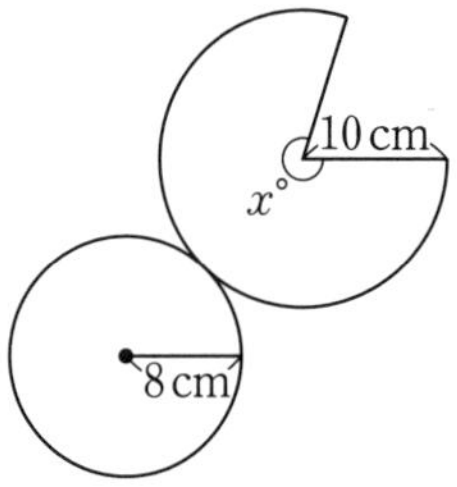

(半径)$^2\times\pi\times\frac{x}{360}$

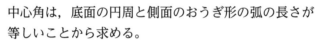

中心角は，底面の円周と側面のおうぎ形の弧の長さが等しいことから求める。

$2\pi\times 8=2\pi\times 10\times\frac{x}{360}$ より，$x=288$

よって，側面のおうぎ形の面積は，

$10^2\times\pi\times\frac{288}{360}=80\pi$

別解 中心角を求めなくても，おうぎ形の面積 S は，半径を r，弧の長さを ℓ とすると，$S=\frac{1}{2}\ell r$ で求めることができる。

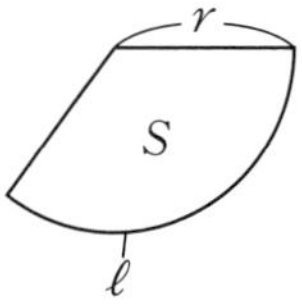

この公式を使うと，側面積は，

$\frac{1}{2}\times(2\pi\times 8)\times 10=80\pi$

したがって，表面積は，$\underbrace{\pi\times 8^2}_{\text{底面積}}+\underbrace{80\pi}_{\text{側面積}}=144\pi$

解答 体積……**128π cm^3**　表面積……**144π cm^2**

たしかめよう

教科書 p.210

1 次の直角三角形で，x の値を求めなさい。

(1)

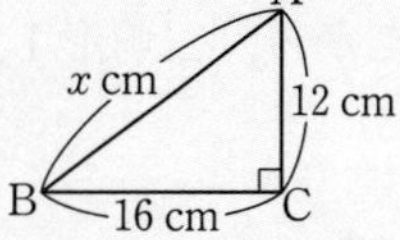

(2)

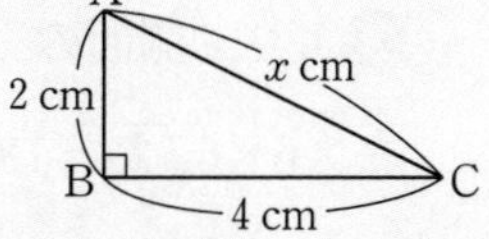

ガイド 直角三角形の直角をはさむ 2 辺の長さを a，b，斜辺を c とすると，$a^2+b^2=c^2$

解答 (1) $x^2=16^2+12^2=400$　$x>0$ だから，$\boldsymbol{x=20}$

(2) $x^2=2^2+4^2=20$　$x>0$ だから，$\boldsymbol{x=2\sqrt{5}}$

教科書 p.210

2 次の直角三角形で，x，y の値を求めなさい。

(1) 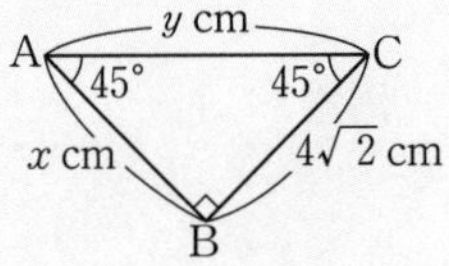

(2) 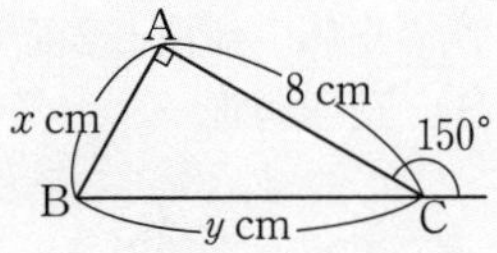

ガイド (1) 直角二等辺三角形の 3 つの辺の比は，$1:1:\sqrt{2}$

(2) 30°，60° の角をもつ直角三角形の 3 つの辺の比は，$1:2:\sqrt{3}$

解答 (1) $x:4\sqrt{2}=1:1$，$\boldsymbol{x=4\sqrt{2}}$

$4\sqrt{2}:y=1:\sqrt{2}$，$y=4\sqrt{2}\times\sqrt{2}=8$　　$\boldsymbol{y=8}$

(2) $180°-150°=30°$ より，30° の角をもつ直角三角形だから，

$x:8=1:\sqrt{3}$，$\sqrt{3}x=8$，$x=\dfrac{8}{\sqrt{3}}=\dfrac{8\sqrt{3}}{3}$　　$\boldsymbol{x=\dfrac{8\sqrt{3}}{3}}$

$8:y=\sqrt{3}:2$，$\sqrt{3}y=16$，$y=\dfrac{16}{\sqrt{3}}=\dfrac{16\sqrt{3}}{3}$　　$\boldsymbol{y=\dfrac{16\sqrt{3}}{3}}$

教科書 p.210

3 右の図で，x の値を求めなさい。

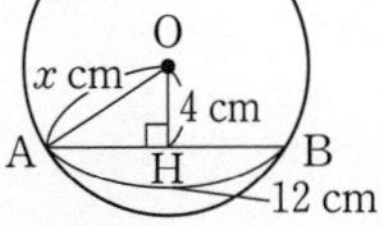

ガイド △OAHで三平方の定理を利用する。

AH＝6 cm だから，三平方の定理から，$x^2=4^2+6^2=52$

$x>0$ だから，$x=\sqrt{52}=2\sqrt{13}$

解答 $\boldsymbol{x=2\sqrt{13}}$

教科書 p.210

4 2 点$(-2,\ 2)$，$(1,\ 4)$の間の距離を求めなさい。

ガイド 座標平面上に直角三角形をつくり，三平方の定理を使う。

右の図のように，直角三角形AEBをつくる。

点Eの座標は$(1,\ 2)$であるから，

$AE=1-(-2)=3$，$BE=4-2=2$

三平方の定理から，$AB^2=3^2+2^2=13$

$AB>0$ だから，$AB=\sqrt{13}$

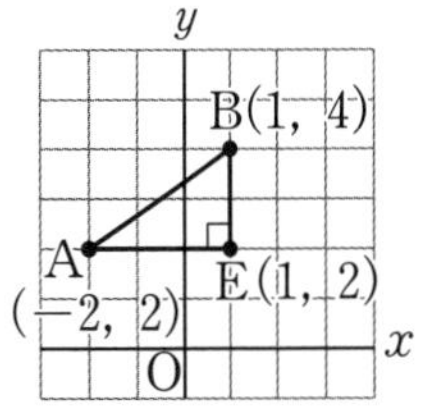

解答 $\boldsymbol{\sqrt{13}}$

教科書 p.210

5 縦が 3 cm，横が 5 cm，高さが 8 cm の直方体の対角線の長さを求めなさい。

ガイド 直方体の縦，横，高さをa，b，cとするとき，対角線の長さxは，
$x=\sqrt{a^2+b^2+c^2}$ で表される。
$\sqrt{3^2+5^2+8^2}=\sqrt{98}=7\sqrt{2}$

解答 $7\sqrt{2}$ **cm**

教科書 p.210

6 次の立体の体積と表面積を求めなさい。

(1) 正四角錐

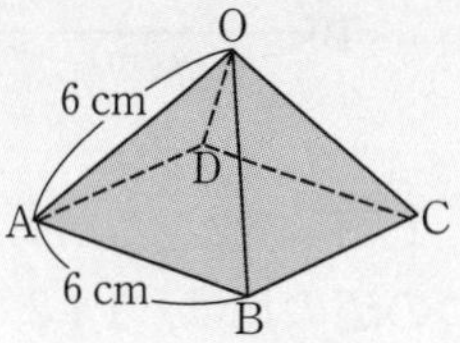

(2) 円錐

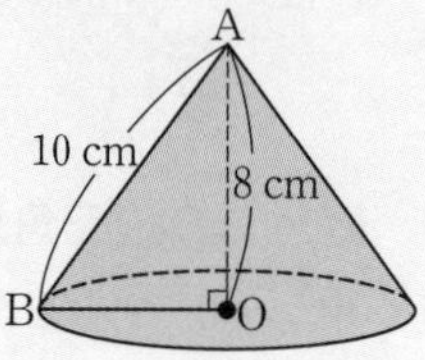

ガイド (1) 三平方の定理を利用して高さを求めてから体積を求める。

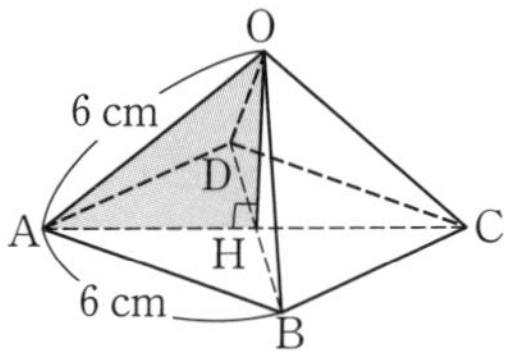

右の図のように，底面の対角線の交点をHとすると，線分OHの長さが正四角錐の高さになる。△ABCは直角二等辺三角形だから，

AB：AC＝1：$\sqrt{2}$

AB＝6 だから，AC＝$6\sqrt{2}$

よって，AH＝$3\sqrt{2}$

△OAHは∠OHA＝90°の直角三角形だから，

三平方の定理から，

$OH^2+(3\sqrt{2})^2=6^2$，$OH^2=6^2-(3\sqrt{2})^2=18$

OH>0 だから，$OH=\sqrt{18}=3\sqrt{2}$

よって，体積は，$\dfrac{1}{3}\times6^2\times3\sqrt{2}=36\sqrt{2}$

次に，側面の三角形の高さを求める。側面は正三角形だから，辺ABの中点をMとすると，AM＝3

△OAMは直角三角形だから，三平方の定理から，

$3^2+OM^2=6^2$，$OM^2=6^2-3^2=27$

OM>0 だから，$OM=\sqrt{27}=3\sqrt{3}$

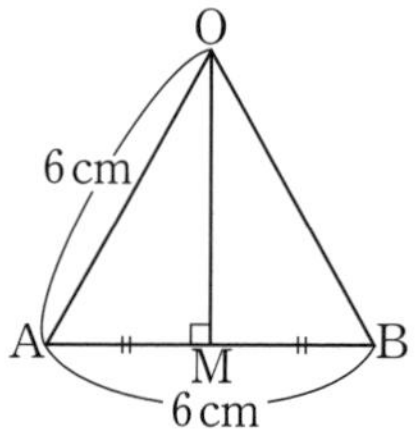

別解 △OAMは，30°，60°の角をもつ直角三角形になる。

よって，OM：OA＝$\sqrt{3}$：2

OA＝6 だから，2OM＝$6\sqrt{3}$，OM＝$3\sqrt{3}$

したがって，△OAB＝$\dfrac{1}{2}\times6\times3\sqrt{3}=9\sqrt{3}$

(表面積)＝(底面積)＋(側面積)だから，$\underbrace{6^2}_{\text{底面積}}+\underbrace{4\times9\sqrt{3}}_{\text{側面積}}=36+36\sqrt{3}$

(2) まず，円錐の高さと母線から，三平方の定理を利用して底面の円の半径を求める。

$OB^2+8^2=10^2$，$OB^2=10^2-8^2=36$

$OB>0$ だから，$OB=6$

よって，体積は，$\frac{1}{3}\times\pi\times6^2\times8=96\pi$

次に，側面積を求める。

側面は展開図で考えると，半径10cmのおうぎ形である。

おうぎ形の中心角をx°とすると，

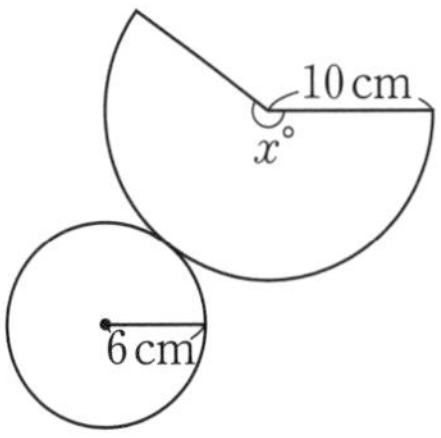

$2\pi\times6=2\pi\times10\times\frac{x}{360}$ より，$x=216$

よって，側面のおうぎ形の面積は，

$10^2\times\pi\times\frac{216}{360}=60\pi$

別解 おうぎ形の面積Sは，半径をr，弧の長さをℓとすると，$S=\frac{1}{2}\ell r$より，

側面積は，$\frac{1}{2}\times(2\pi\times6)\times10=60\pi$

底面積は，$\pi\times6^2=36\pi$

よって，表面積は，$\underset{\text{底面積}}{\underline{36\pi}}+\underset{\text{側面積}}{\underline{60\pi}}=96\pi$

解答 (1) 体積……$\mathbf{36\sqrt{2}\,cm^3}$　表面積……$\mathbf{36+36\sqrt{3}\,(cm^2)}$

(2) 体積……$\mathbf{96\pi cm^3}$　表面積……$\mathbf{96\pi cm^2}$

3節 三平方の定理の利用

① 富士山が見える範囲を調べよう

CHECK! 確認したら ✓を書こう

教科書の要点

□三平方の定理の利用	平面図形や空間図形の問題では，図形のなかに直角三角形を見いだして問題を解決する。

教科書 p.211〜212

富士山を見ることができるのは，富士山から何km離(はな)れた場所までだろうか。

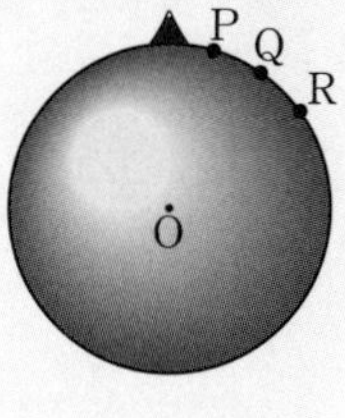

(1) あおいさんは，次のような図をかいて考えようとしています。
地点P，Q，Rにいる人は，それぞれ富士山を見ることができますか。
あおいさんは，次のように考えることにしました。

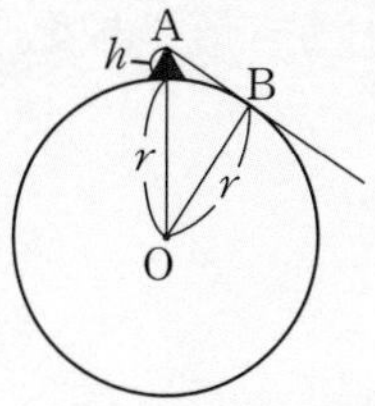

富士山頂をA，富士山が見える境界の地点をB，地球の中心をO，地球の半径をr，富士山の高さをhとする。そして，ABの長さを求めて，地図上でコンパスを使って調べる。

(2) あおいさんの考えで，半直線ABは，円Oのどんな線になりますか。
また，△OBAはどんな三角形ですか。

(3) △OBAで三平方の定理を使って，ABの長さをr，hを使った式で表しなさい。

(4) $r=6378$km，$h=3.776$kmとすると，ABの長さはおよそ何kmですか。
小数第1位を四捨五入して求めなさい。

(5) (4)で得られた結果から考えられる富士山が見えるおよその範囲(はんい)を，右の地図(教科書212ページ)にコンパスでかき入れなさい。

ガイド 地球を円と考えて，平面の図から三平方の定理を利用して考える。

(1) 富士山が見える境界の地点Bをこえると，富士山は見えない。点Qが点Bの位置にあたる。

(3) $AO^2=OB^2+AB^2$より，$(r+h)^2=r^2+AB^2$，$AB^2=(r+h)^2-r^2$，
$AB^2=(r^2+2rh+h^2)-r^2=2rh+h^2$
$AB>0$だから，$AB=\sqrt{2rh+h^2}$

(4) $AB=\sqrt{2rh+h^2}$に$r=6378$，$h=3.776$を代入すると，
$AB=\sqrt{2\times6378\times3.776+3.776^2}=\sqrt{48180.9\cdots\cdots}=219.5\cdots\cdots$

解答 (1) P……**見える**　Q……**見える**　R……**見えない**

(2) 半直線AB……**円Oの接線**　△OBA……**∠OBA＝90°の直角三角形**

(3) $\boldsymbol{AB=\sqrt{2rh+h^2}}$

(4) **およそ220km**

(5) 右の図

教科書212ページの地図では100kmを2cmで表しているから，(4)より富士山が見える境界の地点220kmは，地図上で富士山を中心として半径4.4cmの円の内部になる。

教科書 p.212

Q1 身のまわりの高い建物や山について高さを調べ，その建物や山が見える範囲を求めなさい。

解答 省略

② 図形の面積を比べよう

CHECK! 確認したら✓を書こう

教科書の要点

□三角形の面積　3辺の長さがわかっている三角形の面積は，頂点から底辺に垂線をひいて直角三角形をつくり，三平方の定理を利用して方程式をつくり，まず高さを求める。

教科書 p.213

活動1 まわりの長さが等しい△ABCと△DEFの面積は，どちらが大きいか調べよう。

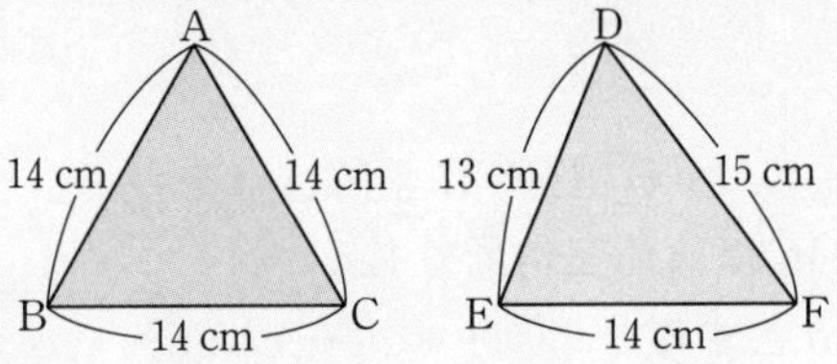

(1) △ABCの面積を求めなさい。

(2) △DEFの頂点Dから辺EFに垂線DHをひくと，△DEH，△DHFはともに直角三角形になります。EH＝$x$cm，DH＝$h$cmとして，△DEHと△DHFの辺の長さの関係について，それぞれ式に表しなさい。

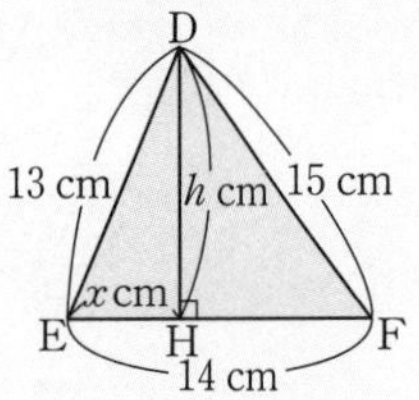

(3) (2)で得られた2つの式から，hを消去してxについての方程式をつくり，xの値(あたい)を求めなさい。

(4) (3)からhの値を求め，△DEFの面積を求めなさい。

(5) △ABCと△DEFは，どちらのほうが面積が大きいといえますか。

ガイド (1) 頂点Aから辺BCに垂線AMをひく。
点MはBCの中点だから，BM＝7cm
また，△ABMは直角三角形だから，
AM＝$t$cmとすると，三平方の定理から，
$t^2+7^2=14^2$，$t^2=147$
$t>0$だから，$t=\sqrt{147}=7\sqrt{3}$

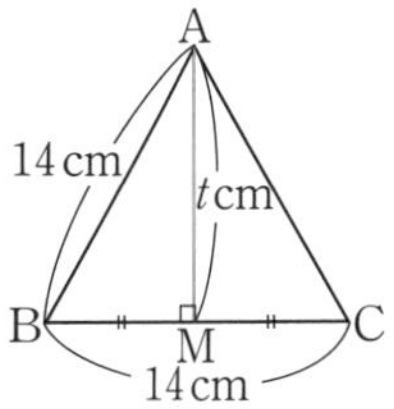

別解 △ABMは∠B＝60°の直角三角形だから，
$7:t=1:\sqrt{3}$，$t=7\sqrt{3}$

よって，面積は，$\frac{1}{2}\times14\times7\sqrt{3}=49\sqrt{3}$

(3) $x^2+h^2=13^2$から，$h^2=13^2-x^2=169-x^2$　……①
$h^2+(14-x)^2=15^2$から，$h^2=15^2-(14-x)^2=29+28x-x^2$　……②
①，②から，$169-x^2=29+28x-x^2$，$28x=140$，$x=5$

(4) $x=5$ を①に代入して，$h^2=169-5^2=144$

$h>0$ だから，$h=12$

よって，面積は，$\dfrac{1}{2}\times14\times12=84$

(5) $\sqrt{3}=1.73\cdots\cdots$ より，$49\sqrt{3}=84.77\cdots\cdots$

解答 (1) $\mathbf{49\sqrt{3}\ cm^2}$

(2) $\triangle DEH\cdots\cdots\mathbf{x^2+h^2=13^2}$

$\triangle DHF\cdots\cdots\mathbf{h^2+(14-x)^2=15^2}$

(3) $\mathbf{x=5}$

(4) $\mathbf{h=12,\ 84\,cm^2}$

(5) $\mathbf{\triangle ABC}$

(5)は，底辺の長さが同じだから，高さで比べてもいいね。△ABCの高さは，$7\sqrt{3}=12.11\cdots$ (cm)だから，△ABCのほうが高いよ。

教科書 p.213 **Q1** 3辺の長さが13cm，20cm，21cmである三角形の面積を，長さが21cmの辺を底辺として求めなさい。

ガイド 右の図の△ABCで，頂点Aから辺BCに垂線AHをひくと，△ABH，△AHCは直角三角形である。

$BH=x$cm，$AH=h$cm とすると，$CH=21-x$ (cm)と表せる。

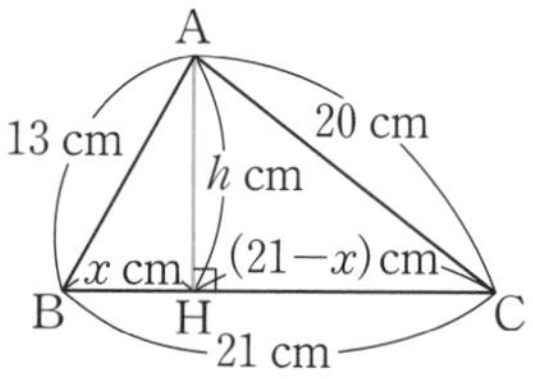

△ABHで，$x^2+h^2=13^2$

$h^2=13^2-x^2=169-x^2$ ……①

△AHCで，$h^2+(21-x)^2=20^2$

$h^2=20^2-(21-x)^2=400-441+42x-x^2$

$=-41+42x-x^2$ ……②

①，②から，$169-x^2=-41+42x-x^2$，$42x=210$，$x=5$

$x=5$ を①に代入して，$h^2=169-5^2=144$

$h>0$ だから，$h=12$

面積は，$\dfrac{1}{2}\times21\times12=126$

図をかいて考えよう。

解答 $\mathbf{126\,cm^2}$

教科書 p.213 **Q2** 次の図形の面積を求めなさい。

(1)
6 cm　6 cm　60°　6 cm　6 cm

(2)
16 cm　17 cm　17 cm

(3)
12 cm　13 cm　10 cm

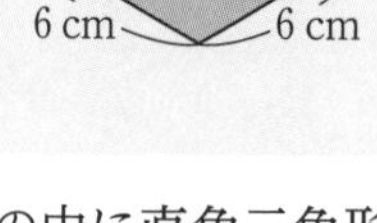

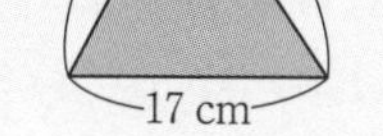

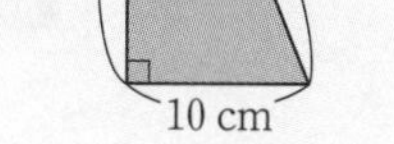

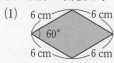

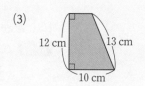

ガイド 図の中に直角三角形をつくり，三平方の定理を利用する。

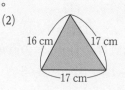

(1) 2辺が6cmでその間の角が60°だから，1辺6cmの正三角形を2つ組み合わせた図形である。

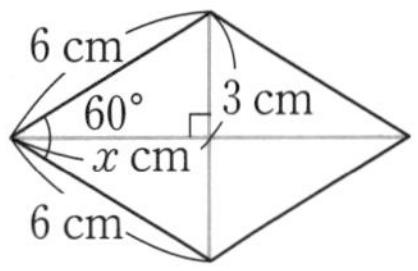

右の図のように対角線をひき，x cmとすると，

$x^2+3^2=6^2$，$x^2=27$

$x>0$ だから，$x=\sqrt{27}=3\sqrt{3}$

面積は，$2\times\dfrac{1}{2}\times6\times3\sqrt{3}=18\sqrt{3}$

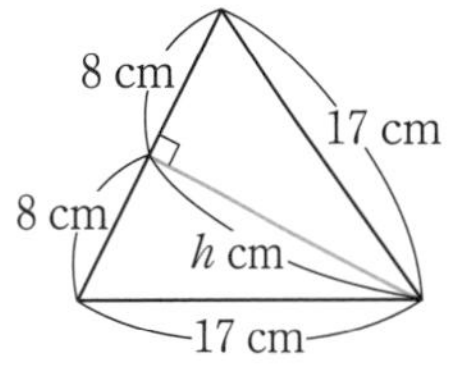

(2) 右の図のように垂線をひく。

二等辺三角形の高さを h cmとすると，

$h^2+8^2=17^2$，$h^2=225$

$h>0$ だから，$h=15$

面積は，$\dfrac{1}{2}\times16\times15=120$

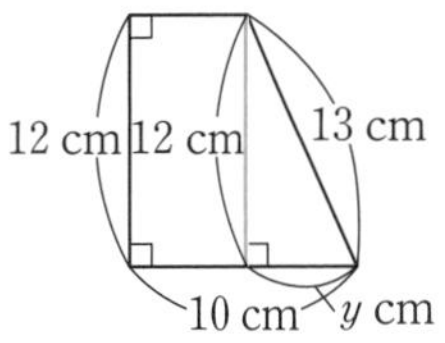

(3) 右の図のように垂線をひき，y cmとすると，

$y^2+12^2=13^2$，$y^2=25$

$y>0$ だから，$y=5$

面積は，$\dfrac{1}{2}\times5\times12+12\times(10-5)=90$

解答 (1) $\mathbf{18\sqrt{3}}$ **cm²** (2) **120cm²** (3) **90cm²**

7章をふり返ろう

教科書 p.214

1 次の直角三角形で，x の値を求めなさい。

(1)

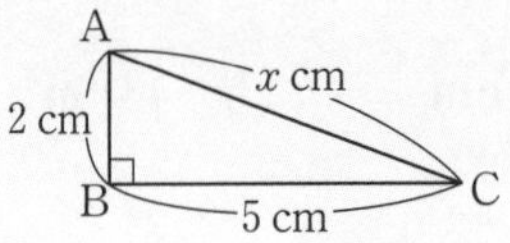

(2)

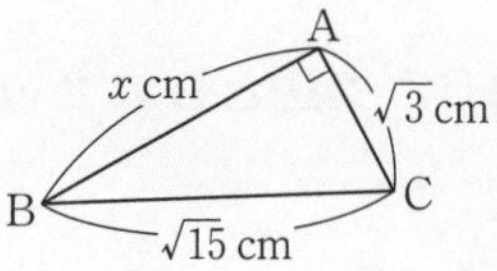

ガイド 直角三角形の3辺の長さを a，b，c(斜辺)とすると，$a^2+b^2=c^2$ が成り立つ。

解答 (1) $x^2=2^2+5^2=29$　$x>0$ だから，$\boldsymbol{x=\sqrt{29}}$

(2) $x^2+(\sqrt{3})^2=(\sqrt{15})^2$，$x^2=(\sqrt{15})^2-(\sqrt{3})^2=12$　$x>0$ だから，$\boldsymbol{x=2\sqrt{3}}$

教科書 p.214

2 次の長さを3辺とする三角形は，直角三角形ですか。

(1) 6 cm，8 cm，10cm　(2) 5 cm，6 cm，7 cm　(3) 4 cm，$\sqrt{6}$ cm，$\sqrt{10}$ cm

ガイド 3辺のうち，最も長い辺を c として，$a^2+b^2=c^2$ が成り立つか調べる。

(1) $c=10$ とすると，$a^2+b^2=6^2+8^2=100$，$c^2=10^2=100$

(2) $c=7$ とすると，$a^2+b^2=5^2+6^2=61$，$c^2=7^2=49$

(3) $c=4$ とすると，$a^2+b^2=(\sqrt{6})^2+(\sqrt{10})^2=16$，

$c^2=4^2=16$

解答 (1) **直角三角形である。**

(2) **直角三角形ではない。**

(3) **直角三角形である。**

7章 3節 三平方の定理の利用

教科書 p.214

3 次の(1)~(3)を求めなさい。

(1) 斜辺(しゃへん)の長さが 8 cm の直角二等辺三角形の残りの 2 辺の長さ

(2) 1 辺の長さが 5 cm の正三角形の高さ

(3) 底辺の長さが12cm，等しい辺の長さが10cmの二等辺三角形の面積

ガイド 正確でなくていいので，簡単な図をかいてみるとよい。

(1) 右の図で，求める長さを x cm とする。

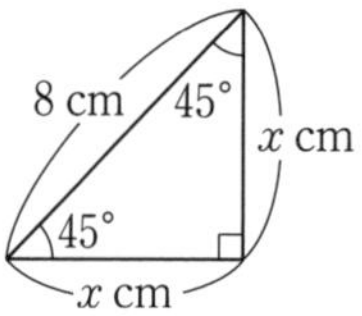

三平方の定理から，$x^2+x^2=8^2$，$2x^2=64$，$x^2=32$

$x>0$ だから，$x=\sqrt{32}=4\sqrt{2}$

別解 $x:8=1:\sqrt{2}$ より，$\sqrt{2}x=8$，$x=\dfrac{8}{\sqrt{2}}=\dfrac{8\sqrt{2}}{2}=4\sqrt{2}$

(2) 右の図で，高さを h cm とする。

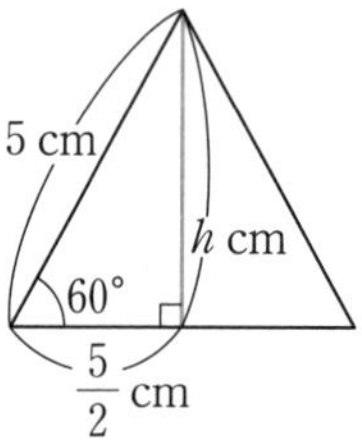

三平方の定理から，$h^2+\left(\dfrac{5}{2}\right)^2=5^2$，$h^2=\dfrac{75}{4}$

$h>0$ だから，$h=\dfrac{\sqrt{75}}{2}=\dfrac{5\sqrt{3}}{2}$

別解 $\dfrac{5}{2}:h=1:\sqrt{3}$ より，$h=\dfrac{5\sqrt{3}}{2}$

(3) 右の図で，高さを h cm とする。

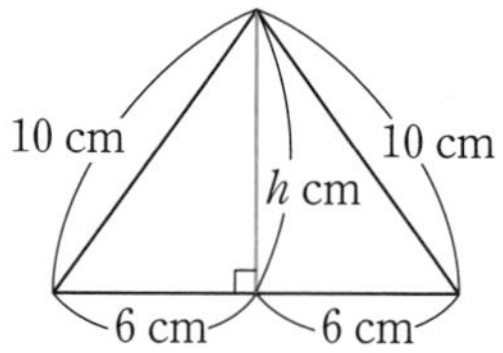

三平方の定理より，$h^2+6^2=10^2$，$h^2=64$

$h>0$ だから，$h=\sqrt{64}=8$

よって，面積は，$\dfrac{1}{2}\times 12\times 8=48$

解答 (1) **2 辺とも $4\sqrt{2}$ cm**　(2) **$\dfrac{5\sqrt{3}}{2}$ cm**　(3) **48 cm^2**

教科書 p.214

4 右の図のように13cm離(はな)れたピンA，Bに長さ30cmのひもの輪をかけてぴんと張ります。∠Cが直角になるようにするには，ACを何cmにすればよいですか。

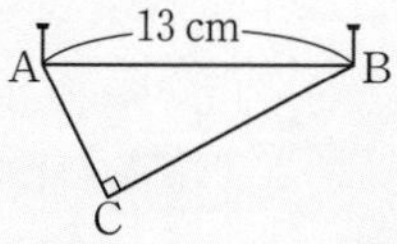

ガイド AB+BC+AC＝30cm である。また，$BC^2+AC^2=AB^2$ を考える。

AC＝$x$cm とすると，AC+BC＝30−13＝17(cm) より，BC＝17−x(cm) となる。

∠C＝90° になるためには，三平方の定理の逆が成り立てばよいから，

$x^2+(17-x)^2=13^2$，$x^2+289-34x+x^2=169$，$x^2-17x+60=0$，

$(x-5)(x-12)=0$，$x=5$，$x=12$

AC＝5cm のとき，BC＝12cm，AC＝12cm のとき，BC＝5cm

どちらも問題の答えとしてよい。

解答 **5 cm または 12cm**

教科書 p.214

5 座標平面上に，3点A(−5, 2)，B(7, 1)，C(5, 6)を頂点とする三角形があります。この三角形がどのような三角形かを調べなさい。

ガイド AB，BC，CAをそれぞれ斜辺とする直角三角形をつくり，三平方の定理を使って，それぞれの長さの2乗を求める。

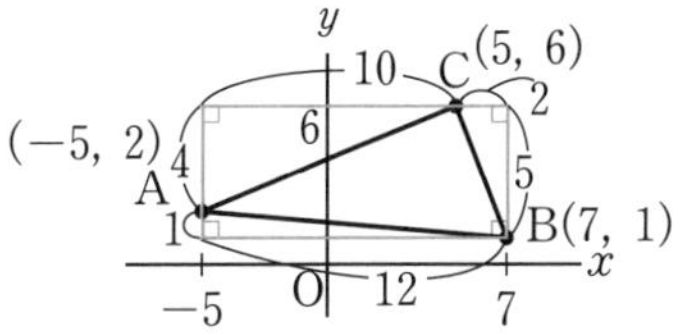

$AB^2=1^2+12^2=145$

$BC^2=2^2+5^2=29$

$CA^2=10^2+4^2=116$

ここで，$BC^2+CA^2=29+116=145$

だから，$BC^2+CA^2=AB^2$ が成り立つ。

解答 **$\angle C=90^\circ$ の直角三角形**

教科書 p.214

6 右の図のような正四角錐（せいしかくすい）の体積と表面積を求めなさい。

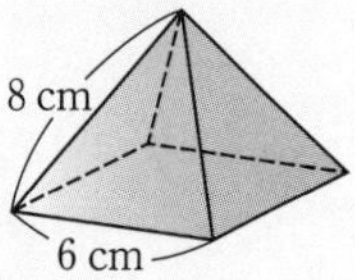

ガイド (体積) 右の図のように，底面の対角線の交点をHとすると，線分OHの長さが正四角錐の高さになる。

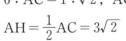

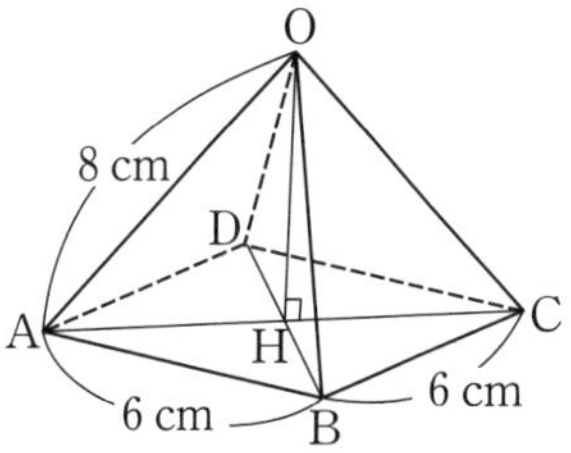

△ABCは直角二等辺三角形であるから，

$6:AC=1:\sqrt{2}$，$AC=6\sqrt{2}$

$AH=\dfrac{1}{2}AC=3\sqrt{2}$

△OAHで，三平方の定理から，$OH^2+(3\sqrt{2})^2=8^2$，$OH^2=46$

$OH>0$ だから，$OH=\sqrt{46}$

よって，体積は，$\dfrac{1}{3}\times6^2\times\sqrt{46}=12\sqrt{46}$

(表面積) 側面積は，4つの合同な二等辺三角形の面積の和である。△OABの高さを h cmとすると，

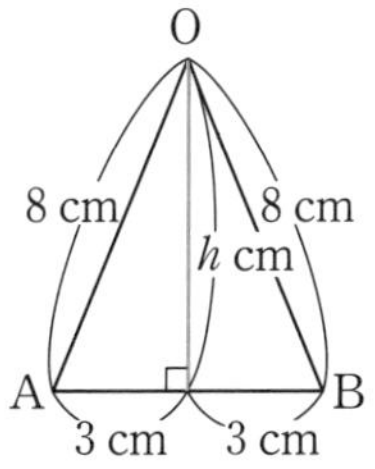

$h^2+3^2=8^2$，$h^2=55$

$h>0$ だから，$h=\sqrt{55}$

△OABの面積は，$\dfrac{1}{2}\times6\times\sqrt{55}=3\sqrt{55}$

底面積は $6^2=36$ だから，表面積は，$\underbrace{36}_{\text{底面積}}+\underbrace{4\times3\sqrt{55}}_{\text{側面積}}=36+12\sqrt{55}$

解答 体積……$\mathbf{12\sqrt{46}}$ **cm³**　表面積……$\mathbf{36+12\sqrt{55}}$ **(cm²)**

教科書 p.214

学びのふり返り **7** 三平方の定理を学んで，新たに解決できるようになったことをあげてみましょう。

解答 (例)・部屋の隅から対角線上の隅までの長さなど，三次元における 2 点間の距離を求める必要があるときに，直接測るのは難しいので，三平方の定理を利用する。

・2 地点A，B間の距離を知りたいけれども，障害物などがあって直接計測できない場合，△ABCが直角三角形となる地点Cを選び，AC，BCの距離を計測すれば，三平方の定理を利用してABの距離を求めることができる。

力をのばそう

教科書 p.215

❶ 1 組の三角定規は，右の図のように，2 辺がぴったり重なるように作られています。
AB＝20cm のとき，残りの辺の長さをすべて求めなさい。

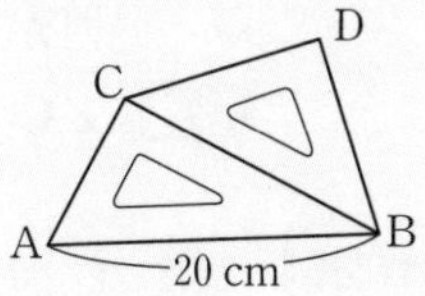

ガイド 右の図で，$AC:AB:BC=1:2:\sqrt{3}$
$BD:CD:BC=1:1:\sqrt{2}$
であるから，

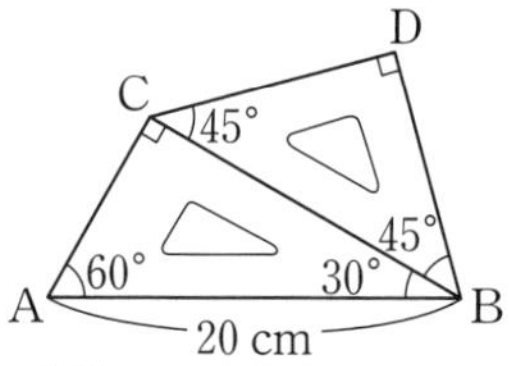

ACの長さは，$AC:20=1:2$，$2AC=20$，$AC=10$
BCの長さは，$20:BC=2:\sqrt{3}$，$2BC=20\sqrt{3}$，$BC=10\sqrt{3}$
BDの長さは，$BD:BC=1:\sqrt{2}$，$BD:10\sqrt{3}=1:\sqrt{2}$，$\sqrt{2}BD=10\sqrt{3}$，

$$BD=\frac{10\sqrt{3}}{\sqrt{2}}=5\sqrt{6}$$

CDの長さは，$CD=BD=5\sqrt{6}$

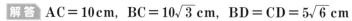

解答 **$AC=10$cm，$BC=10\sqrt{3}$ cm，$BD=CD=5\sqrt{6}$ cm**

教科書 p.215

❷ 右の図のように，座標平面上の原点Oを通る円があります。
この円は，原点Oのほかに，y 軸(じく)と点A(0，4) で，x 軸と点Bで交わります。この円の原点Oをふくまないほうの$\overset{\frown}{AB}$上に点Pをとると，∠OPB＝60° になりました。
このとき，この円の中心の座標を求めなさい。

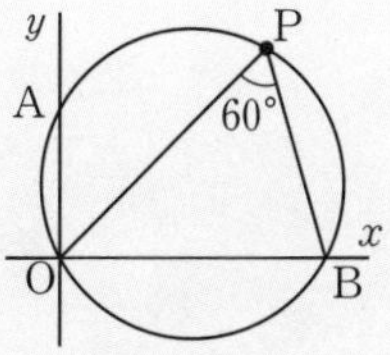

ガイド ∠AOB＝90° であることから，弦ABはこの円の直径であり，弦ABの中点がこの円の中心になる。
$\overset{\frown}{OB}$の円周角だから，∠OAB＝∠OPB＝60°
また，∠AOB＝90° であるから，△OBAは，60°の角をもつ直角三角形である。

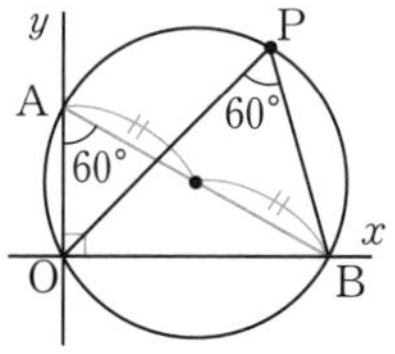

よって，$OA:OB=1:\sqrt{3}$，$OA=4$ だから，$4:OB=1:\sqrt{3}$，$OB=4\sqrt{3}$
円の中心は，弦ABの中点であるから，中心の x 座標は，$4\sqrt{3}\div2=2\sqrt{3}$
y 座標は，$4\div2=2$

解答 **$(2\sqrt{3},\ 2)$**

教科書 p.215

3 ビルの火災訓練で，右の図のような場所から，消防自動車がビルの屋上にはしごをかけて救助にあたります。
はしごの長さは，最低何m必要ですか。小数第２位を切り上げて求めなさい。

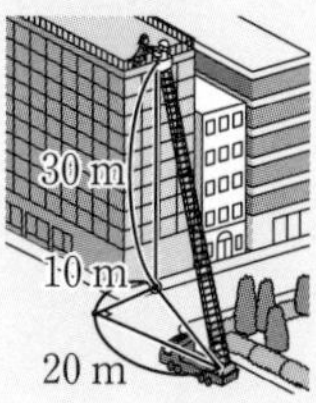

ガイド 右の図で，はしごの長さを x mとする。
△ABC，△DACはともに直角三角形である。
三平方の定理から，
△ABCで，$10^2+20^2=\mathrm{AC}^2$ ……①
△DACで，$30^2+\mathrm{AC}^2=x^2$ ……②
①，②から，$30^2+(10^2+20^2)=x^2$，$x^2=1400$
$x>0$ だから，$x=\sqrt{1400}=37.41$……
小数第２位を切り上げると37.5

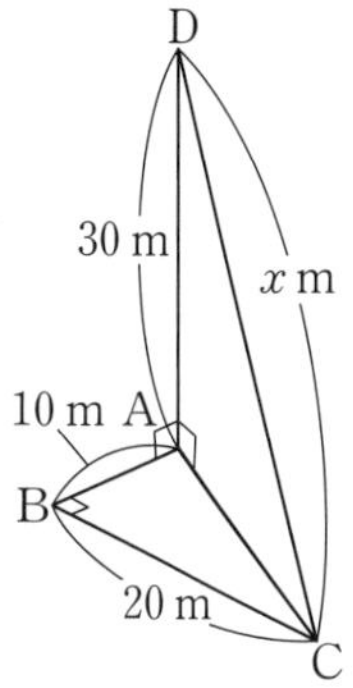

解答 **37.5 m**

教科書 p.215

4 右の球Oで，中心Oから９cmの距離（きょり）にある平面で球Oを切ったときの切り口の円の面積は $144\pi\mathrm{cm}^2$ です。このとき，球Oの体積と表面積を求めなさい。

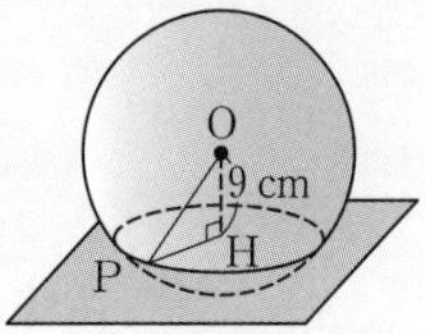

ガイド 右の図のように，切り口の円を底面，球の半径を母線とする円錐として考える。まず，点Oと底面の円の中心Hを結ぶ線分と円の半径から，三平方の定理を利用して球の半径を求める。それから表面積と体積を求める。
切り口の円の半径を x cmとすると，$\pi x^2=144\pi$，$x^2=144$
$x>0$ だから，$x=12$
もとの球の半径を r cmとすると，
△OPHで三平方の定理から，$r^2=12^2+9^2=225$
$r>0$ だから，$r=15$
よって，体積は，$\frac{4}{3}\pi\times15^3=4500\pi$
表面積は，$4\pi\times15^2=900\pi$

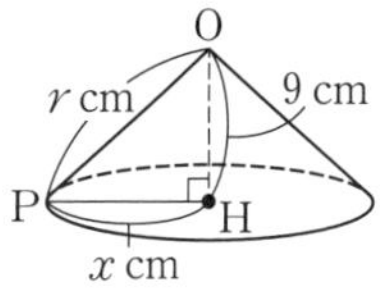

公式
半径 r の球の
体積は，$\frac{4}{3}\pi r^3$
表面積は，$4\pi r^2$

解答 体積……$\mathbf{4500\pi cm^3}$　表面積……$\mathbf{900\pi cm^2}$

教科書 p.216

5 右の台形ABCDを，辺ABを軸として１回転させてできる立体の体積を求めなさい。

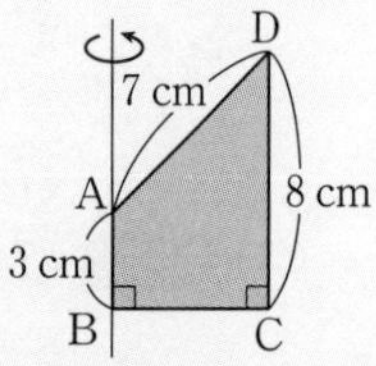

ガイド　右の図のように，円柱から円錐を取り除いた部分が回転させてできる立体である。

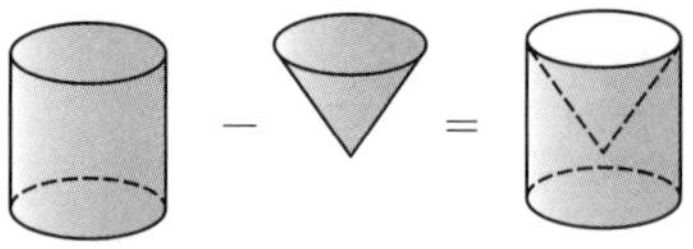

円柱の底面の半径を x cm とすると，

直角三角形DAE で三平方の定理から，

$x^2+5^2=7^2$，$x^2=24$

$x>0$ だから，$x=\sqrt{24}=2\sqrt{6}$

よって，回転させてできる立体の体積は，

$$\{\pi\times(2\sqrt{6})^2\times8\}-\left\{\frac{1}{3}\times\pi\times(2\sqrt{6})^2\times5\right\}$$

$=192\pi-40\pi$

$=152\pi$

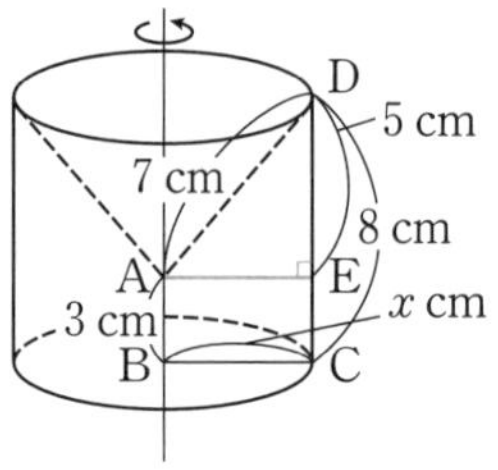

解答　**152π cm^3**

教科書 p.216

6　右の図のような，縦が 4 cm，横が 5 cm，高さが 3 cmの直方体で，頂点AからGまで，表面上に最短の長さになるようにひもをかけます。このときのひもの長さを求めなさい。

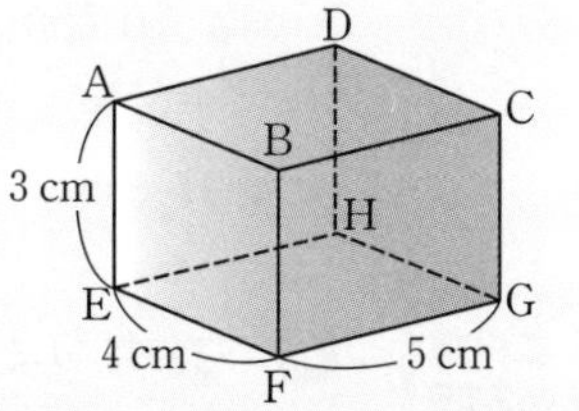

ガイド　2 つの頂点を通るひもの長さが最短になるのは，展開図上でその 2 点を結ぶ線が直線になるときである。

ひものかけ方は 6 通りある。

① ひもが辺BF 上を通る場合

右の図で，$AG^2=AE^2+EG^2=3^2+(4+5)^2=90$

$AG>0$ だから，$AG=\sqrt{90}\ (=3\sqrt{10})$

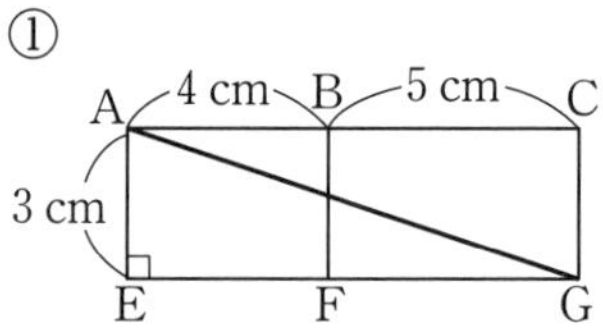

② ひもが辺BC 上を通る場合

右の図で，$AG^2=AF^2+FG^2=(4+3)^2+5^2=74$

$AG>0$ だから，$AG=\sqrt{74}$

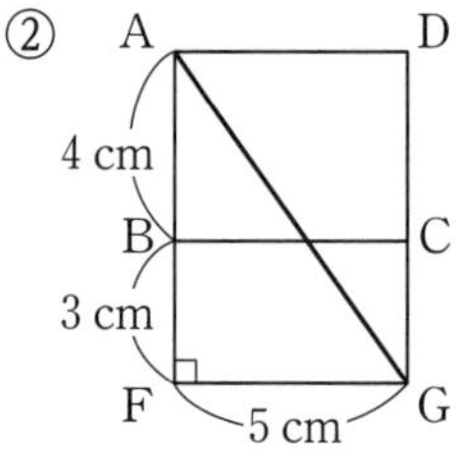

③ ひもが辺DC 上を通る場合

右下の図で，$AG^2=AB^2+BG^2=4^2+(5+3)^2=80$

$AG>0$ だから，$AG=\sqrt{80}\ (=4\sqrt{5})$

④ ひもが辺DH 上を通る場合

ひもの長さは①の場合と同じになる。

⑤ ひもが辺EH 上を通る場合

ひもの長さは②の場合と同じになる。

⑥ ひもが辺EF 上を通る場合

ひもの長さは③の場合と同じになる。

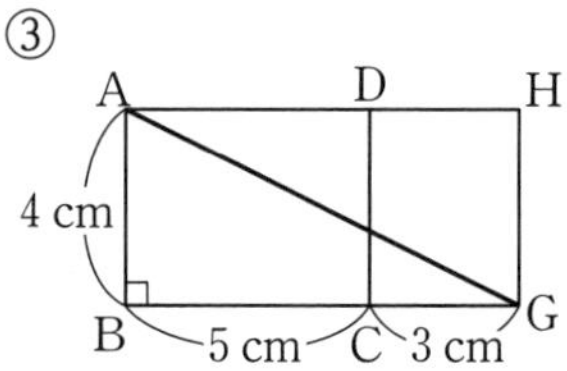

$\sqrt{74}<\sqrt{80}<\sqrt{90}$ より，$\sqrt{74}$ cmが最も短い。

解答　**$\sqrt{74}$ cm**

教科書 p.216

7 右の図のような，3辺の長さが3 cm，4 cm，5 cmの直方体で，頂点B，Cから対角線AGに垂線BP，CQをひきます。
このとき，AP：PQ：QGを求めなさい。

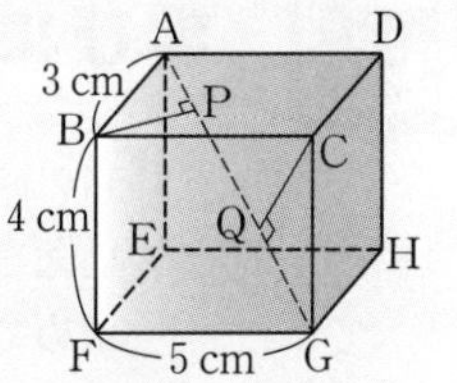

ガイド 直角三角形をつくり，三平方の定理を利用してAP，PQ，QGの長さをそれぞれ求める。

$BG^2=4^2+5^2=41$　BG>0だから，$BG=\sqrt{41}$

$AC^2=3^2+5^2=34$　AC>0だから，$AC=\sqrt{34}$

$AG^2=AB^2+BG^2=3^2+41=50$　AG>0だから，$AG=\sqrt{50}=5\sqrt{2}$

右の図で，AP＝$x$cmとすると，

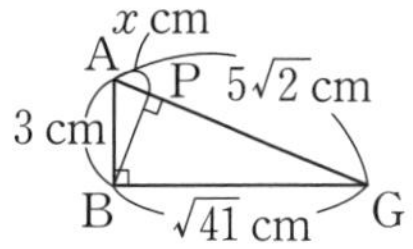

△ABPで三平方の定理から，$BP^2=3^2-x^2=9-x^2$　……①

△BPGで三平方の定理から，$BP^2=(\sqrt{41})^2-(5\sqrt{2}-x)^2$

$=41-(50-10\sqrt{2}x+x^2)$

$=-9+10\sqrt{2}\,x-x^2$　……②

①，②より，$9-x^2=-9+10\sqrt{2}x-x^2$，$10\sqrt{2}x=18$，$x=\dfrac{18}{10\sqrt{2}}=\dfrac{9\sqrt{2}}{10}$

つまり，$AP=\dfrac{9\sqrt{2}}{10}$

次に，右の図で，QG＝$y$cmとすると，

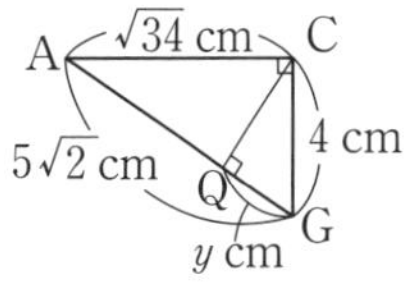

△CQGで三平方の定理から，$CQ^2=4^2-y^2=16-y^2$　……③

△AQCで三平方の定理から，$CQ^2=(\sqrt{34})^2-(5\sqrt{2}-y)^2$

$=34-(50-10\sqrt{2}y+y^2)$

$=-16+10\sqrt{2}\,y-y^2$　……④

③，④より，$16-y^2=-16+10\sqrt{2}y-y^2$，$10\sqrt{2}y=32$，$y=\dfrac{32}{10\sqrt{2}}=\dfrac{8\sqrt{2}}{5}$

つまり，$QG=\dfrac{8\sqrt{2}}{5}$

また，$PQ=AG-AP-QG=5\sqrt{2}-\dfrac{9\sqrt{2}}{10}-\dfrac{8\sqrt{2}}{5}=\dfrac{25\sqrt{2}}{10}=\dfrac{5\sqrt{2}}{2}$

よって，$AP:PQ:QG=\dfrac{9\sqrt{2}}{10}:\dfrac{5\sqrt{2}}{2}:\dfrac{8\sqrt{2}}{5}=9:25:16$

別解 APの長さは△ABP∽△AGBを利用して，
QGの長さは△ACG∽△CQGを利用して求めてもよい。

解答 **9：25：16**

教科書 p.216

学びにプラス 2地点間の距離

右の図で，地点AからBにロープウェイがあります。
地図をもとに，地点A，B間の垂直距離と水平距離を求めてみましょう。
また，A，B間の距離を求めましょう。

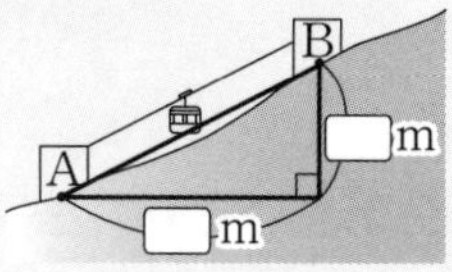

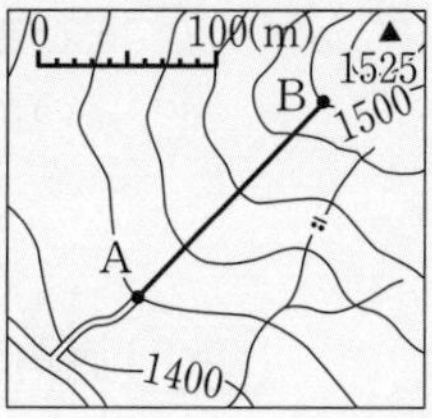

ガイド 地図上で，A，B間は3 cmで，縮尺は100m→2 cmである。よって，A，B間の水平距離は150mである。

また，A，Bの標高はそれぞれ1420m，1500mだから，垂直距離は，

$1500-1420=80$(m)

A，B間の距離は，右の図のように，直角三角形ABOで三平方の定理から，$AB^2=80^2+150^2=28900$

$AB>0$ だから，$AB=\sqrt{28900}=170$

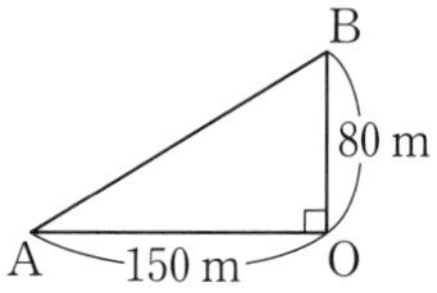

解答 垂直距離……**80 m**　水平距離……**150 m**

A，B間の距離……**170 m**

活用・探究　つながる・ひろがる・数学の世界

教科書 p.217

折り紙のなかに数学を見つけよう

右の図のように，1辺12cmの正方形の折り紙ABCDを，頂点Cが辺AD上に定めた点Eに重なるように折ります。

このとき，点Fが辺AB上のどこにあるかを調べましょう。

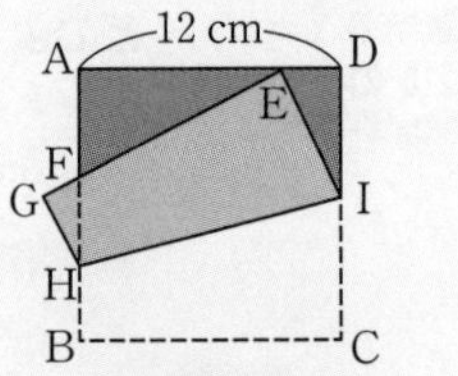

(1)　右の図で，等しい長さや等しい角を見つけましょう。

(2)　AE：ED＝1：1のとき，△DEIのDIの長さを次の手順で求めましょう。

❶　DI＝$x$cmとして，EIの長さをxを使った式で表す。

❷　△DEIで，三平方の定理を使ってxについての方程式をつくる。

❸　❷でつくった方程式を解き，xの値を求める。

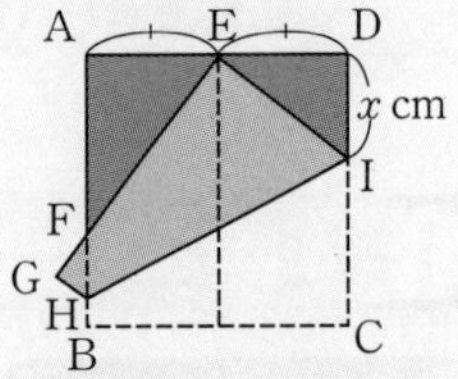

(3)　(2)と，△DEI∽△AFEであることからAFの長さを求め，点Fが辺AB上のどこにあるかを調べましょう。

解答 (1)　**GH＝BH，EI＝CI，∠A＝∠D＝∠G＝∠GEI＝90°，**
∠AEF＝∠DIE＝∠GHF，∠AFE＝∠DEI＝∠GFH　など

(2)　❶　DI＝$x$cmとすると，EI＝CI＝$12-x$(cm)

❷　ED＝6cmだから，△DEIで三平方の定理から，$6^2+x^2=(12-x)^2$

❸　$36+x^2=144-24x+x^2$，$24x=108$，$x=\frac{9}{2}$

よって，**DI＝$\frac{9}{2}$cm**

(3)　△DEI∽△AFEより，DE：AF＝DI：AE

AE＝DE＝6cmだから，6：AF＝$\frac{9}{2}$：6より，$\frac{9}{2}$AF＝36，**AF＝8(cm)**

よって，AF：FB＝8：(12−8)＝2：1

点Fは辺AB上のAF：FB＝2：1となる位置にある。

8章 標本調査

教科書 p.218~219

どのように調査したのかな？
私たちの身のまわりでは，さまざまな調査が行われ，結果が公表されています。
次の2つの調査は，どのように行われたのでしょうか。
(1) 集団の一部のデータから，全体の傾向や特徴を調べている例をあげてみましょう。

解答 (1) (例)**テレビ番組の視聴率，選挙の出口調査，商品の品質調査** など。

1節 標本調査

① 調査のしかた

CHECK! 確認したら✓を書こう

教科書の要点

□全数調査　集団のもっている傾向や特徴などの性質を知るために，その集団をつくっているもの全部について行う調査を**全数調査**という。

□標本調査　集団の一部分について調べて，その結果からもとの集団の性質を推定する調査を**標本調査**という。

□母集団と標本　標本調査の場合，調査の対象となるもとの集団を**母集団**といい，調査のために母集団から取り出された一部分を**標本**という。

教科書 p.220

考えよう A市では，市内の中学校で，睡眠時間が6時間未満である生徒の割合を調査することにした。どのような調査のしかたが考えられるだろうか。

解答 (例)・**生徒全員の調査をする。**
・**A市のある一部の中学校の生徒の調査をする。**
・**A市のすべての中学校の調査はするが，対象の生徒を一部にする。** など。

教科書 p.220

活動1 次の**ア**～**ウ**は，どのような調査をしているか考えよう。
ア 中学校における生徒の健康診断
イ 電球の耐久時間検査
ウ 河川の水質検査
(1) 全部を調べるのは，**ア**～**ウ**のうちどれですか。
(2) 全部を調べずにその一部分だけ調べるのは，**ア**～**ウ**のうちどれですか。
また，それはなぜですか。

ガイド 一部を調べればその結果から全体の調査結果が推測できるものかどうかを考える。

解答 (1) **ア**
(2) **イ　電球をすべて検査すると，使えるものがなくなってしまうから。**
ウ　河川の水をすべて検査することは不可能だから。

教科書 p.221

たしかめ 1 活動1 のア〜ウで行う調査は，全数調査と標本調査のどちらですか。

解答 ア **全数調査** イ **標本調査** ウ **標本調査**

教科書 p.221

Q1 次の調査や検査は，全数調査と標本調査のどちらですか。

(1) 国勢調査 (2) 米の品質検査

(3) 新聞社が行う政党支持率の調査

解答 (1) **全数調査** (2) **標本調査** (3) **標本調査**

教科書 p.221

Q2 関東地区のテレビ所有世帯数は約1800万世帯です。そこから2700世帯を選び，ある番組の視聴率（しちょうりつ）調査を行ったところ，視聴率は13.8％でした。

(1) この調査の母集団をいいなさい。

(2) この調査の標本と標本の大きさをいいなさい。

解答 (1) **関東地区のテレビ所有世帯**

(2) 標本……**関東地区のテレビ所有世帯の中から抽出された世帯**

標本の大きさ……**2700**

2 標本の取り出し方

CHECK! 確認したら✓を書こう

教科書の要点

□標本の取り出し方	標本調査の目的は，標本を手がかりにして母集団のもつ性質を推定することである。だから，母集団から標本を取り出すときには，その母集団の性質がよく現れるように，偏（かたよ）りがなく公平に取り出す工夫（くふう）をしなければならない。 このようにして標本を取り出すことを**無作為（むさくい）に抽出（ちゅうしゅつ）する**という。

教科書 p.222

活動1 全校生徒の読書習慣を調べるために，何人かの生徒を選んで標本調査をしたい。その標本の取り出し方について考えよう。

(1) 放課後に図書室に来た生徒何人かに調査しました。この標本の取り出し方は適切であるといえますか。

(2) 標本を取り出すには，どのような方法が考えられますか。いろいろあげなさい。

ガイド 標本調査とは集団の一部について調べ，その結果からもとの集団の性質を推定する調査であるから，標本の取り出し方は公平になるようにする。

解答 (1) 放課後に図書室に来た生徒は本をよく読んでいると考えられるので，偏りがあるといえる。よって，**適切ではない。**

(2) (例)**生徒全員が順番にくじをひいて，当たりくじをひいた生徒を取り出す。**

出席番号が6の倍数の生徒を取り出す。

各クラスから，一番前の席に座っている生徒を取り出す。

教科書 p.223

Q1 クラスの中から５人を抽出して標本調査を行います。乱数表，乱数さい，コンピュータなどを使って，標本を無作為に抽出しなさい。

解答 省略

教科書 p.223

学びにプラス 調査に関することば

次の英語を，聞いたり使ったりしたことはありますか。どんな意味をもっていることばなのでしょうか。調べてみましょう。

sample（サンプル）　random（ランダム）　sampling（サンプリング）　census（センサス）

解答 sample……**見本，標本**　random……**無作為の，任意の**
sampling……**見本抽出法，抽出した見本**　census……**人口調査，国勢調査**

③ 母集団の平均値の推定

CHECK! 確認したら✓を書こう

教科書の要点

□標本平均　母集団から抽出した標本の平均値を**標本平均**（ひょうほんへいきん）という。
母集団の平均値は，標本平均から推定することができる。

教科書 p.224

活動1 表１は，ある中学校の３年女子50人が行ったハンドボール投げの記録である。標本を取り出して，この母集団の平均値を推定しよう。

表１　ある中学校の３年女子50人のハンドボール投げの記録

番号	記録	番号	記録	番号	記録	番号	記録	番号	記録
1	12.3	11	15.4	21	18.9	31	20.0	41	12.8
2	12.4	12	14.9	22	19.2	32	17.4	42	10.1
3	9.3	13	14.4	23	9.7	33	16.8	43	12.9
4	18.1	14	13.9	24	11.1	34	9.9	44	10.8
5	19.0	15	15.6	25	11.0	35	15.1	45	18.9
6	12.3	16	16.7	26	13.2	36	17.3	46	14.9
7	11.2	17	12.8	27	20.0	37	15.3	47	13.8
8	13.4	18	14.7	28	6.9	38	14.7	48	13.1
9	17.1	19	14.3	29	10.9	39	14.6	49	8.8
10	19.5	20	15.2	30	16.1	40	11.4	50	16.9

(m)

(1)　次のマイさんの考えで，標本の平均値を求めなさい。

> 50人のデータから，標本として５人のデータを無作為に抽出し，標本の平均値を求める。その値（あたい）が母集団の平均値として考えられると思う。

(2)　(1)で求めた標本の平均値をほかの人と比べ，母集団の平均値を推定しなさい。

解答 (1) (例1)番号1，12，23，34，45を選んだ場合
$(12.3+14.9+9.7+9.9+18.9)\div 5=13.14$(m)
標本の平均値……およそ13.1m
(例2)番号10，19，28，37，46を選んだ場合
$(19.5+14.3+6.9+15.3+14.9)\div 5=14.18$(m)
標本の平均値……およそ14.2m
(2) (例) (1)の(例1)と(例2)の値で比べると，
$(13.1+14.2)\div 2=27.3\div 2=13.65$
母集団の平均値……およそ13.7m

教科書 p.225

活動2 母集団の平均値をより正確に推定する方法を考えよう。
標本の大きさによるちがいを調べるため，2人はそれぞれの標本平均を求めることを10回くり返し，分布のようすを調べることにした。
表2は，その結果を小さい順に並べたものである。

表2 標本平均

標本の大きさ		①	②	③	④	⑤	⑥	⑦	⑧	⑨	⑩	(回目)
	5の場合	11.3	12.4	12.7	13.3	13.3	13.9	14.2	14.6	15.2	16.1	
	10の場合	12.4	12.8	13.7	13.9	14.0	14.2	14.3	14.6	15.1	15.5	(m)

(1) 表2をもとに，度数分布表を完成させ，度数分布多角形や箱ひげ図を使って標本平均の分布のようすを調べなさい。
(2) 母集団の平均値を実際に求め，(1)でかいた度数分布多角形や箱ひげ図を見て，気づいたことをいいなさい。

ガイド (1) 標本の大きさが10の場合の最小値は12.4，最大値は15.5である。
中央値は⑤と⑥の平均値になるから，$(14.0+14.2)\div 2=14.1$
第1四分位数は，①~⑤の中央値だから，③の13.7
第3四分位数は，⑥~⑩の中央値だから，⑧の14.6
これらをもとに箱ひげ図を完成させる。
(2) 平均は，資料の値の合計を資料の個数でわって求める。
$(12.3+12.4+9.3+18.1+19.0+12.3+11.2+13.4+17.1+19.5$
$+15.4+14.9+14.4+13.9+15.6+16.7+12.8+14.7+14.3+15.2$
$+18.9+19.2+9.7+11.1+11.0+13.2+20.0+6.9+10.9+16.1$
$+20.0+17.4+16.8+9.9+15.1+17.3+15.3+14.7+14.6+11.4$
$+12.8+10.1+12.9+10.8+18.9+14.9+13.8+13.1+8.8+16.9)$
$\div 50=14.3$

8章 1節 標本調査

解答 (1) 度数分布表

標本平均 (m)	標本の大きさ 5の場合 度数(回)	標本の大きさ 10の場合 度数(回)
以上　未満 10〜12	1	**0**
12〜14	5	**4**
14〜16	3	**6**
16〜18	1	**0**
計	10	**10**

度数分布多角形

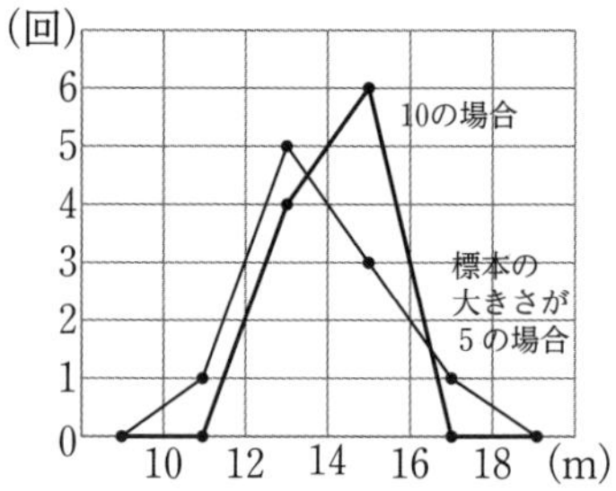

箱ひげ図

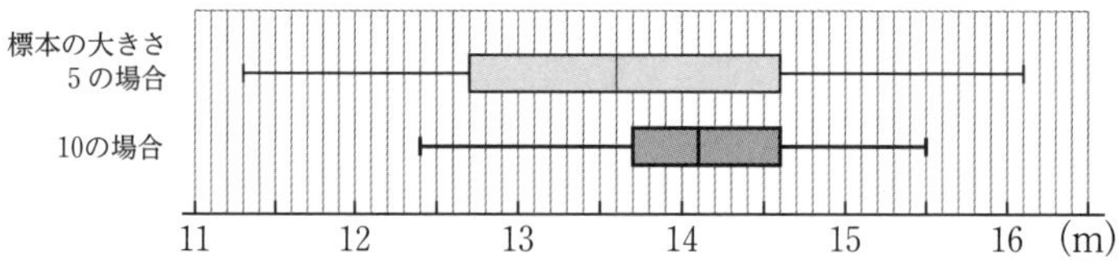

(2) **14.3 m**

標本の大きさが大きいほうが，分布が小さく，母集団の平均値に近い平均値をとっている。

④ 母集団の数量の推定

CHECK! 確認したら✓を書こう

教科書の要点

□母集団の数量の推定　母集団の数量を推定するには，標本調査で得られた数量の割合を，母集団の数量の割合と考えればよい。

教科書 p.226

養殖場(ようしょくじょう)の池にいるニジマスの数を推定するために，何匹(なんびき)か捕(つか)まえて，目印をつけてまた池に戻(もど)した。このあとどのようにすれば，その数を推定することができるだろうか。

解答 **もう一度ニジマスを何匹か捕まえて，その中にいる目印をつけたニジマスの数の割合を調べる。その割合と最初に捕まえて目印をつけたニジマスの数から，池にいるニジマスの数を推定する。**

教科書 p.226〜227

活動1 Aさんは，池にいるニジマスの数を推定する実験を，容器に入っている白いビーズの数を調べる実験に置きかえて行おうとしている。
右の写真(教科書226ページ)の容器に入った白いビーズの数を，全部数えることなく推定する方法を考えよう。
次の❶〜❹は，Aさんの行った実験とその結果である。

> ❶ 容器の中から，ビーズを一部取り出すと130個あった。
> ❷ ❶で取り出したビーズを同じ数の赤いビーズに変えた。
> ❸ ❷の赤いビーズを容器に戻し，よくかき混ぜた。
> ❹ もう一度，ビーズを一部取り出すと92個あり，この中に赤いビーズが4個混じっていた。

上の結果から，Aさんは次のように推定した。

> 容器の中のビーズの数をx個とすると，
> $4:92=130:x$ ……①
> これを解くと，$x=2990$
> だから，およそ3000個と推定する。

(1) ❸で，Aさんはなぜ容器の中をよくかき混ぜたのですか。
(2) Aさんはどのように考えて，①の式をつくりましたか。
(3) Aさんが，この容器の中にあるビーズの数をちょうど2990個としなかったのはなぜですか。

解答 (1) **赤いビーズが全体に散らばるようにするため。**
(2) ❹で取り出した92個のビーズに対する赤いビーズ4個の割合が，容器の中にあるビーズの数x個に対する❶で取り出した130個のビーズの割合に等しいと考えた。
(3) **推定した数なので，およその数で表すのが適当であるから。**

教科書 p.227

たしかめ1 活動1で，取り出したビーズを容器に戻してその中をよくかき混ぜ，もう一度ビーズを一部取り出したところ，116個のうち赤いビーズが5個混じっていました。この実験から，容器の中にあるビーズの数を推定しなさい。

ガイド 容器の中にあるビーズの数をx個とすると，
$5:116=130:x$，$5x=116\times130$，$x=3016$

解答 **およそ3000個**

教科書 p.227

Q1 ある養殖場の池にいるニジマスの数を推定するために，池からニジマスを捕まえたら37匹いて，そのすべてに目印をつけて池に戻しました。
2日後に同じ養殖場の池で捕まえたら34匹いて，この中に目印のついたニジマスが8匹いました。
養殖場の池にいるニジマスの数を推定し，十の位までの概数(がいすう)で答えなさい。

ガイド 養殖場の池にいるニジマスの数に対する目印をつけた37匹のニジマスの割合と，2日後に捕まえた34匹のニジマスに対する目印をつけた8匹のニジマスの割合は等しいと考えられる。
養殖場の池にいるニジマスの数をx匹とすると，

$x : 37 = 34 : 8$
$8x = 37 \times 34$
$x = 157.25$

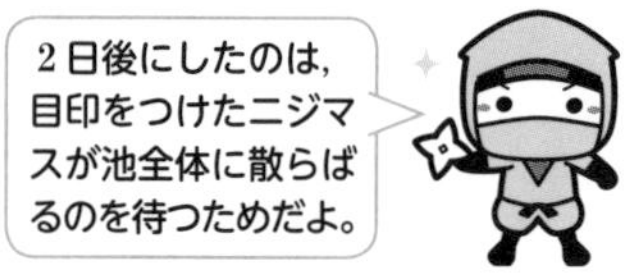

2日後にしたのは，目印をつけたニジマスが池全体に散らばるのを待つためだよ。

解答 **およそ160匹**

教科書 p.227

Q2 袋(ふくろ)の中に青玉と赤玉が入っています。よくかき混ぜてから，ひとつかみ取り出して青玉と赤玉の個数を調べたところ，青玉は72個，赤玉は9個ありました。初めに袋の中に入っていた玉全体に対する青玉の個数の割合を推定しなさい。

ガイド 母集団にふくまれる割合は，標本にふくまれる割合と等しいと考えられる。
$72 \div (72+9) = 0.888\cdots\cdots$

解答 **およそ0.89**

2節 標本調査の利用

① 英和辞典の見出し語は全部で何語か推定しよう

CHECK! 確認したら✓を書こう

教科書の要点

□母集団の数量の推定
① 何を調査するのか明確にする。
② 標本を無作為に抽出して，それについて調査する。
③ ②で得られた数量の割合を母集団の数量の割合と考えて，推定する。

教科書 p.228~229

調べたいこと▶　英和辞典の見出し語は全部で何語あるのだろうか。
あおいさんは，データを集めて分析(ぶんせき)する手順を次のように考えています。

> ❶ 見出し語とは何かを確かめる。
> ❷ 見出し語が掲載(けいさい)されている総ページ数を確かめる。
> ❸ 乱数表，乱数さい，コンピュータなどを使って10ページを選び，標本とする。
> ❹ ❸で抽出(ちゅうしゅつ)した各ページにある見出し語の数を数え，標本平均を求める。

(1) ❸で，乱数表，乱数さい，コンピュータなどを使うのはなぜですか。
(2) 実際に英和辞典を用意し，あおいさんの手順でデータを集めなさい。
(3) (2)から，標本平均を求めなさい。
(4) (3)で求めた標本平均と総ページ数から，英和辞典に掲載されている見出し語は全部で何語かを推定しなさい。

解答 (1) **標本を偏りなく公平に選び出すため。**

(2) (例)見出し語の掲載されている総ページ数 748 ページ

選んだページ	175	590	92	637	362	660	124	546	352	712
見出し語の数	18	22	7	9	20	19	14	17	17	13

(語)

(3) (例) $(18+22+7+9+20+19+14+17+17+13)\div10$
$=156\div10=15.6$ より，15.6語

(4) (例) $15.6\times748=11668.8$ より，およそ11700語

教科書 p.229

Q1 上の問題で，つばささんは見出し語の数をより正確に推定したいと考えました。どのようにすればよいですか。

解答 (例) **・標本の大きさを大きくする。(標本にするページ数を増やす。)**
・同じ作業を数回くり返して調べ，それらの平均値をとる。
・他の人たちと比べて，それらの平均値をとる。

② 調査の方法や結果の解釈は適正か判断しよう

CHECK! 確認したら✓を書こう

教科書の要点

□調査方法や結果の解釈	標本調査をするときや標本調査の結果を見るときには，調査対象に偏りがないか，質問のしかたが偏っていないか，標本の大きさが小さすぎないか，など，調査の方法や結果の解釈が適正かどうか確認する必要がある。

教科書 p.230

活動1 A社はインターネットを通じて，日本国内に紙の書籍（しょせき）や電子書籍を販売（はんばい）している。A社は日本での書籍の利用の傾向（けいこう）について調べるため，A社の利用者に対して次のようなアンケート調査をインターネットで行った。そして，アンケート調査の結果をもとに「A社ニュース」を作成した。
この調査の方法や結果の解釈が適正であったといえるか考えよう。

書籍の利用に関するアンケート

質問1 電子書籍を利用したことがありますか。
□ある　□ない

質問2 電子書籍は紙の書籍と比べてかさばらず，保管や持ち運びがしやすいという特長があります。
今後，電子書籍と紙の書籍で，どちらを多く利用したいですか。
□電子書籍　□どちらともいえない　□紙の書籍

A社ニュース

先日行った，アンケート調査の集計結果が出ました。

質問1 電子書籍を利用したことがありますか。

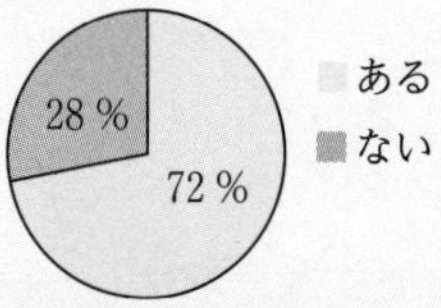

質問2 今後，電子書籍と紙の書籍で，どちらを多く利用したいですか。

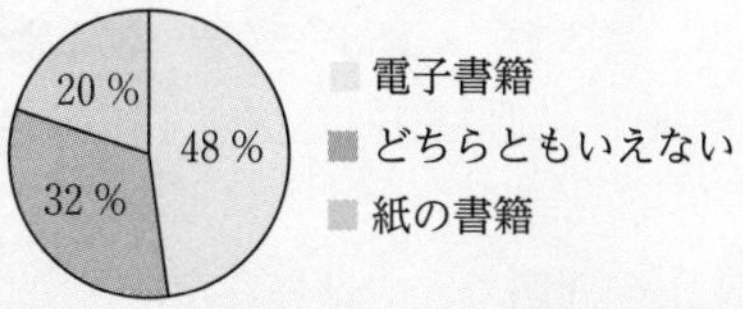

「電子書籍を利用したことがありますか」という質問に，「ある」と回答した人は72%でした。日本では，すでに多くの人が電子書籍を利用しているようです。
また，「今後，電子書籍と紙の書籍で，どちらを多く利用したいですか」という質問に，「紙の書籍」と答えた人は20%にとどまったことから，日本では今後，電子書籍の利用は増えていくものと考えられます。

(1) 次の①～④について，気づいたことをいいなさい。
① 調査の対象者　② アンケートの質問
③ 調査結果の示し方　④ A社ニュースの結論

解答 (1)① (例) A社は電子書籍を販売している会社なので，その利用者だけを対象とするのは，偏りがある。
② (例) 質問2は，電子書籍の特長だけを示しているので，公平性に欠ける。
③ (例) 標本の大きさがわからない。
④ (例) 標本の取り出し方に偏りがあり，質問のしかたも公平でないため，結論も適正とはいえない。

8章をふり返ろう

教科書 p.231

1 次の調査は，全数調査と標本調査のどちらが適していますか。

(1) 販売する種子の発芽率検査

(2) 新聞社が行う世論調査

(3) ある授業の宿題の提出状況調査

解答 (1) **標本調査**　(2) **標本調査**　(3) **全数調査**

教科書 p.231

2 A市には，中学3年生が全部で1500人います。その生徒たちの1日の勉強時間がどれくらいかを調べるために，100人の生徒を無作為に抽出し，その勉強時間の平均値を推定しようとしています。

(1) 母集団をいいなさい。

(2) 標本と標本の大きさをいいなさい。

ガイド 母集団とは，調査の対象となるもとの集団で，標本とは，調査のために母集団から抽出された一部分のことである。

解答 (1) **A市の中学3年生1500人の勉強時間**

(2) 標本……**無作為に抽出した生徒の勉強時間**　標本の大きさ……**100**

教科書 p.231

3 ある地域でニホンカモシカの生息数を推定するために，いろいろな場所で50頭のニホンカモシカを捕まえて，その全部に目印をつけて戻しました。
1か月後に，再び同じ場所で30頭を捕まえたら，目印のついたニホンカモシカが8頭いました。この地域のニホンカモシカの数を推定し，十の位までの概数で答えなさい。

ガイド この地域のニホンカモシカの数をx頭とすると，

$x:50=30:8$，$8x=1500$，$x=187.5$

解答 **およそ190頭**

教科書 p.231

4 関東地方のある地域で，カントウタンポポとセイヨウタンポポの数を調べたら，カントウタンポポは4株，セイヨウタンポポは66株でした。
この地域の，全体に対するカントウタンポポの割合を推定し，小数第4位を四捨五入して，小数第3位まで求めなさい。

ガイド 全体に対するカントウタンポポの割合は，標本調査で得られた数量の割合と等しいと考える。

$4\div(4+66)=0.0571\cdots\cdots$

解答 **およそ0.057**

教科書 p.231

学びのふり返り **5** 日常生活のなかから，調べてみたいことを探し，それにふさわしい調査の方法について説明してみましょう。

解答 省略

力をのばそう

教科書 p.232

❶ みかんを栽培(さいばい)しているある農家で，40個のみかんを収穫(しゅうかく)しました。
次の表(教科書232ページ)は，収穫したみかんの重さを調べたものです。
この中から大きさが5である標本をつくるのに，乱数さいを2つ使って乱数を発生させたところ，順に次のようになりました。

02，51，43，29，77，30，98，36，25，19，……

(1) 発生させた乱数を利用して，上の表(教科書232ページ)から標本を無作為に抽出しなさい。

(2) (1)で抽出した標本の標本平均を求めなさい。

ガイド (1) 表には40番までしかデータがないので，上の乱数のうち40以下の数で考える。
標本の大きさは5であるから，番号2，29，30，36，25の5つのデータを選ぶ。

(2) $(85+84+93+100+84)\div 5=89.2$

解答 (1) **85g，84g，93g，100g，84g**

(2) **89.2g**

教科書 p.232

❷ ある工場では，毎月20000個の製品を機械で生産しています。この中から，400個を無作為に抽出したところ，不良品が3個ありました。

(1) この機械で生産される製品のうち，不良品の割合を推定しなさい。

(2) 1年間にできる不良品の数を推定しなさい。

(3) この工場では，不良品でない製品を30000個用意したいと考えています。製品をおよそ何個生産すればよいですか。百の位までの概数で答えなさい。

ガイド (1) $3\div 400=0.0075$

(2) $20000\times 12\times 0.0075=1800$
（20000×12：1年間に生産される製品の個数　0.0075：不良品の割合）
推定した数なので，「およそ」をつけて答える。

(3) 全体の生産個数のうち不良品を除いた個数の割合について考える。
生産する個数をx個とすると，$400:(400-3)=x:30000$，$x=30226.7\cdots$
十の位の数を切り上げて30300個と推定すればよい。

解答 (1) **0.0075**　(2) **およそ1800個**　(3) **およそ30300個**

活用・探究 つながる・ひろがる・数学の世界

教科書 p.233

選挙結果を予測しよう

ある市で市長選挙が告示され，A氏，B氏，C氏の3人が立候補しました。ある新聞社では，この3人の得票数を予測し，記事にすることにしました。

次の表は，市を4つの地区に分け，各地区から100人の有権者を無作為に抽出し，どの候補者に投票する予定であるか，調査を行った結果です。この選挙結果を予測してみましょう。

候補者／地区(有権者数)	投票予定の調査結果(人)			計
	A氏	B氏	C氏	
東地区(2000人)	33	30	37	100
西地区(3000人)	31	39	30	100
南地区(5000人)	44	21	35	100
北地区(1000人)	21	20	59	100
計	129	110	161	400

(1) 有権者が全員投票するとして，地区ごとの予想得票数をそれぞれ推定しましょう。

(2) 新聞記者になったつもりで選挙結果の予測について記事を書き，お互(たが)いの記事を比べてみましょう。

ガイド 各地区のそれぞれの立候補者へ投票する割合は，右の表のようになる。

	A氏	B氏	C氏
東地区	0.33	0.30	0.37
西地区	0.31	0.39	0.30
南地区	0.44	0.21	0.35
北地区	0.21	0.20	0.59

(1) 予想得票数は，各地区の(有権者数)×(投票する割合)で求める。
東地区のA氏の予想得票数は，
$2000 \times 0.33 = 660$ 他も同様にして求める。

解答 (1)

候補者／地区	予想得票数		
	A氏	B氏	C氏
東地区	**660**	**600**	**740**
西地区	**930**	**1170**	**900**
南地区	**2200**	**1050**	**1750**
北地区	**210**	**200**	**590**

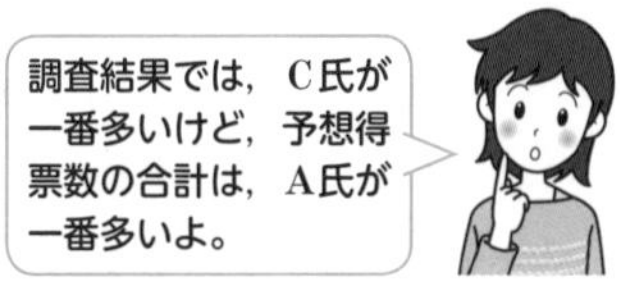

調査結果では，C氏が一番多いけど，予想得票数の合計は，A氏が一番多いよ。

(2) (例)**東地区，西地区では3人の立候補者の予想得票数は差が小さく，接戦している。南地区ではA氏，北地区ではC氏が大きく差をつけて票を集めている。**

MATHFUL データの活用 国勢調査と標本調査

教科書 p.234

★ 標本調査と全数調査の結果(教科書234ページ)に傾向(けいこう)のちがいは見られるでしょうか。

解答 表1の結果は表2の結果のほぼ1000分の1になっていることから，**傾向のちがいは見られない。**

8章

課題学習 数学を生かして考えよう

課題1 黄金比と図形の性質の関係は？

教科書 p.238

❶ あなたが，最もバランスがとれていて美しいと思う長方形をかいてみましょう。
ただし，下の線分(教科書238ページ)を縦の辺とし，横の辺のほうが長くなるようにします。

解答 省略

教科書 p.238

❷ ❶でかいた長方形の横の長さを測りましょう。ほかの人のデータを集めると，どのような傾向(けいこう)が見られるでしょうか。

解答 省略

教科書 p.239

❸ 正五角形ABCDEの1辺の長さを1として，右の図の対角線ACの長さを，次の手順で求めてみましょう。

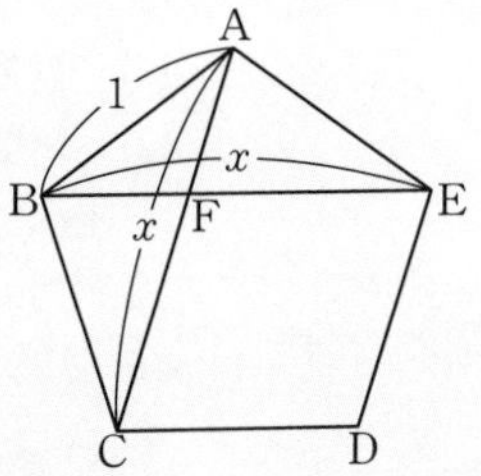

❶ △ABEは二等辺三角形であることを示す。
❷ △ABE≡△BCAであることを示す。
❸ △BCA∽△FBAであることを証明する。
❹ △CBFは二等辺三角形であることを，角の大きさを求めて証明する。
❺ 対角線の長さをxとして，AFとBFの長さをxを使って表す。
❻ △BCA∽△FBAであることをもとに，辺の長さの関係から，xをふくむ比例式をつくり，xの値(あたい)を求める。

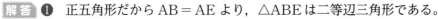

解答 ❶ 正五角形だからAB＝AEより，△ABEは二等辺三角形である。

❷ △ABEと△BCAで，AB＝BC，AE＝BA，∠BAE＝∠CBA
2辺とその間の角がそれぞれ等しいから，
△ABE≡△BCA

❸ △BCAと△FBAで，∠BAC＝∠FAB(共通)
❷より，∠ACB＝∠ABF
2組の角がそれぞれ等しいから，△BCA∽△FBA

❹ 正五角形だから，1つの内角は，$180°\times(5-2)\div5=108°$より，
∠ABC＝108°
△ABCは二等辺三角形だから，∠BCA＝(180°−108°)÷2＝36°
同様に，∠ABE＝36°
∠CBF＝∠ABC−∠ABE＝108°−36°＝72°　……①
△CBFの内角の和が180°であることより，
∠BFC＝180°−∠BCF−∠CBF＝180°−36°−72°＝72°　……②
①，②より，2つの角が等しいので，△CBFは二等辺三角形である。

❺ ❹より，CF＝CB＝1
対角線の長さを x とすると，AF＝$x-1$
❶~❸より，△FBAは二等辺三角形で，AF＝BF
よって，BF＝$x-1$

❻ △BCA∽△FBAより，AC：AB＝BC：FBだから，$x:1=1:(x-1)$
よって，$x(x-1)=1$
$x^2-x-1=0$
$x>0$ だから，$\boldsymbol{x=\frac{1+\sqrt{5}}{2}}$

課題2 九九表にはどんな規則性がある？

教科書 p.240

1 右の図(教科書240ページ)のように，縦2ます，横2ますの正方形になるように4つの数を選んだとき，どのような規則性がありそうですか。
また，そのことがいつでも成り立つことを，文字を使って説明しましょう。

解答 (例)左上の数と右下の数との積は，右上の数と左下の数との積に等しい。
〈説明〉 左上の数のかけられる数を m，かける数を n とすると，左上の数は mn，
右上の数は $m(n+1)$，左下の数は $(m+1)n$，右下の数は $(m+1)(n+1)$ と表せるから，
左上の数と右下の数との積は，$mn\times(m+1)(n+1)=mn(m+1)(n+1)$
右上の数と左下の数との積は，$m(n+1)\times(m+1)n=mn(m+1)(n+1)$
よって，左上の数と右下の数との積は，右上の数と左下の数との積に等しい。

教科書 p.240

2 次のア~ウのように，**1**の正方形を変形して4つの数を選んだ場合について，規則性を見つけて説明しましょう。

ア 縦と横のますの数を増やして正方形をつくる

(例)

1	2	3	4	5	6
2	4	6	8	10	12
3	6	9	12	15	18
4	8	12	16	20	24
5	10	15	20	25	30

イ 1つの数の上下左右のますを使って正方形をつくる

(例)

1	2	3	4	5	6
2	4	6	8	10	12
3	6	9	12	15	18
4	8	12	16	20	24
5	10	15	20	25	30

ウ 縦や横のますの数を変えて長方形をつくる

(例)

1	2	3	4	5	6
2	4	6	8	10	12
3	6	9	12	15	18
4	8	12	16	20	24
5	10	15	20	25	30

解答 **ア(例)左上の数と右下の数との積が，右上の数と左下の数との積に等しい。**
イ(例)上の数と下の数との和が，左の数と右の数との和に等しい。
ウ(例)左上の数と右下の数との積が，右上の数と左下の数との積に等しい。

教科書 p.240

❸ ❷のアで，左上の数を1として4つの数を選んだとき，それらの数の和はどのような数になりそうですか。また，そのことがいつでも成り立つことを，文字を使って説明しましょう。

（例）

1	2	3	4	5	6
2	4	6	8	10	12
3	6	9	12	15	18
4	8	12	16	20	24
5	10	15	20	25	30

解答 （例）**1と右上の数との和の2乗になる。**

〈説明〉 右上の数を a と置くと，左下の数は a，右下の数は a^2 と表せる。

4つの数の和は，$1+a+a+a^2=1+2a+a^2=(1+a)^2$

よって，4つの数の和は，1と右上の数との和の2乗になる。

参考 ❷のウで，左上の数を1としたときは，右上の数を a，左下の数を b と置くと，右下の数は ab と表せる。4つの数の和は，

$1+a+b+ab=ab+a+b+1=a(b+1)+b+1=(a+1)(b+1)$ だから，右上の数より1大きい数と左下の数より1大きい数の積になる。

課題3 影はどのように変わる？

教科書 p.241

❶ 図1（教科書241ページ）を横から見ると 図2 のようになり，△ODA∽△BDC となります。
このことを証明しましょう。

解答 △ODAと△BDCで，

仮定より，∠OAD＝∠BCD ……①

共通な角だから，∠ODA＝∠BDC ……②

①，②から，2組の角がそれぞれ等しいので，

△ODA∽△BDC

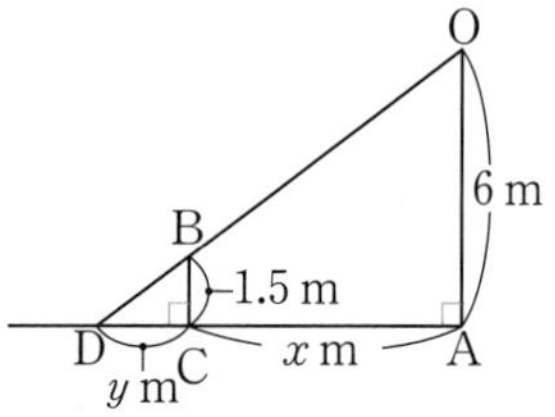

教科書 p.241

❷ 街灯から x m離れた位置での影の長さを y mとするとき，y を x の式で表しましょう。また，このことから，x と y はどのような関係であるといえますか。

ガイド △ODA∽△BDC より，OA：BC＝DA：DC だから，$6:1.5=(x+y):y$

よって，$6y=1.5(x+y)$ より，$y=\frac{1}{3}x$

解答 $y=\frac{1}{3}x$ 　　**y は x に比例している。**

教科書 p.241

❸ 影の長さが身長と等しくなるのは，街灯から何m離れたときですか。

ガイド ❷で求めた式に $y=1.5$ を代入して，$1.5=\frac{1}{3}x$ より，$x=4.5$

解答 **4.5m**

教科書 p.241

❹ 図3(教科書241ページ)のように歩いたとき，影の先端の位置の変わり方を表しているものを，次の**ア**〜**エ**から選び，そのようになる理由を説明しましょう。

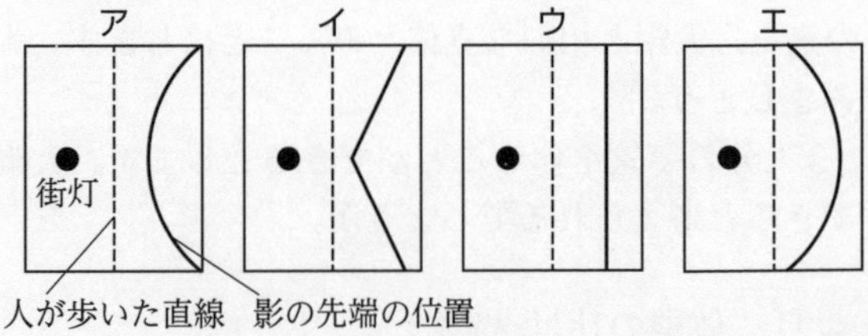

解答 **ウ　$x:y=3:1$ の関係は変わらないので，影の先端の位置は，人が歩いた直線に平行になるから。**

MATHFUL 数と式　2乗すると負の数になる数!?

教科書 p.242

★ $\begin{cases} x+y=10 & \cdots\cdots① \\ xy=40 & \cdots\cdots② \end{cases}$

①を y について解いて②に代入すると，x についての2次方程式ができます。解の公式を使ってこの2次方程式の解を求めると，どのような数になるでしょうか。

解答 ①を y について解くと，$y=-x+10$

これを②に代入すると，$x(-x+10)=40$，$x^2-10x+40=0$

解の公式に，$a=1$，$b=-10$，$c=40$ を代入すると，

$x=\dfrac{10\pm\sqrt{-60}}{2}$ となる。

MATHFUL 関数　リレーのバトンパス

教科書 p.244

★ バトンパスでは，Aができるだけ手前にいるときにBがスタートするほうが有利です。上の例(教科書244ページ)では，Bがスタートするとき，Aが最大で何m離(はな)れた位置までであれば，バトンパスを行うことができますか。Aのグラフの切片(せっぺん)を変えて，グラフをかいて調べてみましょう。

ガイド Aのグラフの傾きを変えず，切片を変えてかく。右の図より，切片が-4のときに，$y=x^2$ のグラフと接する。(切片をそれ以上下げると，$y=x^2$ のグラフと交わらず，バトンパスができない。)

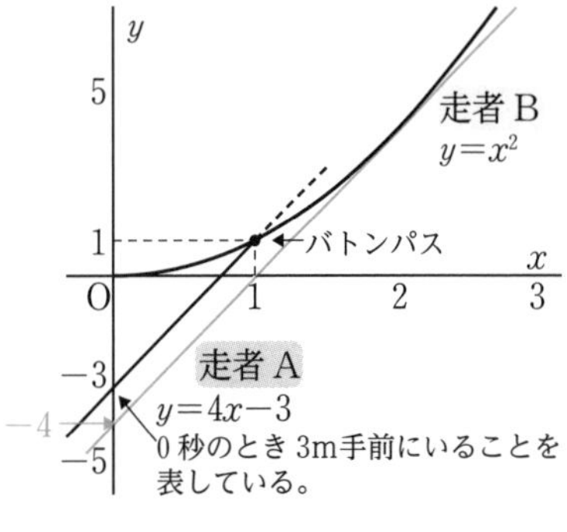

解答 **4 m**

MATHFUL 図形 相似を生かして

教科書 p.245

1 家庭用の直径26cmの鍋を，大鍋と相似な立体とみることにします。大鍋と家庭用の鍋の相似比を求めてみましょう。

2 1の家庭用の鍋で，3人分の芋煮を作ることができるとします。大鍋では，何人分の芋煮を作ることができると考えられるでしょうか。

ガイド 2 相似比が 25：1 より，体積の比は $25^3：1^3$
大鍋で x 人分作ることができるとすると，家庭用の鍋で3人分できるから，
$25^3：1^3=x：3$ より，$x=3\times25^3=46875$

解答 1 6.5m＝650cm だから，650：26＝**25：1**

2 **46875人分**

MATHFUL 図形 三平方の定理のいろいろな証明

教科書 p.246

1 図1で，次の❶～❸の手順で三平方の定理を証明してみましょう。

❶ △ABC∽△ACD であることから，$b^2=cx$ を導く。
❷ ❶と同様に $a^2=cy$ を導く。
❸ ❶，❷の両辺を加え，$a^2+b^2=c^2$ を導く。

図1

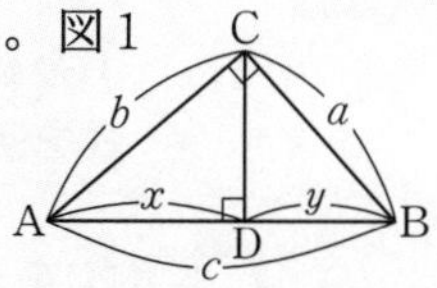

解答 ❶ △ABCと△ACDで，
仮定から，∠ACB＝∠ADC＝90° ……①
共通だから，∠BAC＝∠CAD ……②
①，②から2組の角がそれぞれ等しいので，△ABC∽△ACD
よって，AB：AC＝AC：AD，$c：b=b：x$，$b^2=cx$ ……③

❷ △ABCと△CBDで，同様にして，△ABC∽△CBD
よって，AB：CB＝BC：BD，$c：a=a：y$，$a^2=cy$ ……④

❸ ③，④の両辺を加え，$a^2+b^2=cy+cx=c(x+y)$
$x+y=c$ だから，$a^2+b^2=c^2$

教科書 p.246

2 次の❶～❸の手順で三平方の定理を証明してみましょう。

❶ △ACD＝△BCD を示す。
❷ △BCD＝△ECA を示す。
❸ △ECA＝△ECG を示す。

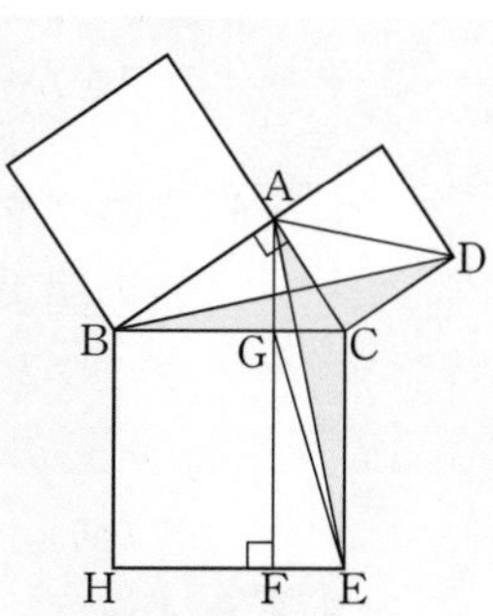

三角形ABCの各辺上につくった3つの四角形は，どれも正方形

解答 ❶ △ACDと△BCDでAB∥DC，CDは共通であるから，底辺が等しく，高さが等しい三角形なので，△ACD＝△BCD

❷ △BCDと△ECAで，BC＝EC ……㋐

CD＝CA ……㋑

∠BCD＝∠BCA＋∠ACD＝∠BCA＋90°

∠ECA＝∠BCA＋∠ECB＝∠BCA＋90°

よって，∠BCD＝∠ECA ……㋒

㋐，㋑，㋒から，２組の辺とその間の角がそれぞれ等しいので，

△BCD≡△ECA

よって，△BCD＝△ECA

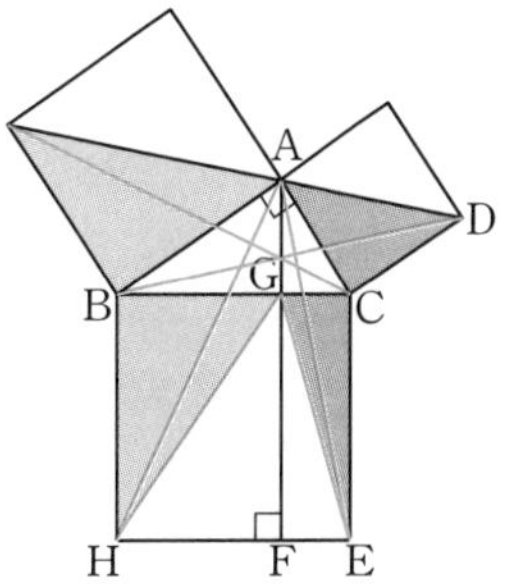

❸ △ECAと△ECGで，AG∥CE，CEは共通であるから，底辺が等しく，高さが等しい三角形なので，△ECA＝△ECG

❶，❷，❸から，△ACD＝△ECG

したがって，右の図で，

(正方形**イ**)＝(長方形**エ**)が成り立つ。

同様にして，(正方形**ア**)＝(長方形**ウ**)が成り立つ。

よって，(正方形**ア**)＋(正方形**イ**)

＝(正方形**オ**)

つまり，$AB^2+AC^2=BC^2$ が成り立つ。

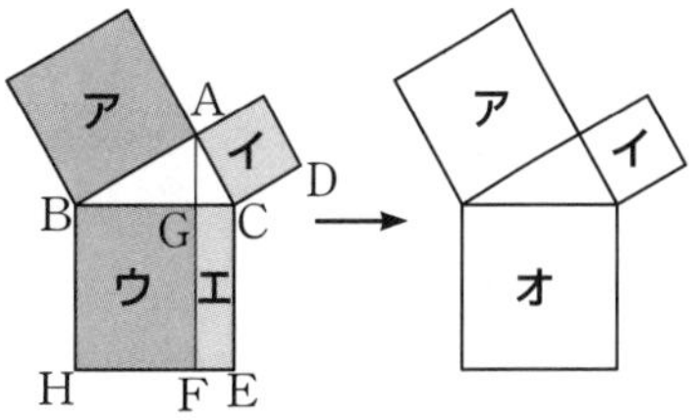

MATHFUL 数学と日本語 日本のことばと数

教科書 p.251

★ 「二八そば」の語源を調べてみましょう。

解答 小麦粉とそば粉の割合が２：８でつくられたそばだからという説や，江戸時代のそばの値段が一杯(いっぱい)十六文(もん)だったので，かけ算の九九「にはちじゅうろく」より，「二八そば」というようになったという説がある。

1・2年の復習

教科書 p.254

1 次の数を素因数分解しなさい。

(1) 14　(2) 18　(3) 72　(4) 105　(5) 198

ガイド

(1) $\begin{array}{r|l} 2 & 14 \\ \hline & 7 \end{array}$

(2) $\begin{array}{r|l} 2 & 18 \\ 3 & 9 \\ \hline & 3 \end{array}$

(3) $\begin{array}{r|l} 2 & 72 \\ 2 & 36 \\ 2 & 18 \\ 3 & 9 \\ \hline & 3 \end{array}$

(4) $\begin{array}{r|l} 3 & 105 \\ 5 & 35 \\ \hline & 7 \end{array}$

(5) $\begin{array}{r|l} 2 & 198 \\ 3 & 99 \\ 3 & 33 \\ \hline & 11 \end{array}$

解答 (1) $\mathbf{14=2\times7}$　(2) $\mathbf{18=2\times3^2}$　(3) $\mathbf{72=2^3\times3^2}$

(4) $\mathbf{105=3\times5\times7}$　(5) $\mathbf{198=2\times3^2\times11}$

教科書 p.254

2 次の計算をしなさい。

(1) $(-7)+(+3)$　(2) $(+28)-(+18)-(-2)$

(3) $-8+21-13+9$　(4) $-6-(-7)+(-5)-4$

(5) $(-8)\times(-7)$　(6) $(-3)\times(+4)\times(-25)$

(7) -0.3^2　(8) $(-4)^2\times(-2^2)$

(9) $(-42)\div(+7)$　(10) $(-48)\div\left(-\frac{12}{5}\right)$

(11) $8-7\times(-2^2)$

(12) $\{3-(-5)\}\times2-(-24)\div2^3$

(13) $5\times(-4.6)+5\times(-5.4)$

解答

(1) $(-7)+(+3)=-(7-3)=\mathbf{-4}$

(2) $(+28)-(+18)-(-2)=(+28)+(-18)+(+2)=(+30)+(-18)=\mathbf{12}$

(3) $-8+21-13+9=30-21=\mathbf{9}$

(4) $-6-(-7)+(-5)-4=-6+7-5-4=7-15=\mathbf{-8}$

(5) $(-8)\times(-7)=+(8\times7)=\mathbf{56}$

(6) $(-3)\times(+4)\times(-25)=+(3\times4\times25)=\mathbf{300}$

(7) $-0.3^2=-(0.3\times0.3)=\mathbf{-0.09}$

(8) $(-4)^2\times(-2^2)=16\times(-4)=\mathbf{-64}$

(9) $(-42)\div(+7)=-(42\div7)=\mathbf{-6}$

(10) $(-48)\div\left(-\frac{12}{5}\right)=48\times\frac{5}{12}=\mathbf{20}$

(10) わる数を逆数にしてかけるんだね。

(11) $8-7\times(-2^2)=8-7\times(-4)=8+28=\mathbf{36}$

(12) $\{3-(-5)\}\times2-(-24)\div2^3$

$=(3+5)\times2-(-24)\div8$

$=8\times2-(-3)=16+3=\mathbf{19}$

(13) $5\times(-4.6)+5\times(-5.4)$

$=5\times\{(-4.6)+(-5.4)\}=5\times(-10)=\mathbf{-50}$

約束
計算の順序
かっこの中，累乗
⇒乗法，除法
⇒加法，減法

教科書 p.254

3 次の数や数量を式で表しなさい。

(1) 百の位の数が a，十の位の数が b，一の位の数が c である3けたの自然数

(2) a 円の品物を3％引きで，b 円の品物を7％引きでそれぞれ買うときの合計の代金

(3) x kmの道のりを，時速 y kmの速さの自動車で走ったときにかかる時間

ガイド (2) $(1-0.03)a+(1-0.07)b=0.97a+0.93b$

(3) $(時間)=\dfrac{(道のり)}{(速さ)}$ である。

解答 (1) $\boldsymbol{100a+10b+c}$

(2) $\boldsymbol{0.97a+0.93b}$ **(円)**

(3) $\boldsymbol{\dfrac{x}{y}}$ **時間**

教科書 p.254

4 次の計算をしなさい。

(1) $6a^2+3a-4a^2-7a$

(2) $-5x+21y+4x-16y$

(3) $(3x-2y-1)-(-y+6-4x)$

(4) $(-3x)^2\times(-4x)$

(5) $(-28x^2y)\div(-7xy)$

(6) $48xy^2\div\left(-\dfrac{4}{3}y\right)\times\dfrac{2}{9}x$

(7) $-3(2a-b+4)$

(8) $(6x+9y-18)\div(-3)$

(9) $8(2a-b)+3(2b-5a)$

(10) $\dfrac{3x-2y}{4}+\dfrac{-2x+y}{3}$

解答 (1) $6a^2+3a-4a^2-7a=\boldsymbol{2a^2-4a}$

(2) $-5x+21y+4x-16y=\boldsymbol{-x+5y}$

(3) $(3x-2y-1)-(-y+6-4x)=3x-2y-1+y-6+4x=\boldsymbol{7x-y-7}$

(4) $(-3x)^2\times(-4x)=9x^2\times(-4x)=\boldsymbol{-36x^3}$

(5) $(-28x^2y)\div(-7xy)=\dfrac{28x^2y}{7xy}=\boldsymbol{4x}$

(6) $48xy^2\div\left(-\dfrac{4}{3}y\right)\times\dfrac{2}{9}x=48xy^2\times\left(-\dfrac{3}{4y}\right)\times\dfrac{2}{9}x=-\dfrac{48xy^2\times3\times2x}{4y\times9}=\boldsymbol{-8x^2y}$

(7) $-3(2a-b+4)=\boldsymbol{-6a+3b-12}$

(8) $(6x+9y-18)\div(-3)=\boldsymbol{-2x-3y+6}$

(9) $8(2a-b)+3(2b-5a)=16a-8b+6b-15a=\boldsymbol{a-2b}$

(10) $\dfrac{3x-2y}{4}+\dfrac{-2x+y}{3}=\dfrac{3(3x-2y)+4(-2x+y)}{12}=\dfrac{9x-6y-8x+4y}{12}$

$=\boldsymbol{\dfrac{x-2y}{12}}$

教科書 p.255

5 次の式の値を求めなさい。

(1) $x=2$，$y=-3$ のときの，式 $3x^2\div6xy\times2y^2$ の値

(2) $x=\dfrac{1}{4}$，$y=-\dfrac{1}{2}$ のときの，

式 $\dfrac{1}{2}(4x-6y)+\dfrac{1}{3}(6x+3y)$ の値

巻末 1・2年の復習

ガイド 式を簡単にしてから代入するとよい。

解答 (1) $3x^2 \div 6xy \times 2y^2 = \dfrac{3x^2 \times 2y^2}{6xy} = xy$

$x=2$, $y=-3$ を代入すると,

$xy = 2\times(-3) = \mathbf{-6}$

(2) $\dfrac{1}{2}(4x-6y)+\dfrac{1}{3}(6x+3y) = 2x-3y+2x+y = 4x-2y$

$x=\dfrac{1}{4}$, $y=-\dfrac{1}{2}$ を代入すると,

$4x-2y = 4\times\dfrac{1}{4}-2\times\left(-\dfrac{1}{2}\right) = 1+1 = \mathbf{2}$

教科書 p.255

6 次の1次方程式を解きなさい。

(1) $12x+4=-20$

(2) $27x=11x-48$

(3) $4x+14=-5x-31$

(4) $6(x+1)-2(4x+5)=-4$

(5) $0.01x-0.05=0.16x+0.7$

(6) $\dfrac{3x-9}{5}+7=\dfrac{x+10}{3}$

解答 (1) $12x+4=-20$

$12x=-24$

$\boldsymbol{x=-2}$

(2) $27x=11x-48$

$16x=-48$

$\boldsymbol{x=-3}$

(3) $4x+14=-5x-31$

$9x=-45$

$\boldsymbol{x=-5}$

(4) $6(x+1)-2(4x+5)=-4$

$6x+6-8x-10=-4$

$-2x=0$

$\boldsymbol{x=0}$

(5) $0.01x-0.05=0.16x+0.7$

$x-5=16x+70$ （両辺を100倍する）

$-15x=75$

$\boldsymbol{x=-5}$

(6) $\dfrac{3x-9}{5}+7=\dfrac{x+10}{3}$

$3(3x-9)+105=5(x+10)$ （両辺を15倍する）

$9x-27+105=5x+50$

$4x=-28$

$\boldsymbol{x=-7}$

教科書 p.255

7 次の連立方程式を解きなさい。

(1) $\begin{cases} 3x-y=8 \\ 2x+3y=9 \end{cases}$

(2) $\begin{cases} 9x-7y=5 \\ 3x-2y=4 \end{cases}$

(3) $\begin{cases} x+2y=4 \\ y=3x-5 \end{cases}$

(4) $\begin{cases} 3x-5=2(y+1) \\ 5(x-2)=3y+1 \end{cases}$

(5) $\begin{cases} 0.04x+0.03y=-0.1 \\ 0.06x-0.04y=0.19 \end{cases}$

(6) $5x+4y=2x-y-2=y+2$

ガイド (1)~(5)　上の式を①，下の式を②とする。

(1)　①×3　$9x-3y=24$

②　$+)\ 2x+3y=9$

$11x=33$

$x=3$

$x=3$ を①に代入すると，

$3\times3-y=8$，$y=1$

(2)　①　$9x-7y=5$

②×3　$-)\ 9x-6y=12$

$-y=-7$

$y=7$

$y=7$ を②に代入すると，

$3x-2\times7=4$，$x=6$

(3)　②を①に代入すると，

$x+2(3x-5)=4$

$x+6x-10=4$

$7x=14$

$x=2$

$x=2$ を②に代入すると，

$y=3\times2-5$

$y=1$

(4)　①を整理して，$3x-2y=7$ ……①′

②を整理して，$5x-3y=11$……②′

①′×3　$9x-6y=21$

②′×2　$-)\ 10x-6y=22$

$-x=-1$

$x=1$

$x=1$ を①′に代入すると，

$3\times1-2y=7$，$y=-2$

(5)　①×300　$12x+9y=-30$ ……①′

②×200　$-)\ 12x-8y=38$

$17y=-68$

$y=-4$

$y=-4$ を①′に代入すると，$12x+9\times(-4)=-30$，$x=\dfrac{1}{2}$

(6)　$\begin{cases}5x+4y=y+2 & \cdots\cdots ①\\ 2x-y-2=y+2 & \cdots\cdots ②\end{cases}$

①を整理して，$5x+3y=2$　……①′

②を整理して，$2x-2y=4$

$x-y=2$　……②′

①′　$5x+3y=2$

②′×3　$+)\ 3x-3y=6$

$8x=8$

$x=1$

$x=1$ を②′に代入すると，$1-y=2$，$y=-1$

$A=B=C$ の形のときは，
$\begin{cases}A=C\\ B=C\end{cases}$ $\begin{cases}A=B\\ A=C\end{cases}$ $\begin{cases}A=B\\ B=C\end{cases}$
のいずれかの形にして解こう。

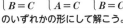

解答 (1) $\begin{cases}\boldsymbol{x=3}\\ \boldsymbol{y=1}\end{cases}$　(2) $\begin{cases}\boldsymbol{x=6}\\ \boldsymbol{y=7}\end{cases}$　(3) $\begin{cases}\boldsymbol{x=2}\\ \boldsymbol{y=1}\end{cases}$

(4) $\begin{cases}\boldsymbol{x=1}\\ \boldsymbol{y=-2}\end{cases}$　(5) $\begin{cases}\boldsymbol{x=\frac{1}{2}}\\ \boldsymbol{y=-4}\end{cases}$　(6) $\begin{cases}\boldsymbol{x=1}\\ \boldsymbol{y=-1}\end{cases}$

巻末　1・2年の復習

教科書 p.255

8 1個80円のみかんと1個140円のりんごをそれぞれ何個か買い，合計で1800円支払いました。買ったみかんの数は，りんごの数の2倍でした。それぞれ何個ずつ買いましたか。

ガイド みかんを x 個，りんごを y 個買ったとすると，

$$\begin{cases} 80x+140y=1800 & \cdots\cdots① \\ x=2y & \cdots\cdots② \end{cases}$$

①÷10　$8x+14y=180$　……①′

②を①′に代入すると，$8\times2y+14y=180$，$30y=180$，$y=6$

$y=6$ を②に代入すると，$x=2\times6=12$

解答 **みかん　12個，りんご　6個**

教科書 p.255

9 Y市では，小学生と中学生を対象にした音楽鑑賞会が毎年開催されています。今年の参加者は，小学生と中学生を合わせて135人です。今年は，昨年と比べて，小学生が10％減り，中学生が20％増え，全体では5人増えました。今年の小学生と中学生の参加者は，それぞれ何人ですか。

ガイド 昨年の小学生の参加者を x 人，中学生の参加者を y 人とする。

$$\begin{cases} x+y+5=135 & \cdots\cdots① \\ -0.1x+0.2y=5 & \cdots\cdots② \end{cases}$$

①より，　$x+y=130$　……①′

②×10　$+)\ -x+2y=50$

$3y=180$

$y=60$

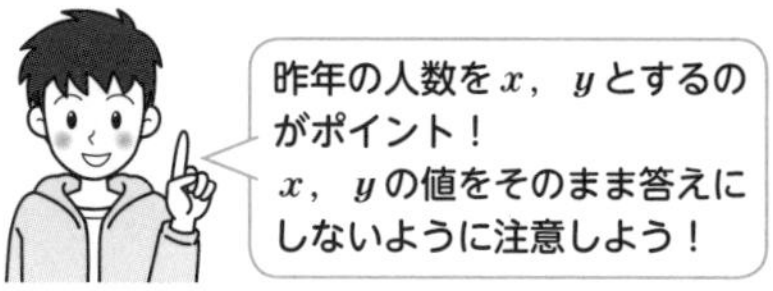

昨年の人数を x，y とするのがポイント！
x，y の値をそのまま答えにしないように注意しよう！

$y=60$ を①′に代入すると，$x+60=130$，$x=70$

よって，今年の小学生の参加者は，$70\times(1-0.1)=63$(人)

中学生の参加者は，$60\times(1+0.2)=72$(人)

解答 **小学生　63人，中学生　72人**

教科書 p.256

10 次の**ア**〜**オ**について，(1)〜(4)に答えなさい。

ア　時速 x kmの速さで3時間進んだときの道のりが y km

イ　自然数 y を6でわったときの商が x，余りが4

ウ　自然数 x の約数の個数が y

エ　長さ140mmの線香が x mm燃えたときの，残りの長さが y mm

オ　底辺が x cm，高さが y cmの三角形の面積が36cm^2

(1)　y が x の関数であるものを選びなさい。

(2)　y が x に比例するものを選びなさい。

(3)　y が x の1次関数であるものを選びなさい。

(4)　y が x に反比例するものを選びなさい。

ガイド x と y の関係を式で表してみるとよい。

ア $y=3x$　**イ** $y=6x+4$

ウ 式で表すことはできないが，x の値を決めるとそれに対応して y の値はただ1つに決まる。

エ $y=140-x$　**オ** $\frac{1}{2}xy=36$ より，$xy=72$ $\left(y=\frac{72}{x}\right)$

解答 (1) **ア，イ，ウ，エ，オ**　(2) **ア**　(3) **ア，イ，エ**　(4) **オ**

教科書 p.256

11 次の(1)，(2)に答えなさい。

(1) 次の①～③の関数で，x の値が1から4まで増加するときの変化の割合を，それぞれ求めなさい。

① $y=-\frac{1}{3}x$　② $y=\frac{8}{x}$　③ $y=-\frac{3}{5}x+2$

(2) $y=2x-1$ で，x の値が4増加するときの y の増加量を求めなさい。

ガイド (1) 1次関数 $y=ax+b$ の変化の割合は一定で，a に等しい。

① 比例は1次関数の特別な場合である。

② $x=1$ のとき $y=8$，$x=4$ のとき $y=2$

$$(\text{変化の割合})=\frac{(y\text{の増加量})}{(x\text{の増加量})}=\frac{2-8}{4-1}=-2$$

(2) (y の増加量)＝(変化の割合)×(x の増加量)より，$2\times4=8$

解答 (1) ① $\boldsymbol{-\frac{1}{3}}$　② $\boldsymbol{-2}$　③ $\boldsymbol{-\frac{3}{5}}$

(2) **8**

教科書 p.256

12 次の関数のグラフをかきなさい。

(1) $y=3x$　(2) $y=-\frac{3}{5}x+4$　(3) $y=-\frac{6}{x}$

ガイド (1) 原点と点(1，3)を通る直線。

(2) 2点(0，4)，(5，1)を通る直線。

(3) 点(1，−6)，(2，−3)，(−2，3)，(−6，1)などを通る双曲線。

解答 右の図

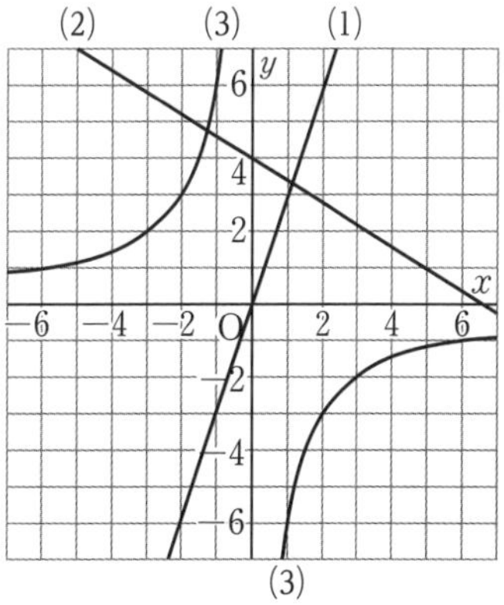

教科書 p.257

⑬ 次の場合について，y を x の式で表しなさい。

(1) グラフがそれぞれ右の**ア**～**ウ**の直線

(2) グラフが右の**エ**の双曲線

(3) y が x の１次関数で，変化の割合が２で，$x=3$ のとき $y=1$

(4) y が x の１次関数で，$x=1$ のとき $y=-1$，$x=5$ のとき $y=-4$

(5) グラフが点$(-6,\ 4)$を通り，直線 $y=-\frac{5}{3}x+1$ に平行な直線

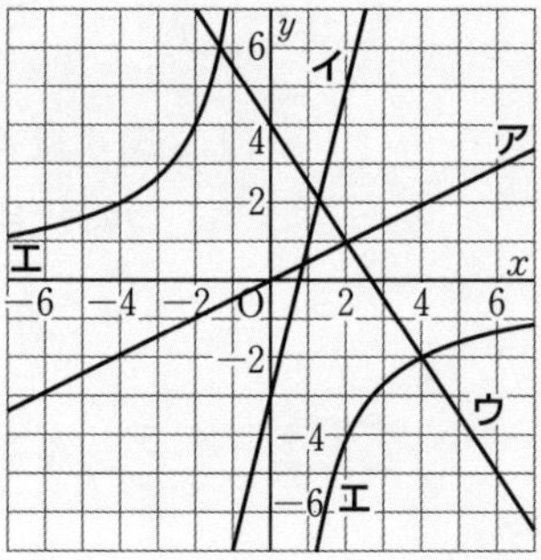

ガイド (1) **ア** 原点を通る直線なので，比例のグラフである。点$(2,\ 1)$を通るので，$y=ax$ に $x=2$，$y=1$ を代入して a の値を求める。

イ，**ウ** 直線なので，１次関数のグラフである。

イは切片が-3で，点$(2,\ 5)$を通るので，$y=ax-3$ に $x=2$，$y=5$ を代入して a の値を求める。

ウは切片が４で，点$(2,\ 1)$を通るので，$y=ax+4$ に $x=2$，$y=1$ を代入して a の値を求める。

(2) 双曲線なので，反比例のグラフである。点$(4,\ -2)$を通るので，$y=\frac{a}{x}$ に $x=4$，$y=-2$ を代入して a の値を求める。

(3) １次関数で，変化の割合が２だから，$y=2x+b$ に $x=3$，$y=1$ を代入して b の値を求める。

(4) $y=ax+b$ に，$x=1$，$y=-1$ を代入すると，$-1=a+b$ ……①

$x=5$，$y=-4$ を代入すると，$-4=5a+b$ ……②

①，②を連立方程式として解いて，a，b の値を求める。

(5) 平行なグラフは傾きが等しいので，$y=-\frac{5}{3}x+b$ に $x=-6$，$y=4$ を代入して b の値を求める。

解答 (1) **ア** $\boldsymbol{y=\frac{1}{2}x}$ **イ** $\boldsymbol{y=4x-3}$ **ウ** $\boldsymbol{y=-\frac{3}{2}x+4}$

(2) $\boldsymbol{y=-\frac{8}{x}}$ (3) $\boldsymbol{y=2x-5}$

(4) $\boldsymbol{y=-\frac{3}{4}x-\frac{1}{4}}$ (5) $\boldsymbol{y=-\frac{5}{3}x-6}$

教科書 p.257

⑭ ⑬の直線**ア**と**イ**の交点の座標を求めなさい。

ガイド 直線**ア**と**イ**の式を連立方程式として解く。

解答 $\left(\frac{6}{7},\ \frac{3}{7}\right)$

教科書 p.257

15 次の図(教科書257ページ)に，(1)，(2)の角を作図しなさい。

(1) 大きさが45°の∠COB

(2) 大きさが105°の∠AOD

ガイド (1) ❶ 点Oを通る直線ABの垂線OEをひく。(∠EOB＝90°)

❷ ∠EOBの二等分線OCをひく。(∠COB＝45°)

(2) ❶ 点Oを通る直線ABの垂線OEをひく。

❷ ❶の作図のときにひいた円と直線ABとの交点をP，Qとし，点Qを中心に半径OQの円をかき，❶の作図のときにひいた円との交点をRとする。(OQ＝OR＝RQより，△OQRは正三角形だから，∠ROQ＝60°)

❸ ∠EOR＝90°－60°＝30°より，∠EORの二等分線ODをひく。(∠EOD＝15° より，∠AOD＝90°＋15°＝105°)

解答 (1)

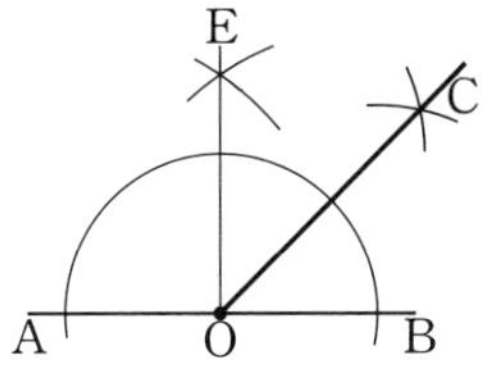

(2)

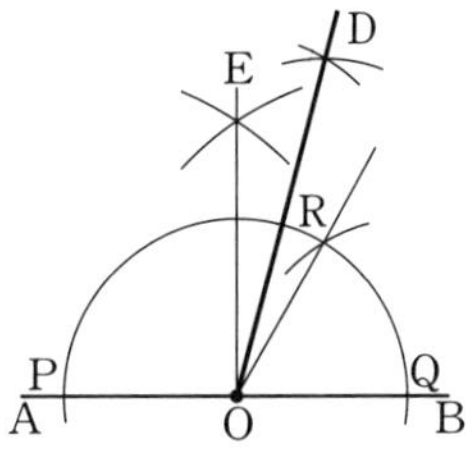

105°＝90°＋15°とみて，15°を作図する方法を考えればいいんだね。
105＝60°＋45°と考える方法もあるね。

教科書 p.257

16 右の図の立体は，面AEHDと面BFGCが合同な台形で，そのほかの面はどれも長方形です。
辺を直線，面を平面とみて，次の(1)~(3)に答えなさい。

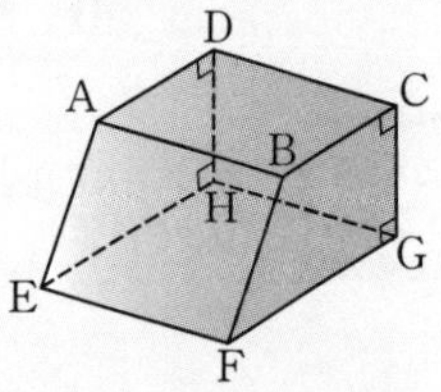

(1) 直線CGとねじれの位置にある直線は，いくつありますか。

(2) 直線DHと交わる平面は，いくつありますか。

(3) 直線CDと平行な平面は，いくつありますか。

ガイド (1) 辺AB，辺EF，辺AD，辺EH，辺AE

(2) 面ABCD，面EFGH，面AEFB

(3) 面EFGH，面AEFB

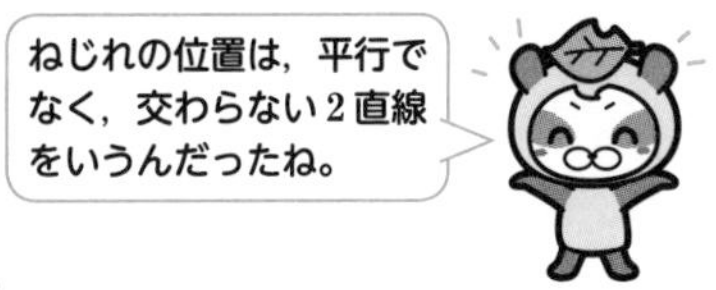

ねじれの位置は，平行でなく，交わらない2直線をいうんだったね。

解答 (1) **5つ**　　(2) **3つ**　　(3) **2つ**

教科書 p.258

17 次の立体の表面積と体積を，それぞれ求めなさい。

(1) 底面の1辺が4cm，高さが10cmの正四角柱

(2) 底面の半径が5cm，高さが8cmの円柱

(3) 底面の半径が12cm，高さが5cm，母線の長さが13cmの円錐

(4) 半径が6cmの球

ガイド (1)　表面積　$\underbrace{4^2\times2}_{\text{底面積}}+\underbrace{4\times10\times4}_{\text{側面積}}=192$

体積　$\underbrace{4^2}_{\text{底面積}}\times\underbrace{10}_{\text{高さ}}=160$

(2)　表面積　$\underbrace{\pi\times5^2\times2}_{\text{底面積}}+\underbrace{10\pi\times8}_{\text{側面積}}=130\pi$

体積　$\underbrace{\pi\times5^2}_{\text{底面積}}\times\underbrace{8}_{\text{高さ}}=200\pi$

(3)　円錐の側面は，展開図で考えると，おうぎ形である。

おうぎ形の面積Sは，半径をr，弧の長さをℓとすると，$S=\dfrac{1}{2}\ell r$で求めることができる。この公式を使うと，

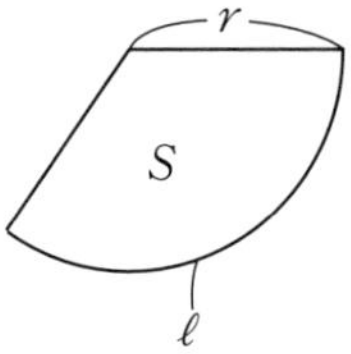

この円錐の側面の面積は，

$\dfrac{1}{2}\times\underline{(2\pi\times12)}\times13=156\pi$

側面のおうぎ形の弧の長さは，円錐の底面の円周に等しい。

よって，表面積は，

$\underbrace{\pi\times12^2}_{\text{底面積}}+\underbrace{156\pi}_{\text{側面積}}=300\pi$

体積　$\dfrac{1}{3}\times\underbrace{\pi\times12^2}_{\text{底面積}}\times\underbrace{5}_{\text{高さ}}=240\pi$

(4)　表面積　$4\times\pi\times6^2=144\pi(\text{cm}^2)$

体積　$\dfrac{4}{3}\times\pi\times6^3=288\pi(\text{cm}^3)$

半径rの球の体積は，$\dfrac{4}{3}\pi r^3$ 表面積は，$4\pi r^2$だよ。

解答 (1)　表面積……**192 cm²**　　体積……**160 cm³**

(2)　表面積……**130πcm²**　　体積……**200πcm³**

(3)　表面積……**300πcm²**　　体積……**240πcm³**

(4)　表面積……**144πcm²**　　体積……**288πcm³**

教科書 p.258

18　次の図で，$\ell /\!/ m$であるとき，$\angle x$の大きさを求めなさい。

(1)

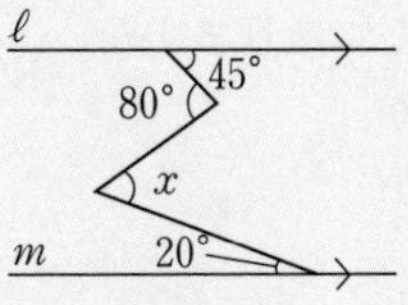

(2)　△ABCは正三角形

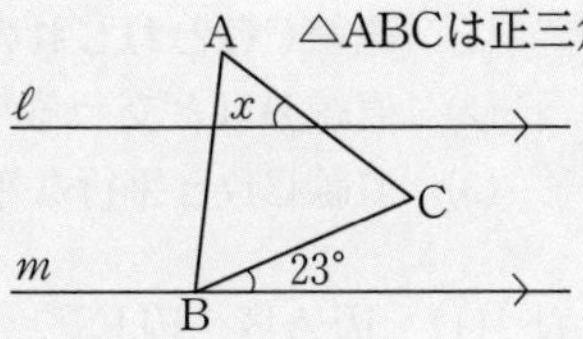

ガイド　ℓ，mに平行な補助線をひいて考える。平行線の同位角・錯角は等しい。

(1)

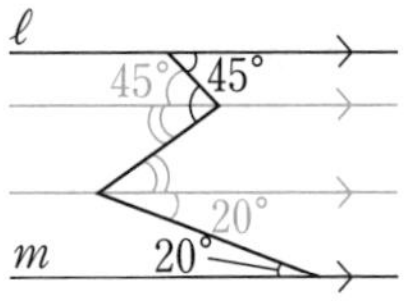

(2)

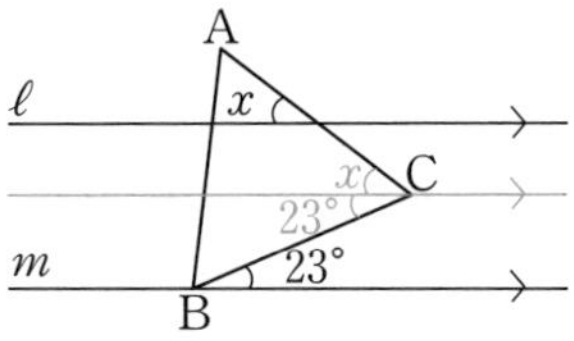

解答 (1)　$\angle x=(80^\circ-45^\circ)+20^\circ=$ **55°**　　(2)　$\angle x=60^\circ-23^\circ=$ **37°**

教科書 p.258

19 次の図で，$\angle x$の大きさを求めなさい。

(1)

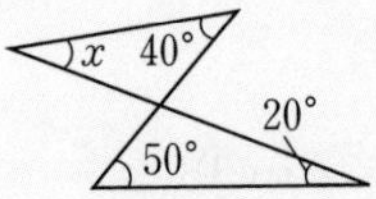

(2)

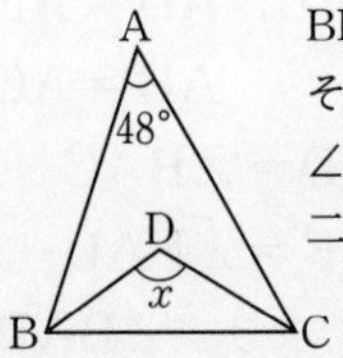

BD, CDは，それぞれ$\angle$B, $\angle$Cの二等分線

(3)

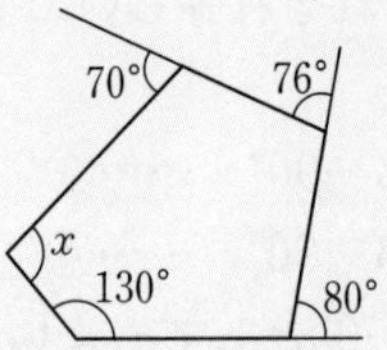

(4)

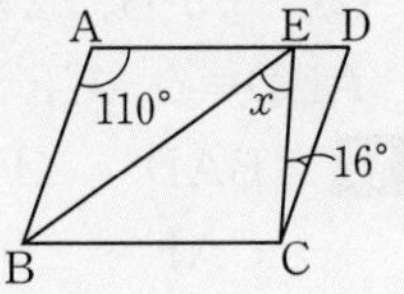

AB//DC,
AD//BC,
AB＝AE

ガイド (1) $\angle x = 50° + 20° - 40° = 30°$

(2) 右の図で，△ABCの内角の和より，

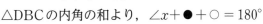

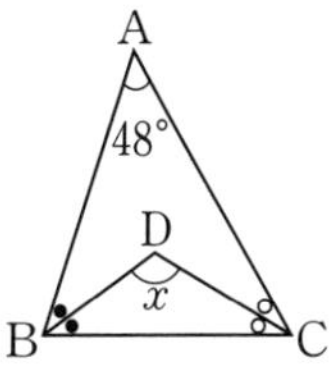

48°＋2●＋2○＝180°

2(●＋○)＝132°

●＋○＝66°

△DBCの内角の和より，$\angle x$＋●＋○＝180°

●＋○＝66°だから，$\angle x = 114°$

(3) 多角形の外角の和は360°より，$\angle x$の外角の大きさは，

$360° - \{70° + 76° + 80° + (180° - 130°)\} = 84°$

よって，$\angle x = 180° - 84° = 96°$

(4) AB＝AEより，$\angle ABE = \angle AEB = (180° - 110°) \div 2 = 35°$

四角形ABCDは平行四辺形だから，$\angle ADC = 180° - 110° = 70°$

△DECの内角と外角の関係から，$\angle AEC = \angle DCE + \angle CDE = 16° + 70° = 86°$

$\angle x = \angle AEC - \angle AEB = 86° - 35° = 51°$

別解 右の図のように，Eを通りABに平行な線をひき，BCとの交点をFとすると，

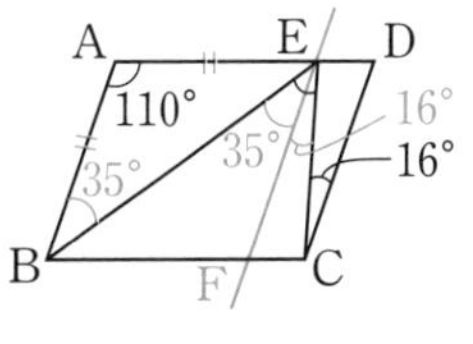

$\angle BEF = \angle ABE = 35°$

$\angle CEF = \angle DCE = 16°$

よって，$\angle x = \angle BEF + \angle CEF$

$= 35° + 16° = 51°$

解答 (1) $\angle x = 30°$ (2) $\angle x = 114°$ (3) $\angle x = 96°$ (4) $\angle x = 51°$

教科書 p.258

20 右の図のように，$\angle BAC = 90°$の直角二等辺三角形ABCと正方形ADEFがあります。
ただし，$\angle$BADは鋭角とします。このとき，△ABD≡△ACFであることを証明しなさい。

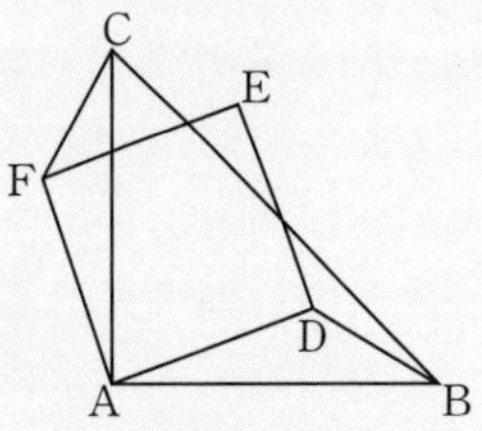

巻末 1・2年の復習

解答 △ABDと△ACFで，
仮定から，AD＝AF ……①
AB＝AC ……②
∠BAD＝∠BAC－∠CAD＝90°－∠CAD ……③
∠CAF＝∠FAD－∠CAD＝90°－∠CAD ……④
③，④より，∠BAD＝∠CAF ……⑤
①，②，⑤から，2組の辺とその間の角がそれぞれ等しいので，
△ABD≡△ACF
別解 ∠BAD＝∠FAB－∠FAD＝∠FAB－90° ……③′
∠CAF＝∠FAB－∠CAB＝∠FAB－90° ……④′
③′，④′より，∠BAD＝∠CAF ……⑤としてもよい。

教科書 p.259

21 次の**ア**～**エ**の四角形ABCDで，平行四辺形になるものを選びなさい。
ア AD∥BC，AB＝CD　　**イ** AD∥BC，∠A＝∠B
ウ AD∥BC，∠A＝∠C　　**エ** ∠A＝∠B＝∠C＝∠D

ガイド **ア** 右の図のような台形になる場合もある。
イ 右の図のような台形になる場合もある。
ウ AD∥BCより，∠Aの錯角の大きさは∠Aに等しく，
∠A＝∠Cより，∠Aの錯角と∠Cの大きさも等しい。
∠Aの錯角は∠Cの同位角だから，同位角が等しいことより，AB∥DC
2組の対辺がそれぞれ平行だから，四角形ABCDは平行四辺形になる。
エ 4つの角が等しい四角形は長方形か正方形であり，どちらも特別な平行四辺形である。

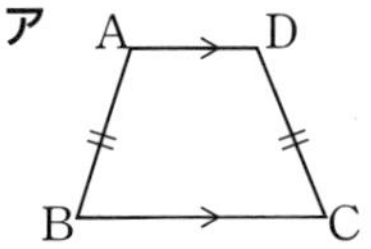

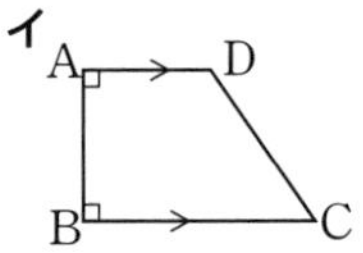

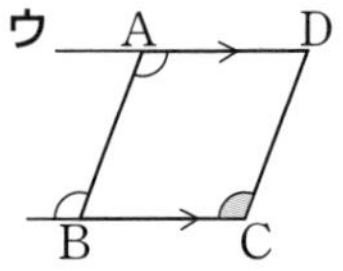

解答 **ウ**，**エ**

教科書 p.259

22 ある都市の7月と8月の毎日の最高気温について，(1)，(2)に答えなさい。
(1) 次の表(教科書259ページ)は，7月の最高気温のデータです。表を完成させなさい。
(2) 次の図は，7月と8月の毎日の最高気温のデータを，箱ひげ図に表したものです。2つのデータの分布のようすを比べなさい。

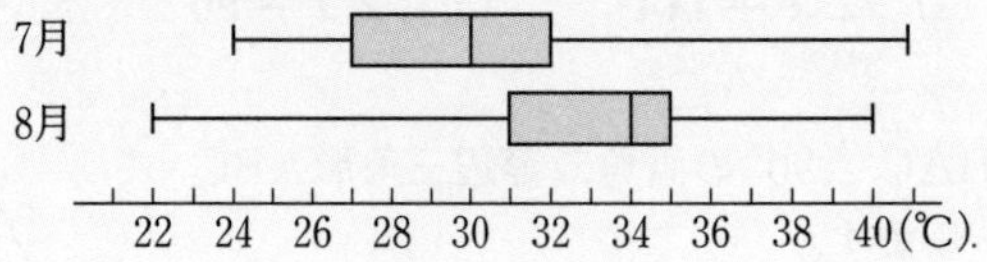

解答 (1)

気温(℃)	度数(日)	累積度数(日)	相対度数	累積相対度数
以上 未満 20～25	3	3	0.10	0.10
25～30	12	**15**	**0.39**	**0.49**
30～35	11	**26**	**0.35**	**0.84**
35～40	4	**30**	**0.13**	**0.97**
40～45	1	**31**	**0.03**	**1**
計	31		**1**	

相対度数＝(階級の度数)/(度数の合計) だよ。

(2) (例) 30℃以上の日が7月は全体の50％あるのに対し，8月は75％以上ある。
34℃以上の日が8月は全体の50％あるのに対し，7月は25％もない。
7月は30℃以下の日が全体の50％あるが，8月は30℃以下の日は25％もない。8月のほうが最高気温の高い日が多い。

教科書 p.259

23 次の確率を求めなさい。

(1) 1個のさいころを投げたとき，偶数の目が出る確率

(2) 白玉3個と赤玉2個と青玉4個が入っている袋の中から玉を1個取り出すとき，その玉が白玉である確率

(3) 1枚の硬貨を2回続けて投げるとき，2回続けて表が出る確率

(4) 2個のさいころを同時に投げるとき，出た目の和が11以下になる確率

(5) A，B，C，D，Eの5人から2人を代表に選ぶとき，AとBが選ばれる確率

ガイド (2) 取り出し方は全部で，3＋2＋4＝9(通り)
そのうち，白玉の取り出し方は3通り。
よって，求める確率は，$\frac{3}{9}=\frac{1}{3}$

(3) 硬貨の出方は全部で4通り。
そのうち，2回続けて表が出るのは1通り。
よって，求める確率は，$\frac{1}{4}$

(3) (1回目, 2回目)＝(表, 表), (表, 裏), (裏, 表), (裏, 裏)の4通りだね。

(4) さいころの目の出方は全部で，6×6＝36(通り)
そのうち，出た目の和が12以上になるのは1通りだから，出た目の和が11以下になるのは，36−1＝35(通り)
よって，求める確率は，$\frac{35}{36}$

(5) 右のような樹形図をかくとよい。
5人から2人を選ぶ選び方は，10通り。AとBが選ばれるのは，1通り。よって，求める確率は，$\frac{1}{10}$

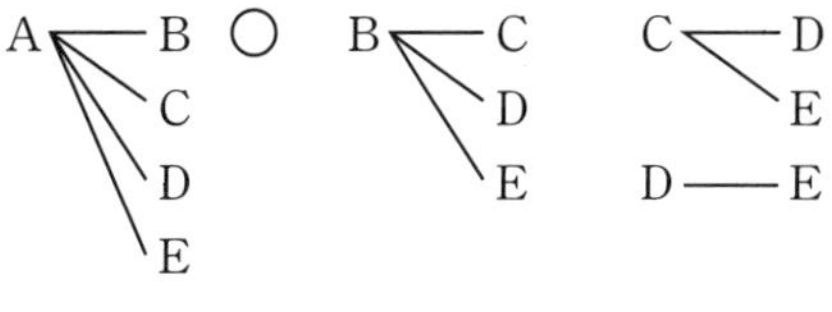

解答 (1) $\mathbf{\frac{1}{2}}$　(2) $\mathbf{\frac{1}{3}}$　(3) $\mathbf{\frac{1}{4}}$　(4) $\mathbf{\frac{35}{36}}$　(5) $\mathbf{\frac{1}{10}}$

巻末 1・2年の復習

補充問題

1章　多項式

教科書 p.260

1 次の計算をしなさい。

(1) $5x(y+6)$　(2) $-8a(-2a+3b)$

(3) $(a+4b-7)\times(-3a)$　(4) $(16ab-12b)\div 4b$

(5) $(-49x^2+14x)\div(-7x)$　(6) $(8a^2-12a)\div\left(-\frac{4}{5}a\right)$

解答 (1) $5x(y+6)=\boldsymbol{5xy+30x}$

(2) $-8a(-2a+3b)=\boldsymbol{16a^2-24ab}$

(3) $(a+4b-7)\times(-3a)=\boldsymbol{-3a^2-12ab+21a}$

(4) $(16ab-12b)\div 4b=\boldsymbol{4a-3}$

(5) $(-49x^2+14x)\div(-7x)=\boldsymbol{7x-2}$

(6) $(8a^2-12a)\div\left(-\frac{4}{5}a\right)=(8a^2-12a)\times\left(-\frac{5}{4a}\right)$

$=8a^2\times\left(-\frac{5}{4a}\right)-12a\times\left(-\frac{5}{4a}\right)$

$=\boldsymbol{-10a+15}$

(6) わる式の逆数をかけるよ。$-\frac{4}{5}a$ の逆数を $-\frac{5a}{4}$ としないように気をつけよう。

教科書 p.260

2 次の計算をしなさい。

(1) $(a+5)(b-2)$　(2) $(3a+2b)(a-4b)$

(3) $(2x+y)(4x-y+1)$

解答 (1) $(a+5)(b-2)=\boldsymbol{ab-2a+5b-10}$

(2) $(3a+2b)(a-4b)=3a^2-12ab+2ab-8b^2=\boldsymbol{3a^2-10ab-8b^2}$

(3) $(2x+y)(4x-y+1)=8x^2-2xy+2x+4xy-y^2+y=\boldsymbol{8x^2+2xy+2x-y^2+y}$

教科書 p.260

3 次の計算をしなさい。

(1) $(x+3)(x+4)$　(2) $(x+2)(x-5)$

(3) $(x-1)(x+9)$　(4) $(x-8)(x-4)$

(5) $(x+1)^2$　(6) $(x+2.5)^2$

(7) $(x-9)^2$　(8) $\left(x-\frac{3}{4}\right)^2$

(9) $(x+8)(x-8)$　(10) $(x-0.3)(x+0.3)$

(11) $\left(x-\frac{1}{2}\right)\left(\frac{1}{2}+x\right)$

解答 (1) $(x+3)(x+4)=\boldsymbol{x^2+7x+12}$

(2) $(x+2)(x-5)=\boldsymbol{x^2-3x-10}$

(3) $(x-1)(x+9)=\boldsymbol{x^2+8x-9}$

(4) $(x-8)(x-4)=\boldsymbol{x^2-12x+32}$

(5) $(x+1)^2=\boldsymbol{x^2+2x+1}$

展開の公式を使おう！

(6) $(x+2.5)^2=x^2+2\times2.5\times x+2.5^2=\boldsymbol{x^2+5x+6.25}$

(7) $(x-9)^2=\boldsymbol{x^2-18x+81}$

(8) $\left(x-\dfrac{3}{4}\right)^2=x^2-2\times\dfrac{3}{4}\times x+\left(\dfrac{3}{4}\right)^2=\boldsymbol{x^2-\dfrac{3}{2}x+\dfrac{9}{16}}$

(9) $(x+8)(x-8)=\boldsymbol{x^2-64}$

(10) $(x-0.3)(x+0.3)=x^2-0.3^2=\boldsymbol{x^2-0.09}$

(11) $\left(x-\dfrac{1}{2}\right)\left(\dfrac{1}{2}+x\right)=\left(x-\dfrac{1}{2}\right)\left(x+\dfrac{1}{2}\right)=x^2-\left(\dfrac{1}{2}\right)^2=\boldsymbol{x^2-\dfrac{1}{4}}$

教科書 p.260

4 次の計算をしなさい。

(1) $(2x+5)(2x-3)$　　(2) $(3x+y)^2$

(3) $(4x+3)(4x-3)$　　(4) $(a+4b+7)(a+4b-5)$

(5) $4(x+3)^2-(6-x)(x+6)$

解答 (1) $(2x+5)(2x-3)=(2x)^2+\{5+(-3)\}\times2x+5\times(-3)=\boldsymbol{4x^2+4x-15}$

(2) $(3x+y)^2=(3x)^2+2\times y\times3x+y^2=\boldsymbol{9x^2+6xy+y^2}$

(3) $(4x+3)(4x-3)=(4x)^2-3^2=\boldsymbol{16x^2-9}$

(4) $(a+4b+7)(a+4b-5)$

$a+4b=A$ と置くと，

$(a+4b+7)(a+4b-5)=(A+7)(A-5)=A^2+2A-35$

Aをもとに戻して，

$A^2+2A-35=(a+4b)^2+2(a+4b)-35=\boldsymbol{a^2+8ab+16b^2+2a+8b-35}$

(5) $4(x+3)^2-(6-x)(x+6)=4(x^2+6x+9)-(6-x)(6+x)$

$=4x^2+24x+36-(36-x^2)$

$=\boldsymbol{5x^2+24x}$

教科書 p.260

5 次の(1)，(2)に答えなさい。

(1) 次の式を工夫(くふう)して計算しなさい。

① 101×99　　② 98^2

(2) $x=-\dfrac{1}{2}$，$y=-2$ のときの，

式 $(2x+y)^2-(x+2y)(x-2y)$ の値(あたい)を求めなさい。

解答 (1) ① $101\times99=(100+1)(100-1)=100^2-1^2=10000-1=\boldsymbol{9999}$

② $98^2=(100-2)^2=100^2-2\times2\times100+2^2=10000-400+4=\boldsymbol{9604}$

(2) $(2x+y)^2-(x+2y)(x-2y)=4x^2+4xy+y^2-(x^2-4y^2)$

$=3x^2+4xy+5y^2$

$x=-\dfrac{1}{2}$，$y=-2$ を代入すると，

$3x^2+4xy+5y^2=3\times\left(-\dfrac{1}{2}\right)^2+4\times\left(-\dfrac{1}{2}\right)\times(-2)+5\times(-2)^2$

$=\dfrac{3}{4}+4+20=\boldsymbol{\dfrac{99}{4}}$

教科書 261ページ

教科書 p.261

6 次の式を因数分解しなさい。

(1) x^2-10x　(2) $3x^2+6x$

(3) $2ax^2+6ax-4a$　(4) $24x^2y+18xy^2-6xy$

(5) $x^2+8x+12$　(6) $x^2-13x+42$

(7) $x^2-10x-24$　(8) $x^2-20x+36$

(9) $x^2+10x+25$　(10) $x^2-14x+49$

(11) $x^2-x+\frac{1}{4}$　(12) $x^2+\frac{3}{2}x+\frac{9}{16}$

(13) x^2-1　(14) $144-x^2$

(15) $x^2-\frac{16}{81}$　(16) $x^2-\frac{4}{9}y^2$

ガイド (1)~(4) 共通な因数をくくり出す。

(5)~(16) 数の項や x の係数に注目して，因数分解のどの公式が使えるか，よく考えよう。

解答 (1) $x^2-10x=\boldsymbol{x(x-10)}$

(2) $3x^2+6x=\boldsymbol{3x(x+2)}$

(3) $2ax^2+6ax-4a=\boldsymbol{2a(x^2+3x-2)}$

(4) $24x^2y+18xy^2-6xy=\boldsymbol{6xy(4x+3y-1)}$

(5) $x^2+8x+12=\boldsymbol{(x+2)(x+6)}$

(6) $x^2-13x+42=\boldsymbol{(x-6)(x-7)}$

(7) $x^2-10x-24=\boldsymbol{(x+2)(x-12)}$

(8) $x^2-20x+36=\boldsymbol{(x-2)(x-18)}$

(9) $x^2+10x+25=\boldsymbol{(x+5)^2}$

(10) $x^2-14x+49=\boldsymbol{(x-7)^2}$

(11) $x^2-x+\frac{1}{4}=\boldsymbol{\left(x-\frac{1}{2}\right)^2}$

(12) $x^2+\frac{3}{2}x+\frac{9}{16}=\boldsymbol{\left(x+\frac{3}{4}\right)^2}$

(13) $x^2-1=\boldsymbol{(x+1)(x-1)}$

(14) $144-x^2=\boldsymbol{(12+x)(12-x)}$

(15) $x^2-\frac{16}{81}=\boldsymbol{\left(x+\frac{4}{9}\right)\left(x-\frac{4}{9}\right)}$

(16) $x^2-\frac{4}{9}y^2=\boldsymbol{\left(x+\frac{2}{3}y\right)\left(x-\frac{2}{3}y\right)}$

教科書 p.261

7 次の式を因数分解しなさい。

(1) $2ax^2+14ax+24a$　(2) $3ax^2-21ax+30a$

(3) $x^2+2xy-3y^2$　(4) $72ax^2+24ax+2a$

(5) $16x^2-24xy+9y^2$　(6) $12ax^2-27ay^2$

(7) $(x-2)^2-9(x-2)+20$　(8) $(2x+3)^2-(x-6)^2$

(9) $(a-b)x-a+b$

ガイド (1)(2)(4)(6) 共通な因数をくくり出してから，さらに(　)の中を因数分解できないか考える。

(7)(8) 式の一部を文字に置きかえて考えるとよい。

解答 (1) $2ax^2+14ax+24a=2a(x^2+7x+12)$

$=\boldsymbol{2a(x+3)(x+4)}$

(2) $3ax^2-21ax+30a=3a(x^2-7x+10)$

$=\boldsymbol{3a(x-2)(x-5)}$

(3) $x^2+2xy-3y^2=\boldsymbol{(x-y)(x+3y)}$

(4) $72ax^2+24ax+2a=2a(36x^2+12x+1)$

$=\boldsymbol{2a(6x+1)^2}$

(5) $16x^2-24xy+9y^2=\boldsymbol{(4x-3y)^2}$

(6) $12ax^2-27ay^2=3a(4x^2-9y^2)$

$=\boldsymbol{3a(2x+3y)(2x-3y)}$

(7) $(x-2)^2-9(x-2)+20$

$=M^2-9M+20$ 　($x-2$ をMと置く)

$=(M-4)(M-5)$ 　(因数分解)

$=(x-2-4)(x-2-5)$ 　(Mをもとに戻す)

$=\boldsymbol{(x-6)(x-7)}$

(8) $(2x+3)^2-(x-6)^2$

$=A^2-B^2$ 　($2x+3=A$，$x-6=B$ と置く)

$=(A+B)(A-B)$ 　(因数分解)

$=(2x+3+x-6)\{2x+3-(x-6)\}$ 　(A，Bをもとに戻す)

$=(3x-3)(x+9)$

$=\boldsymbol{3(x-1)(x+9)}$

(9) $(a-b)x-a+b$

$=(a-b)x-(a-b)$ 　(共通部分 $a-b$ をつくる)

$=\boldsymbol{(a-b)(x-1)}$

教科書 p.261

8 次の(1)，(2)に答えなさい。

(1) 次の式を工夫して計算しなさい。

① 101^2-99^2　　② $12^2\pi-8^2\pi$

(2) $x=28$ のときの，式 $x^2-16x+64$ の値を求めなさい。

解答 (1) ① $101^2-99^2=(101+99)(101-99)=200\times2=\boldsymbol{400}$

② $12^2\pi-8^2\pi=\pi(12^2-8^2)=\pi(12+8)(12-8)=\pi\times20\times4=\boldsymbol{80\pi}$

(2) $x^2-16x+64=(x-8)^2$

$x=28$ を代入すると，$(x-8)^2=(28-8)^2=20^2=\boldsymbol{400}$

2章　平方根

教科書 p.261

9　次の数の平方根を求めなさい。

(1)　36　　(2)　169　　(3)　0.25　　(4)　$\dfrac{81}{196}$

解答 (1)　$\pm\mathbf{6}$　　(2)　$\pm\mathbf{13}$　　(3)　$\pm\mathbf{0.5}$　　(4)　$\pm\mathbf{\dfrac{9}{14}}$

注　正の数の平方根は正と負の2つある。

教科書 p.261

10　次の数の平方根を，根号を使って表しなさい。

(1)　7　　(2)　23　　(3)　0.3　　(4)　$\dfrac{2}{3}$

解答 (1)　$\pm\sqrt{\mathbf{7}}$　　(2)　$\pm\sqrt{\mathbf{23}}$　　(3)　$\pm\sqrt{\mathbf{0.3}}$　　(4)　$\pm\sqrt{\mathbf{\dfrac{2}{3}}}$

教科書 p.262

11　次の数を，根号を使わないで表しなさい。

(1)　$\sqrt{49}$　　(2)　$-\sqrt{121}$　　(3)　$\sqrt{\dfrac{64}{81}}$

(4)　$\sqrt{3^2}$　　(5)　$\sqrt{(-7)^2}$

ガイド (5)　$\sqrt{(-7)^2}=\sqrt{49}=7$

解答 (1)　**7**　　(2)　$\mathbf{-11}$　　(3)　$\mathbf{\dfrac{8}{9}}$　　(4)　**3**　　(5)　**7**

教科書 p.262

12　次の計算をしなさい。

(1)　$\sqrt{7}\times\sqrt{13}$　　(2)　$\sqrt{5}\times(-\sqrt{5})$　　(3)　$(-\sqrt{6})\times(-\sqrt{24})$

解答 (1)　$\sqrt{7}\times\sqrt{13}=\sqrt{7\times13}=\sqrt{\mathbf{91}}$

(2)　$\sqrt{5}\times(-\sqrt{5})=-\sqrt{5\times5}=\mathbf{-5}$

(3)　$(-\sqrt{6})\times(-\sqrt{24})=(-\sqrt{6})\times(-2\sqrt{6})=\mathbf{12}$

教科書 p.262

13　次の計算をしなさい。

(1)　$\sqrt{42}\div\sqrt{6}$　　(2)　$\sqrt{56}\div(-\sqrt{14})$　　(3)　$\dfrac{\sqrt{108}}{\sqrt{3}}$

解答 (1)　$\sqrt{42}\div\sqrt{6}=\dfrac{\sqrt{42}}{\sqrt{6}}=\sqrt{\dfrac{42}{6}}=\sqrt{\mathbf{7}}$

(2)　$\sqrt{56}\div(-\sqrt{14})=-\dfrac{\sqrt{56}}{\sqrt{14}}=-\sqrt{\dfrac{56}{14}}=-\sqrt{4}=\mathbf{-2}$

(3)　$\dfrac{\sqrt{108}}{\sqrt{3}}=\sqrt{\dfrac{108}{3}}=\sqrt{36}=\mathbf{6}$

教科書 p.262

14 次の(1), (2)に答えなさい。

(1) 次の数を，$\sqrt{a}$ の形にしなさい。

① $2\sqrt{5}$　② $3\sqrt{3}$　③ $5\sqrt{2}$　④ $6\sqrt{2}$

(2) 次の数を，根号の中の数ができるだけ小さい自然数になるように，$a\sqrt{b}$ の形にしなさい。

① $\sqrt{24}$　② $\sqrt{32}$　③ $2\sqrt{45}$　④ $2\sqrt{48}$

ガイド (1) $a>0$，$b>0$ のとき，$a\sqrt{b}=\sqrt{a^2\times b}$

(2) $a>0$，$b>0$ のとき，$\sqrt{a^2\times b}=a\sqrt{b}$

解答 (1) ① $2\sqrt{5}=\sqrt{4}\times\sqrt{5}=\sqrt{4\times5}=\boldsymbol{\sqrt{20}}$

② $3\sqrt{3}=\sqrt{9}\times\sqrt{3}=\sqrt{9\times3}=\boldsymbol{\sqrt{27}}$

③ $5\sqrt{2}=\sqrt{25}\times\sqrt{2}=\sqrt{25\times2}=\boldsymbol{\sqrt{50}}$

④ $6\sqrt{2}=\sqrt{36}\times\sqrt{2}=\sqrt{36\times2}=\boldsymbol{\sqrt{72}}$

(2) ① $\sqrt{24}=\sqrt{4\times6}=\boldsymbol{2\sqrt{6}}$

② $\sqrt{32}=\sqrt{16\times2}=\boldsymbol{4\sqrt{2}}$

③ $2\sqrt{45}=2\sqrt{9\times5}=\boldsymbol{6\sqrt{5}}$

④ $2\sqrt{48}=2\sqrt{16\times3}=\boldsymbol{8\sqrt{3}}$

教科書 p.262

15 次の数の分母を有理化しなさい。

(1) $\dfrac{3}{\sqrt{3}}$　(2) $\dfrac{2}{\sqrt{8}}$　(3) $\dfrac{5\sqrt{2}}{2\sqrt{5}}$

ガイド 分母と分子に同じ数をかけて，分母に根号のない形にする。

解答 (1) $\dfrac{3}{\sqrt{3}}=\dfrac{3\times\sqrt{3}}{\sqrt{3}\times\sqrt{3}}=\dfrac{3\sqrt{3}}{3}=\boldsymbol{\sqrt{3}}$

(2) $\dfrac{2}{\sqrt{8}}=\dfrac{2}{2\sqrt{2}}=\dfrac{1}{\sqrt{2}}=\dfrac{1\times\sqrt{2}}{\sqrt{2}\times\sqrt{2}}=\boldsymbol{\dfrac{\sqrt{2}}{2}}$

(3) $\dfrac{5\sqrt{2}}{2\sqrt{5}}=\dfrac{5\sqrt{2}\times\sqrt{5}}{2\sqrt{5}\times\sqrt{5}}=\dfrac{5\sqrt{10}}{10}=\boldsymbol{\dfrac{\sqrt{10}}{2}}$

教科書 p.262

16 次の計算をしなさい。

(1) $\sqrt{12}\times\sqrt{45}$　(2) $\sqrt{24}\times(-\sqrt{18})$

(3) $-3\sqrt{10}\div\sqrt{2}$　(4) $(-4\sqrt{63})\div(-2\sqrt{7})$

(5) $\sqrt{48}\div2\sqrt{2}\times(-\sqrt{10})$

ガイド 根号の中の数を小さくしてから計算するとよい。

解答 (1) $\sqrt{12}\times\sqrt{45}=2\sqrt{3}\times3\sqrt{5}=\boldsymbol{6\sqrt{15}}$

(2) $\sqrt{24}\times(-\sqrt{18})=2\sqrt{6}\times(-3\sqrt{2})=-6\sqrt{12}=-6\times2\sqrt{3}=\boldsymbol{-12\sqrt{3}}$

(3) $-3\sqrt{10}\div\sqrt{2}=-\dfrac{3\sqrt{10}}{\sqrt{2}}=-\dfrac{3\sqrt{2}\times\sqrt{5}}{\sqrt{2}}=\boldsymbol{-3\sqrt{5}}$

(4) $(-4\sqrt{63})\div(-2\sqrt{7})=\dfrac{4\sqrt{63}}{2\sqrt{7}}=\dfrac{4\times3\sqrt{7}}{2\sqrt{7}}=\boldsymbol{6}$

(5) $\sqrt{48}\div2\sqrt{2}\times(-\sqrt{10})=-\dfrac{4\sqrt{3}\times\sqrt{10}}{2\sqrt{2}}=-\dfrac{4\sqrt{3}\times\sqrt{2}\times\sqrt{5}}{2\sqrt{2}}=\boldsymbol{-2\sqrt{15}}$

巻末 補充問題

教科書 p.262

17 次の計算をしなさい。

(1) $2\sqrt{3}+4\sqrt{3}$　　(2) $5\sqrt{2}-6\sqrt{2}$

(3) $-\sqrt{45}+\sqrt{125}$　　(4) $-\sqrt{27}-\sqrt{48}$

(5) $4\sqrt{7}-3\sqrt{7}+\sqrt{28}$　　(6) $\sqrt{50}-\sqrt{18}+2\sqrt{8}$

ガイド (3)〜(6)　まず，根号の中の数ができるだけ小さい数になるように変形する。

解答 (1) $2\sqrt{3}+4\sqrt{3}=(2+4)\sqrt{3}=\mathbf{6\sqrt{3}}$

(2) $5\sqrt{2}-6\sqrt{2}=(5-6)\sqrt{2}=\mathbf{-\sqrt{2}}$

(3) $-\sqrt{45}+\sqrt{125}=-3\sqrt{5}+5\sqrt{5}=\mathbf{2\sqrt{5}}$

(4) $-\sqrt{27}-\sqrt{48}=-3\sqrt{3}-4\sqrt{3}=\mathbf{-7\sqrt{3}}$

(5) $4\sqrt{7}-3\sqrt{7}+\sqrt{28}=4\sqrt{7}-3\sqrt{7}+2\sqrt{7}=\mathbf{3\sqrt{7}}$

(6) $\sqrt{50}-\sqrt{18}+2\sqrt{8}=5\sqrt{2}-3\sqrt{2}+2\times2\sqrt{2}=\mathbf{6\sqrt{2}}$

教科書 p.263

18 次の計算をしなさい。

(1) $\dfrac{\sqrt{20}}{\sqrt{3}}-\dfrac{1}{\sqrt{15}}$　　(2) $\sqrt{3}(5\sqrt{3}+\sqrt{12})$

(3) $(\sqrt{5}+2\sqrt{3})(2\sqrt{5}-\sqrt{3})$　　(4) $(2\sqrt{3}-\sqrt{2})^2$

(5) $(\sqrt{5}-1)^2+2(\sqrt{5}-1)$

(6) $(4-\sqrt{2})^2-(\sqrt{5}-2\sqrt{3})(\sqrt{5}+2\sqrt{3})$

ガイド (1)　まず，分母の根号のついた数を分母と分子にかけて，分母を有理化する。

(4)〜(6)　展開の公式を使って展開する。

解答 (1) $\dfrac{\sqrt{20}}{\sqrt{3}}-\dfrac{1}{\sqrt{15}}=\dfrac{\sqrt{20}\times\sqrt{3}}{\sqrt{3}\times\sqrt{3}}-\dfrac{1\times\sqrt{15}}{\sqrt{15}\times\sqrt{15}}=\dfrac{\sqrt{60}}{3}-\dfrac{\sqrt{15}}{15}=\dfrac{2\sqrt{15}}{3}-\dfrac{\sqrt{15}}{15}$

$=\dfrac{10\sqrt{15}-\sqrt{15}}{15}=\dfrac{9\sqrt{15}}{15}=\mathbf{\dfrac{3\sqrt{15}}{5}}$

(2) $\sqrt{3}(5\sqrt{3}+\sqrt{12})=\sqrt{3}\times5\sqrt{3}+\sqrt{3}\times\sqrt{12}=15+\sqrt{36}=15+6=\mathbf{21}$

(3) $(\sqrt{5}+2\sqrt{3})(2\sqrt{5}-\sqrt{3})$

$=\sqrt{5}\times2\sqrt{5}+\sqrt{5}\times(-\sqrt{3})+2\sqrt{3}\times2\sqrt{5}+2\sqrt{3}\times(-\sqrt{3})$

$=10-\sqrt{15}+4\sqrt{15}-6$

$=\mathbf{4+3\sqrt{15}}$

(4) $(2\sqrt{3}-\sqrt{2})^2=(2\sqrt{3})^2-2\times\sqrt{2}\times2\sqrt{3}+(\sqrt{2})^2$

$=12-4\sqrt{6}+2$

$=\mathbf{14-4\sqrt{6}}$

(5) $(\sqrt{5}-1)^2+2(\sqrt{5}-1)=5-2\sqrt{5}+1+2\sqrt{5}-2$

$=\mathbf{4}$

(6) $(4-\sqrt{2})^2-(\sqrt{5}-2\sqrt{3})(\sqrt{5}+2\sqrt{3})$

$=4^2-2\times\sqrt{2}\times4+(\sqrt{2})^2-\{(\sqrt{5})^2-(2\sqrt{3})^2\}$

$=16-8\sqrt{2}+2-(5-12)$

$=\mathbf{25-8\sqrt{2}}$

教科書 p.263

19 次の式の値を求めなさい。

(1) $x=5+2\sqrt{6}$ のときの，式 $x^2-3x-10$ の値

(2) $x=6-2\sqrt{3}$，$y=2+\sqrt{3}$ のときの，式 $x^2-6xy+9y^2$ の値

ガイド 因数分解してから代入するとよい。

解答 (1) $x^2-3x-10=(x-5)(x+2)$

$x=5+2\sqrt{6}$ を代入すると，

$$(x-5)(x+2)=(5+2\sqrt{6}-5)(5+2\sqrt{6}+2)$$
$$=2\sqrt{6}(7+2\sqrt{6})$$
$$=\mathbf{14\sqrt{6}+24}$$

(2) $x^2-6xy+9y^2=(x-3y)^2$

$x=6-2\sqrt{3}$，$y=2+\sqrt{3}$ を代入すると，

$$(x-3y)^2=\{6-2\sqrt{3}-3(2+\sqrt{3})\}^2$$
$$=(6-2\sqrt{3}-6-3\sqrt{3})^2$$
$$=(-5\sqrt{3})^2$$
$$=\mathbf{75}$$

3章 2次方程式

教科書 p.263

20 次の2次方程式を解きなさい。

(1) $(x+2)(x-7)=0$

(2) $x^2-7x+10=0$

(3) $x^2+5x-36=0$

(4) $x^2-9x=-8$

(5) $x^2+18x+81=0$

(6) $x^2-30x+225=0$

(7) $x^2-121=0$

(8) $x^2+17x=0$

(9) $2x^2=-6x+20$

(10) $(x-1)(x+5)=7$

(11) $2x^2-(x+1)(x-6)=0$

(12) $(2x-3)(x-1)=x(x-1)$

ガイド まず，式を整理して，$ax^2+bx+c=0$ の形にする。

次に，左辺を因数分解できれば，「$AB=0$ ならば，$A=0$ または $B=0$」を使って解を求める。

$(x+a)(x+b)=0 \longrightarrow x+a=0$ または $x+b=0 \longrightarrow x=-a$，$x=-b$

解答 (1) $(x+2)(x-7)=0$

$x+2=0$ または $x-7=0$

よって，$\boldsymbol{x=-2}$，$\boldsymbol{x=7}$

(2) $x^2-7x+10=0$

$(x-2)(x-5)=0$

$x-2=0$ または $x-5=0$

よって，$\boldsymbol{x=2}$，$\boldsymbol{x=5}$

(3) $x^2+5x-36=0$

$(x-4)(x+9)=0$

$x-4=0$ または $x+9=0$

よって，$\boldsymbol{x=4}$，$\boldsymbol{x=-9}$

(4) $x^2-9x=-8$

$x^2-9x+8=0$

$(x-1)(x-8)=0$

$x-1=0$ または $x-8=0$

よって，$\boldsymbol{x=1}$，$\boldsymbol{x=8}$

(5) $x^2+18x+81=0$

$(x+9)^2=0$

よって，$\boldsymbol{x=-9}$

(6) $x^2-30x+225=0$

$(x-15)^2=0$

よって，$\boldsymbol{x=15}$

(7) $x^2-121=0$

$(x+11)(x-11)=0$

$x+11=0$ または $x-11=0$

よって，$\boldsymbol{x=-11,\ x=11}$

$\boldsymbol{(x=\pm 11)}$

(8) $x^2+17x=0$

$x(x+17)=0$

$x=0$ または $x+17=0$

よって，$\boldsymbol{x=0,\ x=-17}$

(9) $2x^2=-6x+20$

$2x^2+6x-20=0$

$x^2+3x-10=0$　両辺を 2 でわる

$(x-2)(x+5)=0$

$x-2=0$ または $x+5=0$

よって，$\boldsymbol{x=2,\ x=-5}$

(10) $(x-1)(x+5)=7$

$x^2+4x-5=7$

$x^2+4x-12=0$

$(x-2)(x+6)=0$

$x-2=0$ または $x+6=0$

よって，$\boldsymbol{x=2,\ x=-6}$

(11) $2x^2-(x+1)(x-6)=0$

$2x^2-(x^2-5x-6)=0$

$x^2+5x+6=0$

$(x+2)(x+3)=0$

$x+2=0$ または $x+3=0$

よって，$\boldsymbol{x=-2,\ x=-3}$

(12) $(2x-3)(x-1)=x(x-1)$

$2x^2-2x-3x+3=x^2-x$

$x^2-4x+3=0$

$(x-1)(x-3)=0$

$x-1=0$ または $x-3=0$

よって，$\boldsymbol{x=1,\ x=3}$

教科書 p.263

21 次の 2 次方程式を解きなさい。

(1) $x^2-7=0$　(2) $21-7x^2=0$

(3) $(x+1)^2=6$　(4) $x^2-6x=14$

ガイド 平方根の考えを使って解いてみよう。

(1)(2) $ax^2+c=0$ の形の 2 次方程式は，$x^2=k$ の形にして，k の平方根を求める。

(3) $(x+p)^2=q$ の形の 2 次方程式は，$x+p$ をひとまとまりにみて，q の平方根を求めることで解く。

(4) 両辺に $\left(\dfrac{x\text{の係数}}{2}\right)^2$ を加えて，$(x+p)^2=q$ の形にして解く。

解答 (1) $x^2-7=0$

$x^2=7$

$\boldsymbol{x=\pm\sqrt{7}}$

(2) $21-7x^2=0$

$7x^2=21$

$x^2=3$

$\boldsymbol{x=\pm\sqrt{3}}$

(3) $(x+1)^2=6$

$x+1=\pm\sqrt{6}$

$\boldsymbol{x=-1\pm\sqrt{6}}$

(4) $x^2-6x=14$

$x^2-6x+9=14+9$　両辺に $\left(\frac{-6}{2}\right)^2=9$ を加える

$(x-3)^2=23$

$x-3=\pm\sqrt{23}$

$\boldsymbol{x=3\pm\sqrt{23}}$

教科書 p.263

22 次の2次方程式を解きなさい。

(1) $3x^2+5x-4=0$　(2) $-2x^2-4x+1=0$

(3) $4x^2-5x-6=0$　(4) $3x^2=6x+2$

(5) $9x^2-12x+4=0$　(6) $16x^2-8x-3=-4$

ガイド $ax^2+bx+c=0$ の形にして，解の公式を使って求める。

$$x=\frac{-b\pm\sqrt{b^2-4ac}}{2a}$$

解答 (1) $3x^2+5x-4=0$

$$x=\frac{-5\pm\sqrt{5^2-4\times3\times(-4)}}{2\times3}$$

$$\boldsymbol{=\frac{-5\pm\sqrt{73}}{6}}$$

(2) $-2x^2-4x+1=0$

$$x=\frac{-(-4)\pm\sqrt{(-4)^2-4\times(-2)\times1}}{2\times(-2)}$$

$$=-\frac{4\pm\sqrt{24}}{4}$$

$$=-\frac{4\pm2\sqrt{6}}{4}$$

$$\boldsymbol{=-\frac{2\pm\sqrt{6}}{2}}$$

(3) $4x^2-5x-6=0$

$$x=\frac{-(-5)\pm\sqrt{(-5)^2-4\times4\times(-6)}}{2\times4}$$

$$=\frac{5\pm\sqrt{121}}{8}$$

$$=\frac{5\pm11}{8}$$

よって，$\boldsymbol{x=2,\ x=-\frac{3}{4}}$

(4) $3x^2=6x+2$

$3x^2-6x-2=0$

$$x=\frac{-(-6)\pm\sqrt{(-6)^2-4\times3\times(-2)}}{2\times3}$$

$$=\frac{6\pm\sqrt{60}}{6}$$

$$=\frac{6\pm2\sqrt{15}}{6}$$

$$\boldsymbol{=\frac{3\pm\sqrt{15}}{3}}$$

(5) $9x^2-12x+4=0$

$$x=\frac{-(-12)\pm\sqrt{(-12)^2-4\times9\times4}}{2\times9}$$

$$=\frac{12\pm0}{18}$$

$$\boldsymbol{=\frac{2}{3}}$$

別解 $9x^2-12x+4=0$

$(3x-2)^2=0$

$3x-2=0$

$$\boldsymbol{x=\frac{2}{3}}$$

(6) $16x^2-8x-3=-4$

$16x^2-8x+1=0$

$$x=\frac{-(-8)\pm\sqrt{(-8)^2-4\times16\times1}}{2\times16}$$

$$=\frac{8\pm0}{32}$$

$$\boldsymbol{=\frac{1}{4}}$$

別解 $16x^2-8x+1=0$

$(4x-1)^2=0$

$$\boldsymbol{x=\frac{1}{4}}$$

教科書 p.263

23 次の2次方程式を解きなさい。

(1) $(x+5)^2-16=0$　　(2) $5(x-1)^2-3=0$

(3) $(3x+8)(x-4)=2(x-4)$

ガイド　(　)の中をひとまとまりにみるとよい。

展開して，因数分解や解の公式を使って解いてもよい。

解答 (1) $(x+5)^2-16=0$

$$(x+5)^2=16$$
$$x+5=\pm4$$
$$x=-5\pm4$$

よって，$\boldsymbol{x=-1,\ x=-9}$

別解 $(x+5)^2-16=0$

$$x^2+10x+25-16=0$$
$$x^2+10x+9=0$$
$$(x+1)(x+9)=0$$
$$\boldsymbol{x=-1,\ x=-9}$$

(2) $5(x-1)^2-3=0$

$$5(x-1)^2=3$$
$$(x-1)^2=\frac{3}{5}$$
$$x-1=\pm\sqrt{\frac{3}{5}}$$
$$x-1=\pm\frac{\sqrt{3}}{\sqrt{5}}$$
$$x-1=\pm\frac{\sqrt{3}\times\sqrt{5}}{\sqrt{5}\times\sqrt{5}}$$
$$\boldsymbol{x=1\pm\frac{\sqrt{15}}{5}}$$

別解 $5(x-1)^2-3=0$

$$5(x^2-2x+1)-3=0$$
$$5x^2-10x+2=0$$
$$x=\frac{10\pm\sqrt{(-10)^2-4\times5\times2}}{2\times5}$$
$$=\frac{10\pm\sqrt{60}}{10}$$
$$=\frac{10\pm2\sqrt{15}}{10}$$
$$\boldsymbol{=\frac{5\pm\sqrt{15}}{5}}$$

(3) $(3x+8)(x-4)=2(x-4)$

$$(3x+8)(x-4)-2(x-4)=0$$
$$(3x+8-2)(x-4)=0$$
$$(3x+6)(x-4)=0$$
$$3(x+2)(x-4)=0$$
$$(x+2)(x-4)=0$$

よって，$\boldsymbol{x=-2,\ x=4}$

別解 $(3x+8)(x-4)=2(x-4)$

$$3x^2-12x+8x-32=2x-8$$
$$3x^2-6x-24=0$$
$$x^2-2x-8=0$$
$$(x+2)(x-4)=0$$

よって，$\boldsymbol{x=-2,\ x=4}$

4章　関数

教科書 p.264

24 次の関数について，表(教科書264ページ)を完成させなさい。

(1)　$y=3x^2$　　　　(2)　$y=-\frac{1}{2}x^2$

解答 (1)

x	-4	-3	-2	-1	0	1	2	3	4
y	**48**	**27**	**12**	**3**	**0**	**3**	**12**	**27**	**48**

(2)

x	-4	-3	-2	-1	0	1	2	3	4
y	$\boldsymbol{-8}$	$\boldsymbol{-\frac{9}{2}}$	$\boldsymbol{-2}$	$\boldsymbol{-\frac{1}{2}}$	$\boldsymbol{0}$	$\boldsymbol{-\frac{1}{2}}$	$\boldsymbol{-2}$	$\boldsymbol{-\frac{9}{2}}$	$\boldsymbol{-8}$

教科書 p.264

25 次の関数のグラフをかきなさい。

(1)　$y=\frac{3}{2}x^2$　　　　(2)　$y=\frac{1}{4}x^2$

(3)　$y=-\frac{3}{2}x^2$　　　　(4)　$y=-\frac{1}{4}x^2$

ガイド $y=ax^2$ のグラフは，原点を通り，y 軸について対称な曲線である。

解答

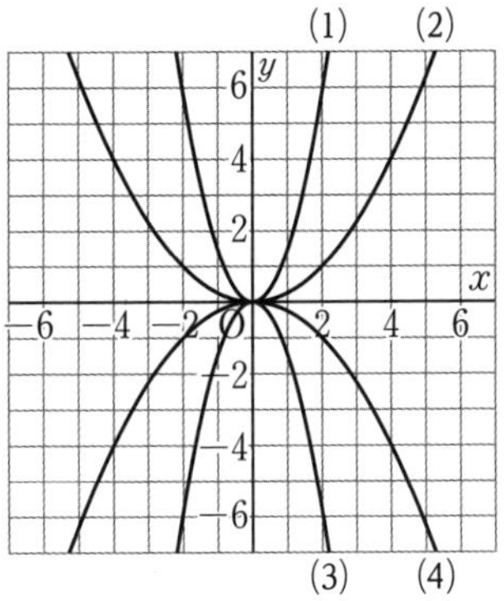

教科書 p.264

26 右の(1)～(4)の放物線は，次の**ア**～**エ**のいずれかのグラフです。それぞれどの関数のグラフですか。

ア　$y=\frac{1}{3}x^2$　　　　**イ**　$y=\frac{5}{4}x^2$

ウ　$y=-x^2$　　　　**エ**　$y=-\frac{2}{3}x^2$

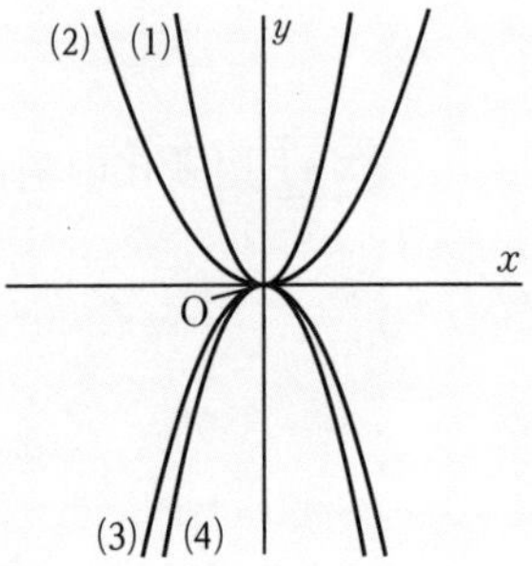

ガイド $y=ax^2$ のグラフ

・上に開いている ⟶ $a>0$　　下に開いている ⟶ $a<0$

・開き方が大きいほど a の絶対値は小さい。

解答 (1) **イ**　　(2) **ア**　　(3) **エ**　　(4) **ウ**

教科書 p.264

27 下の(1)，(2)の関数について，x の変域が次の**ア**～**ウ**のときの y の変域をそれぞれ求めなさい。

ア　$-4 \leqq x \leqq -2$　　**イ**　$-2 \leqq x \leqq 4$　　**ウ**　$2 \leqq x \leqq 4$

(1)　$y=\frac{1}{4}x^2$　　(2)　$y=-\frac{1}{4}x^2$

ガイド 簡単なグラフをかいてみるとよい。x の変域に 0 をふくむときは注意する。

(1)　$x=-4$ のとき，$y=\frac{1}{4}\times(-4)^2=4$

$x=-2$ のとき，$y=\frac{1}{4}\times(-2)^2=1$

$x=2$ のとき，$y=\frac{1}{4}\times 2^2=1$

$x=4$ のとき，$y=\frac{1}{4}\times 4^2=4$

イ

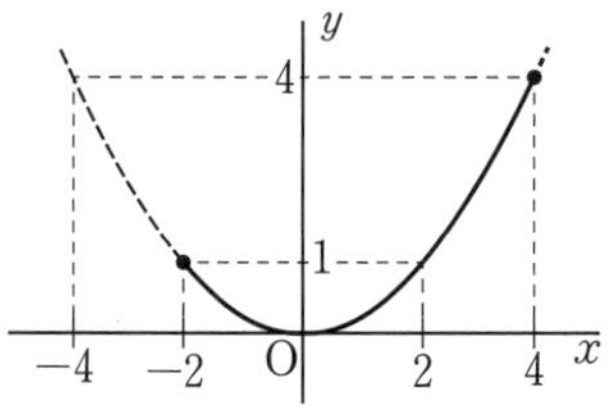

(2)　$x=-4$ のとき，$y=-4$

$x=-2$ のとき，$y=-1$

$x=2$ のとき，$y=-1$

$x=4$ のとき，$y=-4$

イ

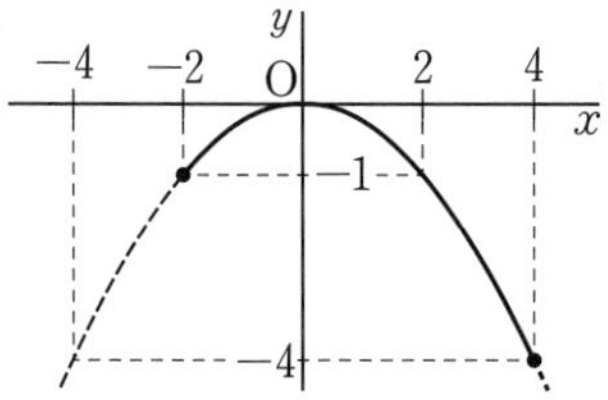

解答 (1) **ア**　$\boldsymbol{1 \leqq y \leqq 4}$　　**イ**　$\boldsymbol{0 \leqq y \leqq 4}$　　**ウ**　$\boldsymbol{1 \leqq y \leqq 4}$

(2) **ア**　$\boldsymbol{-4 \leqq y \leqq -1}$　　**イ**　$\boldsymbol{-4 \leqq y \leqq 0}$　　**ウ**　$\boldsymbol{-4 \leqq y \leqq -1}$

教科書 p.265

28 下の(1)，(2)の関数について，x の値が次の**ア**，**イ**のように増加するときの変化の割合をそれぞれ求めなさい。

ア　-4 から -2 まで　　**イ**　1 から 5 まで

(1)　$y=\frac{2}{3}x^2$　　(2)　$y=-\frac{1}{3}x^2$

ガイド $(\text{変化の割合})=\dfrac{(y\text{の増加量})}{(x\text{の増加量})}$

(1) **ア**　$x=-4$ のとき，$y=\frac{2}{3}\times(-4)^2=\frac{32}{3}$

$x=-2$ のとき，$y=\frac{2}{3}\times(-2)^2=\frac{8}{3}$

よって，y の増加量は，$\frac{8}{3}-\frac{32}{3}=-\frac{24}{3}=-8$

変化の割合は，$\dfrac{-8}{-2-(-4)}=-4$

イ $x=1$ のとき，$y=\frac{2}{3}\times1^2=\frac{2}{3}$

$x=5$ のとき，$y=\frac{2}{3}\times5^2=\frac{50}{3}$

よって，y の増加量は，$\frac{50}{3}-\frac{2}{3}=\frac{48}{3}=16$

変化の割合は，$\frac{16}{5-1}=4$

(2) **ア** $x=-4$ のとき，$y=-\frac{1}{3}\times(-4)^2=-\frac{16}{3}$

$x=-2$ のとき，$y=-\frac{1}{3}\times(-2)^2=-\frac{4}{3}$

よって，y の増加量は，$-\frac{4}{3}-\left(-\frac{16}{3}\right)=\frac{12}{3}=4$

変化の割合は，$\frac{4}{-2-(-4)}=2$

イ $x=1$ のとき，$y=-\frac{1}{3}\times1^2=-\frac{1}{3}$

$x=5$ のとき，$y=-\frac{1}{3}\times5^2=-\frac{25}{3}$

よって，y の増加量は，$-\frac{25}{3}-\left(-\frac{1}{3}\right)=-\frac{24}{3}=-8$

変化の割合は，$\frac{-8}{5-1}=-2$

解答 (1) **ア** **−4** **イ** **4** (2) **ア** **2** **イ** **−2**

教科書 p.265

29 次の場合について，y を x の式で表しなさい。

(1) y は x の 2 乗に比例し，$x=-3$ のとき $y=18$ である。

(2) y は x の 2 乗に比例し，$x=4$ のとき $y=6$ である。

(3) 関数 $y=ax^2$ のグラフが右の図の**ア**の放物線である。

(4) 関数 $y=ax^2$ のグラフが右の図の**イ**の放物線である。

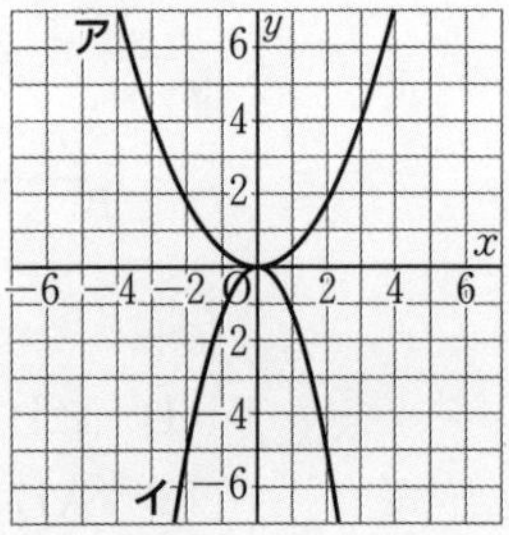

ガイド (1)(2) $y=ax^2$ に x，y の値を代入して，a の値を求める。

(1) $y=ax^2$ に $x=-3$，$y=18$ を代入して，$18=a\times(-3)^2$，$a=2$

(2) $y=ax^2$ に $x=4$，$y=6$ を代入して，$6=a\times4^2$，$a=\frac{6}{16}=\frac{3}{8}$

(3)(4) x 座標，y 座標ともに整数値である点を見つける。

(3) 点$(3,\ 4)$を通るから，$y=ax^2$ に $x=3$，$y=4$ を代入して，

$4=a\times3^2$，$a=\frac{4}{9}$

(4) 点(2, −5)を通るから, $y=ax^2$ に $x=2$, $y=-5$ を代入して,

$-5=a\times2^2$, $a=-\frac{5}{4}$

解答 (1) $\boldsymbol{y=2x^2}$　　(2) $\boldsymbol{y=\frac{3}{8}x^2}$

(3) $\boldsymbol{y=\frac{4}{9}x^2}$　　(4) $\boldsymbol{y=-\frac{5}{4}x^2}$

5章　相似と比

教科書 p.265

30 次の図で, 四角形ABCD∽四角形EFGHである。
次の(1)~(3)を求めなさい。

(1) ∠B, ∠Hの大きさ

(2) 四角形ABCDと四角形EFGHの相似比

(3) 辺BC, GHの長さ

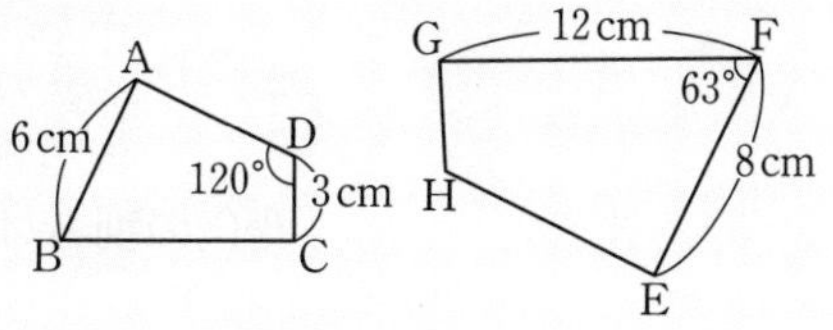

ガイド (3) BC：FG＝3：4より, 4BC＝3×12, BC＝9
CD：GH＝3：4より, 4×3＝3GH, GH＝4

解答 (1) ∠B＝∠F＝**63°**　　∠H＝∠D＝**120°**

(2) AB：EF＝6：8＝**3：4**

(3) BC＝ **9 cm**　　GH＝ **4 cm**

教科書 p.265

31 次の図で, 相似な三角形を見つけ, 記号∽を使って表しなさい。
また, そのときに使った相似条件をいいなさい。

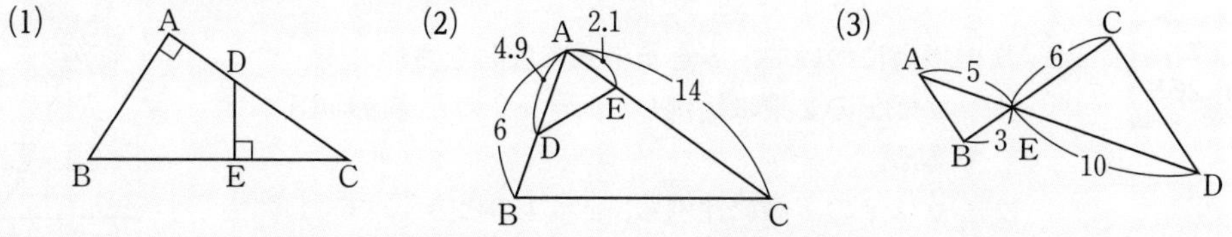

ガイド (1) ∠BAC＝∠DEC(＝90°), ∠ACB＝∠ECD(共通)

(2) AB：AE＝6：2.1＝60：21＝20：7, AC：AD＝14：4.9＝140：49＝20：7
∠BAC＝∠EAD(共通)

(3) BE：CE＝3：6＝1：2, AE：DE＝5：10＝1：2
∠AEB＝∠DEC(対頂角)

解答 (1) **△ABC∽△EDC　2組の角がそれぞれ等しい。**

(2) **△ABC∽△AED　2組の辺の比が等しく, その間の角が等しい。**

(3) **△ABE∽△DCE　2組の辺の比が等しく, その間の角が等しい。**

教科書 p.266

32 次の図で，DE∥BC です。x，y の値を求めなさい。

(1)
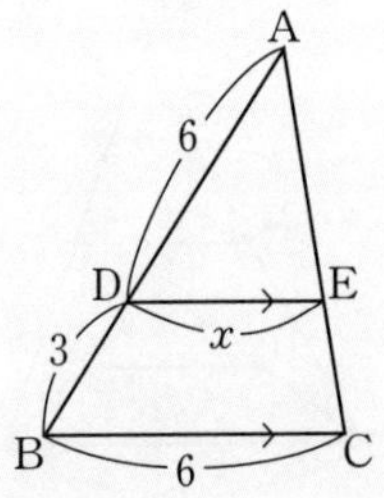

(2)
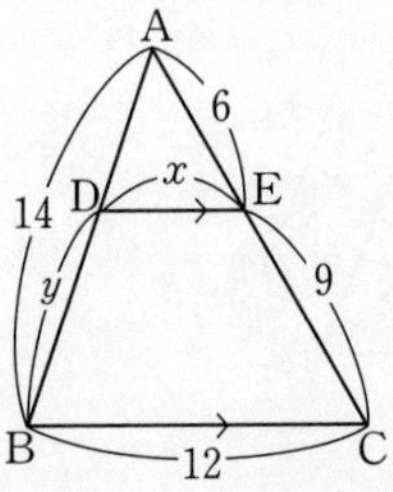

(3)
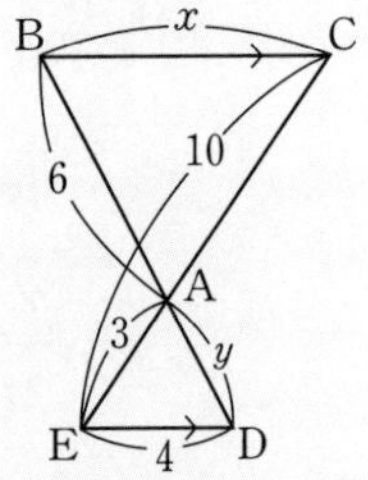

ガイド 三角形と比の定理を使う。

解答 (1) $x:6=6:(6+3)$ より，$9x=36$，$\boldsymbol{x=4}$

(2) $x:12=6:(6+9)=2:5$ より，$5x=24$，$\boldsymbol{x=\frac{24}{5}}$

$y:14=9:(6+9)=3:5$ より，$5y=42$，$\boldsymbol{y=\frac{42}{5}}$

(3) $x:4=(10-3):3$ より，$3x=28$，$\boldsymbol{x=\frac{28}{3}}$

$6:y=(10-3):3$ より，$7y=18$，$\boldsymbol{y=\frac{18}{7}}$

教科書 p.266

33 次の図で，直線 ℓ，m，n は平行です。x，y の値を求めなさい。

(1)
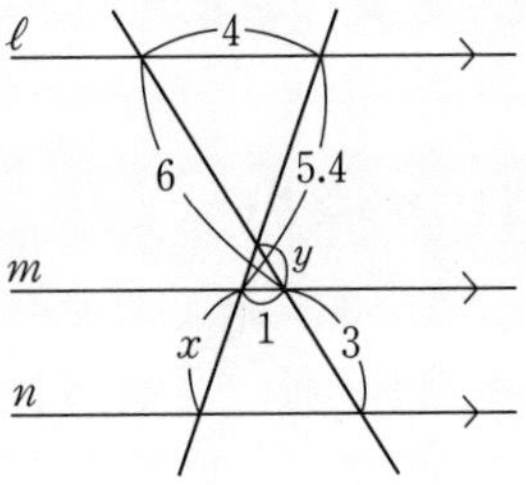

(2)
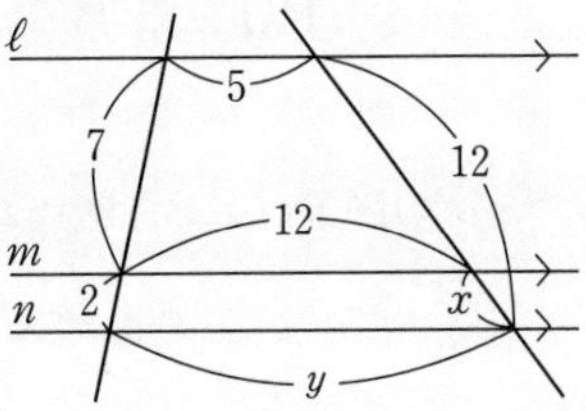

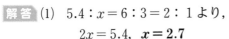

ガイド (2) 右の図のような補助線をひいて，三角形をつくり，三角形と比の定理を使う。

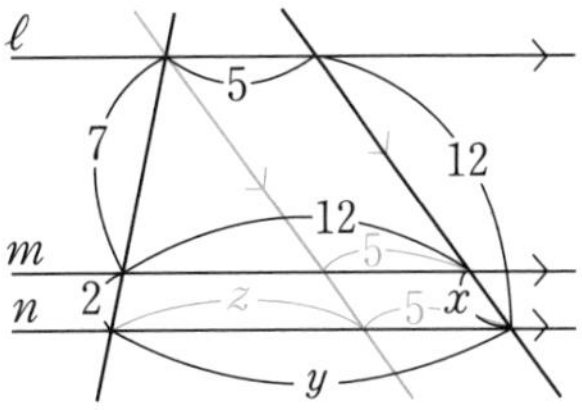

解答 (1) $5.4:x=6:3=2:1$ より，

$2x=5.4$，$\boldsymbol{x=2.7}$

$y:(6-y)=1:4$ より，$4y=6-y$，$\boldsymbol{y=1.2}$

(2) $7:2=(12-x):x$ より，

$7x=2(12-x)$，$\boldsymbol{x=\frac{8}{3}}$

右上の図で，$7:(7+2)=(12-5):z$ より，

$7z=63$，$z=9$

よって，$\boldsymbol{y}=9+5\boldsymbol{=14}$

巻末　補充問題

教科書 p.266

34 次の図で，点M，N，P，Qは，各辺の中点です。x，yの値を求めなさい。

(1)

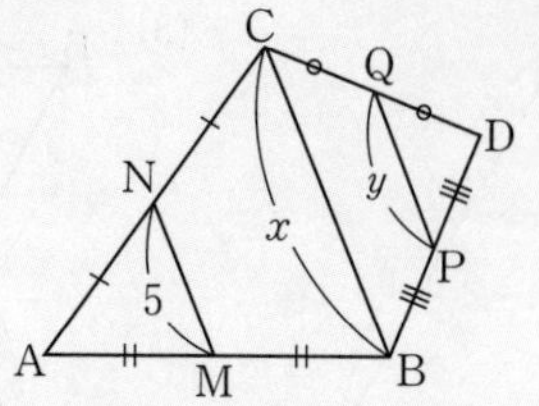

(2)

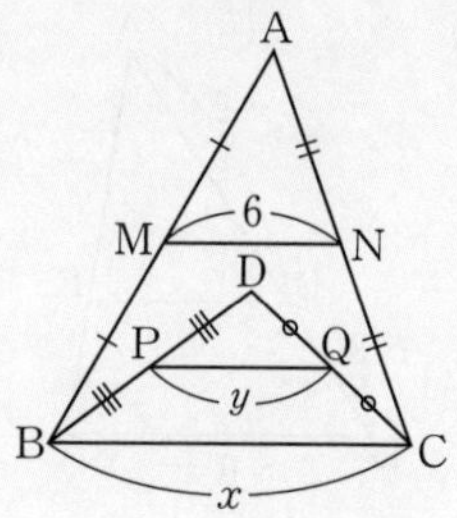

ガイド 中点連結定理を使う。

解答 (1) △ABCにおいて，中点連結定理より，

$\mathrm{NM}=\dfrac{1}{2}\mathrm{BC}$ よって，$5=\dfrac{1}{2}x$，$\boldsymbol{x=10}$

△DCBにおいて，中点連結定理より，

$\mathrm{QP}=\dfrac{1}{2}\mathrm{CB}$ よって，$\boldsymbol{y}=\dfrac{1}{2}x=\dfrac{1}{2}\times10\boldsymbol{=5}$

(2) △ABCにおいて，中点連結定理より，

$\mathrm{MN}=\dfrac{1}{2}\mathrm{BC}$ よって，$6=\dfrac{1}{2}x$，$\boldsymbol{x=12}$

△DBCにおいて，中点連結定理より，

$\mathrm{PQ}=\dfrac{1}{2}\mathrm{BC}$ よって，$\boldsymbol{y}=\dfrac{1}{2}x=\dfrac{1}{2}\times12\boldsymbol{=6}$

教科書 p.266

35 次の図で，∠BAD＝∠CADです。xの値を求めなさい。

(1)

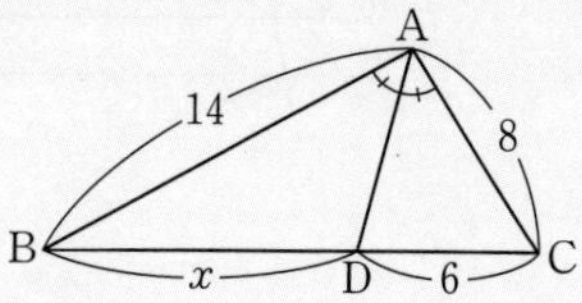

(2)

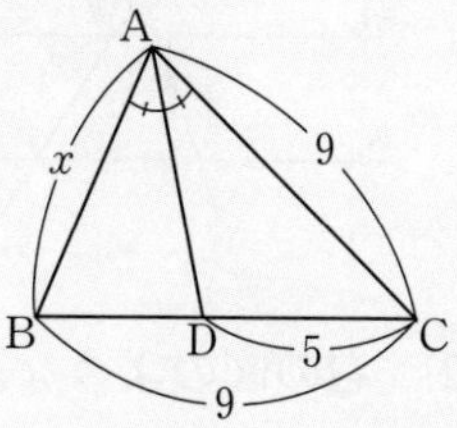

ガイド 三角形の角の二等分線と比の定理を使う。

AB：AC＝BD：CDである。

解答 (1) $14:8=x:6$

$7:4=x:6$

$4x=42$

$\boldsymbol{x=\dfrac{21}{2}}$

(2) BD＝9−5＝4だから，

$x:9=4:5$

$5x=36$

$\boldsymbol{x=\dfrac{36}{5}}$

教科書 p.267

36 次の(1)，(2)に答えなさい。

(1) $\triangle ABC \backsim \triangle DEF$ で，$AB = 5\text{cm}$，$DE = 8\text{cm}$，$\triangle ABC = 12\text{cm}^2$ であるとき，$\triangle DEF$ の面積を求めなさい。

(2) 2つの相似な円錐（えんすい）P，Qがあり，底面の半径はそれぞれ 6 cm，9 cm です。円錐Qの体積が $216\pi\text{cm}^3$ であるとき，円錐Pの体積を求めなさい。

ガイド 相似比が $m:n$ ⟶ 面積の比は $m^2:n^2$

相似比が $m:n$ ⟶ 体積の比は $m^3:n^3$

(1) △ABCと△DFEの相似比は 5：8

△DEFの面積を $x\,\text{cm}^2$ とすると，

$12:x=5^2:8^2$ より，$25x=12\times64$，$x=\dfrac{768}{25}$

(2) 円錐Pと円錐Qの相似比は，$6:9=2:3$

円錐Pの体積を $y\,\text{cm}^3$ とすると，

$y:216\pi=2^3:3^3$ より，$27y=8\times216\pi$，$y=64\pi$

解答 (1) $\dfrac{768}{25}\text{cm}^2$ (2) $64\pi\text{cm}^3$

6章 円

教科書 p.267

37 次の図で，x の値を求めなさい。

(1)

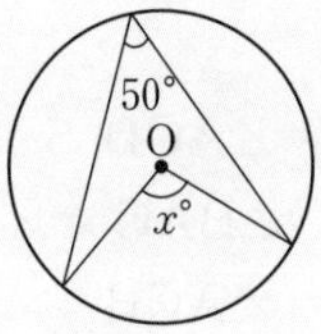

(2)

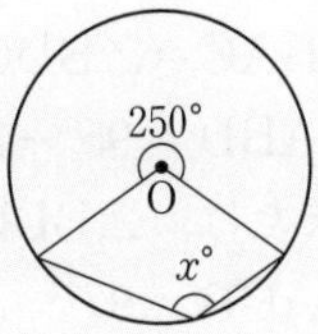

(3)

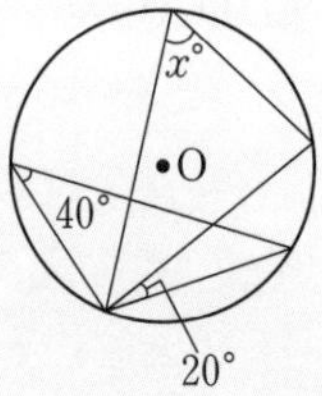

(4)

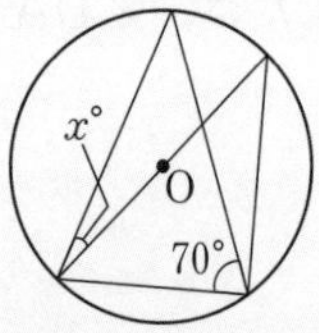

ガイド (1)(2) 1つの弧に対する円周角の大きさは，その弧に対する中心角の大きさの半分である。

解答 (1) $x=2\times50=\mathbf{100}$

(2) $x=\dfrac{1}{2}\times250=\mathbf{125}$

(3) 右の図のように補助線をひくと，

$x=20+40=\mathbf{60}$

(4) 半円の弧に対する円周角は直角だから，

$x=90-70=\mathbf{20}$

(3)

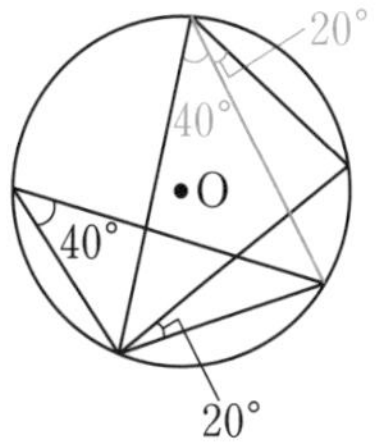

(4)

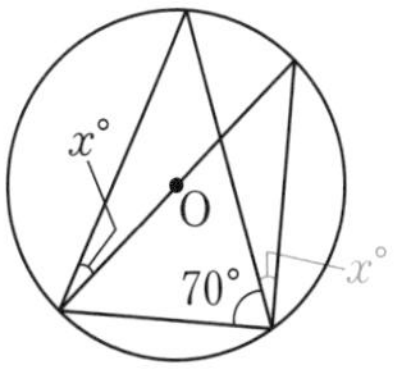

教科書 p.267

38 次の図で，xの値を求めなさい。

(1)

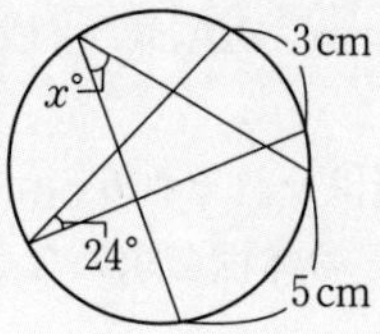

(2)

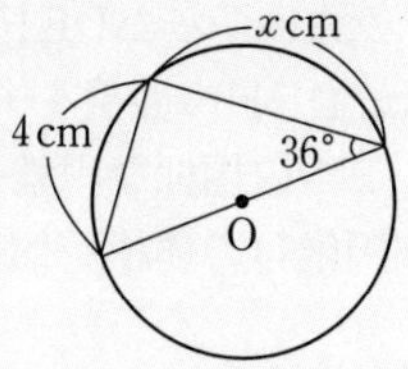

解答 (1) 円周角の大きさは，それに対する弧の長さに比例する。

$24:x=3:5$ より，$3x=24\times5$，$\boldsymbol{x=40}$

(2) 弧の長さは，それに対する円周角の大きさに比例する。

x cmの弧に対する円周角の大きさは，$90°-36°=54°$ だから，

$4:x=36:54=4:6$ より，$\boldsymbol{x=6}$

教科書 p.267

39 次の図で，4点A，B，C，Dが1つの円周上にあるものを選びなさい。

ア

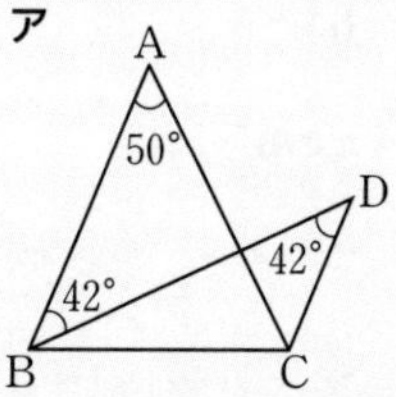

イ

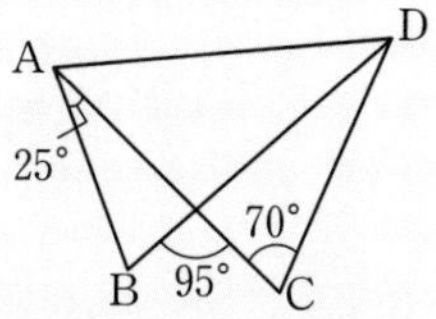

ウ

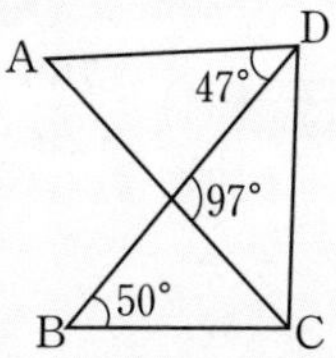

ガイド 円周角の定理の逆を使う。

ア $\angle\text{BAC}\neq\angle\text{BDC}$

イ $\angle\text{ABD}=95°-25°=70°$ だから，$\angle\text{ABD}=\angle\text{ACD}$

（または，$\angle\text{BDC}=95°-70°=25°$ だから，$\angle\text{BAC}=\angle\text{BDC}$）

ウ $\angle\text{ACB}=97°-50°=47°$ だから，$\angle\text{ADB}=\angle\text{ACB}$

（または，$\angle\text{DAC}=97°-47°=50°$ だから，$\angle\text{DAC}=\angle\text{DBC}$）

解答 **イ，ウ**

7章　三平方の定理

教科書 p.268

40　次の直角三角形で，xの値を求めなさい。

(1)

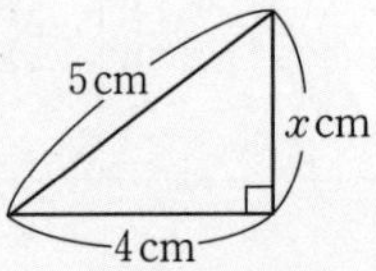

(2)

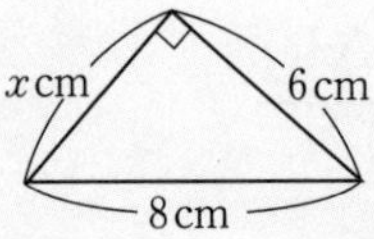

(3)

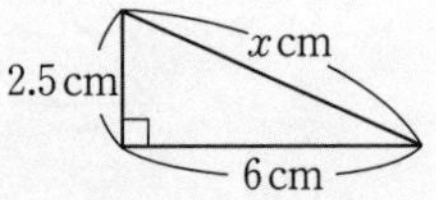

(4)

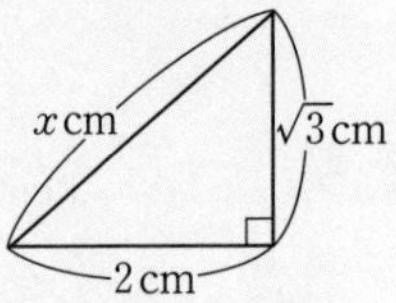

(5)

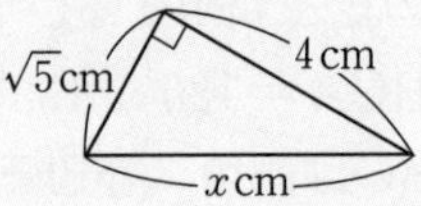

(6)

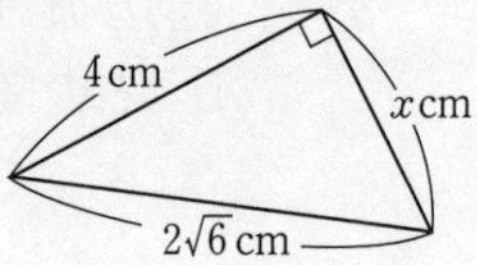

ガイド　三平方の定理を使う。
右の図で，$a^2+b^2=c^2$

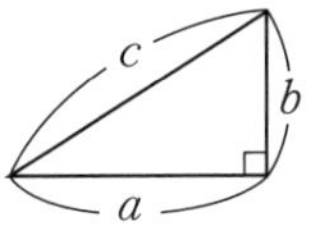

解答 (1)　$x^2+4^2=5^2$
$x^2=9$
$x>0$ だから，
$\boldsymbol{x=3}$

(2)　$x^2+6^2=8^2$
$x^2=28$
$x>0$ だから，
$\boldsymbol{x=2\sqrt{7}}$

(3)　$2.5^2+6^2=x^2$
$\left(\dfrac{5}{2}\right)^2+6^2=x^2$
$x^2=\dfrac{169}{4}$
$x>0$ だから，$\boldsymbol{x=\dfrac{13}{2}}$

(4)　$2^2+(\sqrt{3})^2=x^2$
$x^2=7$
$x>0$ だから，
$\boldsymbol{x=\sqrt{7}}$

(5)　$(\sqrt{5})^2+4^2=x^2$
$x^2=21$
$x>0$ だから，$\boldsymbol{x=\sqrt{21}}$

(6)　$x^2+4^2=(2\sqrt{6})^2$
$x^2=8$
$x>0$ だから，$\boldsymbol{x=2\sqrt{2}}$

教科書 p.268

41　3辺の長さが次のような三角形のうち，直角三角形はどれですか。

ア　6 cm，8 cm，10 cm　　**イ**　5 cm，6 cm，7 cm
ウ　4 cm，$\sqrt{6}$ cm，$\sqrt{10}$ cm

ガイド　三平方の定理の逆を使う。最も長い辺をc，残りの辺をa，bとして，$a^2+b^2=c^2$が成り立つものが，直角三角形である。

ア　$6^2+8^2=36+64=100$　　$10^2=100$　　よって，$6^2+8^2=10^2$
イ　$5^2+6^2=25+36=61$　　$7^2=49$　　よって，$5^2+6^2\neq7^2$
ウ　$(\sqrt{6})^2+(\sqrt{10})^2=6+10=16$　　$4^2=16$　　よって，$(\sqrt{6})^2+(\sqrt{10})^2=4^2$

解答 ア，ウ

巻末　補充問題

教科書 p.268

42 次の図で，x，y の値を求めなさい。

(1)

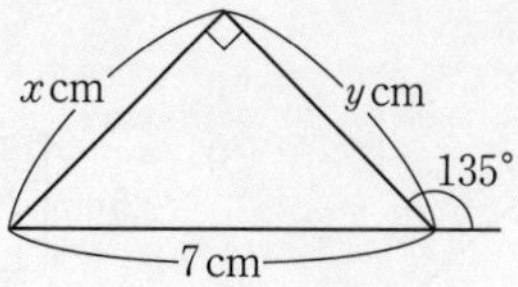

(2)

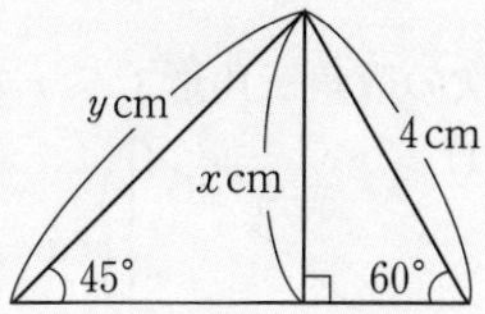

ガイド 特別な直角三角形の比を利用する。

(1) 右の図で，$\angle BCA = 180° - 135° = 45°$

よって，△ABCは直角二等辺三角形だから，

$x : y : 7 = 1 : 1 : \sqrt{2}$

$x : 7 = 1 : \sqrt{2}$ より，$\sqrt{2}x = 7$，$x = \dfrac{7}{\sqrt{2}} = \dfrac{7\sqrt{2}}{2}$

$y = x = \dfrac{7\sqrt{2}}{2}$

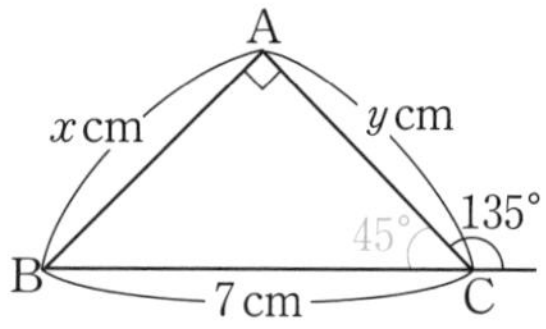

(2) 右の図で，△ADCは，30°，60°，90°の直角三角形だから，

$AD : AC = \sqrt{3} : 2$

$x : 4 = \sqrt{3} : 2$

よって，$2x = 4\sqrt{3}$，$x = 2\sqrt{3}$

△ABDは直角二等辺三角形だから，

$AD : AB = 1 : \sqrt{2}$

$2\sqrt{3} : y = 1 : \sqrt{2}$

よって，$y = 2\sqrt{6}$

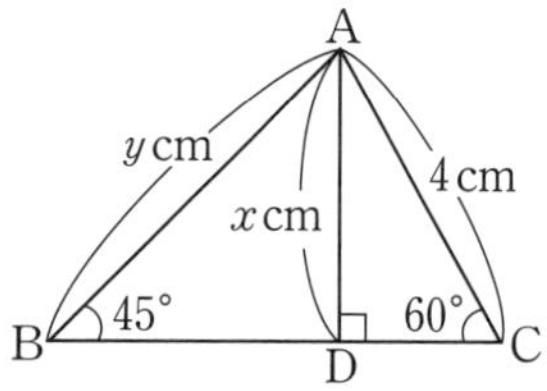

解答 (1) $\boldsymbol{x = \dfrac{7\sqrt{2}}{2}}$，$\boldsymbol{y = \dfrac{7\sqrt{2}}{2}}$　(2) $\boldsymbol{x = 2\sqrt{3}}$，$\boldsymbol{y = 2\sqrt{6}}$

教科書 p.268

43 次の図で，x の値を求めなさい。

(1)

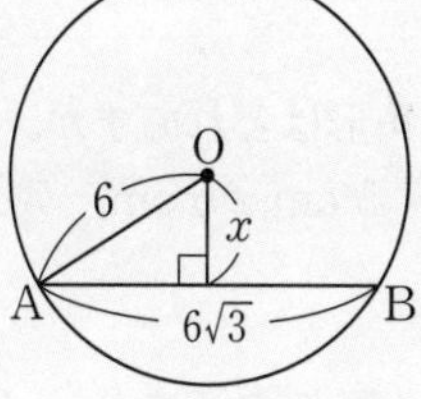

(2)

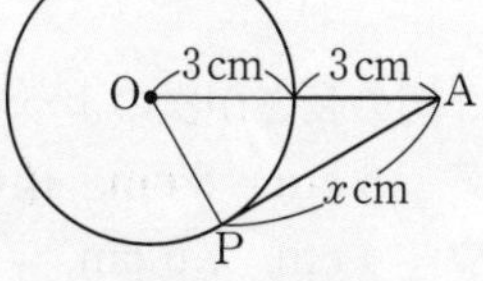

(APは円Oの接線)

解答 (1) 右の図で，$AH = \dfrac{1}{2} \times 6\sqrt{3} = 3\sqrt{3}$

△OAHは直角三角形だから，三平方の定理より，

$OH^2 + AH^2 = OA^2$

$x^2 + (3\sqrt{3})^2 = 6^2$

$x^2 = 9$

$x > 0$ だから，$\boldsymbol{x = 3}$

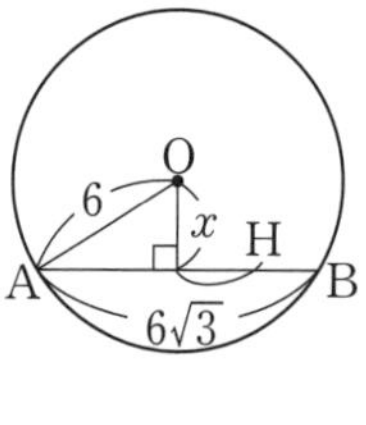

(2) OP⊥PA だから，△OPAで三平方の定理より，

$OP^2+PA^2=OA^2$

$3^2+x^2=(3+3)^2$

$x^2=27$

$x>0$ だから，$\boldsymbol{x=3\sqrt{3}}$

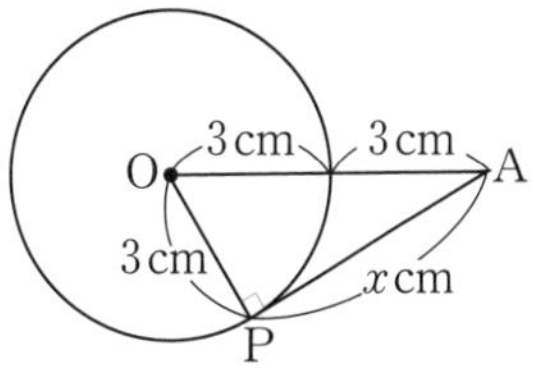

教科書 p.268

44 次の2点間の距離を求めなさい。

(1) A(−2, −3), B(5, −1)　　(2) C(−3, 1), D(2, −2)

ガイド 2点を結ぶ線分を斜辺とする直角三角形をつくり，三平方の定理を使って求める。

(1) 右の図で，$AE=-1-(-3)=2$

$EB=5-(-2)=7$

$\angle AEB=90°$

よって，$AB^2=2^2+7^2=53$

$AB>0$ だから，$AB=\sqrt{53}$

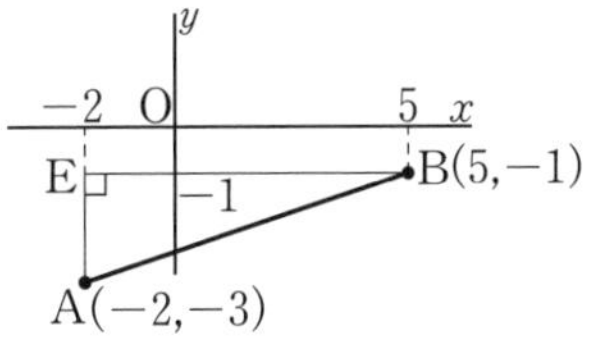

(2) 右の図で，$FD=1-(-2)=3$

$CF=2-(-3)=5$

$\angle CFD=90°$

よって，$CD^2=3^2+5^2=34$

$CD>0$ だから，$CD=\sqrt{34}$

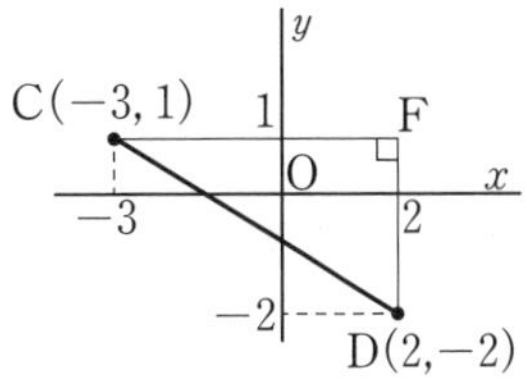

解答 (1) $\boldsymbol{\sqrt{53}}$　　(2) $\boldsymbol{\sqrt{34}}$

教科書 p.268

45 縦が6cm，横が12cm，高さが15cmの直方体の対角線の長さを求めなさい。

ガイド 直方体の対角線の長さは，$\sqrt{(縦)^2+(横)^2+(高さ)^2}$ である。

$\sqrt{6^2+12^2+15^2}=\sqrt{405}=9\sqrt{5}$

解答 $\boldsymbol{9\sqrt{5}}$ **cm**

教科書 p.269

46 次の正四角錐(せいしかくすい)の体積と表面積を求めなさい。

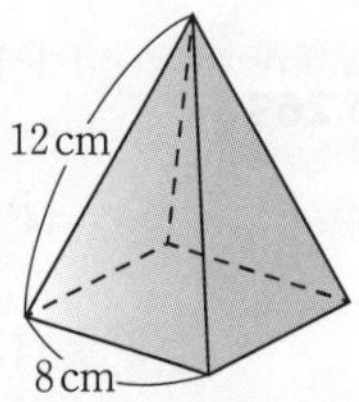

ガイド 右の図のように，底面の対角線の交点をHとすると，OHは，頂点Oから底面にひいた垂線になる。

右の図で，△ABCは直角二等辺三角形だから，

$AB:AC=1:\sqrt{2}$

$8:AC=1:\sqrt{2}$

$AC=8\sqrt{2}$

よって，$AH=4\sqrt{2}$

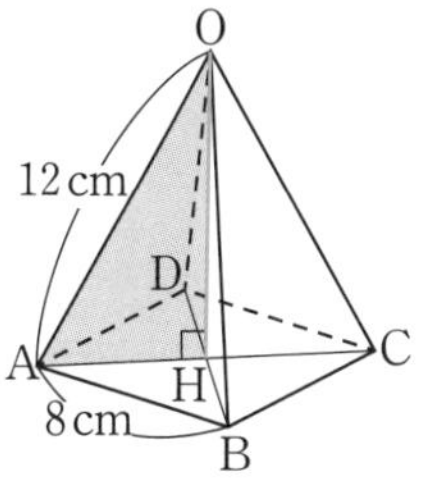

巻末 補充問題

次に△OAHは ∠OHA＝90° より直角三角形だから，

$AH^2+OH^2=OA^2$

$(4\sqrt{2})^2+OH^2=12^2$

$OH^2=112$

OH＞0 だから，$OH=4\sqrt{7}$

求める体積は，$\frac{1}{3}\times8\times8\times4\sqrt{7}=\frac{256\sqrt{7}}{3}$

次に，ABの中点をMとすると，AM＝4

∠OMA＝90° より，△OAMは直角三角形だから，

$AM^2+OM^2=OA^2$

$4^2+OM^2=12^2$

$OM^2=128$

OM＞0 だから，$OM=8\sqrt{2}$

したがって，表面積は，$8^2+4\times\left(\frac{1}{2}\times8\times8\sqrt{2}\right)=64+128\sqrt{2}$

直角三角形を見つけることがポイント！

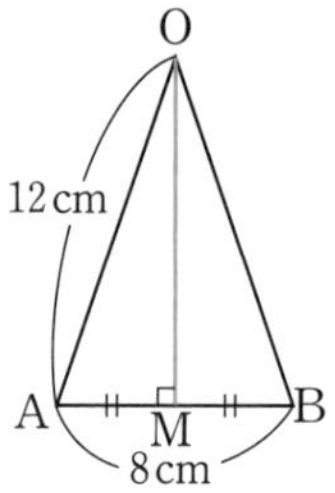

解答　体積……$\mathbf{\frac{256\sqrt{7}}{3}}$ **cm³**　　表面積……$\mathbf{64+128\sqrt{2}}$ **(cm²)**

8章　標本調査

教科書 p.269

47 次の調査は，全数調査と標本調査のどちらが適していますか。
また，その理由を答えなさい。

(1) 中学校で行う定期テスト

(2) 湖に生息する魚の個体数調査

解答 (1) **全数調査**　1人1人の習熟度をはかることが目的だから。

(2) **標本調査**　正確な数ではなく，概数が推定できればよいので。また，すべての魚を数えることは不可能だから。

教科書 p.269

48 P市で政党の支持率を調べるために，有権者の中から1500人を選び，調査した。

(1) 母集団をいいなさい。

(2) 標本と標本の大きさをいいなさい。

解答 (1) **P市の有権者**

(2) 標本……**有権者の中から抽出された人**

標本の大きさ……**1500**

教科書 p.269

49 ある県で人気のあるスポーツを調べるために，標本調査を行います。次の**ア**～**ウ**で，標本の取り出し方として適切なものはどれですか。また，適切でないものについて，その理由をいいなさい。

ア　県内に住む中学生を対象にアンケート調査を行う。

イ　コンピュータで無作為(むさくい)に発生させた電話番号に電話をかけて調査を行う。

ウ　サッカー場にサッカー観戦に来た50000人の観客から無作為に抽出した1000人に調査を行う。

解答 適切なもの……**イ**

適切でない理由……**ア**　標本が中学生だけになってしまうから。

ウ　標本がサッカー観戦に来た人だけでは回答に偏りが出ると考えられるから。

教科書 p.269

50 東北地方のある地域でニホンザリガニとアメリカザリガニの生息状況を調べるために，しかけを作って捕獲(ほかく)したらニホンザリガニの個体数は24，アメリカザリガニの個体数は133であった。

この地域の，全体に対するニホンザリガニの割合を推定しなさい。

ガイド 全体に対するニホンザリガニの割合は，標本調査で得られた数量の割合で考える。

$24 \div (24+133) = 0.152\cdots\cdots$

解答 **およそ0.15**

巻末 補充問題

総合問題

数と式

教科書 p.270

① 連続する2つの偶数(ぐうすう)のそれぞれの2乗の和について，次の(1)，(2)に答えなさい。

(1) 和が4の倍数になることを証明しなさい。

(2) 和が164になるとき，小さいほうの偶数を求めなさい。

ガイド (2) $4(2n^2+2n+1)=164$，$2n^2+2n+1=41$，$2n^2+2n-40=0$，
$n^2+n-20=0$，$(n-4)(n+5)=0$　よって，$n=4$，$n=-5$
$n=4$ のとき，小さいほうの偶数は，$2\times4=8$
$n=-5$ のとき，小さいほうの偶数は，$2\times(-5)=-10$

解答 (1) 連続する2つの偶数は，n を整数とすると，$2n$，$2n+2$ と表せる。
それぞれの2乗の和は，$(2n)^2+(2n+2)^2=4n^2+4n^2+8n+4$
$=8n^2+8n+4$
$=4(2n^2+2n+1)$
$2n^2+2n+1$ は整数だから，連続する2つの偶数のそれぞれの2乗の和は，4の倍数になる。

(2) **−10，8**

教科書 p.270

② 幅(はば)3cm，長さ159cmの板を図1のように切り，図2のように並べて長方形の額縁(がくぶち)を作ります。

図1

図2

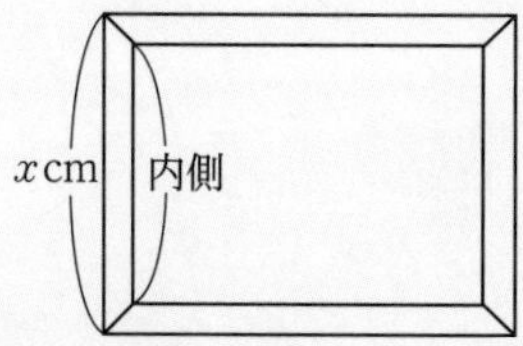

次の(1)，(2)に答えなさい。ただし，図1の両端にできる直角二等辺三角形の部分は使わないものとします。

(1) 額縁の縦の長さを x cmとするとき，額縁の内側の縦の長さを，x を使った式で表しなさい。

(2) 額縁の縦と横の長さの比が3:4であるときの，額縁の縦，横の長さを求めなさい。

ガイド (2)

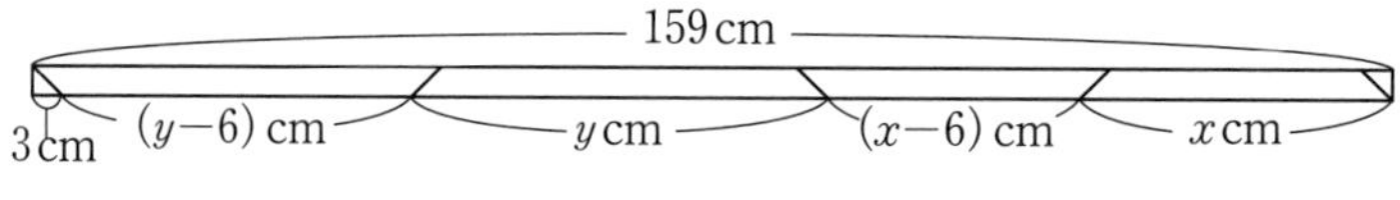

額縁の横の長さを y cmとすると，額縁の内側の横の長さは $(y-6)$ cm
よって，$x+(x-6)+y+(y-6)=159-3$　……①

また，$x:y=3:4$ より，$4x=3y$ ……②

①，②を連立方程式として解くと，$x=36$，$y=48$

解答 (1) $\boldsymbol{(x-6)}$ **cm**

(2) 縦……**36cm**　　横……**48cm**

教科書 p.270

③ n 角形の対角線の数は，

$$\frac{n(n-3)}{2}$$

で求めることができます。対角線の数が54である多角形は何角形ですか。

ガイド $\frac{n(n-3)}{2}=54$，$n(n-3)=108$，$n^2-3n-108=0$，$(n-12)(n+9)=0$

$n=12$，$n=-9$

n は正の整数だから，$n=12$

解答 **十二角形**

教科書 p.271

④ 右の直角三角形ABCで，点Pは秒速2 cmでBを出発して辺BC上をCまで動き，点Qは秒速1 cmでCを出発して辺CA上をAまで動きます。△PCQの面積が4 cm^{2}となるのは，P，QがそれぞれB，Cを同時に出発してから何秒後ですか。

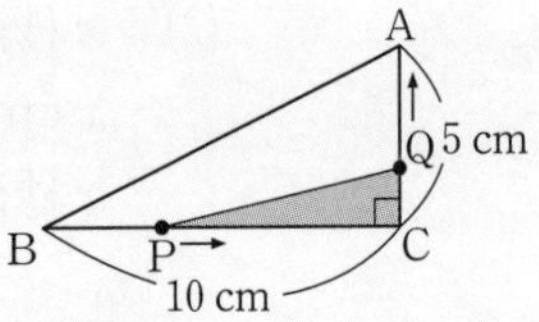

ガイド x 秒後に△PCQの面積が 4 cm^2 になるとして，△PCQの面積について x の方程式をつくる。

x 秒後のPCの長さは $10-2x$ (cm)，QCの長さは x cmと表せる。

△PCQの面積について，$\frac{1}{2}\times(10-2x)\times x=4$，$5x-x^2=4$，$x^2-5x+4=0$，

$(x-1)(x-4)=0$，$x=1$，$x=4$

$0\leqq x\leqq 5$ だから，どちらも問題の答えとしてよい。

解答 **1秒後と4秒後**

関数

教科書 p.271

① 2直線 $2x+y=5$ と $x+y=4$ との交点を，直線 $y=ax+1$ が通るという。a の値(あたい)を求めなさい。

ガイド $2x+y=5$ と $x+y=4$ を連立方程式として解くと，$x=1$，$y=3$

よって，交点の座標は(1，3)

交点を $y=ax+1$ が通るから，$y=ax+1$ に $x=1$，$y=3$ を代入すると，

$3=a\times1+1$，$a=2$

解答 $\boldsymbol{a=2}$

教科書 p.271

② 右の図のような高さが5 cmの三角柱があります。点Pは，Dを出発して辺AD上を秒速1 cmの速さで動き，Aで停止します。点Qは，Eを出発して辺BE上を秒速2 cmの速さで動き，Bで折り返してEに戻ったところで停止します。2点P，Qが同時に出発し，出発してからの時間をx秒$(0 \leqq x \leqq 5)$とするとき，次の(1)，(2)に答えなさい。

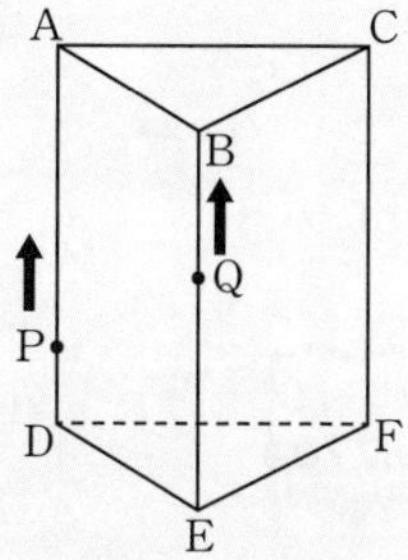

(1) 右の図(教科書271ページ)は点Pが出発してからの時間と，点Pと底面DEFとの距離の関係を表すグラフです。この図に，点Qが出発してからの時間と，点Qと底面DEFとの距離y cmの関係を表すグラフをかき入れなさい。

(2) 点Pと底面DEFとの距離と，点Qと底面DEFとの距離の差が2 cmとなるxの値をすべて求めなさい。

ガイド (1) 点Qは$\frac{5}{2}$秒後にBに着き，5秒後にEに戻る。

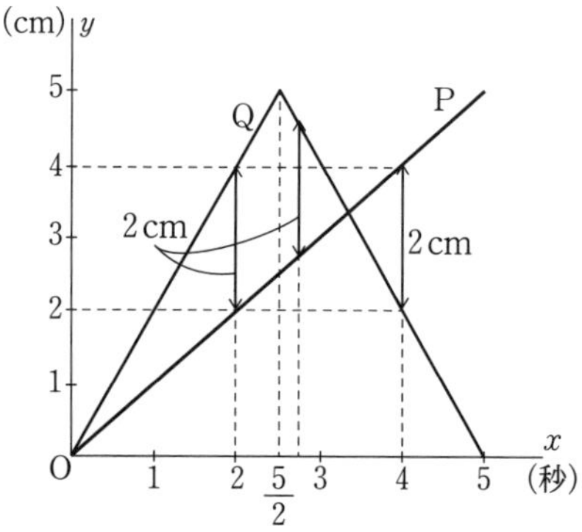

(2) x秒後の点Pと底面DEFとの距離は
x cm
x秒後の点Qと底面DEFとの距離は，
$0 \leqq x \leqq \frac{5}{2}$ のとき，$2x$cm
$\frac{5}{2} \leqq x \leqq 5$ のとき，$-2x+10$ (cm)

グラフから，差が2 cmとなるのは3回あることがわかる。
1回目(PもQも上に向かって動いているとき)
$2x-x=2$ より，$x=2$
2回目(Pは上に，Qは下に向かって動いていて，Qのほうが高い位置にあるとき)
$(-2x+10)-x=2$ より，$x=\frac{8}{3}$
3回目(Pは上に，Qは下に向かって動いていて，Pのほうが高い位置にあるとき)
$x-(-2x+10)=2$ より，$x=4$
※グラフより，$x=2$ と $x=4$ のとき差が2 cmになることは明らかなので，計算して求めるのは2回目だけでもよい。

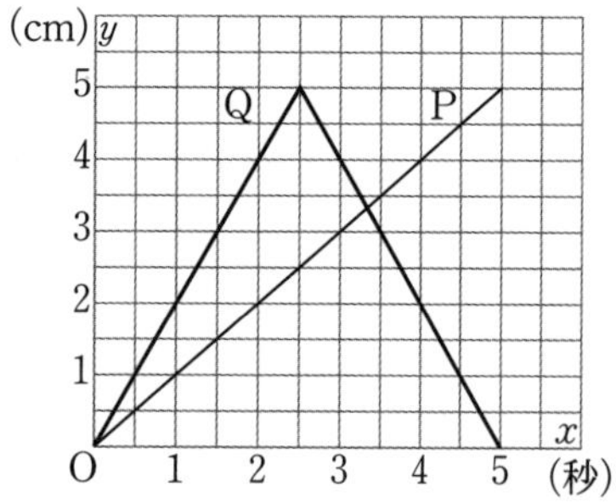

解答 (1) 右の図

(2) $\boldsymbol{x=2}$，$\boldsymbol{x=\frac{8}{3}}$，$\boldsymbol{x=4}$

教科書 p.272

③ 右の図で，直線ℓは，$y=x$のグラフで，点A，Bの座標はそれぞれ(2, 1)，(9, 6)です。ℓ上に点Pをとって，AP＋PBを最小にします。直線ℓについて点Aと対称（たいしょう）な点Cを考えることにより，最小のAP＋PBの値と，そのときの点Pの座標を求めなさい。

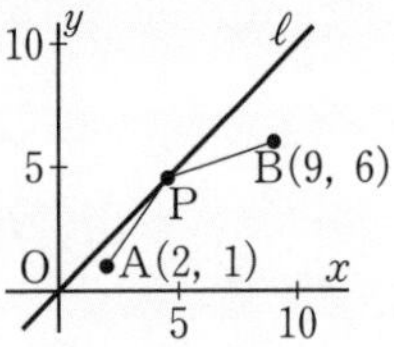

ガイド AP＋PBが最小になるのは，直線ℓについて点Aと対称な点を点Cとすると，線分BCと直線ℓの交点が点Pとなるときである。

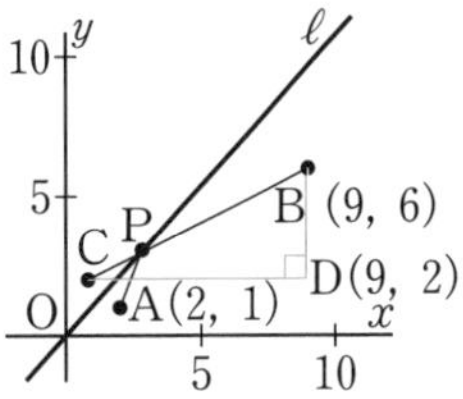

このとき，AP＋PB＝CP＋PB＝BCとなる。
点Cの座標は(1, 2)になるから，右の図のように，点D(9, 2)をとって，△BCDで三平方の定理から，

$BC^2=CD^2+BD^2=(9-1)^2+(6-2)^2=80$

$BC>0$だから，$BC=4\sqrt{5}$
また，直線BCの式は，$y=ax+b$に2点B(9, 6)，C(1, 2)の座標をそれぞれ代入すると，

$6=9a+b$　……①
$2=a+b$　……②

①，②を連立方程式として解くと，$a=\dfrac{1}{2}$，$b=\dfrac{3}{2}$　よって，$y=\dfrac{1}{2}x+\dfrac{3}{2}$

直線ℓと直線BCとの交点Pの座標は，$y=x$と$y=\dfrac{1}{2}x+\dfrac{3}{2}$を連立方程式として解いて，$x=3$，$y=3$

解答 最小のAP＋PBの値……$\mathbf{4\sqrt{5}}$　　**P(3, 3)**

教科書 p.272

④ 次の図で，$\angle A=30°$，$\angle B=45°$，$BC=8\sqrt{2}$ cmです。点P，Qが，秒速2 cmで同時にAを出発し，Pは辺AB上をAからBまで，Qは辺AC上をAからCまで動くものとします。

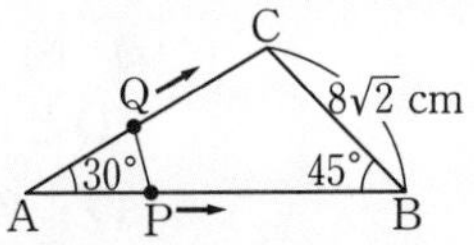

(1) AC，ABの長さを求めなさい。
(2) P，QがAを出発してからt秒後の△APQの面積をS cm²とします。tとSの関係を，変域を考えて式とグラフで表しなさい。

ガイド (1) 右下の図のように直角三角形をつくり，三平方の定理を利用する。
図の△BCDは直角二等辺三角形であるから，

$BC:CD=\sqrt{2}:1$，$8\sqrt{2}:CD=\sqrt{2}:1$，$\sqrt{2}CD=8\sqrt{2}$，$CD=8$

また，$BD=8$
△ACDは30°の角をもつ直角三角形であるから，

$AC:CD=2:1$，$AC:8=2:1$，$AC=16$
$CD:AD=1:\sqrt{3}$，$8:AD=1:\sqrt{3}$，
$AD=8\sqrt{3}$

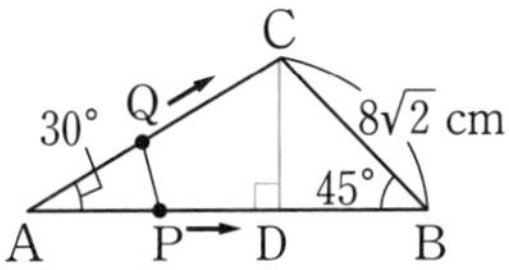

よって，$AB=BD+AD=8+8\sqrt{3}$

(2) 点QがCに着くまでと，着いた後に分けて考える。

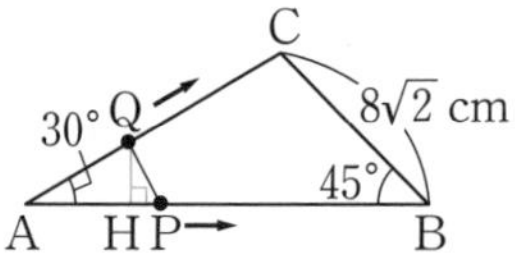

右の図のように，点QからAPに垂線QHをひくと，△AQHは30°の角をもつ直角三角形で，$AQ=2t$ だから，$QH=t$ と表せる。また，$AP=2t$ である。

点QがCに着くまでの，$0 \leqq t \leqq 8$ のとき，

$$S=\frac{1}{2}\times AP\times QH=\frac{1}{2}\times 2t\times t=t^2$$

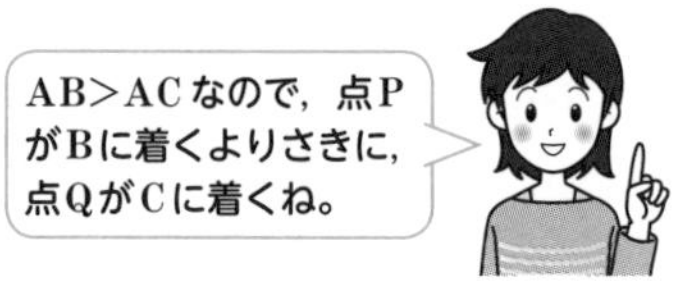

AB>ACなので，点PがBに着くよりさきに，点QがCに着くね。

点QがCに着いた後は，(1)よりQHの長さは8 cm，$AP=2t$ だから，点PがBに着くまでの $8<t \leqq 4+4\sqrt{3}$ のとき，

$$S=\frac{1}{2}\times 2t\times 8=8t$$

解答 (1) **AC＝16cm　AB＝8＋8$\sqrt{3}$ (cm)**

(2) **$0 \leqq t \leqq 8$ のとき，$S=t^2$**

$8<t \leqq 4+4\sqrt{3}$ のとき，$S=8t$

グラフは右の図

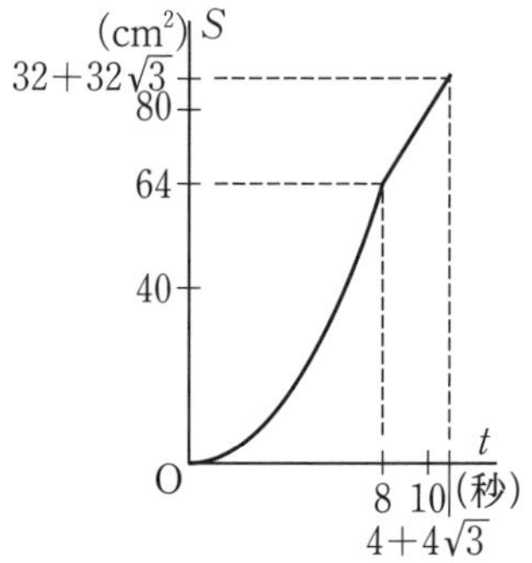

図形

教科書 p.272

① 図1は，1辺の長さが4 cmの正八面体ABCDEFです。次の(1)，(2)に答えなさい。

(1) 図1で，辺BCとねじれの位置にある辺をすべていいなさい。

図1

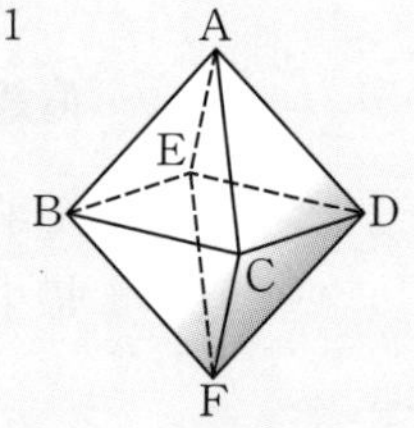

(2) 図2のように，図1の辺BC，DEの中点をそれぞれP，Qとします。この立体の表面を通ってPからQへ行く道すじのうち，最も短くなる長さを，展開図の必要な部分をかいて求めなさい。

図2

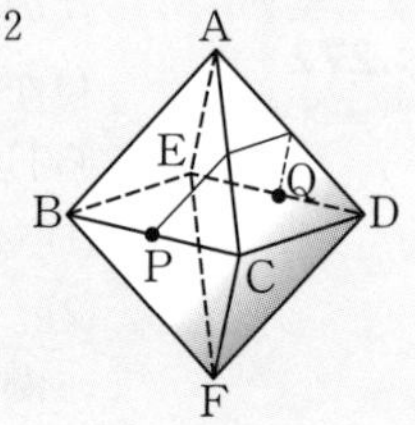

ガイド (2) PからQへ行く道すじが最短になるのは，展開図上でPQが直線になるときである。

右の図で，BE∥PQ だから，

CP：CB＝PR：BA，1：2＝PR：4，PR＝2

PQ＝3PR だから，PQ＝3×2＝6

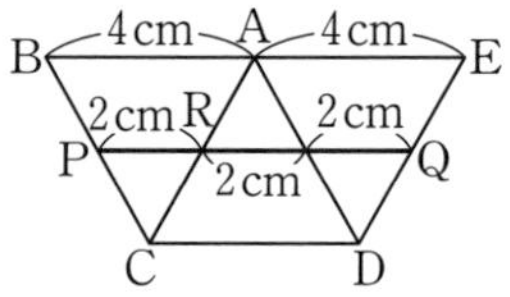

解答 (1) **辺AD，辺AE，辺DF，辺EF**

(2) **6 cm**　展開図は右の図

教科書 p.273

② 右の図で，直線 ℓ の式は $y=x+4$ です。ℓ 上の点Pから x 軸にひいた垂線と x 軸との交点をQ，ℓ と y 軸との交点をRとします。ただし，点Pの x 座標は正とします。

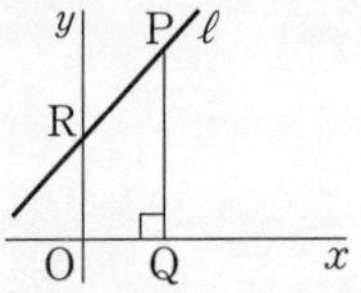

(1) 点Pの座標が(3, 7)のときの，台形PROQの面積を求めなさい。

(2) 台形PROQの面積が24になるような点Qの座標を求めなさい。

(3) 点Qの座標が(6, 0)のとき，台形PROQを x 軸を軸として1回転させてできる立体の体積を求めなさい。

ガイド (1) R(0, 4)，Q(3, 0) より，OR = 4，OQ = 3，PQ = 7 であるから，

$$台形PROQ=\frac{1}{2}\times(4+7)\times3=16.5$$

(2) 点Qの x 座標を t とすると，Pの座標は $(t,\ t+4)$ より，OQ $=t$，PQ $=t+4$ と表せる。台形PROQの面積について方程式をつくると，

$$\frac{1}{2}\times\{4+(t+4)\}\times t=24,\quad t^2+8t-48=0,\quad (t+12)(t-4)=0$$

$$t=-12,\quad t=4$$

$t>0$ だから，$t=4$

(3) 直線 ℓ と x 軸の交点Sとすると，求める体積は，△PQSを x 軸を軸として1回転させてできる体積から，△ROSを x 軸を軸として1回転させてできる体積をひいたものである。

S(−4, 0) だから，SO = 4，SQ = 4+6 = 10

またP(6, 10) であるから，PQ = 10

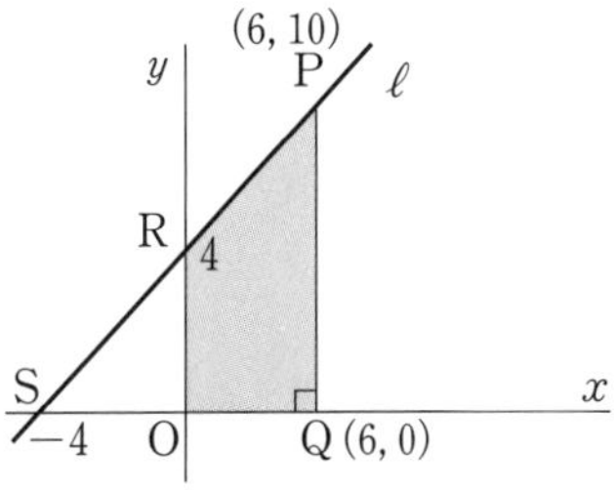

よって，体積は，$\frac{1}{3}\times\pi\times10^2\times10-\frac{1}{3}\times\pi\times4^2\times4=312\pi$

解答 (1) **16.5**　(2) **(4, 0)**　(3) **312π**

教科書 p.273

③ 右の図のように，△ABCの辺BC上にBD : DC = 2 : 1となる点Dをとります。また，線分AB，辺ADの中点をそれぞれE，Fとします。

このとき，ED = FC となることを証明しなさい。

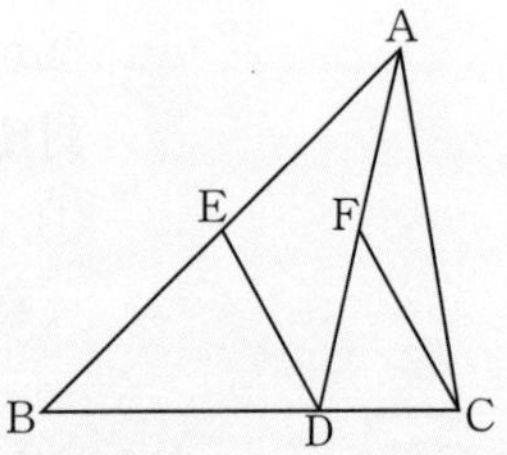

ガイド 2点E，Fを結び，四角形EDCFが平行四辺形であることを示せば，ED = FC となることがいえる。

解答 2点E，Fを結んだ線分をひく。

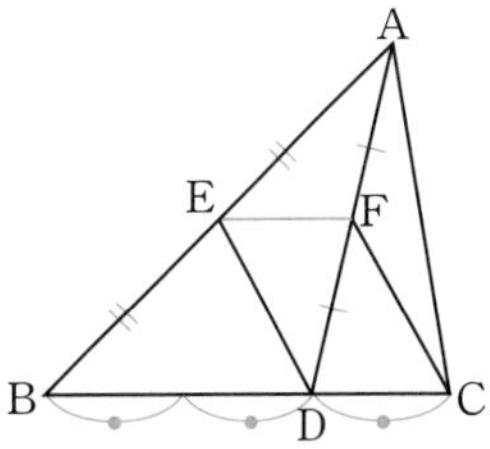

BD : DC = 2 : 1 より，DC $=\frac{1}{2}$BD　……①

△ABDにおいて，中点連結定理より，

巻末 総合問題

$EF = \frac{1}{2}BD$ ……②

$EF /\!/ BD$ ……③

①，②より，$DC = EF$ ……④

③より，$DC /\!/ EF$ ……⑤

④，⑤より，１組の対辺が平行で等しいので，四角形EDCFは平行四辺形。

よって，$ED = FC$

教科書 p.273

④ 右の図で，△ABCと△DCEはともに正三角形です。
BDとAE, ACとの交点をそれぞれP, Qとするとき，
次の(1)~(3)を証明しなさい。

(1) $\angle CBD = \angle CAE$

(2) $\angle BPC = 60°$

(3) $\triangle ABQ \backsim \triangle PCQ$

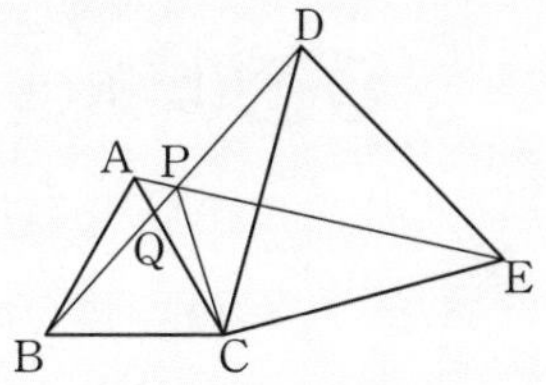

解答 (1) △DBCと△EACで，

仮定から，$BC = AC$ ……①

$CD = CE$ ……②

$\angle BCD = \angle BCA + \angle ACD = 60° + \angle ACD$ ……③

$\angle ACE = \angle DCE + \angle ACD = 60° + \angle ACD$ ……④

③，④から，$\angle BCD = \angle ACE$ ……⑤

①，②，⑤から，２組の辺とその間の角がそれぞれ等しいので，

$\triangle DBC \equiv \triangle EAC$

対応する角だから，$\angle CBD = \angle CAE$

(2) (1)から，$\angle CBP = \angle CAP$

円周角の定理の逆から，A，B，C，Pは１つの円周上にある。

よって，１つの弧に対する円周角は等しいから，$\angle BPC = \angle BAC = 60°$

(3) △ABQと△PCQで，

(2)から，$\angle BAQ = \angle CPQ$ ……①

対頂角だから，$\angle AQB = \angle PQC$ ……②

①，②から，２組の角がそれぞれ等しいので，

$\triangle ABQ \backsim \triangle PCQ$

教科書 p.273

⑤ 右の図で，点Aは円Oの周上の点で，BCは直径である。
点Aにおける円Oの接線ℓと，点B，Cからℓにひいた垂線との交点をそれぞれD，Eとします。

(1) DA = AE であることを証明しなさい。

(2) 円Oの半径がr，$\angle AOB = 60°$ であるとき，
台形BCEDの面積をrを使って表しなさい。

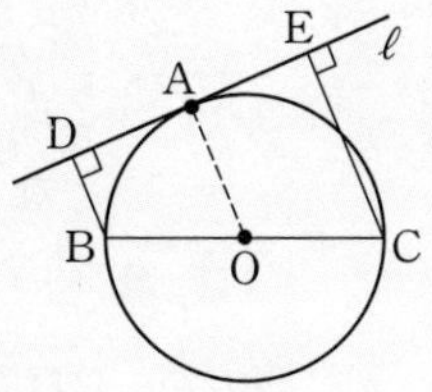

ガイド (1) 平行線と線分の比を利用する。

(2) △ADBと△ACEは30°の角をもつ直角三角形であることから，AD，AE，BD，CEの長さを求める。

△AOBは，∠AOB＝60°，OA＝OBより正三角形なので，

AB＝r，∠OAB＝60°

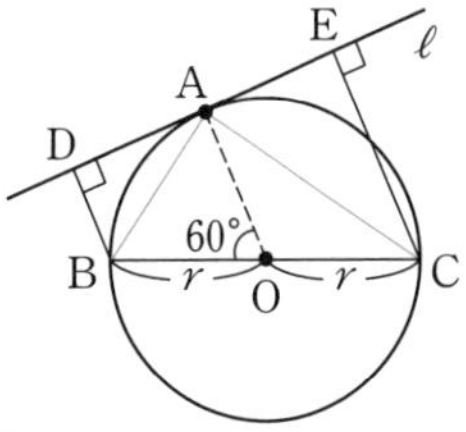

△ADBは，∠BAD＝90°−60°＝30°より，
30°の角をもつ直角三角形だから，

$$BD : AB = 1 : 2,\ BD : r = 1 : 2,\ BD = \frac{r}{2}$$

$$BD : AD = 1 : \sqrt{3},\ \frac{r}{2} : AD = 1 : \sqrt{3},\ AD = \frac{\sqrt{3}}{2}r$$

よって，(1)より，$AE = \dfrac{\sqrt{3}}{2}r$

△ACE は，∠CAE＝180°−∠BAC−∠BAD＝180°−90°−30°＝60° なので，60°の角をもつ直角三角形である。

$$AE : CE = 1 : \sqrt{3},\ \frac{\sqrt{3}}{2}r : CE = 1 : \sqrt{3},\ CE = \frac{3}{2}r$$

台形BCEDの面積は，$\dfrac{1}{2}\times\left(\dfrac{r}{2}+\dfrac{3}{2}r\right)\times\left(\dfrac{\sqrt{3}}{2}r+\dfrac{\sqrt{3}}{2}r\right)=\sqrt{3}\,r^2$

解答 (1) OAは円の半径，ℓは円Oの接線だから，OA⊥ℓ

よって，BD∥OA，OA∥CE

また，BO：CO＝1：1だから，DA：AE＝1：1

したがって，DA＝AE

(2) $\sqrt{3}\,\boldsymbol{r}^2$

教科書 p.274

⑥ 右の図の四角形ABCDは1辺が10cmの正方形で，四角形AEFGは四角形ABCDを点Aを中心として回転移動させたものです。辺CDと辺EFの交点をHとするとき，次の(1)〜(3)に答えなさい。ただし，点Eは四角形ABCDの内部にあるものとします。

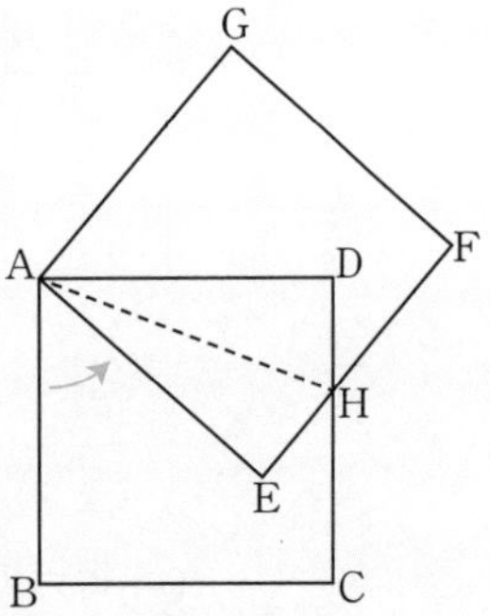

(1) △AEHと△ADHが合同であることを証明しなさい。

(2) CH＝$x$cmとし，正方形ABCDから四角形AEHDを除いた部分の面積を$y$cm²とします。$0<x<10$のとき，yをxの式で表しなさい。

(3) 点Eと辺BCとの距離が4cmであるとき，点Eと辺ABとの距離を求めなさい。

ガイド (2) $\triangle ADH = \dfrac{1}{2}\times DH\times AD = \dfrac{1}{2}(10-x)\times 10 = 50-5x$ だから，

四角形$AEHD = 2\times\triangle ADH = 100-10x$

よって，$y = 10^2-(100-10x)$

巻末 総合問題

(3)　右の図のように，Eから辺AB，辺BCにひいた垂線と辺との交点をそれぞれI，Jとする。

IB＝EJ＝4cmより，AI＝10－4＝6(cm)

EI＝$z$cmとすると，△AIEで三平方の定理から，

$z^2+6^2=10^2$，$z^2=64$

$z>0$だから，$z=8$

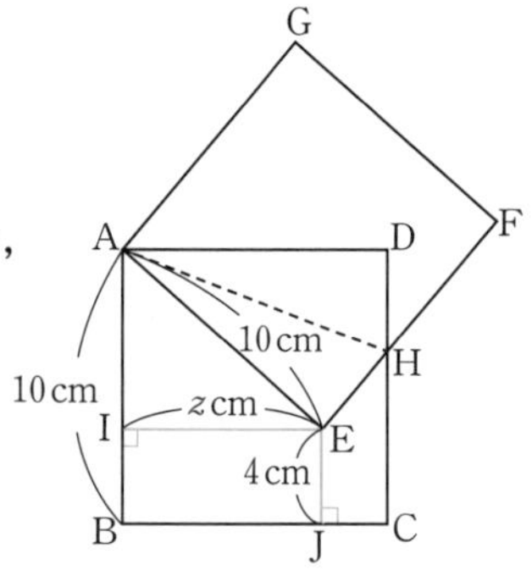

解答 (1)　△AEHと△ADHで，仮定より，

AE＝AD　……①

∠AEH＝∠ADH＝90°　……②

共通な辺だから，AH＝AH　……③

①，②，③より，直角三角形で斜辺と他の1辺がそれぞれ等しいので，

△AEH≡△ADH

(2)　$\boldsymbol{y=10x}$

(3)　**8cm**

データの活用

教科書 p.274

① 次の図は，バスケットボール部の3人の選手の試合ごとの得点を調べ，ヒストグラムと箱ひげ図に表したものです。

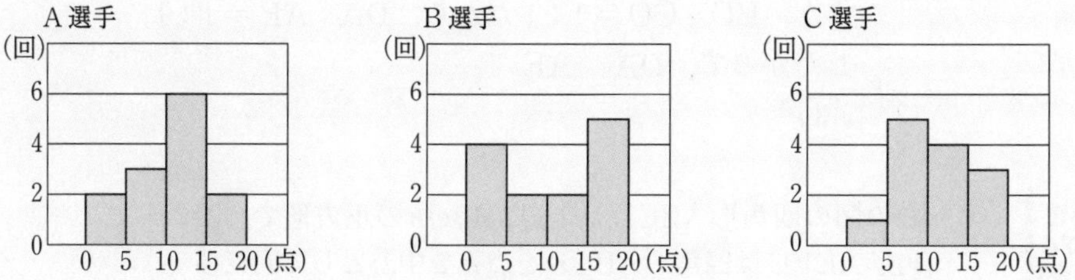

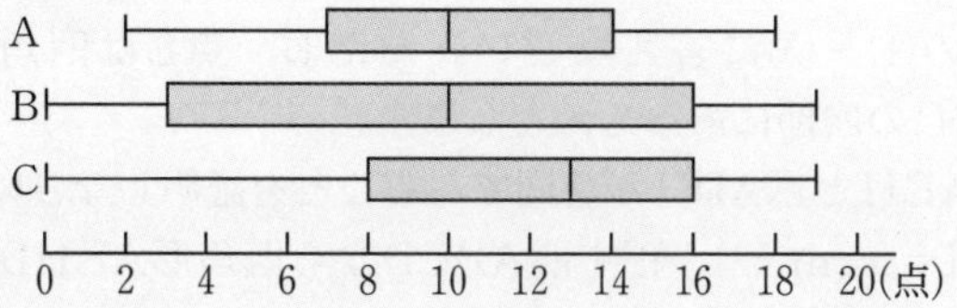

(1)　得点の最頻値が最も高いのはどの選手ですか。

(2)　それぞれの選手の得点の範囲と四分位範囲を求めなさい。

(3)　対抗戦でA選手が代表に選ばれました。その理由として考えられることを，ヒストグラムと箱ひげ図から読み取りなさい。

ガイド (2)　範囲は，最大値(最高点)と最小値(最低点)との差である。四分位範囲とは，第3四分位数と第1四分位数との差である。

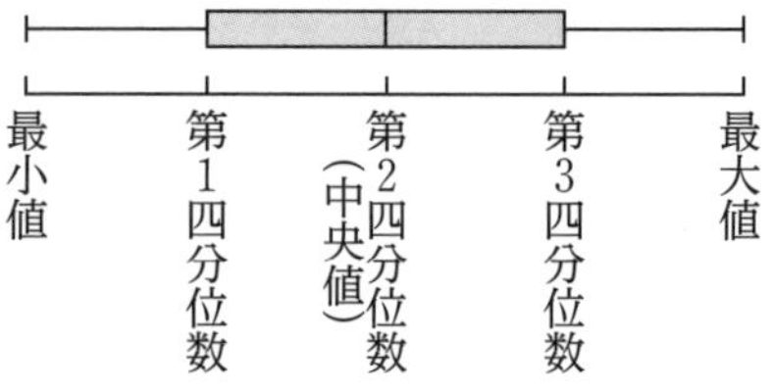

A選手の範囲は18－2＝16(点)，

四分位範囲は 14－7＝7(点)

B選手の範囲は 19－0＝19(点)，四分位範囲は 16－3＝13(点)

C選手の範囲は 19－0＝19(点)，四分位範囲は 16－8＝8(点)

解答 (1) **B選手**

(2) A選手　範囲…**16点**　四分位範囲…**7点**

B選手　範囲…**19点**　四分位範囲…**13点**

C選手　範囲…**19点**　四分位範囲…**8点**

(3) (例)**10点以上の回数が一番多いから。**

範囲も四分位範囲も一番小さいことから，ばらつきが一番小さいので。

教科書 p.275

② 1から7までの数が1つずつ書かれた7枚のカードがあります。このカードをよくきってから，1枚を引いてそのカードの数を十の位とします。カードを戻してよくきってから，再び1枚を引いてそのカードの数を一の位とします。このようにして，2桁(けた)の整数をつくります。

(1) つくった整数が偶数(ぐうすう)になる確率を求めなさい。

(2) つくった整数が奇数(きすう)になる確率を求めなさい。

(3) つくった整数が50以下の素数である確率を求めなさい。

ガイド 2桁の整数は全部で 7×7＝49(通り)できる。

(1) 偶数になるのは，2回目にひいたカードの数が2，4，6の場合(1回目のカードは7枚のうちどれでもよい)だから，7×3＝21(通り)

よって，求める確率は，$\frac{21}{49}=\frac{3}{7}$

(2) (奇数になる確率)＝1－(偶数になる確率)

(3) 50以下の素数になるのは，11，13，17，23，31，37，41，43，47の9通り。

解答 (1) $\mathbf{\frac{3}{7}}$　(2) $\mathbf{\frac{4}{7}}$　(3) $\mathbf{\frac{9}{49}}$

教科書 p.275

③ 市内で行われるイベントには，毎年，小学生，中学生，高校生が参加しています。今年の参加状況(じょうきょう)を知るために，事前に申し込(こ)みをした250人から50人を無作為(むさくい)に抽出(ちゅうしゅつ)して調べると，右の度数分布表のようになりました。次の(1)，(2)に答えなさい。

	度数(人)
小学生	16
中学生	21
高校生	13
計	50

(1) 事前に申し込みをした高校生の人数を推定(すいてい)しなさい。

(2) 小学生と中学生の参加者には，当日，記念品を渡(わた)すことになりました。小学生については，当日に申し込んだ人も受け入れるため，小学生の参加者は事前に申し込みをした人数よりも2割程度増えることが見込まれます。記念品は何個用意しておけばよいですか。十の位までの概数(がいすう)で答えなさい。

ガイド (1) 事前に申し込みをした高校生の人数をおよそx人とすると，

$250：50=x：13$

$5：1=x：13$

よって，$x=13\times5=65$

(2) (1)と同様に考えて，事前に申し込みをした小学生は，$16\times5=80$ より，およそ80人。

2割増えるとすると，$80\times(1+0.2)=96$ より，およそ96人。

事前に申し込みをした中学生は，$21\times5=105$ より，およそ105人。

小学生と中学生を合わせて，$96+105=201$ より，およそ201人。

記念品は不足するといけないので一の位を切り上げて，210個。

解答 (1) **およそ65人**

(2) **およそ210個**

教科書 p.275

④ ある養鶏場(ようけいじょう)では，生産した卵を重さごとにサイズを分けて販売(はんばい)しています。右の度数分布表は，生産した卵から無作為に300個を抽出して重さを調べた結果をまとめたものです。次の(1)～(3)に答えなさい。

卵のサイズ	重さ(g)	度数(個)	相対度数
M	以上　未満 58～64	87	
L	64～70	117	
LL	70～76	96	
計		300	1

(1) 上の表から卵1個の重さの平均値を，小数第2位を四捨五入して小数第1位まで求めなさい。

(2) 各階級の相対度数を求めなさい。

(3) 500個の卵を生産したとき，Lサイズの卵がいくつあるかを推定しなさい。

ガイド (1) $(\text{平均値})=\dfrac{\{(\text{階級値})\times(\text{度数})\}\text{の合計}}{\text{度数の合計}}$

階級値は，その階級の真ん中の値である。

$$\frac{61\times87+67\times117+73\times96}{300}=\frac{20154}{300}=67.18$$

(2) $(\text{相対度数})=\dfrac{(\text{階級の度数})}{(\text{度数の合計})}$

(3) $500\times0.39=195$　　一の位を四捨五入して，およそ200個と推定できる。

解答 (1) **67.2g**

(2) 58g以上64g未満……$\dfrac{87}{300}=\mathbf{0.29}$

64g以上70g未満……$\dfrac{117}{300}=\mathbf{0.39}$

70g以上76g未満……$\dfrac{96}{300}=\mathbf{0.32}$

(3) **およそ200個**

6 5 4 3 2
D C B A